DICHTUNGEN

DES

DEUTSCHEN MITTELALTERS.

DRITTER BAND

BARLAAM UND JOSAPHAT.

LEIPZIG

G. J. GÖSCHEN'SCHE VERLAGSHANDLUNG

1843.

BARLAAM UND JOSAPHAT

VON

RUDOLF VON EMS

HERAUSGEGEBEN

VON

FRANZ PFEIFFER.

LEIPZIG

G. J. GÖSCHEN'SCHE VERLAGSHANDLUNG

1843.

Buchdruckerei der J. G. Cotta'schen Buchhandlung in Stuttgart.

DEM FREIHERREN

JOSEPH VON LASSBERG

AUF DER ALTEN MEERSBURG

AM BODENSEE

IN TREUER VEREHRUNG GEWIDMET.

VORWORT.

Die Erzählung von der Bekehrung des indiſchen Königsſohnes Joſaphat durch den Eremiten Barlaam gehœrte zu den beliebteſten Büchern des Mittelalters. Aus der griechiſchen Urſchrift gieng früh eine lateiniſche Überſetzung hervor, die ſchón im zwölften Jahrhundert, wahrſcheinlich durch Kreuzfahrer, nach Italien, Deutſchland und Frankreich gebracht und in zahlreichen Abſchriften weiter verbreitet wurde. Daraus wurde das Buch bald in alle Sprachen überſetzt. Franzœſiſche Bearbeitungen finden wir ſchon im dreizehnten, eine italieniſche im vierzehnten Jahrhundert. In Deutſchland bemächtigten ſich faſt gleichzeitig drei verſchiedene Dichter dieſes Stoffes; gewiſs ein Beweis, wie anziehend derſelbe damals erſcheinen muſte. Weniger die Empfehlung des Eremitenlebens, wie ſchon behauptet wurde, ſcheint mir Veranlaſsung zu dem Beifalle gegeben zu haben, der dem Buche damals zu Theil ward, als vielmehr, was den Grundſtoff desſelben bildet, der Sieg der chriſtlichen Religion über das Heidenthum; ein Gegenſtand, der bei der damaligen durch die Kreuzzüge geweckten und genährten religiœſen Begeiſterung nothwendig groſse Wirkung hervorbringen muſte. Nicht weniger anziehend war der Träger der ganzen Erzählung, der jugendliche, kaum zum Manne gereifte Königsſohn, der, nachdem er erſt ſein wichtigſtes Werk, die Bekehrung des Vaters vollbracht, all des Glanzes der Krone und der Herſchaft ſich begibt, und trotz der Trauer ſeines Volkes und dem Drängen ſeiner Lehensfürſten ein Leben voller Mühſal und Entbehrungen dem ruhigen Genuſſe ſeines Reichthumes vorzieht. Solche Züge freiwilliger Entſagung und Selbſtverläugnung, wie ſie auch in einer der ſchœnſten Legenden, der des hl. Alexius, gezeichnet ſind, haben ſtæts einen groſsen Zauber auf das menſchliche Gemüth ausgeübt. Die Gleichnisreden und Beispiele, wie deren recht schœne in den Barlaam verwebt sind, trugen ebenfalls nicht wenig dazu bei, das Buch zu einer anziehenden Lectüre zu machen, und sind häufig einzeln in Handschriften und Sammlungen von Erzählungen übergegangen.

Über den Verfasser der griechischen Urschrift des Barlaam und Joasaph, wie letzterer hier heifst, herschen unter den Gelehrten abweichende Meinungen. Während man gewohnlich den um 740 blühenden gelehrten Mönch Johannes Damascenus dafür hält, wird sie von Einigen dem Anastasius Bibliothecarius zugeschrieben, von Andern als das Werk eines äthiopischen Christen bezeichnet. In den ältesten Handschriften, die freilich alle nicht so weit hinaufreichen, dafs sie als untrügliche Zeugnisse gelten konnen, wird Johannes als Verfasser genannt; und dabei wollen wir einstweilen, bis das Gegentheil mit einiger Sicherheit bewiesen ist, stehen bleiben, denn es dürfte hier nicht der Platz sein, neue Untersuchungen darüber anzustellen und die in hinreichender Anzahl vorhandenen vagen Vermuthungen mit einer neuen zu vermehren. Wenn jedoch Rudolf den Johannes als Verfasser der lateinischen Übersetzúng bezeichnet, so beruht diefs natürlich auf einem Misverständnisse. — Den griechischen Text hat vor einigen Jahren Boissonade herausgegeben (Anecdota græca IV, 1—365. Paris 1832).

Aufser Rudolf's Gedichte gibt es, wie schon oben bemerkt, noch zwei andere poetische Bearbeitungen des Barlaam aus dem dreizehnten Jahrhundert. Die eine befindet sich in einer Handschrift der græflichen Bibliothek zu Solms-Laubach (s. Gött. gel. Anz. 1820. St. 34. und L. Diefenbach. Mittheil. über e. noch ungedruckte mhd. Bearbeitung des B. und J. Giefsen 1836.); als Verfasser nennt sich ein gewisser Bischof Otto. Von einer dritten Bearbeitung fand ich im Jahre 1840 ein schœnes Bruchstück auf der Wasserkirchbibliothek zu Zürich und theilte es mit in Haupt's Zeitschrift für deutsches Alterthum 1, 127—135. Meine dort ausgesprochene Vermuthung, dafs es der Bearbeitung Otto's angehœren mochte, war irrig und ist seitdem durch Diefenbach berichtigt worden (Hallische allg. Literaturzeitung 1842).

Rudolf erhielt das lateinische Buch von Guido (Wide), dem Abte der ehmaligen Zisterzienserabtei Kappel, der es mit sich nach Deutschland brachte. Auf dessen und des ganzen Convents dringendes Begehren unternahm Rudolf die Bearbeitung. Guido war der zweite Abt des im Jahre 1185 gestifteten Klosters, und zwar von 1220—1223 nach H. J. Leu's schweizerischem Lexikon (Zürich 1741. 5. Theil S. 59), von 1220—1243 nach Joh. Stumpf's Schweizerchronik (Zürich 1606. Fol. S. 518).*

Über das Verhältnis des Rudolfischen Gedichtes zu seinem Vorbilde kann ich mich kurz fassen. Während sich Otto, nach den Mittheilungen derer, die von dieser Bearbeitung Einsicht genommen haben, genau dem Lateinischen anschliesst, gibt Rudolf mehr eine freie Bearbeitung, kürzt und erweitert, je nachdem er es für nœthig erachtet. So z. B. ist die Erzählung von Josue, den Königen und Propheten, der Geburt Christi, den Aposteln u. s. w., die im Lateinischen nur einige Seiten einnimmt, bei Rudolf auf viele Spalten (57—73) ausgedehnt. Eine eigene Zuthat ist ferner die Stelle von den fünferlei Züchtigungen, die Got über die Frommen verhängt Sp. 380, 7—383, 14. Dagegen das schœne Beispiel von des Vögleins Lehren, das in unzählichen Bearbeitungen vorhanden ist, hat Rudolf, wol nur aus Zufall, weggelassen. In den Schreiber'schen Bruchstücken findet es sich von anderer Hand auf dem Rande beigefügt.

Im Ganzen kann man wol sagen, dass das Werk unter Rudolf's Händen gewonnen hat. Hohe dichterische Schœnheiten, Glut der Phantasie und wie all die Eigenschaften heissen die zu einem poetischen Kunstwerke gehœren, wird man freilich darin nicht antreffen. Wer aber eine klare, gefällige Darstellung, eine wolklingende, ausgebildete Sprache einigermassen als Ersatz dafür will gelten lassen, wird sich durch diese Dichtung befriedigt fühlen. Allerdings wird der Gegenstand selbst nicht Jedem gleich anziehend erscheinen, denn

diz mære ist niht von ritterschaft,
noch von minnen, diu mit kraft
an zwein gelieben geschiht;
ez ist von âventiure niht,
noch von der liehten sumerzît:
ez ist der welte widerstrît
mit ganzer wârheit, âne lüge,

wie Rudolf treffend davon sagt. Aber die wolgemuthe Heiterkeit und den gläubig frommen Sinn, der zur Behandlung eines solchen Stoffes gehœrt, wird man darin nicht vermissen und den Dichter liebgewinnen lernen.

* Bei Leu sind die ersten Äbte folgende: 1185 Wilhelmus. 1220 Guido. 1223 Wernherus. 1234 Ulricus I. 1243 Wernherus. 1248 Jordanus. Bei Stumpf dagegen fehlen Wernher I und Ulrich I· »Der erst Abt zu Cappel ist gewesen Guilhelmus Altaripensis, ist angestanden in der Stifftung An. D'o. 1185. Auf diesen folget Guido, der regiert ungefarlich An. 1220 vor und nach. Wernher war der dritt Abt, der lebt Anno 1243. Jordan der 4. Abt herschet 1248.

Es dürfte wol am Platze sein, hier auch die übrigen Werke Rudolf's der Reihenfolge nach aufzuführen. Diese læsst sich bei dessen Gewohnheit, in spætern Schriften stæts seiner frühern zu gedenken, leichter bestimmen, als bei irgend einem andern mittelhochdeutschen Dichter. Dabei finden wir Gelegenheit, das Wenige was wir, fast nur aus eigenen da und dort zerstreuten Andeutungen, von seinen Lebensumständen wissen, zusammenzustellen und zu prüfen.

Einige Jugendarbeiten, deren Rudolf im Barlaam (Sp. 5, 10 ff.) gedenkt und auf die er mit Reue zurückblickt, scheinen verloren zu sein. Diese lügelichen Mæhren, wie er sie nennt, waren vermuthlich Bearbeitungen fabelhafter Sagen aus dem Gral- oder Artuskreisse; denn es ist auffallend, dafs von Rudolf's zahlreichen Gedichten keines diesem Gebiete der Dichtung, dem die Mehrzahl seiner Zeitgenossen ihre Stoffe entlehnten, angehœrt, sondern alle mehr oder weniger auf geschichtlichem Grund und Boden fussen. Blofs weltliche Erzählungen, wie man vermuthete, kann Rudolf nicht damit gemeint haben, denn das waren ja die spætern Gedichte von Wilhelm und Alexander auch, und mit seiner Reue wære es ihm dann nicht sehr Ernst gewesen. Dafs aber gerade die Gral- und Artussagen mit ihren Riesen, Zwergen und andern wunderbaren Gestalten schon damals für Erdichtungen und fabelhafte Mæhrchen angesehen wurden, læsst sich nachweisen.

Das erste bekannte und auf uns gekommene Gedicht ist der gute Gerhart. Rudolf dichtete ihn, wahrscheinlich nach einer lateinischen Quelle, für Rudolf von Stainach, und zwar nach 1229, wie Haupt aus einigen dem Freidank entnommenen Sprüchen schliessen zu dürfen glaubt. Wenn es übrigens mit Leu's Angaben über Guido seine Richtigkeit hat (und diefs dürfte eher der Fall sein, als bei Stumpf, der von Guido in ziemlich unbestimmten Ausdrücken spricht), so ist das Werk weit früher zu setzen. Dafür scheint auch Rudolf von Stainach zu sprechen, der von 1209—1221 in Urkunden erscheint, allerdings aber noch um 1230 am Leben sein konnte. Zur Entscheidung dieser Frage kann ich gegenwärtig Nichts beitragen; in den Züricher Archiven werden die Aufschlüsse zu suchen sein, und vielleicht gibt Ettmüller spæter darüber Auskunft. Den guten Gerhart, den man lange Zeit verloren glaubte, besitzen wir nun in einer schœnen Ausgabe von Moriz Haupt (Leipzig 1840. 8.).

Wilhelm von Orlens ist Rudolf's drittes Werk, nach einem wälschen Buche, das Johannes von Ravensburg aus Frankreich heimbrachte, für den

Schenken Konrad von Winterſteten gedichtet. Konrad, wahrſcheinlich der Bruder des Liederdichters Ulrich von Winterſteten, iſt bekannt als Freund und Beförderer der Dichtkunſt, und als Gönner, nicht nur Rudolfs, ſondern auch anderer Dichter z. B. des Ulrich von Türheim, der auf ſeine Veranlaſſung die Fortſetzung von Gotfrids Triſtan unternahm. Am Hofe der Hohenſtaufen, wo er das Schenkenamt verwaltete, war er hochangeſehen. Der zweite Kaiſer Friderich übergab ihm im Jahre 1222 ſeinen älteſten Sohn Heinrich zur Obhut und Erziehung, und gab ihm ſpæter noch einen weitern Beweis des Vertrauens, indem er ihm während ſeiner und ſeiner Söhne Abweſenheit in Deutſchland die Statthalterſchaft Schwabens übertrug, eine Würde, die er bis zu ſeinem Tode beibehielt. Konrad ſtarb im Jahre 1241 auf ſeinem Schloſſe zu Altenthann und wurde im Frauenkloſter Baindt, das er im Jahr zuvor geſtiftet hatte, begraben (vergl. wirtembergiſche Jahrbücher 1832, S. 168—177). Die Entſtehung des Wilhelm fällt ſomit vor 1241. Dieſe würde ſich noch genauer beſtimmen laſſen, wenn man über den Tod eines Grafen Konrad von Ötingen, deſſen Rudolf zu Anfange des Gedichtes Z. 2080 ff. gedenkt, zuverlæſsige Nachrichten auffinden könnte. Die Klage, heiſst es dort, über den Tod Wilhelms, des Vaters des Helden, ſei ſo groſs und allgemein geweſen

als man nû bî diſen tagen
den edeln Ötingære klaget,
der ſolhen prîs hât bejaget,
daz alſô kurzlîche nieman
ſô gemeinez lop gewan
ſô der grâve Kuonrât
bejaget in drîn jâren hât
dô er ritter was genant
ê daz er rûmde tiutſchiu lant.

Docen frægt einmal irgendwo, ob dieſs wol derſelbe Konrad von Ötingen ſei, von dem die Genealogen ſagen, er ſei um 1242 ſpurlos verſchwunden? Woher Docen dieſe Nachricht hatte, konnte ich nicht herausbringen, noch auch ſonſt etwas Zuverlæſsiges darüber ermitteln. Zwar erſcheint um dieſe Zeit ein Konrad von Ötingen, der nach 1238 durch Heirath die Landgrafſchaft Niederelſaſs erwarb; die Genealogien dieſes Hauſes geben aber gerade über Dieſen keine ſichere und beſtimmte Auskunft. — Im Wilhelm nennt ſich der Dichter zum erſten und einzigen Male mit ſeinem vollen Namen: Ruodolf, dienſtmann ze Montfort.

Eine Ausgabe dieses noch ungedruckten Gedichtes wird vom Unterzeichneten schon seit längerer Zeit vorbereitet.

Ein Gedicht von der **Bekehrung des hl. Eustachius**, das im Alexander erwähnt wird, ist bis jetzt nicht aufgefunden worden.

Alexander der Grosse ist nach dem Lateinischen des Pseudo-Kallistenes und andern Quellen gedichtet. Die einzige Handschrift, die sich von diesem Gedichte erhalten hat (auf der k. Hof- und Staatsbibliothek zu München cod. germ. 203. Papier, 15. Jahrh. 200 Blätter in Spalten zu 28—30 Zeilen), ist unvollständig. von zehen Büchern sind nur die sechs ersten vorhanden. Auf eine einzige verderbte Stelle hin hat man den Alexander und somit auch den Eustachius vor den Wilhelm gesetzt; meine Gründe dagegen habe ich anderwärts geltend gemacht (Münchener gel. Anzeigen 1842. Nr. 70) und begnüge mich hier darauf zu verweisen.

Von dem verlornen **Buch von Troje** ist weiter nichts bekannt, als was Rudolf in der Weltchronik gelegentlich selbst davon sagt:

als ich an Trojær buoche las
do ich daz mære tihte
und in tiutsche berihte
als mir diu wârheit gewuoc.

Die **Weltchronik** ist das letzte umfassende Werk unsers Dichters. Er verfasste es auf Bitte und Begehren Konigs Konrad des IV., in dessen Dienste Rudolf übergetreten war. Noch vor Vollendung desselben überraschte ihn der Tod. Er starb, wie der älteste Fortsetzer versichert, in wälschen Reichen (Italien), wohin er wahrscheinlich seinem Herren gefolgt war. Die Entstehung fällt also zwischen 1250—1254. Eben dieser Fortsetzer (nicht der Heinrich von München) nennt uns auch seinen wahren Namen: **Ruodolf von Ems**.

Mit dieser Weltchronik hat es eine eigenthümliche Bewandtnis, die den Gelehrten früher viel zu schaffen machte und die abentheuerlichsten Vermuthungen hervorgerufen hat. Es gibt nämlich Handschriften, worin zwei Widmungen vorkommen: die eine zu Anfang des Buches an den Landgrafen Heinrich von Thüringen, worunter man gewöhnlich Heinrich Raspe (1227—1247) versteht, die andere, von Rudolf passend in die Einleitung zu den Büchern der Könige gesetzt, an König Konrad. Diesen seltsamen Umstand hat man auf verschiedene Art zu erklæren gesucht. Eine der neueren Erklærungen ist: Rudolf habe das Gedicht im Auftrage seines Herren, des Landgrafen Heinrich, (aber vor seiner Erhebung zum deutschen

Gegenkönige 1246) begonnen, nach deſſen Tode (1247) aber für König Konrad, bei dem er nun Dienſte genommen, vollendet. Eine abgeſchmackte Behauptung, die den Dichter, der von dem Gegenkönige und erbittertſten Feinde der Hohenſtaufen zu dieſen übergeht, in keinem vortheilhaften Lichte erſcheinen læſst. Zudem haben wir nicht die geringſte Kunde, daſs Rudolf ſich je am Thüringiſchen Hofe aufgehalten habe.

Erſt in neuerer Zeit iſt Licht in dieſes Dunkel gebracht worden durch A. F. C. Vilmar's bündige Unterſuchung (die zwei Recenſionen und die Handſchriftenfamilien der Weltchronik von Rudolf von Ems. Marburg 1839. 4.). Die Ergebniſſe derſelben ſind kurz folgende. Unabhängig von Rudolf's Weltchronik dichtete ein unbekannter Dichter ein ähnliches Werk im Auftrage des Landgrafen Heinrich. Jenes umfaſst die Bücher des alten Teſtamentes bis zu Salomo's Tode, dieſes nur den Pentateuch, das Buch Joſua und einen Theil des Buches der Richter. Rudolf's Quelle iſt die Bibel und næchſt dieſer die Hiſtoria ſcholaſtica des Petrus Comeſtor. Letztere nennt er nirgends, ſondern beruft ſich nur nebenher auf die darin angeführten Gewährsmänner, Joſephus, Methodius, Philo. An einigen wenigen Stellen folgt er dem Pantheon des Gotfrid von Viterbo, ſowie dem Polyhiſtor des Solinus, ohne den einen oder den andern zu nennen. An alle dieſe Führer bindet ſich der Dichter aber keineswegs genau, ſondern geht, mit hinreichender Beherſchung des Stoffes, ſeinen eigenen Gang. Ganz anders iſt Dieſes bei der andern Bearbeitung, die mit wenigen Ausnahmen vom Rudolfiſchen Texte grundverſchieden iſt. Die Quelle derſelben iſt zwar auch, obſchon in ganz anderer Weiſe als bei Rudolf, die Hiſtoria ſcholaſtica, mehr aber noch das Pantheon des Gotfrid. Dieſe beiden Werke nebſt einigen andern macht der Dichter als ſeine Führer namhaft; er iſt aber des Stoffes nicht mächtig und liefert ſtatt einer Bearbeitung meiſt nur ſclaviſche Überſetzung. Beide Gedichte, die in mehrern Handſchriften noch unvermiſcht erhalten ſind, wurden frühzeitig, wahrſcheinlich ſchon im dreizehnten Jahrhundert, und zwar auf verſchiedene Weiſe mit einander verbunden. Einen ſolchen, aus beiden Bearbeitungen gemiſchten Text gibt der von Gotfrid Schütze beſorgte Abdruck: Die hiſtoriſchen Bücher des alten Teſtaments u. ſ. w. 2 Bde. Hamburg 1779—1781. 4.

Ob Rudolf auch Lieder gedichtet habe, wiſſen wir nicht; auf keinen Fall rühren die in der Pariſer Handſchrift unter Rudolf dem Schreiber ſtehenden Strophen von ihm her.

Rudolf war nicht nur ein höchſt gebildeter, ſondern ſogar gelehrter

Mann. Gegen die damalige Sitte konnte er lesen und schreiben, und ausser der wälschen Sprache war er auch der lateinischen mächtig. Mit den deutschen Dichtungen seiner Zeit war er vertraut wie Keiner, und die Zeugnisse seiner Belesenheit, die er im Wilhelm und Alexander niederlegte, sind in mehr als einer Beziehung von Wichtigkeit für die Geschichte der älteren deutschen Literatur. Seine Werke waren sehr beliebt; dafür spricht, obschon ihn ausser dem Fortsetzer der Weltchronik keiner seiner Zeitgenossen nennt, hinlänglich die grosse Zahl der Handschriften, die von seinen bedeutendern Dichtungen sich erhalten haben.

Über das Verhältnis der gegenwärtigen Ausgabe des Barlaam und Josaphat zu der Köpkischen (1818) sei kurz Folgendes bemerkt. Köpke beabsichtigte blos einen lesbaren Abdruck zu geben, indem er von den drei ihm zugänglichen Handschriften die beste zu Grunde legte und nur offenbare Fehler aus den beiden andern besserte. Seinen Zweck hat er ohne Zweifel erreicht, und wenn der Abdruck auch Manches zu wünschen übrig liess, so wære es doch unbillig, den Masstab unserer Zeit daran legen zu wollen. Mein Streben gieng dahin, eine Ausgabe zu liefern, wie sie der gegenwärtige Standpunkt der Wissenschaft verlangt. Über die Quellen, die ich dazu benützte, findet der Leser im Anhange vor den Lesarten Auskunft.

Ich entledige mich einer angenehmen Pflicht, indem ich den verehrten Männern, Herren Joseph Freiherren v. Lassberg, Prof. Franz Karl Grieshaber und Prof. Dr. Heinrich Schreiber für die Bereitwilligkeit, womit sie mir ihre handschriftlichen Schätze zur Benutzung anvertrauten, öffentlich meinen herzlichsten Dank ausspreche.

Stuttgart am 24. Juli 1843. **Franz Pfeiffer.**

BARLAAM UND JOSAPHAT.

BARLAAM UND JOSAPHAT.

Alphâ et Ô, künec Sâbâôt,
got, des gewaltes kraft gebôt
leben ân urhap, dîn kunst
ân anegenges begunst
was ie, dîn gotlîchiu kraft
lebende in werder meisterschaft.
dîn hôhiu kunst, dîn wîser rât
besloʒʒen und bestricket hât
daʒ angenge und daʒ ende;
sunder missewende
bist dû der urhap genant,
daʒ ende stât in dîner hant;
der beider name wær dû ie,
doch gewunne dû sie nie
und müeʒen dem gewalte dîn
versaget unde vremede sîn.
dîner lebenden gotheit
wart anevanc nie angeleit;
dîn kraft gewinnet niemer ort,
dîn gewalt, dîn geist, dîn wort,
got vater mensche unde kint,
gewaltes ungescheiden sint,
als ie ân anegenge was
dîn einic drivalt unitas.
dir sich biegent älliu knie
ze himel und ûf der erde hie
biʒ durch der helle künde.
vor dir daʒ abgründe
bibent unde in vorhten swebet.
von dînem süeʒen geiste lebet
swaʒ lebelîche sich verstât
unde lebende sinne hât.
Erde, viur, waʒʒer, luft.
kelte, regen, hitze, tuft
getempert hât dîn eines kraft
in gotlîcher meisterschaft.
dîn eines vürdæhtlich gewalt
hât genennet unde gezalt
der sternen menege unde genant
ir aller namen unde erkant
ir umbelouf ir umbevart,
und wie sie nâch ir rehter art
natûrent aller dinge leben,
den dû wilt lebende sinne geben.
ouch muoʒ in sînem loufe gân,
als eʒ dîn kraft hât angelân,
daʒ firmament unz an daʒ zil,
als eʒ gebôt und als eʒ wil
diu gotlîche witze dîn.
alsô hât sich der sunnen schîn
entliuhtet unde gerihtet;
von nihte hât getihtet
dîn wîser gotlîcher list
swaʒ sihtic unde unsihtic ist.
dîn wort ist aller dinge slôʒ.
den dunre und diu blicschôʒ
von viurînem lufte lât
dîn kraft, diu sie getempert hât.
dir ist niht verborgen vor,
dû sihst durch aller herzen tor

in menſchlicher ſinne grunt;
dir ſint älliu herzen kunt.
Got vater nâch der gotheit,
dînes ſunes name treit
die menſcheit, in der er leit
den tôt durch unſer brœdekeit,
der megede ſchepfer unde ir kint.
an dem die drîe namen ſint
vater, ſun, heiliger geiſt,
dû hâſt in wîſer volleiſt
allen herzen gegeben
ſin. verſtân, vernunſtlîch leben
mit mislîches teiles gunſt.
dîn geiſt berihtet al die kunſt.
die menſchlîcheʒ leben treit
einem gît er wîsheit.
bî witzen wîslîchiu wort;
dem andern kunſtrîchen hort,
der doch an im verborgen iſt;
dem dritten manegerhande liſt;
er gît dem beſcheidenheit;
gnuogen machet er bereit
mit triuwen tugende rîche ſite.
er teilet ouch genuogen mite
geſunden lîp, vrœlîchen muot.
älliu leben hât behuot
dîn vil heiliger geiſt
nâch ir ſinne volleiſt.
Swie kleine doch ſîn wîſer rât
der künſte mir geteilet hât,
Kriſt herre got, ſô ſage ich dir
lop der gnâden, daʒ dû mir
geruochteſt ſinneclîche geben
gelouben unde kriſten leben,
daʒ ich von ſinnen mich verſtân,
waʒ ich gnâden von dir hân;
daʒ dîn geloube mir gît trôſt;
daʒ dû mich armen hâſt erlôſt
von der êweclîchen nôt,
und daʒ ich weiʒ, daʒ ich den tôt
niht vürhten ſol der ſêle mîn
ob ich bejage die hulde dîn.
durch die gnâde bite ich dich.
daʒ dû geruocheſt hœren mich
und mir in mîne ſinne
des heilegen geiſtes minne
ze lêre geruocheſt ſenden,
daʒ ich wol müge verenden.
des ich mit kranken ſinnen
alhie wil beginnen
ze ſprechenne von einem man,
wie des lêre dir gewan
vil der heideniſchen diet,
wie er von ungelouben ſchiet
mit dîner lêre liute, lant
und den glouben tet erkant
in dînem namen, ſüeʒer Kriſt.
ſît dû daʒ anegenge biſt
und daʒ ende hâſt erkant,
ſô biut mir dîner helfe hant
und wis nû mînen ſinnen bî.
in nomine domini,
hilf, herre got, verenden mir,
des ich beginnen wil mit dir.
Jôhannes hieʒ ein herre guot,
der truoc ze gote ſtæten muot
von Damaſcô was er genant,
der diz ſelbe mære vant
in kriecheſchem getihte.
ze latîne erʒ rihte
durch got und durch alſolhe ſite,
daʒ ſich die liute beʒʒern mite.
des ſelben hân ouch ich gedâht.
mag eʒ werden vollebrâht,
daʒ mir got der ſinne gan,
daʒ ich eʒ vollebringen kan,
ſô weiʒ ich wol, diz mære gît
den liuten ze etlîcher zît
an kriſtenlîcher êre
vorbilde in guoter lêre.

ſwen durch got des wol gezimt,
daȥ er diz mære alhie vernimt,
als ich eȥ geſchriben vant.
eȥ brâhte her in tiuſchiu lant
des ordens von Zîtels ein man,
von dem ichȥ von êrſte gewan:
von Kapelle abbet Wîde.
vil kûme ich daȥ vermîde,
ich müeȥe eȥ iu ze tiute ſagen.
ich hân dâ her in mînen tagen
leider dicke vil gelogen
und die liute betrogen
mit trügelîchen mæren:
ze trôſte uns ſündæren
wil ich diz mære tihten,
durch got in tiuſche berihten.
und bite, ſwer diz mære leſe,
daȥ er ſich beȥȥernde weſe
mit ſtæte an dem glouben ſîn,
und durch got gedenke mîn
vil armen ſündæres.
der urhap diſes mæres
wil ich in tiuſcher zungen weſen,
als ich die wârheit hân geleſen.
Hie vor in der gnâden zît,
als uns diu ſchrift urkünde gît,
dô got nâch der menſcheit
den tôt durch unſer ſchulde leit,
und von dem tôde erſtanden was
der durch uns ſtarp und doch genas,
und der vil reinen megede barn
was zuo der gotheit gevarn,
diu in hâte her geſant
von himel in irdiſchiu lant
der kriſtenheit ze trôſte,
die von der helle rôſte
von iemer wernder klagender nôt
erlôſte ſîn vil ſtrenger tôt,
und nâch der boten lêre
begunde wahſen ſêre

der gloube unde gotes wort
in den landen hie unt dort
dô began vil liute geben
umb daȥ êwige leben
durch got ir grœſten rîcheit,
die in vil maneger arbeit
gar mit kumberlîchen ſiten
in gote manege ſwære liten.
die ſîn lop ze allen ſtunden
hôhten, ſwâ ſie kunden,
die weltlîch guot verſwuoren
und in die wüeſte vuoren.
genuoge münecheten ſich.
diz reine leben gotlich
wuohs und wart vil wîte erkant
hin und her in vremdiu lant.
Nû was dô bî den ſelben tagen,
als ich die wârheit hœre ſagen,
in Indîâ ein künic wîs,
der gar an dirre welte prîs
ſîn gemüete kêrte:
in vremeden landen mêrte
ſîn tugent ſîne werdekeit.
er hâte ſich dar zuo bereit
mit tugentlîchen dingen,
daȥ man ſîn lop ſach dringen
vür ander künege wirde grôȥ.
niender lebete ſîn genôȥ
an milte, an hôhem muote.
er truog in ſîner huote
ſwaȥ dirre welte wol gezam
er was den vîentlîchen gram.
den er vîent ſolte ſîn;
ouch tet er vriuntlîche ſchîn
den liuten vriuntſchaft genuoc.
den er holdeȥ herze truoc
ſô gebar der zît nie wîp
alſô minneclîchen lîp
mit rehtem gelimphe.
ze erneſte und ze ſchimphe

was er zem beſten ûʒ erkant.
der was Avenier genant.
er phlac gewalteclîche aldâ
in dem lande ze Indîâ
des landes und der krône
vil wirdeclîche ſchône.

Avenier der künic was
ſô gar der welte ein ſpiegelglas,
daʒ dem hôch gelobeten man
ſîn rîcheit wahſen began
von witzen unde rîcher wer.
er betwanc mit manegem her
der lande vil in ſîn gebot.
ſwes geloube jach an got,
der muoſte dulten ſînen zorn
und ſâ daʒ leben hân verlorn
in ſînem künecrîche.
er lebete heidenlîche:
durch des tiuvels gebot
kêrt er ſich an diu abgot,
den er vil manegen dieneſt tet
und alle ſtunde ſîn gebet
in ze lobe nâch helfe ſprach,
wan er ſich helfe an ſie verſach.
ſwâ man über al ſîn lant
iender kriſtenliute vant,
die muoſten lîden ſâ den tôt,
als im des tiuvels rât gebôt,
den er vil ſelten übergie.
nâch ſînem willen was im ie
der welte wunſch an rîcheit
bereit und niender verſeit.
diu grœſte ſwære, der er phlac,
daʒ was, daʒ er ſô manegen tac
ſolt âne rehten erben ſîn.
daʒ leit gap im ſô hôhen pîn,
daʒ eʒ im ſorge brâhte,
ſwenn er an kint gedâhte
und im niht kinde was geborn.
den namen hæter gerne erkorn.

daʒ er ein vater hieʒe
und ſînem lande lieʒe
den erben, dem ſîn rîcheit
nâch ſînem lîbe wære bereit.

Des küneges drôlîch vorhte
in ſînem lande entworhte
die gotlîchen minne.
ſwer kêrte ſîne ſinne
ze kriſtenlîcher lêre aldâ,
der muoſte von dem lande ſâ,
ob er niht wolte erſterben
und ſchäntlîche verderben.
nû hâter einen râtgeben,
der was im alleʒ ſîn leben
der liebeſte âne wandel ie.
dô der daʒ gotes wort enphie,
eʒ wart an ime wuocherhaft.
got ſante ſîne hôhe kraft
mit ſtæte in ſîn gemüete.
des heilegen geiſtes güete
ſîn herze alſô gar beſaʒ,
daʒ er durch got vil gar vergaʒ
dirre welte muotes
und zergänclîches guotes.
diſe arme wünne er ſêre vlôch,
in einen walt er ſich zôch
und wart ein riuweſære.
daʒ was dem künege ſwære
und hieʒ in ſuochen balde
in diſem ſelben walde,
dâ der guot einſidel was.
er aʒ dâ krût unde gras,
unz er den lîp in grôʒe nôt
durch die gotes minne bôt.

Dô kâmen die in ſuochten dâ.
ſie viengen in und brâhten ſâ
dem künege diſen guoten man.
als in geſach der künic an,
gelîchſende er im dô bôt
nâch ſüeʒer rede unſenften tôt

kêrte er ſich iht mêre
an kriſtenlîche lêre.
»war hâſt dû dînen ſin getân,
daʒ dû hâſt durch niht verlân
beidiu lîp, êr unde guot?
waʒ riet dir diſen tumben muot?
dû treiſt daʒ ſcherpheſte gewant,
daʒ mir ie mê wart erkant;
dû wære doch ie der êrſte,
der werdeſte und der hêrſte
in mînem künicrîche,«
ſprach dô vil zornlîche
Avenier der rîche heiden;
»daʒ ſolt dû mir beſcheiden.«
er ſprach: »des wil ich wîſen dich.
ob dû wilt rehte hœren mich,
ſô heiʒ von dînem râte
ſcheiden hinnan drâte
zwêne vînde, die dû hâſt,
die dû doch vil kûme lâſt.«
dô ſprach der künic, »wer ſint die?«
»daʒ wil ich dir ſagen hie:
zorn und gîtlich âkuſt.
daʒ eine vüeget den geluſt,
der wider gotes willen ſtrebet.
ſwer nâch der welte willen lebet,
dem vüeget ir ger vil gîtekeit.
ſô gar ze ſamene wirt geleit
der welte hort, in ſtœret zorn.
der welte volger ſint verlorn.
diu beidiu ſolt dû von dir jagen.
wil dû reht bî wîsheit tragen,
ſô kan ich bewîſen dich
des dû hâſt gevrâget mich.«
»**N**û ſie beidiu ſîn verjaget!«
ſprach der künic unverzaget.
»nû ſage, waʒ riet dir den muot,
dô dû hæteſt ſô grôʒ guot,
daʒ dû eʒ lieʒe umb einen wân?
ſich, durch waʒ hâſtûʒ getân?«

»herre, daʒ wil ich dir ſagen.
ich was hie vor in mînen tagen
verdrücket in den ſünden.
dô hôrtich mir künden
ein wort, daʒ in mîn herze brach.
durch des lêre ich verſprach
dirre welte genuht.
daʒ ſelbe wort hât ſîne vruht
gewurzet an mir ſêre.
diz was des wortes lêre.
der tumben ſin iſt ſô getân,
ûf diſe welt ſtêt gar ir wân;
ſie hânt des wænlîchen muot,
daʒ diz zergänclîche guot
iemer wer, des doch niht iſt.
daʒ iemer wert ân endes vriſt,
daʒ dunket ſie gar trügelîch;
hie mite triegent ſie ſich.
hie vor hâtich den ſelben ſin,
den hân ich verlâʒen, er ſî hin!
dô mich unſer herre got
wîſen wolte in ſîn gebot,
do begunde er ſterken mînen muot,
ſô daʒ ich übel unde guot
ze rehte erkennen kunde.
dô lôſter ſâ ze ſtunde
mich von der welte üppekeit,
die ſî in ſüeʒem ſûre treit.
Daʒ mich got von ir lôſte
nâch ſînem hôhen trôſte,
wil ich der welte unlenge
daʒ ſtrenge phat vil enge
mit arbeitlîchen dingen
zuo mînem ſchepher dringen
und lâʒen dirre welte muot
umb daʒ iemer wernde guot,
daʒ iemer wert und niht zergât,
daʒ dir dîn lebn gevremdet hât
und allen, den diz ſüeʒe guot
benimt der welte unſtæter muot.

der welte unſtætekeit iſt vil.
niemen kan an halbez zil
genennen ir unſtæte grôz.
ſi lât in nacket unde blôz
mit jæmerlîcher armuot.
ſwer ir willen gerne tuot
dem gît ſi ſûres endes zil,
dâ von ich ſî nû lâzen wil,
wan ich hân den ze vriunde erkorn,
von des gebote ich bin geborn.
der vriunde ſol ich mich begeben,
die man ſiht mit nîde leben
und in der welte armekeit.
mînen vriunden iſt verſeit
vîentlîches zornes nît.
ſie lebent in vreuden zaller zît.
des liehtes lieht enzündet in
mit vreuden muot, ſêl unde ſin,
die ich ze mâgen hân erkorn.«
dô wart dem künege zorn.
Er ſprach: »dû vil tumbez wiht,
hæte ich dir geheizen niht,
daz ich lieze mînen zorn,
ſô müeſeſt dû hân verlorn
den lîp durch dîn unnütze ſpel.
dîn zunge iſt worden dir ze ſnel.
dû hâſt ſô vil getoubet mich,
benamen, ich hieze brennen dich,
hætich ez niht verlobet ê.
dû tuoſt mînen ougen wê;
nû balde enwec, vil tumber man!«
dô ſchiet er trûreclîche dan,
daz er dâ niht gemartert wart.
er huop ſich ûf ſîne vart
in ſînen walt, dâ er ê was.
ſwie er der marter dort genas,
er was doch marterære genôz.
des küneges zorn der wart ſô grôz,
daz er der niht geneſen lie,
ſwaz er der liute gevie.

die kriſten wâren worden.
nâch heidenlîchem orden
êrte er ſîniu abgot.
daz was des tiuvels gebot.
diſiu vorhte wîte erſchal;
die kriſten vluhen überal
von ir lîbes ſorgen.
ſie lâgen verborgen
in manegem holn ſteine
weltlîcher vreuden eine.
Dô vuogte ſich nâch dirre zît,
daz des küneges grôzer nît
wahſen ſêre begunde
den kriſten. ſâ ze ſtunde
ie harter man in wüeten ſach.
wâ von aber daz geſchach,
daz lât iu ſagen, als ich ez weiz.
ein ſîn vürſte ſich des vleiz
(der hiez Bârachîas,
der im der liebeſte ie was),
daz er in ſînen ſinnen
began die lêre minnen
der heiligen kriſtenheit.
der was, als uns daz mære ſeit,
getriuwe, kiuſche, milte.
ſîn herze nie bevilte,
im wær mit triuwen niuwe
an ſtæte manlîch triuwe.
in des glouben blüete
bluot er mit rehter güete.
ze gote was ſîn minne ſtarc,
daz er doch angeſtlîche barc.
vor dem lieben herren ſîn
tet er den willen ſelten ſchîn
er getorſte imz nie geſagen.
nû reit er mit dem künege jagen
eines tages in den walt.
dirre ſtolze degen balt
vil gar vereinen began.
dô vant er ligende einen man.

dem was wol herzeriuwe kunt.
in hâte ein tier ſô ſêre verwunt,
daz im was daz gân verſeit
von der wunden arbeit.
dô er vür wolte kêren,
er hôrte diſen ſêren
nâch im ſchrîen verre:
»kêr her, vil lieber herre!
und lâ durch rehte güete mich
armen man erbarmen dich:
vüere mich an etslich gemach.
ſwie mir ſî daz leben ſwach,
ich wirde noch ze rehter ſtunt
dir lîhte ein ſæleclîcher vunt.«
Dô kêrte er dêmüetlîche dan
zuo dem ſelben wunden man.
er dâhte helfen im durch got.
doch durch der vorhte gebot
verſweig er got mit rede gar
und kêrte zuo dem wunden dar.
er ſprach: »dû erbarmeſt mich.
ich wil hinnan vüeren dich;
durch guoter natûre wân
wirt dir gemach von mir getân.«
got getorſt er nennen niht.
der wunde man ſprach: »der geſchiht,
daz dû mich armen wunden
alſus hie hâſt vunden,
des maht dû iemer weſen vrô.«
zuo dem wunden ſprach er dô:
»waz vreut an dir mich, wer biſtû?«
»daz wil ich dir ſagen nû:
ich bin vil wîſe, ich hân den ſin,
daz ich arzât der worte bin.
den liſt bin ich gelêret:
wirt ein mîn vriunt verſêret
mit worten, von den er hât leit.
dem büeze ich ſô die ſiecheit
mit mîner guoter lêre,
daz er iemer mêre
bî ſîner lebelîcher vriſt
von dirre ſwære geneſen iſt.«
dâ kêrte ſich vil wênic an
der reine gotes dienſtman.
der rede geloubt er kleine.
dô vuort er dan aleine
den ſiechen man an guot gemach.
dâ von im liebe ſît geſchach.
Des küneges Avenieres man
begunden ſterken in daran
mit valſchlîchem geræte,
daz er den übel tæte,
die Kriſt ze gote nanden
und diu abgot niht erkanden.
ſie kêrten alle enwiderſtrît
an diſen guoten man ir nît.
ſie ſprâchen zuo dem künege dô.
»herre guot, wie tuoſt dû ſô,
daz dû ſô minneſt einen man,
der êren dir noch guotes gan?
dâ von dû ſchaden gewinneſt.
er hazzet, ſwaz dû minneſt.
im iſt unmære dîn gebot.
er minnet ouch der kriſten got.
des lêre dich ie ringe wac.«
der künic dô ſô ſêre erſchrac,
daz er ſîn ſelbes nâch vergaz.
er ſprach: »nû wie bevinde ich daz?«
dô ſprach ir einer under in.
»dû maht vil ſchiere ſînen ſin
mit kündekeit bevunden hân.
dû ſolt in heizen zuo dir gân
und ſolt im ſagen mære.
daz dû ein riuweſære
welleſt iemer mêre ſîn
durch Kriſt vür al die ſünde dîn;
dû ſîſt in grôzer riuwe.
mane in aller triuwe,
daz er ſîne rîcheit gar
durch dich lâze und mit dir var

ſô weiʒ ich in alſô gemuot,
daʒ er eʒ benamen tuot.
biteſtû es in durch Kriſt,
er tuot eʒ, ob er ſchuldic iſt.«

Den edeln vürſten rîche
minte alſô herzeclîche
Avenier der künic hêr,
daʒ er vür ein herzeſêr
diſe rede nâhen truoc.
daʒ man ſîn ze übele im gewuoc,
er dâhte, daʒ er wære betrogen,
der vürſte wær durch nît verlogen.
des wart im zervarne gâch.
der rede er gie mit vlîʒe nâch,
daʒ ſi im rehte wurde erkant.
der herre ſchiere wart beſant.
als in der künic komen ſach,
heinlîche er zuozime ſprach:
»lieber vriunt, nû hœre mich.
ich wil ein wênic wider dich
ſprechen unde wil dir ſagen
ein teil und mîner ſwære klagen.
dû weiſt wol, waʒ ich leider hân
an guoten liuten miſsetân,
die kriſten ſint: daʒ iſt mir leit.
nû wil ich die kriſtenheit
gelouben unde nemen an mich
und wil dich biten, daʒ dû dich
mit mir in daʒ ſelbe leben
zeinem müneche ruocheſt geben.
den ich vil leides hân getân,
den wil ich ſus ze buoʒe ſtân,
und wil den heiligen Kriſt
ze gote erkennen, alſe er iſt.
nû rât mir nâch dirre ſage
und ſage mir, wie eʒ dir behage.«

Der herre was der rede vrô.
vür wâr verſtuont er ſich ir dô,
von jâmer weinde er ſêre.
»mit ſælden iemer mêre

müeʒeſtû vrœlich ſîn,«
ſprach er, »vil lieber herre mîn.
dîn herze dir den beſten rât
mit witzen nû gegeben hât.
ſwie man daʒ himelrîche
erwerbe kumberlîche,
ſô ſol man eʒ doch ſuochen.
ſwer es wil geruochen,
der vindet eʒ, man lât in drin,
ob er ſô reinet ſînen ſin,
daʒ er der welte werdekeit
durch got lât varn und ſî hin leit
dem gît ân ende iemer mêr
vreude ân alleʒ herzeſêr
mîn vil lieber herre Kriſt,
der got ân ende iemer iſt,
mit iemer wernder krône.
bî dirre welte lône
merke, wie ſi zaller zît
wider einem liebe gît
ſibenvalte ſwære.
ir lôn iſt wandelbære,
der gotes lôn ân ende wert.
ſwer dirre welte lônes gert,
des lôn wirt anders niht wan klage.
vil ſêre erſchrac von dirre ſage
der rîche degen wol geborn.
im was diu rede an im vil zorn,
doch brâhte ers in niht innen
er zurnde in ſînen ſinnen.
der herre ſich dô wol verſtuont,
alſô noch die wîſen tuont,
daʒ er alſus verſuochet was.
der künec und Bârachîas
ſchieden von dem râte dô.
des zornes was der guote unvrô.

Von ſînem herren balde gie
dirre guote vürſte hie
mit ſorgen in ſîn hûs hin hein.
er wære worden gerne enein.

ob er mit witzen kunde,
wie er die liſte vunde,
daʒ er mit wîſen ſachen
möhte ſenfter machen
des küniges haʒ wider in.
daʒ kom ſô ſêre in ſînen ſin,
daʒ er dekeines ſlâfes phlac.
die naht er wol halbe lac
mit gedanken überladen:
er vorhte von dem herren ſchaden.
an jenen wunden dâhte er dô,
daʒ er geſprochen hæte alſô,
daʒ er wortarzât wære
und kunde grôʒe ſwære
von worten wol gebüeʒen
mit erzenîen ſüeʒen.
dô hieʒ er in zuozime komen.
er ſprach: »dû hâſt dich angenomen,
dû künneſt worte arzât ſîn.
daʒ ſolt dû lâʒen werden ſchîn.«
»daʒ kan ich wol, ich lougens niht.
ich kan eʒ, ſwâ es nôt geſchiht.«
»ſô rât ze mînen ſorgen mir!«
»nû daʒ tuon ich, waʒ wirret dir?
ſag an! es wirt dir lîhte buoʒ.«
»dâ hân ich mînes herren gruoʒ
umb eine kranke ſchulde
verlorn und ſîne hulde.
er ſagete mir, er wolde ſich
münechen. dô beſante er mich
und bat mich, daʒ ich tæte alſô.
des was ich herzeclîche vrô
unde ſtuont ze ſînem gebote,
und begunde ſterken in an gote.
einvalteclîche tet ich daʒ.
daʒ nam er vür grôʒen haʒ,
daʒ ich wol wæne, daʒ ſîn zorn
mir habe ſînen gruoʒ verlorn.«
Dô ſprach aber der wunde man
»vil wol ich dir gerâten kan,
wie dir wirt der ſorgen buoʒ
und wie dû dînes herren gruoʒ
als ê noch baʒ erwerben maht.
dû ſolt dir an dirre naht
dîn hâr heiʒen ſnîden abe,
und ſolt alle dîne habe
von dir legen und dîniu kleit.
dû ſolt mit grôʒer armekeit
in einem hemede hærîn
gân vür in als ein pilgerîn.
des nimt in michel wunder
und vrâget dich beſunder,
waʒ diſiu rede bediute.
ſô ſprich: ich wil dir hiute
erzeigen, lieber herre mîn,
daʒ ich dir wil getriuwe ſîn.
ſag an, biſtû noch ſtæte?
des dû mich geſter bæte,
des wil ich gerne volgen dir.
nû wol ûf! wildû mit mir,
eʒ ſî rûch oder ſleht,
ich wil dir alſam ein kneht
und dîn vil getriuwer man
iemer dienen ſwâ ich kan.
diz dunket in ein grôʒ geſchiht.
als er dîne triuwe erſiht,
er hœhet dir iemêre
mit willen guot und êre,
wan er dir iemer deſte baʒ
getrûwet und lât ſînen haʒ.«
Der rât dûht in der beſte.
der vürſte muotes veſte
ſîn hâr vil hôhe vürder ſchriet,
als im dirre man geriet.
er lie belîben ſîn gewant.
hærîn kleit leit er zehant
an ſich. er gie vil drâte
zedes küneges kemenâte.
als er begunde bôʒen dâ,
man lieʒ in vür den künic ſâ.

der begunde in vrâgen dô:
»ſag an, wie gâſtû alſô?
diz hân ich vür ein wunder grôʒ,
daʒ dû gêſt vür mich ſô blôʒ.
ſage mir, ob dir iht werre?«
»nein eʒ! lieber herre,
wan daʒ ich dir des willen dîn
gerne wil gehôrſam ſîn
mit dienſtlîchem gelimphe.
ich half dir ie ze ſchimphe,
nû hilf ich dir alrgerneſt,
ſît eʒ gât an den erneſt.«
dô wart dem künege niuwe
des werden vürſten triuwe.
er ſprach: »dû wære mir verlogen.
ſie hânt mich an dir betrogen,
die dich durch ir valſchen nît
mir hânt geleidet zaller zît.
ich ſol der triuwen lônen dir,
die dû hâſt erzeiget mir.
ich wil dich iemer rîchen.
ſie müeʒent mir entwîchen,
die dich ſô vil gevelſchet hânt
und mich ir leidens niht erlânt.«
den herren er dô êrte,
ſîn guot erm vaſte mêrte
und vuogte im hôher êren mê,
danne er gewunne bî im ê.
den valſchen rât er von im treip.
an ſînem zorne er noch beleip
ſô ſtæte, daʒ er dâ vor nie
der kriſten grœʒern haʒ gevie.
ſus genas der gotes degen.
ſîn phlac der gotlîche ſegen,
an des trôſt er ſich lie,
dô ſîn wort ſîn herze enphie.
Dô des küneges grôʒer haʒ
begunde ie baʒ unt baʒ
wahſen gegen der kriſtenheit
ſîn irrekeit wart alſô breit,
daʒ er der genâden gotes
gar vergaʒ und ſînes gebotes.
dô was unſer herre Kriſt
der beʒʒer, als er iemer iſt,
und hieʒ in ſîner güete
mit ſældenrîcher blüete
von dornen rôſen ſpringen,
mit ſüeʒer vruht vürdringen
daʒ honic von der wîden.
man mohte gerne lîden
von gote diſe gâbe grôʒ.
dem ſelben lande zuo vlôʒ
der kriſtenheit ein ſunnenglaſt,
von dem vreudebernden laſt
der kriſten leben ie muoſte tragen
mit vreuden gar bî ſînen tagen.
der künic was der ſelbe dorn.
ich hân die heidenſchaft erkorn
zuo dirre wîdn ungüete.
der komenden rôſen blüete
und des honeges ſüeʒe was
ein kint, des aldâ genas
des küneges Avenieres wîp.
eʒ wart nie kindesſchœner lîp
in dem lande mê geſehen,
als ich die ſchrift hœre jehen,
dan diz vil ſælden rîche kint,
von dem diu mære erhaben ſint.
Der vater was des kindes vrô.
ſîne boten ſant er dô
den vürſten al gelîche
in ſînem künicrîche
und hieʒ, daʒ rîche und arme gar
ze ſînem opher kœmen dar.
dô ſach man die lantherren komen,
als in diu botſchaft was vernomen.
ir opher brâhten ſi den goten.
als eʒ den armen was geboten,
die muoſten ouch dâ zeopher gân.
als ieglîcher mohte hân,

darnâch muoſt er ſîn opher geben.
des vreute ſich des küneges leben.
als in des kindes liebe twanc.
ſînen goten ſageter danc,
daȥ im daȥ kint ie wart geborn.
er hæte des vil wol geſworn,
daȥ erȥ ſolte hân von in.
wie was ir herze unde ir ſin
der zît ſô gar betoubet?
waȥ hâte an in beroubet
beidiu ſin, herz unde muot,
daȥ ſie lîp, ſêl unde guot
von einem bilde wolten hân,
daȥ als ein tier was getân,
und des nieman gedâhte,
des begunſt volbrâhte
mit ſîner gotlîcher kraft
himel und erde und alle geſchaft?)
Des kindes namen ſchuof man ſâ
mit der vürſten lêre aldâ:
Jôſaphât wart eȥ genant.
got leite ſîne ſüeȥe hant
an daȥ reine kindelîn
und tet im ſîne güete ſchîn
nâch dirre welte wunſche gar.
nû wâren von dem lande dar
vünf und vünfzic meiſter komen,
die alle wâren ûȥ genomen
an kunſtlîchem prîſe.
ſie wâren alſô wîſe,
daȥ in was von liſten kunt
aſtronomîe und alle die ſtunt,
in den die ſternen rihtent ſich
in ir louflîchen ſtrich.
die nam der künec an einen rât.
er ſprach. »ſît iuch geſament hât
mîn ſæleclîchiu vreude her,
ſô ſaget mir, daȥ iſt mîn ger,
wie eȥ dem kinde ſül ergân,
daȥ ich von mînen goten hân.«

dô ſprachens alle gelîche
eȥ würde ſælden rîche
gewaltes unde guotes,
tugende und hôhes muotes;
eȥ gewunne rîcheit mê
dan alle ſîne vordern ê,
und daȥ im ſolde ſîn bereit
êre, ſælde, werdekeit.
Dô ſprach in einer under in,
der hâte künſterîchen ſin
vür die andern alle:
»wie eȥ dir nû gevalle,
herre, des enweiȥ ich niht.
als mir der ſternen louf vergiht,
als wil ich dich eȥ wiȥȥen lân,
wie eȥ dem kinde ſol ergân,
daȥ nû von dir geborn iſt.
eȥ bejaget in ſîner jâre vriſt
vil ſælden zühteclîche.
albie diz künicrîche
ſol im niht werden undertân;
eȥ ſol eȥ umbe ein anderȥ lân,
daȥ tûſentvalte rîcheit
ob diſem künicrîche treit.
der zweier guot iſt ungelîch.
diz iſt ein armuot, seneȥ rîch,
daȥ im zeerbenne iſt bereit.
dû ſtôrteſt ie die kriſtenheit,
die wirt er hœhende alle zît.
an kriſtenleben er ſich begît
und wirt der kriſten bluome
mit kriſtenlîchem ruome.
man wirt in kriſten ſehende
an Kriſtum wirt er jehende
glouben unde toufes ſîn.
ſus iſt eȥ umb daȥ kindelîn.
ſwer dir iht anders von im ſeit,
daȥ iſt gar ein unwârheit.«
Der künic dô vil ſêre erſchrac.
diz mære er alſô hôhe wac,

daʒ im ſîn vreude gar zerſleif.
des meiſters wort im hindergreif
ſîner hœhſten vreuden zil.
dô gedâhte er liſte vil
mit râte in manegen enden,
wie er diz möhte erwenden.
dô hieʒ der künic rîche
würken meiſterlîche
einen wünneclîchen palas,
dar an ſô vil gezierde was,
daʒ man es vür rîcheit jach.
dô man daʒ kint gewahſen ſach
in der mâʒe an ſiben jâr,
in daʒ ſelbe hûs vür wâr
wart eʒ durch huote getân.
der künic hieʒ zuozim dô gân
liute, die ſîn ſolden phlegen
und an rehter lêre wegen.
die ſchœnſten liute, die man vant
gewahſen über al ſîn lant,
die lieʒ er bî dem kinde.
dô hieʒ er dem geſinde
mit drô gebieten an den lîp,
daʒ deweder man noch wîp
giengen in den palas,
wan ſie, den eʒ bevolhen was.
Dâ bî gebôt er mêre
ſwer kriſtenlîcher lêre
oder Kriſtes im gedæhte,
daʒ man im den bræhte:
der müeſe lîden ſâ den tôt.
der künic ouch dâ bî gebôt,
ob man under in dâ vunde
deheinen, der begunde
dâ bî in ſiechen, daʒ man in
ûʒ jagete von den andern hin
und einen geſunden bræhte,
und niemen dâ gedæhte
dem kinde, daʒ ein ander leben
got der welte möhte geben.
er hieʒ daʒ alter in verdagen
und dem jungen kinde ſagen,
daʒ eʒ ſolde iemer mêre
leben in ſolher êre.
er hieʒ, daʒ ſie dekeine nôt
dem kinde nanden und den tôt
im niemer vürgeleiten
unde im dâ von niht ſeiten.
Nû wart im kunt getân,
man ſæhe in dem lande gân
kriſten, die durch valſchen liſt
ze einem gote nanden Kriſt.
dô hieʒ er in daʒ rîche ſagen,
ſwer nâch den næhſten drin tagen
deheinen in dem lande dâ
vunde, er ſolde in brennen ſâ.
diz gebôt er. eʒ geſchach.
eines tages er geſach
zwêne reine müneche guot,
die truogen ouch vil ſtæten muot
an gotlîcher lêre.
dô zurnder an ſie ſêre
daʒ er ſie in dem lande vant.
er hieʒ ſie brennen ſâ zehant,
dô ſie daʒ urkünde gotes
truogen unde ſîns gebotes.
ſus tet vil angeſtlîchiu leit
Avenier der kriſtenheit
vil und mê bî ſînen tagen,
danne ich iu hie welle ſagen
er treip ſie algelîche
von ſînem künicrîche.
Als mir daʒ mære geſaget hât,
der edele guote Jôſaphât
in ſînes vater huote was
behalten ûf dem palas.
ſîne meiſter lêrten in
zuht und hovelîchen ſin,
wol gebâren, kiuſche weſen,
mit witzen an den buochen leſen

und reine küneges milte hân,
ungevüege ſite lân,
unzuht lâʒen unde ſpot.
ſîner meiſter gebot
im ſô gar ze herzen kam,
daʒ er in ſîne ſinne nam
von ſîn ſelbes muote
die lêre in ſîne huote.
ſîn angeborniu hôhiu tugent
kund im daʒ herze in ſîner jugent
ze ſolhen tugenden kêren gar,
daʒ es die meiſter nâmen war.
den wart in rîcher wîsheit
von im vil dicke vür geleit
meiſterlîcher rede genuoc
von grôʒen ſinnen, die er truoc,
lêrt in ſîner witze hort
vürbringen ſinnerîchiu wort,
mit den ſîn wîslîchiu kraft
ſîner lêrer meiſterſchaft
von ir ſinnen jagete.
dô man dem künege ſagete,
daʒ im ſô hôhiu wîsheit
von rîchen ſinnen wære bereit,
es nam in dicke wunder
und die meiſter al beſunder.
ſie vreuten ſich der wîsheit.
dem künege liep unde leit
was eʒ und dicke ſwære
durch jenes meiſters mære.

Der künic hieʒ die meiſter dô,
daʒ ſie in ſwære und aller drô,
diu in möhte beſwæren,
erlieʒen und verbæren.
des wâren ſie im gehôrſam.
daʒ kint in ſîne ſinne nam,
wâ von daʒ geſchæhe,
daʒ in niemen ſæhe,
wan dem eʒ der künec gebôt.
des hâte er ofte manege nôt,
wen er des vrâgen mohte.
er dâhte, daʒ niht tohte
vrâgen es den vater ſîn.
»ſwaʒ mir tuot der vater mîn,
daʒ tuot er niht wan durch guot.
ouch vürhte ich, daʒ ich ſînen muot
vrâgende beſwære,
vrâgich in dirre mære,«
dâhte der junkherre dô.
dâ bî begunde er denken ſô:
wer mit ſô rîchem werde
des himels und der erde
ſô gewaltic möhte ſîn,
daʒ der liehten ſunnen ſchîn
tages ſchîne und nahtes niht.
in dûhte ein wunderlîch geſchiht,
wâ von diu vinſter trüebe
ſich ie des nahtes hüebe
und ie der tac wær alſô klâr
und beidiu zît, ſtund unde jâr
ſô wehſellîche liefen hin.
daʒ nam er in ſînen ſin
und leite ſînen meiſtern vür
wîſe vrâge in vremeder kür,
ob der geſchephede orden
wær von im ſelben worden,
oder ob eʒ wære gemachet ſô:
des hâte er manege vrâge dô.

Nû was bî im ein wîſer man.
dô er des künde êrſt gewan,
er nam ſîn heinlîcher war
dan ander ſîner meiſter gar.
zuo dem ſaʒ er an einem tage.
er ſprach: »vil lieber meiſter, ſage
ein wênic, des ich vrâge dich,
durch mich, und bewîſes mich.«
»daʒ tuon ich gerne, lieber man.«
»lieber meiſter, ſô ſag an
(daʒ ich dich iemer mêre
nâch dînem willen êre,

ob dû mir ſeiſt die wârheit).
durch waȝ hât an mich geleit
mîn vater ſôliche huote?
des was mir ie ze muote,
daȝ ich es hæte gerne dich
gevrâget: nû bewîſe es mich.«
der vrâge erkom der meiſter dô.
doch gedâhter im alſô:
»diz kint hât ſô grôȝe tugent,
eȝ iſt in wahſender jugent:
tragich im heinlîchen muot,
daȝ iſt mir iemer mêre guot.
ouch iſt der vater im ſô holt,
ſwer ſîne vriuntſchaft verſcholt.
der tuot ſînen willen wol:
dar umbe ich im eȝ ſagen ſol.
beginnet er mir heinlich ſîn,
daȝ vrumt mir an den ſælden mîn.«
Er ſprach »herre, ich wil dirȝ ſagen.
dîn vater hât bî ſînen tagen
gehaȝȝet al die kriſtenheit,
vil grôȝen zorn an ſî geleit
durch einen got, der heiȝet Kriſt.
der ein vil werder got in iſt.
ſie jehent, daȝ er der himel phlege
und daȝ vür alle krefte wege
ſîn kraft, ſîn hôhiu gotheit,
und daȝ ſîn witze hât bereit
nâch gotlîchem werde
beidiu himel und erde.
diz iſt dînem vater zorn
dô dû wurde geborn
er ladete wîſe meiſter her
von diſem lande. die hieȝ er
an der ſternen loufe erſehen,
waȝ an dir ſolde nû geſchehen.
dô wart im von dir geſeit,
daȝ dû ſoldeſt die kriſtenheit
an dich nemen und den touf,
unde umb iemer wernden kouf

alhie diz künicrîche lân.
dir würde ein lant undertân,
des rîcheit grœȝer wære.
daȝ was dem künege ſwære
und hieȝ durch daȝ behüeten dich.
der liute rede iſt miſlich.
diz ervorhte er ſêre
und dâhte maneger lêre,
wie er die liſte erdæhte,
daȝ er dich hievon bræhte.«
Do began der junkherre
gedenken harte verre
nâch wâne in ſînen ſinnen
ze kriſtenlîcher minnen.
got tet an im genâde ſchîn
er ſante im in daȝ herze ſîn
des heilegen geiſtes güete
ſô gar, daȝ ſîn gemüete
beleip in reiner ſtætekeit,
als iu wirt her nâch geſeit.
nû kam der vater dicke dar
und nam des junkherren war.
wan er im herzeliebe jach
und in mit willen gerne ſach.
an einem tage er zuozim gie.
der junkherre in vil wol enphie.
den rîchen künic alſus bater·
er ſprach »ſage mir, lieber vater
wie tuoſt dû mir nû lange ſô,
daȝ dû macheſt mich unvrô,
daȝ ich in klagender ſwære bin?«
erkomenlîche ſach an in
der künec. er ſprach: »vil liebeȝ kint
hânt dich beſwæret, die hie ſint,
benamen, ſun, daȝ rîche ich dir!«
»vater, ſie getâten mir
nie niht wan ze guote.
mir tuot dîn ſtrengiu huote
leide zallen ſtunden.
dû hâſt mich ſô gebunden

daʒ ich als ein gevangen lebe
und in vil kleiner wünne ſwebe.«

»Daʒ tet ich, ſun, niht wan durch daʒ.
die liute tragent grôʒen haʒ,
mit zorne vrevellîche ſite:
dâ trüebent ſie einander mite.
liebeʒ kint, dâ von wolt ich
gerne wol behüeten dich,
wan ich wil, daʒ dû iemer mê
belîbeſt ſô, daʒ dir niht wê
von ſorgen ûf der erde
noch von unmuote werde.«
»daʒ mac niemer ſus ergân
wan ich ſô grôʒe ſwære hân
von dirre huote, daʒ mîn leben
alle vreude muoʒ begeben.
ich wolde gerne vür diu tor
und ſehen, waʒ dâ wære vor.
mit leide ich bin beſeʒʒen
ſô daʒ mir trinken, eʒʒen
niht gevuoren mac den lîp.
ich wolde man und dar zuo wîp
und ander dinc vil gerne ſehen,
möht eʒ mit dîner gunſt geſchehen.«
als er der rede gap ein zil,
der künic hâte ſorgen vil,
wie er mit vuoge tæte
des ſîn kint in bæte.
er dâhte: »ich vüege im herzeleit,
wirt im diu bete alhie verſeit:
ſô mac mir wol ze leide ergân,
ob ich eʒ tuon, daʒ iſt mîn wân.«
er ſprach: »ſun, ich wil durch dich
diz tuon, ſît dû es gerſt an mich.«

Dô er der bete entwichen was,
dô hieʒ er vür den palas
ſchœniu ors und rîchiu kleit
mit küniclîcher rîcheit
dem junkherren dar bringen.
do began ſîn herze twingen
ſîn zuht, ſîn angeborniu tugent,
die er truoc in ſüeʒer jugent,
alſô zühteclîcher ſite,
daʒ er ſich ſô liebte mite,
daʒ man in wîte prîſte
und daʒ er an ſich wiſte
der liute vriuntſchaft unde gunſt.
diu mâʒe wag im rehte kunſt
gên dirre welte und ze gote
nâch des wunſches gebote.
dô reit er her unde dar.
der künic hieʒ die ſîne gar,
die in hâten in ir phlege,
daʒ ſie ſîn huoten ûf dem wege,
daʒ er iemer geſæhe
dekeine ſache ſmæhe
und niemer vür in kæme,
ſwaʒ wære widerzæme.
ſwaʒ ſchœne was und wolgetân,
daʒ hieʒ er in ſchouwen lân.
er hieʒ im machen vreuden vil
mit maneger hande ſeiteſpil,
daʒ er bî vreuden wære:
ſus huote er ſîn vor ſwære.

Mit diſen dingen was behuot
Jôſaphât, der knappe guot,
von leide bernder angeſiht,
daʒ er bevunde leides niht,
dâ von im wüchſe herzeleit.
eines tages er ûʒreit.
dô vuogte ſich, daʒ er geſach
zwêne man, der ungemach
was von hôher ſiecheit
ein iemer werndeʒ herzeleit
der eine miſelſühtic was,
der ander blint, als ich eʒ las.
der knappe erſchrac und wart unvrô.
zuo den geſellen ſprach er dô:
»kêrent her, ſeht, waʒ hie gê!
ich hân geſehen, daʒ ich nie mê

geſach ſô leiden anebliс.
des hât mir einen grôȥen ſchric
mit vorhte ir ungetâneȥ leben
von ir angeſiht gegeben.
ſie ſint ſô ſmæhlîche getân:
ich wolte gerne künde hân,
waȥ in geſchehen wære.«
daȥ was den ſînen ſwære:
ſie wolten im eȥ hân verſeit:
daȥ er ſie ſach, daȥ was in leit.
Ir einer under in dô ſprach:
»der ſmæhen ſiecheit ungemach
genuogen liuten ſô geſchiht,
daȥ ſich an in tempert niht
ir natûre complexiô.
der übervluȥ eȥ vüeget ſô,
daȥ ir natûre verirret wirt.
der übervluȥ an in gebirt,
daȥ ir kraft muoȥ verderben,
und ir matêrje erſterben.
ſô vüeget ſich diu blintheit
ouch von maneger arbeit.«
der knappe ſprach: »ir ſult mir jehen,
mac allen liuten diz geſchehen?«
»allen liuten? nein eȥ, niht!
an ſwem aber diz geſchiht,
als ich dir hân hie vor geſeit,
an dem wirt diu ſiecheit.«
»ſît eȥ nû allen liuten niht
geſchehen ſol den eȥ geſchiht,
künnen die den tac verſehen,
wenne eȥ an in ſol geſchehen?«
»nein eȥ, wan dekein man
rehte vor wiȥȥen kan,
waȥ im her nâch geſchehen mac.
dirre kumberlîche ſlac
kumt ſô verſtoln ûf den man,
daȥ ſich nieman behüeten kan.«
der vrâge Jôſaphât geſweic.
daȥ houbet im dô nider ſeic.

der ſchric was im ze herzen komen,
dâ von im vreude wart benomen,
daȥ er an diſen beiden ſach,
daȥ herzeleit und ungemach
der welte brichet vreuden vil,
als eȥ got vüegen wil.
Dar nâch dô mit gewonheit
Jôſaphât ze velde reit,
daȥ er mit willen ſelten lie,
ein alter man im wider gie,
der was unmâȥlîchen alt.
daȥ alter hâte in ungeſtalt
gemachet, als eȥ an im ſchein.
im wâren arme unde bein
ſwarz, gerumphen. dirre man
truoc in dem munde niender zan.
der alte was von alter grâ;
an ſînem lîbe hie unt dâ
muoſtim diu hût von alter weſen
mit grôȥen runzeln überleſen.
ſwenn er iht ſprach deheine ſtunt,
ſô viel zeſamene im der munt.
vil nôtlîch er vürbrâhte
daȥ wort, als ers gedâhte.
dô ſprach der junge Jôſaphât
»waȥ wirret diſem, der hie gât?
ſô jæmerlich iſt er geſtalt.«
ſie ſprâchen alle: »er iſt alt.«
»wâ von iſt im geſchehen daȥ?«
»von alter gar.« »nû ſagent, waȥ
alter ſî.« »daȥ ſagen wir,
vil lieber junkherre, dir.
Alter iſt genant ein zît,
an dem vil jâre menige lît.
ſwie des mannes leben ſtât,
daȥ alter in niht ledic lât.
den ſiechen den geſunden
wehſet zallen ſtunden
des alters kraft in ſîner maht.
eȥ ſî tac odr eȥ ſî naht,

der man ſlâfe oder wache
mit ſenfte, mit ungemache
wehſet ie des alters zît.
ſwem ê der tôt niht endes gît,
der muoʒ daʒ alter, daʒ iſt wâr,
dulten. ob er manegiu jâr
lebet, ſô drucket eʒ in nider
und lât in niht komen wider.
eʒ ſwendet alle ſîne kraft,
biʒ dan des tôdes meiſterſchaft
an des alters ende kumt
und den lîp ze nihte drumt.«
»geſchiht diz allen liuten?
daʒ ſult ir mir bediuten.«
»jâ, niemen eʒ erwenden kan.
eʒ ſî wîp oder eʒ ſî man,
wîſe rîch oder hêre,
daʒ eʒ guot oder êre
ſchœne, zuht oder tugent
behüeten müge, ie nach der jugent
zergê ſîn kraft, ſîn lîp werde alt.
dirre welte grôʒ gewalt
kan daʒ niemer underſtân,
daʒ leben müeʒe ein ende hân
mit tôde in des alters zît.
diz wiʒʒeſt âne widerſtrît!«
»Nû ſult ir mich wiʒʒen lân,
ſît eʒ kan niemen underſtân
mit witzen noch mit hêrſchaft,
wie lange mac in ſîner kraft
ein man belîben âne nôt,
daʒ in daʒ alter und der tôt
von ſînen kreften dringe niht?«
»ob einem man ſô wol geſchiht,
daʒ er gelebet ahtzic jâr
oder hundert al vürwâr,
ſô muoʒ ſîn kraft, ſîn lîp, ſîn leben
diſen beiden ſich ergeben.
ir lebet vil wênic an daʒ zil.
der liute iſt leider niht ze vil,
der lebendiu kraft biʒ dar geſtê
ſie müeʒen leider ſterben ê.«
»wie geſchiht dem, der ſtirbet?«
»ſîn lîp ſô gar verdirbet,
daʒ er niht wan ein aſche wirt.
der ſite nieman verbirt:
ſwaʒ lebet, daʒ muoʒ erſterben.
eʒ muoʒ ouch gar verderben,
ſwaʒ dû ſihſt oder iemen ſiht,
daʒ kan erwenden niemen niht.
hievor kan nieman geneſen.
eʒ iſt ein erbe an uns geweſen
von unſern altvordern gar:
die ſint gevarn vor uns dar.
wir alle müeʒen nâch in komen
des wirt niemen ûʒgenomen.«
Der knappe wîſe unde guot
nam in ſînes herzen muot
die rede und ouch die lêre.
er begunde ſiuften ſêre.
er ſprach: »owî, owê der nôt,
daʒ dirre welde gît der tôt
nâch liebe ein endelîcheʒ leit!
diu welt iſt gar ein üppekeit.
owê mir armen unde owê!
muoʒ ich nâch dirre ſelben ê
mit dem tôde ouch ſterben,
wie ſol ich danne werben?
owê, ſwenn ich verdirbe
und an dem lîbe erſtirbe,
wer gedenket danne mîn?
owê! ſol aber iender ſîn
ein ander welt, in der ich lebe,
diu leben mir nâch tôde gebe,
oder ſol ich ſô verderben
und alſô gar erſterben,
daʒ von mir niht werde
wan ein blôʒiu erde?
waʒ bin ich denne, waʒ ſol ich?«
alſus begunde er klagen ſich.

dem tet er niender doch gelich
ze allen zîten vreudenrîch
was er, ſô eʒ der vater ſach.
diz verborgen ungemach
truoc er ſô, dër niemen vant,
dem erʒ mohte tuon erkant.
Dô bat er aber zuozim gân,
von dem ich ê geſprochen hân,
den heinlîchen meiſter ſîn.
er ſprach: »vil lieber meiſter mîn,
tuo mir eteslîchen rât.
mîn herze grôʒe ſwære hât
dâ von, daʒ ir mir ſagetet ê,
daʒ dirre welte lîp zergê
mit leitlîches endes zil.
hie von dulte ich ſorgen vil.
iſt nâch dem tôde ein ander leben
oder wirt dem lîbe ein zil gegeben,
daʒ ſîn gehügede erſterbe,
ſîn leben ſô gar verderbe,
daʒ man ſîn niemer mêre
gedenke in lebender êre?
daʒ ſage, vil lieber meiſter, mir.«
»weſſe ich eʒ, ich ſaget eʒ dir
eʒ iſt mich als dich verdaget.
nû hân ich dir doch ê geſaget,
daʒ dîn vater grôʒen haʒ
treit der kriſtenheit. durch daʒ
ſie hie von hânt ſô vil geſaget,
durch daʒ hât er ſie verjaget,
her umbe er ſie verderben hieʒ,
von diſem lande er ſie verſtieʒ
durch diſiu ſelben mære.«
dô wart des knappen ſwære
gar nâch dirre lêre breit.
in dûhte gar ein üppekheit
dirre weltliche ruom,
ir leben, ir êre, ir rîchtuom.
Diz begunde erbarmen
den got, der uns vil armen
geſchuof unde werden hieʒ.
diz ſüeʒe herze er niht verſtieʒ.
daʒ ſîne dêmüete
mit ſüeʒer mannes güete
ſuochte gar unkuntlîche.
des ſîn daʒ himelrîche
vorderte, er enweſſe wâ
dem ſante er ſînen boten ſâ,
der in mit der gotes phlege
wîſen ſolde ûf rehte wege.
wer der wær, daʒ lât iu ſagen.
Eʒ was dô bî den ſelben tagen
ein guoter riuweſære,
reht unde unwandelbære,
der beidiu muot und gedanc
ûf gotes dieneſt ſêre twanc.
diz was ein münich guoter.
wer vater oder muoter
wære, des enweiʒ ich niht.
daʒ mære mir von ime giht,
er wære ein guoter man in gote
ſîn herze was in gotes gebote
mit güete dicke erwachet.
er hâte im gemachet
ein zellelîn, dâ er beleip,
dô Kriſtes lêre in vertreip
von dirre welte wünne.
lîp, guot unde künne
lieʒ er alleʒ varn durch got
und was geſîn durch ſîn gebot
in einer inſel manic jâr:
diu was geheiʒen Sennââr
dô er in ſîner zelle was,
durch got dâ ſanc unde las
nâch prieſterlîchem rehte,
dem reinen gotes knehte
wart von gote kunt getân,
daʒ er des niht ſolde lân,
er vüere in Indîâ daʒ lant,
und tæte gotes wort bekant

mit des gelouben râte
dem jungen Jôſaphâte.
Barlââm was er genant.
der ſelbe gotes wîgant
hât ê ze manegen ſtunden
dicke wol bevunden,
daz Avenier der rîche
den kriſten algelîche
trüege al ze grôzen haz.
ein teil er im die vorhte entſaz
von menſchlîcher brœdekeit.
ſîn orden wart hin geleit,
von des hœhe er nider trat
mit kleide an weltlîche ſtat.
er gie von ſînem walde
zuo einem ſchiffe balde.
darinne vuor er ſâ zehant
hin in Avenieres lant
und ſagete dâ ze mære,
daz er ein koufman wære
und trüege ſînes herren krâm.
dâ was der wîſe Barlââm
lange, daz er niemen vant,
dem ſîn geverte wurde erkant.
nû gienc er vür den palas,
da der junkherre ûffe was;
er geſtuont an eine ſtegen.
der ſîn hâte dar gephlegen,
got, der phlac ſîn vürbaz.
nâch ſînen ſælden vuogter, daz
des junkherren meiſter kam,
zuo dem er zallen zîten nam
heinlîchen rât mit wîsheit,
als ich iu hân hie vor geſeit.
Er hâte daz ê wol ervarn,
daz Jôſaphât, der ſælden barn,
deheinem was ſô heinlich:
zuozim huop er balde ſich.
er ſprach: »herre mîn, vernim!«
er ſtuont ſtille: er gie zuozim.

»waz wil dû mîn?« »daz ſage ich dir.
ich hân brâht dâ her mit mir
krâm, den lieze ich gerne ſehen
den junkherren, möhtez geſchehen.«
»nû waz krâmes hâſt dû hie?«
»einen ſtein, daz ouge nie
ſô edel ſtein wart erkant.«
dô ſprach der meiſter ſâ zehant
»lâ ſehen! wie iſt der ſtein getân?
der ſteine ich guote künde hân
und kan ir kraft erkennen wol.«
»den ſtein niemen ſehen ſol,
des lîp deheinen wandel treit.
er ſol vor aller valſcheit
ſîn herze hân gereinet gar.
ſwer wil des ſteines nemen war,
der ſol ſich wandels hân behuot.
der ſtein iſt bezzer danne guot;
ich nenne ein teil der ſîner kraft.
wirt mit dem tiuvel behaft
ieman, den tuot er erlôſt.
ſwer lebet in ſwære ſunder trôſt,
dem gît er vreude und trœſtet in.
hât ouch iemen touben ſin,
dem gît er bî wîſer kunſt
rîche ſinne unde vernunſt.
er tuot ouch ûf diu ôren
den ungehœrenden tôren
und gît den ſtummen wîſiu wort.
den herzen vreuderîchen hort.«
Der meiſter ſprach »dîn ſtein iſt guot.
an dir zeiget mir mîn muot,
daz ich wil muoz unde ſol
gelouben dînen worten wol:
dû biſt geloublich getân.
doch triuget mich ein teil mîn wân.
ſwie dû ſîſt geloubhaft:
edel ſteine in grôzer kraft
und rîche gimme ich hân geſehen.
vil mê dannich dir welle jehen

doch hân ich her von kindes jugent
alſô gelebet, daȥ ich die tugent
vernam von ſteine nie ſô rîch.
im wart nie ſteines kraft gelîch.
er zæme wol herren edelkeit,
iſt eȥ als dû hâſt geſeit.
doch muoȥ ich in ê geſehen,
ê daȥ ich iht welle jehen
ſîner kraft dem herren mîn.
dû maht wol vil genieȥen ſîn
mîn herre in giltet tiure dir,
gevellet er im unde mir.«

Barlââm ſprach: »dû ſeiſt wâr
dû verendeſt dîniu jâr,
daȥ dir niemer krâm dekein
wirt erkant noch beȥȥer ſtein.
eȥ iſt an diſem ſteine
ein grôȥiu kraft, niht kleine
unkiuſche mac in ſehen niht.
ſwer hât gebreſten an der geſiht,
ſiht in der vrävellîchen an,
der kan geſcheiden niemer dan,
daȥ ſehn werd im verkrenket,
ſîn vreude gar verſenket.
die geſiht muoȥ er verlieſen,
wil er in alſus kieſen.
ich ſihe wol, dîner ougen glanz
iſt vollecliche an dir niht ganz.
des wil ich ſchuldic werden niht
an dîner ougen geſiht.«
der meiſter ſprach zuozim dô ſâ
»hab dir den ſtein und lâȥ in dâ.
wan eȥ iſt als dû nû gihſt
unde an mînen ougen ſihſt.
dar zuo hân ich ouch ſünden vil,
dâ von ich in niht ſehen wil.
ich tuon in mînem herren kunt.
der hât vil tugent; im iſt geſunt
herze, lîp, muot unde geſiht:
an dem wirret ime niht.

geſiht er in, er wirt ſîn vrô!«
von Barlââme gienc er dô
und ſeite dort, wie eȥ ergie,
von dem ſteine, als ich iu hie.

Die rede er weltlich verſtuont,
als ie diu kint der welte tuont.
der bezeichenunge hort
erkande er niht. diu ſelben wort,
als er im ſeite, diu ſeit er.
dô was des junkherren ger,
wie er geſæhe diſen man.
ſînen meiſter ſanter dan
nâch dem wîſen Barlââme
und nâch dem rîchen krâme.
er gie nâch im, aldâ er was,
und vuorte in ûf den palas.
als in Jôſaphât erſach
unde gruoȥes im verjach,
des heilegen geiſtes lêre
begreif in alſô ſêre,
daȥ er begunde brinnen
vil ſêre in gotes minnen.
den meiſter hieȥ er vürder gân.
er ſprach: »guoter man, ich hân
gehôrt von dînem ſteine,
wie edel und wie reine
ſî dîn ſtein, wie rehte guot.
lâ mich in ſehen. ich hân den muot,
daȥ ich in tiure gelten wil,
ſît daȥ er krefte hât ſô vil,
als mir iſt von im geſeit.«
»herre, dîner edelkeit
gezæme niht, daȥ ich dich trüge
und an ſô grôȥen dingen lüge.
ſüeȥer man, ſwennich an dir
den muot bevinde, daȥ dû mir
vernemen wilt die edelkeit,
die er bezeichenlîche treit,
und waȥ im krefte iſt anbehaft,
ſô ſage ich dir von ſîner kraft.

ê daz ich underwîſe dich,
wie ſîn kraft iſt bezeichenlich,
ſô dunket ungevuoge dich,
wie er iſt bezeichenlich.
Mîn herre, der mich hât geſant
mit ſînem krâme in ditze lant,
des wort ſol ich dir künden,
dich wîſen von den ſünden,
ob dû wilt lêre râmen.
er ſprach: Mit ſînem ſâmen
gie ein man ûz drâte.
dô er den ſâmen ſâte,
ſîn viel ein teil ûf herten ſtein.
wan dâ niht bernder vrühte ſchein,
in âzen vogel und truogn in hin
alſus verdarp dâ der gewin.
der ander ſâme in dorne kam.
der dorne dicke im gar benam
die bernden vruht, daz ſi verdarp.
des dritten ſâmen korn erwarp
hundertvaltes nutzes vruht:
der viel in viuhte genuht
und brâhte hundertvalten hort.
der ſâme iſt daz gotes wort:
vil wîte man daz ſæjen ſiht,
daz ez doch wuochers bringet niht.
der dâ viel ûf herten ſtein,
daz iſt ein herze, daz ie ſchein
in hertem gemüete
gên rehtes wuochers güete.
die vogel, die ez truogen hin,
daz iſt bœſer liute ſin
und des hellewarten rât,
der guotes niht geſchehen lât.
richeit, wîp, vriunde, kint
genennet zuo den dornen ſint,
von den vil kûme ſelten iht
guotes iht durch got geſchiht.
Diu dritte bernde genuht,
diu mit hundertvalter vruht
zehenzicvalten wuocher bar.
daz iſt ein herze, daz ſich gar
mit guoter werke ſtætekeit
ûf gotes dienſt hât bereit.
vindich an dir den ſelben muot,
ſô ſæje ich mînen ſâmen guot
mit lêre in daz herze dîn
und tuon bezeichenlîche ſchîn
dir des ſteines edelkeit,
von dem ich dir hân geſeit.
iſt dîn herze ſteinîn gar
und dornic, ob ich ſæje dar
guotes ſâmen gewin:
wil dû hân ſô kranken ſin,
daz dû lîhte maht verzagen
und den ſâmen hin lâſt tragen
die vogele, die ich hân genant:
ſô bin ich ſô niht ûz geſant,
daz ich in nâch unwerde
werf in unberhafte erde.
ich hân dir vil geſtrichen nâch.
mir was her nâch dir ſô gâch,
daz ich mit arbeitlîchen ſiten
vil kumbers hân durch dich erliten,
daz ich diu dinc dir ſagete alhie,
diu dû vernæme vor mir nie.
ich gedinge an dînem muote,
daz er ſich nû ze guote
mit bezzerunge kêre
nâch mîner worte lêre.«
Dô ſprach der guote Jôſaphât
»mîn herze nû vil lange hât
einen harte vremeden ſin,
von dem ich bekumbert bin.
ich hœre willeclîche dich
und dinge, daz dû wîſeſt mich
eteslîcher mære guot.
dar nâch nû lange ranc mîn muot.
ich wil dir wærlîche ſagen,
daz ich nû lange hân getragen

gedanke manege ſtunde.
von den niemen kunde
ze rehte wol geſcheiden mich.
ein viur hât enbrennet ſich
ſô ſêre in mînen ſinnen,
daz ſîn vil ſtætez brinnen
an mir niht erwinden wil.
daz vüeget mir gedanke vil,
der niemen mich beſcheiden kan.
hôrte ich einen wîſen man,
der guote rede mir ſeite
und reiniu wort vür leite,
dem wolde ich volgen gerne.
ſwaz ich von dir gelerne
guotes, des enlâze ich niht.
des mir der muot mit ſtæte giht.
ſî dir ſolher rede iht kunt,
der wîſe mich alhie zeſtunt
durch dînes herren willen nû.
dô mir wart geſeit, daz dû
kæme alher, des was ich vrô,
und dâhte in mînem muote alſô
dû kundeſt wol geſagen mir
alle mînes herzen gir,
und hiez durch daz dich zuo mir lân.«
»herre, daz was wol getân,
daz dû niht verſchmâhteſt mich.
dîn edel herze wîſte dich,
daz mich dîn edelkeit, dîn guot
niht verſchmâhte durch mîn armuot.
Des wil ich dich gelîchen
einem künege rîchen,
der was edel und sælden rîch.
niender lebete ſîn gelîch
an milte, an dêmüete.
daz zeigte wol ſîn güete.
dô er eines tages reit
mit küniclîcher rîcheit,
als ez gezimet küneges ſiten.
ſîne vürſten mit im riten
in grôzer wirde. dô ſach er
ûf der ſtrâze gên dort her
zwêne kumberhafte man,
die truogen ärmeclîchen an
dêmüeteclîchiu krankiu kleit.
niht von hôher rîcheit.
die wâren mager und harte bleich.
des küneges muot von hœhe weich
in ſenfte dêmüete.
durch ſîne grôzen güete
viel er nâch dem gruoze
den beiden dâ ze vuoze.
munt, hende unde vüeze
kuſt in der herre ſüeze
durch ſîner tugende edelkeit.
er ſach wol, daz ir arbeit
was ſô grôz durch gotes gebot.
daz was al der ſînen ſpot:
ſie ſprâchen alle. »ez miſſezimt
daz unſer herre alſus benimt
der krône ſô grôz êre
daz ſwachet in vil ſêre!«
von in wart ſolher rede genuoc.
ir ieglîcher nâhe truoc
die ſelben rede vil tougen.
under des küneges ougen
getorſten ſie im die geſchiht
verwîzen offenlîche niht.
Nû hâter einen bruoder dâ.
den bâten die lantherren ſâ
den künic reſſen, daz er ie
diz dêmüetlîche dinc begie.
daz im gienge an ſîn êre.
des raſſt in dô vil ſêre
der bruoder, wan der vürſten haz
was gên im vil grôz durch daz,
im diu ſache was geſchehen
man müeſte in zornic hân geſehen,
möht ez mit vuoge ſîn getân.
durch unvuoge muoſte erz lân.

doch dâht er: ich lône dir,
hâſtû vergâbet dich an mir.
nû hâter eine gewonheit:
ob im iemen tet ein leit,
dâ von er ſolte ſîn verlorn,
dem hieȥ er ein herhorn
des nahtes blâſen vor der tür.
daȥ er den lîp durch reht verlür,
daȥ wart gekündet im hie mite.
daȥ was des ſelben küneges ſite.
nû hieȥ er ſînem bruoder dô
künden ſînen zorn alſô,
daȥ er den lîp und daȥ leben
des andern morgens ſolte geben
durch jene grôȥe ſchulde breit.
dô wuohs dem bruoder herzeleit.
er bereite ſich darzuo,
als er des andern morgens vruo
ſolde hân verlorn den lîp.
kint bereiter unde wîp.
des nahtes gap er in ſîn guot,
als man noch gên dem tôde tuot.
ſô daȥ ende nâhen ſol.
er was des nahtes leides vol.
Vruo an dem andern morgen
kom er mit grôȥen ſorgen,
mit kinden und mit wîbe.
diu truogen an ir lîbe
mit grôȥen riuwen armiu kleit
durch ir trûreclîcheȥ leit
gên des herren ende.
ſie wunden ſêre ir hende,
vil riuweclîche ir klage was.
vor des küniges palas
wart an deme ſelben tage
durch den herren grôȥ diu klage
mit jæmerlîchen dingen.
dô hieȥ der künic bringen
ſînen bruoder dar vür ſich.
er ſprach: »vil tumber man, ſît dich
ſô ſêre erſchrecket hât der tôt,
dô dîn bruoder dir enbôt,
dem dû nie getæte leit,
dir wær des tôdes zil bereit,
dô hâteſtû dich ſchiere bewart
ûf des lîbes hinevart:
dû hâteſt vorhtlîche klage.
nû hâſt dû bî dir alle tage
gewiſſen boten umb den tôt.
dîn ſchepher dir nû lange enbôt
des tôdes zil, und weiſt des niht,
wenn ſîn kraft an dir geſchiht.
dar ûf hâſtû dich niht bereit:
daȥ tuot dîn michel tumpheit.
Dînen tumplîchen ſite
hân ich gereſſet hie mite
und ouch dîn grôȥ verkêren,
daȥ dû mich ſæhe êren
die rehten boten mînes gotes
und ſînes gewiſſen gebotes,
der vor mir den komenden tôt
mit ir gebærden enbôt.
ir lîp vil guotes worhte
mit vlîȥe in gotes vorhte
gên des gewiſſen tôdes zît,
der allem lebene ende gît.
nû ſolt dû heim ledic varn
und zallen zîten dich bewarn,
daȥ dû küneges dêmuot
gereſſeſt iemer, ſî iſt guot.
vil wol ich ouch gereſſen kan,
die dich gewîſet hânt her an.«
der bruoder ſchiet dô ſâ zeſtunt
wider heim von im geſunt.
dô hieȥ der künic ſchiere
machen ſchrîne viere
durch ſînen wîslîchen muot.
zwêne hieȥ er machen guot
von golde und von geſteine
mit edelem werke reine.

er hieȥ ûf ietwedern ſchrîn
vil grôȥe ſpangen güldîn
und flôȥ von golde rîche
würken meiſterlîche.
dô diu vaȥ mit rîcheit
wâren, als er hieȥ, bereit,
wol bedaht und wol beſlagen,
dô hieȥ er in die ſchrîne tragen
tôten gebeine,
ervûlet unde unreine.
den was daȥ âs mit ſwacher kraft
an daȥ gebeine behaft,
daȥ als unreines ſmackes phlac,
daȥ den ängeſtlîchen ſmac
verdulten niemen mohte,
von ſiecheit, als eȥ tohte.

Der ander ietweder ſchrîn
was niht wan einvalt hülzîn,
die man gezierde gar erlieȥ.
mit klebe er ſie beſtrîchen hieȥ.
man lie ſie gar unwæhe ſwarz,
er hieȥ dran legen niht wan harz
in die ſelben ſchrîne dâ
hieȥ er tragen arômatâ,
mirren, balſem, alôê.
man truoc ouch drin geſteines mê,
von golde grœȥer rîcheit,
dannich von jenen hân geſeit.
er hieȥ umb ietwedern ſchrîn
ein krankeȥ ſeil hærîn
binden, daȥ vil ringe was.
dô truoc man ûf den palas
die ſchrîne zuo einander dar.
dô ſante er nâch den vürſten gar.
er ſprach: »ſchouwent mîniu vaȥ,
welheȥ gevellet iu hie baȥ?«
dô jâhens algelîche,
diu vaȥ wæren ſô rîche,
daȥ man des rîches krône
behielte drinne ſchône.

der ander zweier niemen gert,
wan die ſint kleiner dinge wert.

Der künic ſprach: »diz weſte ich wol.
ich weiȥ iuch ſolhes willen vol,
daȥ iuwer grôȥiu tumpheit
mir anders hæte niht geſeit.
nû wil ich iuch lâȥen ſehen,
wie ir diu dinc künnent ſpehen
daȥ ſeht an diſen ſchrînen!«
dô hieȥ er vor den ſînen
die guoten ſchrîne ûf ſlieȥen.
die ſolhen ſmac ûȥ lieȥen,
daȥ von ſîner unreine
den liuten algemeine
vil nâch entwichen was ir maht.
ſus was der valſche hort bedaht
und diu vil grôȥe unreine
mit golde und mit geſteine.
dô man die andern ſchrîne ûf flôȥ,
dô wart der ſüeȥe ſmac ſô grôȥ,
daȥ der unreine wâȥ verſwein
in den rîchen ſchrînen zwein.
der edelen wurze wâȥe
wuohs in ſô ſüeȥer mâȥe,
daȥ ir lîbes kraft als ê
ze vreuden kam. ſô rehte wê
in worden was, ſô wol wart in.
»ir herren, iu hât iuwer ſin
und iuwer witze gar gelogen.
iuch hât iuwer ſin betrogen,«
ſprach der künic ſâ zeſtunt.
»iu ſint diu dinc niht vürbaȥ kunt,
wan als iuwer ouge ſiht
und iu des mannes habe giht.
ir künnent an die lîbe ſehen,
des herzen ſin unrehte ſpehen.

Ich wil iuch hie beſcheiden
von diſen dingen beiden.
der guoten ſchrîne unreiner ſmac
bezeichent den, des herze ie phlac

und iemer phliget valſcheit.
ſwie der trage rîchiu kleit,
dà man ſie ûzen ſiht wol,
ſò iſt doch ſîn herze vol
grôzer valſcheit drunder.
diz merket al beſunder,
arme und dar zuo rîche'
ich wil bezeichenlîche
daz ander ſagen ze tiute
die dêmüeten liute,
die bœſiu kleider tragent an
der herze niht wan guotez kan.
der ſin, der tugenthafter muot
daz beſte zallen zîten tuot,
und die mit rehter güete
belîbent dêmüete,
den gelîchet ſich der ſmac,
der in den kranken ſchrînen lac.
hie bî ſult ir ſîn gemant,
daz ir des mannes gewant
niht ſchouwent noch ſîn armuot,
ſî daz herze innen guot.
ez iſt niht guot, ſwer den man
niht erkennen wil noch kan,
wan als in wîſet diu geſiht.
daz zimet rehten liuten niht.
dô ich die guoten liute erſach,
mîn herze in ganzer triuwen jach
baz danne dem, der rîchiu kleit
ſchône ob valſchem herzen treit.«
die ſîne er alſus lêrte,
ze dêmuot er ſie kêrte.
dem herren guot gelîche ich dich.
daz du ſô wol enphienge mich
ûf guoter gedinge wân,
daz müeze dir ze heile ergân.«
»**D**û hâſt wol nâch beſcheidenheit
diz guote bîſpel mir geſeit;
daz wil gerne nâhe tragen«
ſprach Jôſaphât. »nû ſolt dû ſagen.

wie dîn herre ſî genant.
der dich hât alher geſant.
der dich die rede lêrte
und die ebenmâze kêrte
der worte an des ſâmen ſin,
als ich von dir gewîſet bin.«
der wîſe Barlââm dô ſprach
»den herren, an den ich ie jach.
wildû den erkennen,
ſô wil ich dir in nennen.
und wîſen ſînes namen ſus
mîn herre Jêſus Kriſtus,
daz einborne gotes kint,
nâch des namen genennet ſint
ich und alle kriſten,
der hôhe ob allen liſten
aller wîsheit urhap treit
mit endelôſer wîsheit,
in drin namen eine,
heilic, eine, reine,
gewaltic eine lebende,
ân ende leben gebende,
aller künege ein keiſer grôz,
âne gelîchen genôz,
aller herren ein gewalt,
den eine in einer drîvalt
diu menſcheit anbeten ſol:
bî güete iſt er gnâden vol.
ich bin niht der einer
vermeinſam unde unreiner.
die diſe gote betent an,
der dekeiner ſprechen kan.
die golt unde ſilber ſint.
ſteine, kupher; ſie ſint blint
die hœrent noch geſehent niht
die ſint toub an ir geſiht.
âne ſêle, ſunder ſin.
gotes knehte ich einer bin
ich ſol niht gelouben
den trügehaften touben.

Einen got vil lobeſamen
geloube ich, einen in drin namen.
den vater eine, eine daz kint,
den heilegen geiſt. die drie ſint
ein got, eine ân endes tac,
der âne anegenge ie phlac
alles, des dû maht geſehen,
und des ouch niemen kan verjehen
unſihtic, unverkêret,
guot, reht, eine, gêret;
ſîn kraft unzalhaft unvürbrâht,
ſîn hôhiu witze unüberdâht;
der alliu dinc von nihte
geſchuof und gar berihte.
zem êrſten geſchuof ſîn meiſterſchaft
himel und aller himele kraft
und ungeborner engel geiſt
ze ſînes amptes volleiſt.
dar nâch geſchuof diu witze ſîn
ſternen, mânen, ſunnenſchîn
ze einem liehte werde
dem himel. er ſchuof die erde
in mislîcher underſcheit,
die ſi mit maneger varwe treit,
dâ bî mer und wazzers trân.
dô trouc ein tumplîcher wân
den liehten engel Lucifer
ſô grôzer hôhvart, daz er
im wolte ſich gelîchen.
dô muoſte er im entwîchen
von der unrehten ſünde
in daz endelôſe abgründe,
und alle, die im truogen gunſt.
dô geſchuof diu gotes kunſt
niht wan mit des wortes kraft
gar dirre welte geſchaft.
er ſprach daz wort, dô was bereit
aller geſchephede underſcheit.
Dar nâch geſchuof er Adâmes lîp
von der erde, und im ein wîp
von ſînem rippe, daz ſîn hant
von im nam, diu was genant
unſer aller muoter Evâ.
den beiden gap ſîn witze ſâ
rehte wisheit unde ſin.
vernunftic leben gap er in
und machte ſie von kunſte wîs.
in des Wunſches paradîs,
gebôt er, daz ſie wæren,
und hiez, daz ſie verbæren
niht wan daz obez der wîsheit
daz ander wære in unverſeit,
und iemer leben ſolden
mit willen, ſwie ſie wolden.
diz began der engel nîden.
er kunde niht erlîden,
daz in ſîn vreude was erkorn,
die er muoſte hân verlorn,
dô er von himele wart geſant
unde ein tiuvel wart genant.
der ſelbe tiuvel Lucifer,
vil hoher ſünden ein gewer,
von vreuden diſiu beidiu ſchiet
dô er dem wîbe geriet,
daz ſi daz obez æze
und ir ſchephers gar vergæze
des ſlangen und des wîbes rât
vuogten do mit miſſetât,
daz dirre beider ſchulde
verworhte in gotes hulde.
Des himelrîches wünne
verworhten ſie ir künne.
ir ſchulde vuogte in ſolhe nôt,
daz ſie vervielen in den tôt.
owê, daz ez ie geſchach!
owê leider, owê, ach!
daz uns ſô jæmerlîchez leben
ir grôziu ſchulde hât gegeben
dô ir ſünde ſie verſtiez,
als in der gotes zorn gebiez.

ſie gewunnen kinde genuoc.
ir einer ſun den andern ſluoc.
die dâ lebeten an ir zil,
die gewunnen kinde vil.
die liute dô begunden
wahſen an den ſtunden.
mit ſchulden ſüntlîcher ſin
begunde wahſen ouch an in.
des dulte gotes zorn niht mê.
ein guoter man hiez Nôê,
der tet vür al daz künne ſîn
rehtiu werc mit ſtæte ſchîn.
durch der liute ſünde
verdarp in wazzers ünde,
ſwaz in der welte lebende was.
in einer arke dô genas
Nôê und ſîner ſüne drî,
den ir wîp genâſen bî.
aller lebenden dinge kint,
ſwie ſie uns genennet ſint,
beliben in der arke ſâ
gezweiet unde genâſen dâ.
dô wart aber liute mê,
dan in den vordern zîten ê
gewuohſen. ir wart ſchiere vil.
dô began des tiuvels ſpil
verkêren aber der liute ſin
und ougen ſîne kraft an in.
Sîn lêre ir ſinne gar beſaz
und vuogte mit den liuten, daz
ſie gotes gar vergâzen
und ſie begunden lâzen
die gotlichen lêre.
nâch ſînes râtes kêre
ir ſin began in zwîvel ſîn
ſie betten an des mânen ſchîn
und gên dem ſunnenglaſte.
ſie êrten alze vaſte
vür den rehten ſchephære
die geſchaft. ſie ſündære
erkurn manigerhande got
und jâhen durch des tiuvels ſpot,
daz alliu dinc von eigenſchaft
trüegen lebelîche kraft,
als rehter ſchephære
nie wurde und niht wære.
ouch was daz genuoger wân.
ſie ſolden von gelücke hân.
ſwaz in guotes ie geſchach.
ſwaz ieglîcher gerne ſach.
was er im holt, ez was ſîn got.
durch der liebe gebot
macht er im ſâ ein bilde.
ez wære zam oder wilde.
tier, vogel, menſchenlîp.
ez wære man oder wîp,
ſteine, wurze, böume, gras.
ſwaz dem menſchen liep was.
daz wart im ſâ ze gote erkant.
ſwie ſîn name was genant.
diſiu grôze tobeheit
wart in den landen alſô breit.
daz niemen got erkande
noch zeinem gote nande.
der rehten werke lichter ſchîn
muoſte gar verdorben ſîn.
der ſite wuohs ſô ſêre
nâch des tiuvels lêre.
daz mit des ungelouben naht
reht geloube wart bedaht.
Nû wuohs bî der zît ein man.
des ſin erkennen began.
daz diſiu welt und ir geſchaft
niht von eigenlîcher kraft
alſô belîben mohte.
daz ez mit kraft iht tohte.
in ſînen muot er dicke las.
daz niht in dirre welte was.
wan daz geſchephede was genant
von eines ſchephæres hant.

von herzen und von ſinnen
begunde er ſêre minnen
den, der rehter ſchephære
gar dirre welte wære.
den ſuohter, biz daz er in vant.
Abraham was er genant,
des vleiſchlich ouge ſich hie ſehen
und bezeichenlîche ſpehen
drîvalten mit der geſiht,
den ſîn lop und ſîn vergiht
dâ zeinem gote nanden,
ſwie ſie in drîvalt erkanden.
der got, des gotlîcher rât
elliu dinc geſchaffen hât.
Abraham, der reine man,
in ſînen ſinnen dô began
got minnen alſô ſêre,
daz er im durch ſîn êre
ſîn kint und ſînes kindes leben
wolte zeopher hân gegeben.
Unſer herre im dô gehiez,
daz er im als des meres griez
wolde mêren ſunder zal
ſîn geſlähte überal,
und manegen nâchkomenden mâc
ſîn ſun, der guote Îſââc,
einen reinen ſun gewan,
Jâcoben, den guoten man.
die drîe patrîarchen ſint
über aller menſchen kint
hüetære gewaltecliche
ze dem himelrîche,
die got dar zuo hât erkorn,
daz ſie im ze kinden ſint geborn.
Jâcob zwelf ſüne dô gebar,
von den daz geſlähte gar
kam der israhêlſchen diet.
der andern ſüne nît verriet
ir einen, was Joſeph genant,
daz in Egyptum daz lant
verkouften ſîne bruoder in.
dô vuogte im got den gewin,
daz er dâ vil gewaltes phlac.
ſider über manegen tac
vuoren ſîne bruoder gar
zuozim ûf genâde dar.
von der zwelf gebruoder art
Israhêl daz künne wart.
die begunden in Egyptô
vil krefteclîche wahſen ſô,
daz ſie vulten dâ daz lant.
dô wart ze vogete in geſant
Moyſes der vil guote,
der ir mit witzen huote.
von ir geſlähte er was geborn
Nû wart überz lant erkorn
ein künec, der hiez Phârâô.
der began ſie drucken dô.
ſie wuohſen ſunder ſînen danc
ſwie grôzer arbeit er ſie twanc.
ir wart doch mê unde ie mê
daz tet deme lande wê.
durch der israhêlſchen ſchar
ſante got mit zorne dar
zehen arbeitlîchiu leit
mit kumberlîcher arbeit;
dâ von wuohs des landes nôt
dô tet, als ime got gebôt,
Moyſes, der reine man
er vuorte von dem lande dan
daz guote israhêlſche her.
dô tet ſich ûf daz rôte mer
in wuohs ein trucken ſtrâze
gelîch in ſolher mâze,
rehte als ez wære ein mûre.
des wazzers natûre
vergaz der vliezenden kraft.
unde wart der geſelleſchaft
ein mûre an beiden ſîten.
dô wolte nâch in rîten

mit den ſînen Phârâô;
die verdurben alle dô
in dem rôten wilden mer.
dô huop daȥ israhêlſche her
ze gote lobelichen dôn.
Moyſes unde Aârôn
vuorten ſie dô, daȥ iſt wâr,
in der wüeſte vierzic jâr.
got huot ir vor aller nôt.
er regent in daȥ himelbrôt
ſîn grôȥ gewalt ſie nerte.
in gap des ſteines herte
die liehtſüeȥen brunnen kalt.
ſîn helfe was in manicvalt,
diu was in ie mit ſtæte bî.
er gab in monte Sînâî
Moyſî der ê gebot,
doch machten ſie diu apgot
unde ſprâchen den ir gebet,
ſwaȥ in got ie gnâden tet.
Daȥ vergap er in ſît gar.
die ê gelernte diu ſchar,
als Moyſes ſî las.
ſît dô er verdorben was
unde ouch Aârôn erſtarp,
got den ſînen ſchiere erwarp
einen lêrer, als er wolte,
der ſie vüeren ſolte
hin in daȥ honicmæȥe lant,
daȥ in von gote was benant
er hâte eȥ in geheiȥen ê.
daȥ was der guote Jôſûê,
der ſie dar volle brâhte.
ſwer leides in gedâhte,
dem wart von im ſîn tôt erkant.
Og ein künic was genant,
ein rîcher heiden von Baſân,
und al diu rîche in Kanaân,
Oreb, Zeb, Zebeê, Salmanâ,
diſe künege muoſten ſâ

lîden von der ſchar den tôt.
ſie überwunden alle nôt
mit der gotlîchen kraft.
dô ſazte ſich diu heidenſchaft
mit grôȥen kreften wider ſie,
daȥ ſie vil wênic doch vervie.
in wurden undertân diu lant.
ſie betwungen mit ir hant
vil heideniſcher rîche.
ſie wuohſen krefteclîche
ſwer under in got êrte,
ſîne kraft er mêrte.
Jeptê unde Gêdêôn,
Mânûê und Samſôn
und einer, was genant Samgar,
die wâren rihter dirre ſchar.
got was in mit helfe bî.
ein êwarte hieȥ Helî,
dem ſîner kinde ſchulde
verworhten gotes hulde.
Nû wuohs aldâ in Israhêl
ein wîsſage, hieȥ Sâmûêl,
der ir mit witzen manegen tac
an gotlîcher lêre phlac,
biȥ daȥ ſie durch ir tumben ſin
hieſchen einen künec an in.
den gab er in ſâ zehant.
Saul der ſelbe was genant.
niht wol er gotes gebot behielt,
unz er in von der krône ſchielt
und über in ze künege nam,
dem diu krône baȥ gezam
daȥ was der guote Dâvît.
der ſît mit ſælden lange zît
ein künec und ein prophête was.
ſîn wîſiu kunſt in künſtic las.
des menſcheit uns lôſte ſît,
den ſeiter künſtic bî der zît
mit ſînen worten überlût.
Dâvît, der reine gotes trût.

al ſine vînde überwant.
ſîn ſun was Salomôn genant,
der nâch im truoc die krône.
got zeiget an Salomône
die grœſten wîsheit, die ie man
ſît Adâmes zît gewan.
der prophezierte ſîne kunſt,
der des todes ſigenunſt
ſît ertôte und den tôt
der iemer endelôſer nôt.
Rôbôâm und Âbyâ,
Jôatham und Âſâ
Achas und Ezechîas,
Jôram unde Jôſîas
phlâgen ouch der ſelben ſchar.
biʒ von der liute ſünde gar
got über ſie die nôt verlie,
daʒ ſie der Babilôn gevie,
dâ ſie mit nœten wâren
in den ſibenzic jâren.
dô gar ir nôt verendet was,
dô phlac ir Jechonîas,
dar nâch ſîn ſun Salathîêl,
nâch dem des ſun Zorobabel
der Jerûſalêm bûte wider,
daʒ ê was gebrochen nider
daʒ tet Nâbuchodônoſor,
dô er ſie gevie dâ vor.
diz was der ſtarke Babilôn.
daʒ gotes hûs, daʒ Salomôn
dâ vor machte, daʒ brach er.
daʒ wider machte alleʒ der,
den ich hân hie vor genant.
mit gewalteclîcher hant
phlâgen dirre ſchar nâch im
Abîût unde Elîachim
und manic ander grôʒer man,
den ich niht nennen wil noch kan
noch wil ich dir der nennen mê,
die dô in der alten ê

daʒ guote israhêlſche her
beſchirmden mit ir hôher wer.
ein gotes degen, der hieʒ alſus
Jûdas Machabêus,
und des vater Matathîas,
von dem er geborn was,
und ander vier bruoder ſîn
den wart von gote helfe ſchîn,
biʒ daʒ ir werlîchiu hant
die gotes vînde uberwant.
Wer die wæren, des wil ich
mit kurzen worten wiſen dich.
der kunic Nâbuchodônoſor,
den truoc ſîn muot ze hôhe enbor
der gedâhte in ſîner kraft,
wie er im eine hêrſchaft
gemachte in Babilonîâ,
dâ bî man ſîner krefte dâ
vur gotes namen gedæhte
wie er daʒ volbræhte,
dâ kerter ſîne wîsheit an.
dô wart der ubermuete man
von gotes gebote ſchiere
verwandelt ze einem tiere.
ſiben manode er daʒ was.
in rou ſîn ſünde dô genas
er wider in die menſcheit.
ſîn gedanc was hin geleit.
dô jach er gewaltes gote
und ſînem hohen gebote.
den uberwant diu gotes kraft
alſus und ſîne hêrſchaft.
ein ſîn genanne hieʒ alſam,
dem was erkorn der ſelbe nam.
Nâbuchodônoſor er hieʒ,
den ouch ſîn hôhvart niht erlieʒ,
er wolde weſen und heiʒen got
durch des tiuvels gebot,
dem ouch ſîn grôʒiu hôhvart
geſwendet und genidert wart.

des gewalt was wîte erkant:
im was Aſsyrîâ daʒ lant
undertân und Nînivê.
noch nenne ich gotes vînde mê
mit kuntlîchen worten hie,
an den ouch gotes kraft ergie.
Olofernes was genant
ein vürſte, der mit ſîner hant
betwanc vil künicrîche,
daʒ die liute algelîche
gotes namen varn lieʒen
und dîſen got alle hieʒen,
von dem ich ê hân geſeit.
ſîn kraft und al ſîn rîcheit
touc im niht noch al ſîn her
in ſluog ân alle mannes wer
Jûdît, ein vil krankeʒ wîp,
diu nam im leben unde lîp
mit gotes helfe, als Achior
im hâte ê geſeit dâ vor:
daʒ niemen möhte wider got
geſîn noch wider ſîn gebot.
ſus was ouch Antjochus,
Serôn und Apollonius,
Demetrius und Gorgias.
ietweder gotes vîent was
und ander vürſten genuoc,
die Jûdas Machabêus ſluoc.
dô der urliugen began,
dô hâter niht wan tûſent man,
mit den er ſîn ê werte.
diu gotes gnâde in nerte,
daʒ er und ſîner bruoder kraft
die verfluochten heidenſchaft
von gotes helfe überſtriten
und âne wer gar überriten.
ſwer gotes helfe ie verkôs,
der muoſte werden ſigelôs;
ſwer aber in mit ſtætekeit
ie ſuochte, dem was er bereit.

daʒ in ſîn güete werte,
ſwes er mit rehte gerte.
ir deheiner nie genas,
ſwaʒ der gotes vînde was
unde ein ſtœrer ſîner ê:
der was vil und dannoch mê,
danne ich dir an dirre ſtunt
welle machen von in kunt.
In allen dîſen ſelben tagen
wâren die gotes wîsſagen.
die wil ich dir nennen.
dû ſolt ir wort erkennen,
wan ſie got in ir herzen grunt
gap und ſprach ſie durch ir munt.
Îſajas unde Ezechîêl,
Jerêmjas unde Danîêl,
Amos unde Aggêus,
Elîas und Elyſêus,
Oſeê, Nathan und Jônas,
Abakuc und Esdras,
und einer, heiʒet Michêas,
Nâûm und Sophonjas,
Jôêl unde Abŷas,
Zacharjas und Malachŷas.
ouch ſprach ûʒ tiefer ſinne vurt
ein man von Kriſtes geburt,
der was Bâlââm genant:
»von Jâcobe wirt erkant
ein ſterne, der hât liehteʒ prehen.
von Jerûſalêm wirt geſehen
ein menſche, daʒ dâ ſol ûf ſtân.
daʒ ſol gewalt ân ende hân.«
wie ſich daʒ verendet hât
mit gewârhafter getât,
des wirt dir diu wârheit
her nâch wol von mir geſeit.
ſwaʒ alle dîſe wîsſagen
ie geſprâchen bî ir tagen.
daʒ hât unſer herre got
ervüllet unde ſîn gebot.

des ſage ich dir ein teil alhie.
daz merke wol. nû hœre wie.
Wan der tôt der menſcheit
was von dem menſchen bereit,
dô muoſte uns aber wider geben
diu gotes menſcheit daz leben.
wan der vleiſchlich geluſt
mit brœdeclîcher âkuſt
uns armen brâhte den tôt,
dô muoſte uns lœſen von der nôt
diu ſüeze gotes menſcheit.
ſît dem menſchen was verſeit
daz leben durch ſîne miſſetât,
dô ſante uns der gotes rât
ze helfe und ouch ze trôſte
ein menſche, daz uns lôſte.
daz was ſîn reinez wort vil grôz,
daz ie was in des vater ſchôz,
im ebenglîch gewaltic,
mit dem er iſt drîvaltic.
daz wort er uns ze trôſte gap
daz was ie ſunder urhap
mit im in der gotheit,
der komendez ende iſt gar verſeit.
diz wort von himele wart geſant
durch uns in irdiſchiu lant.
durch Adâmes geſchiht
nam got an ſich, des er was niht,
unde bleip vil ſtæte doch,
daz er ie was unde iſt noch
und iemer ſol ſîn: ſtæte wil
belîben got ân endes zil.
Dô wart der gnâden zît
erhaben, des gewisheit gît
diu kunſt der reinen wîſſagen.
ez was ervüllet in den tagen
ein reinez Dâvides wort,
daz er hât geſprochen dort
»ez ſtuont ze der zeſwen dîn
ein umbevangen künigin
mit wæhelîcher rîcheit
von golde, unde wol bekleit.«
von der ſchrîbet vürbaz
Dâvit und ſprichet aber daz
»tohter, neige dîn ôre dar'
ſich dar an und nim des war.
daz dîn der künic hât gegert
bî dem ſoltû belîben wert.
dîn antlütze anbeten ſol
diu rîche diet, daz zimt dir wol.«
der Dâvît der wirde jach,
daz was ein maget, von der ſît ſprach
der wîſe künic Salomôn.
ſî krœnet ſînes mundes dôn
mit wîslîchem ſinne.
er ſprach. »mîn vriundinne
muoz vür ander tohter ſîn,
alſam der ſchœnen liljen ſchîn
minneclîche ſchœne hât,
dâ ſi in den dornen ſtât.«
Ezechiêl, der ſach ein tor
öſtert ſtân, daz wart dâ vor
noch nie ſider ûf getân.
dâ ſach er in und her ûz gân
den keiſer, der mit werdekheit
aller keiſer krône treit.
diz bîſpel muoſte ervüllet ſîn
an dirre ſelben künigîn.
Von dirre küneclîchen maget
hât Îſaîas ſus geſaget
wîsliche in der alten ê:
»diu reine wurze von Jeſſê
eine ruote noch gebirt,
ûf der ein ſüezer bluome wirt.
dar ûffe der heilige geiſt
in ſibenvalter volleiſt
mit ſiben tugenden ruowen ſol.
der ſîn name ſîn lêre iſt vol:
der geiſt der wîsheit der vernunſt.
der güete der ſterke und der kunſt.

des râtes und der vorhte,
diu got mit künſte worhte.«
wer diſiu maget wære,
des hœre gewæriu mære:
ſi was Marîà genant,
ſô reine und alſô kiuſche erkant,
daz älliu diſiu erde nie
ſô reinen lîp von wîbe enphie.
des heiligen geiſtes rât
an ir ſüezem lîbe hât
ervüllet diſe ſiben tugent.
ſi hâte ir lîp, ir reine jugent,
ir muot, ir kiuſche, ir ſin, ir leben
an got mit ſtæter kiuſche ergeben.
ſi bezeichent ouch die ruote,
diu Aârône bluote,
diu was dürre und brâhte ir vruht.
dirre megede reiniu zuht,
ſô ſældenrîch, ſô lobelich
gelîchet jener ſtûden ſich,
die Moyſes der guote man
ſach, daz ſi ſô ſêre bran
und doch beleip gar unverſchart.
diz bezeichent, daz bewart
vor aller miſsewende was
aller megde ein ſpiegelglas
Marîà, diu reine maget,
von der dir iſt und wirt geſaget.
Ir wart ein himeliſcher bote
geſant, der ſagte ir von gote,
daz ſi ſolde gebern:
ir wolde dà ze muoter gern
got, der ir ſchephære
und al der welte wære.
dô riet ir magtuomlîcher name,
daz ſêre erſchrac ir reiniu ſchame.
diz was der engel Gabrîêl.
er ſaget ir, daz Emanûêl
(daz »got mit uns« wære genant)
ir ze kinde wurde erkant.
der reine bote gewârhaſt
ſaget ir, daz des hœhſten kraft
ſi beſchatwen wolde,
und daz ſi gebern ſolde
von des heilegen geiſtes kunſt,
der durch ir kiuſche ſigenunſt
in ir herze wolde komen.
als ir diu botſchaſt was vernomen,
ſi ſprach mit zühteclîcher gir:
»nû werde gotes wille an mir!«
des wart ſi gewert aldâ:
kindes wart ſi ſwanger ſâ.
dâ bewârte ſich ein wort,
daz Îſaîas ſprichet dort:
»ein maget wirt ſwanger. diu gebirt
einen ſun, der geheizen wirt
Emanûêl: mit uns got.«
mit ſælden gar daz gotes gebot
an ir tugende ervüllet was.
ouch ſprichet Jêremîas:
»got wil mit niuwen ſachen
ûf der erde machen
ein dinc, daz niuwe heizet wol:
ein maget umbevâhen ſol
einen man, des name iſt grôz,
vil nâhen in ir lîbes ſchôz.
der wirt dar nâch vil werde
geſehen ûf der erde
menſche in menſchlîcher tât,
den man vür alle gote hât.«
diz wart an ir bewæret hie:
mit armen ſi den umbevie,
der al der welte ſchepher iſt
diz was der heilige Kriſt.
Si truoc in menſchlîche gar.
dar nâch diu reine maget gebar
got, ir ſchepher unde ir kint,
des aller himele tugende ſint.
Bâlââmes ſternen ſchîn
erſchein an der gebürte ſîn,

daz menſch wart in Jerûſalêm.
der herzoge kam von Betlehem.
der von der ſünde arbeiten
ſîn liut ſolte leiten,
als Michêas im gehiez.
diu gotes kraft ſich ſchouwen liez
Abakuc, dem wîsſagen.
der ê ſprach vor manigen tagen
»herre, die gehœrde dîn
hôrt ich. mîner ougen ſchîn
mir vil grôzer vorhte jach.
dô ich dîne kraft erſach.
diu zwiſchen zwein vihen lac
von der geſchiht mîn herze erſchrac.«
daz bewârte alhie diz kint
vür den eſel und vür daz rint
bezeichenlîche wart geleit
diu gotlîche menſcheit.
von der got durch Dâvides munt
die geburt ſus machte kunt
mit worten, diu der menſcheit
ſint von der gotheit geſeit.
der herre ſprach: »dû biſt mîn kint
in der ſchônheit, die heilic ſint,
hân ich ze kinde dich geborn.
dû wære ze kinde mir erkorn,
ê Lucifer und elliu geſchaft
gewunnen ie deheine kraft.«
Diu geburt bewæret dâ
einen ſpruch in Îſaiâ:
»uns iſt ein kleinez kint geborn,
ein ſun gegeben, dem iſt erkorn
ein name unde iſt im erkant
der wunderlîche iſt er genant,
der râtgebe, der ſtarke got,
des vrides vürſte. ſîn gebot,
ſîn rîche ân ende, ſîn gewalt
ûf ſîner ahſel iſt gezalt.
ein vater künftiger welt
vür ſîn erweltez gezelt
alſam ein briutegome er gât.«
diz wort ſich verendet hât
an Kriſtes gebürte zît.
diz ſprach der wîſe Dâvît.
Daniêl hât ouch geſeit
von der geburt mit wârheit,
als ich dir ſage und er uns giht
er ſprach: »in der naht geſiht
began ich warten. ich vernam
des menſchen kint. dô kam,
dem iſt gegeben daz rîche
im ſuln gewalteclîche
alle zungen ſîn bereit
dienſtlicher ſtætekeit
und allez künne ie mêre
durch ſînes gewaltes êre.
diz iſt an Kriſte vollevarn
Jeſum, der reinen megede barn.
der naht diu reine maget gebar.
des git uns urkünde gar
diu ſchrift, der wîsſagen wort.
ez ſtet dâ von geſchriben dort.
als ein prophête hât enbart
»dô diu naht ir halbe vart
hât in ir loufe hin getriben
und elliu dinc ſtille bliben
in ir halben ruowe enmiten,
dô kam mit zeichenlîchen ſiten
von keiſerlîcher ſtüele kraft
dîn hœhſte wort.« vil wârhaft
wart diſiu prophezie hie,
dô got die menſcheit enphie.
Nâch der geburt, als ich dir ſage,
wart er über ſiben tage
in der alten ê beſniten.
im wart nâch den alten ſiten
ſîn name rehte vunden ſus,
man hiez in Jêſus Kriſtus.
von Tharſîs, von Arâbiâ
brâhten drîe künege ſâ

golt, mirren, wîrouch.
die bezeichenten ouch
ſînen gewalt mit golde;
mit wîrouch, daʒ er ſolde
ein êwart ſîn der wârheit;
mit mirren, daʒ er würde geleit
uns ze trôſte in ein grap.
diz zeichen ein urkünde gap
einem worte, daʒ Dâvît
hievon ſprach vor maniger zît
»von Arâbîe und von Tharſîs,
von Sabâ die künege wîs
bringent im ir gâbe hin.
ze gote anbetent ſie in.«
diz wart des tages vollebrâht,
als es dâ vor was gedâht.
dar nâch man in zem tempel truoc,
als Malachîas ê gewuoc.
got ſprach ûʒ dem munde ſîn.
»ich ſende dir den engel mîn,
der machet dînen wec vor dir.
zehant ſô kumet iu, den ir
gerne ſuochet unde welt,
der iu ze herſcher iſt gezelt
und ein engel der urkünde,
in ſîn tempel.« âne ſünde
wart dort in dem templô
diz ſüeʒe wort ervüllet dô.
Dar nâch er den touf enphie,
dâ mite er ein vorbilde lie
allen, die im gloubic ſint.
über Kriſt, daʒ gotes kint,
erſchal ein ſtimme, diu ſprach ſus:
»hic est filius meus!
mîn ſun, an dem ich mir wol
behagete, den man hœren ſol.«
dô tet er nâch des toufes zil
grôʒer zeichen harte vil:
er hieʒ die tôten ûf ſtân,
die armen krumben rehte gân,
ſtummen ſprechen, blinden ſehen,
ſwem er ſach miſelſühte jehen,
der wart ſâ von im geſunt.
er tet mit ſîner lêre kunt
der êwigen gnâden wec.
âne ſüntlîchen vlec
was er âne ſünde hie,
ſô daʒ er ſünde nie begie.
die kriſtenheit er lêrte:
ſîn lêre an ſich bekêrte
vil liute, den der touf gezam.
zwelf junger er dô nam,
die ſîn wort, ſîn lêre
ſît veſtenten vil ſêre.
alſus was er, daʒ iſt wâr,
drîʒic unde vierdehalp jâr
ein menſche geſant von gote
und gotlîcher werke bote,
und ervulte der gnâden tage
nâch der wîſſagen ſage.
Nû wuohs der Juden grôʒer nît
gên Kriſtes lêre zaller zît:
ſie leiten im lâge vil.
dô muoſter beiten ûf daʒ zil,
daʒ im diu gotheit gebôt,
ê daʒ er næme an ſich den tôt.
dô er ſîn menſchlîcheʒ leben
umbe uns armen wolte geben,
gên Jerûſalêm er reit
mit dêmüetlîcher armekeit
ein vil krankeʒ eſellîn.
ſus zeiget uns diu lêre ſîn,
daʒ wir nâch ſîner güete
nâch im ſîn dêmüete.
ein wort ervulte er aldâ,
daʒ ſtêt in Zachariâ.
eʒ ſprichet ſînes mundes dôn
»louf ûʒ, tohter von Siôn!
dir kumt mit dêmüetlîchen ſiten
Jêſus, dîn êwarte geriten

ein vil ſwacheȥ eſellîn.
louf ûȥ! enphâch den künic dîn'
durch ſîne dèmuot er antreit
verſmæhet ärmeclicheȥ kleit.«
durch ſîne grôȥen ſüeȥe
twuog er der junger vüeȥe
und lèrte uns, daȥ wir tæten ſo.
durch ſîne güete lieȥ er dô
ſlâfen ûf den brüſten ſîn
ein ſîn trût und tet im ſchîn
der himel tugende, die er ſach.
als uns mit ſchriften ſît verjach
er ſelbe, dem eȥ wart erkant
der was Jôhannes genant,
des gewære urkünde uns ſeit
die gotlîchen wârheit.
Dô ſîn ſtunde komen was,
ein ſîn junger, Jûdas,
durch drîȥec phenninge in verriet.
daȥ ſchuof diu verworhte diet,
wan ſie niht wiȥȥen wolten
die wârheit, als ſie ſolten.
ſie ſint noch tumber danne kint
und mit geſehenden ougen blint.
an in bewæret ſich ein wort,
daȥ Jèremîas ſprichet dort
»herre, blende ir herze ſîn,
daȥ ſie niht ſehn, daȥ ich an in
mîne erbärmede iht begê
und daȥ ich ſie iemer mê
an mich lâȥe wider komen.«
den vluoch ir leben hât genomen.
vil tumpheit ſie mit witzen hânt.
daȥ ſie niht rehte ſich verſtânt
der endehaften wârheit,
die in ir ê hât vür geleit.
ſie wiȥȥen der wârheit geſchiht
und wellent ir doch wiȥȥen niht
waȥ ſprich et ich nû von in hie?
dô ſie ir valſcheit niht erlie.

ſie ſpræchen Bââl ir gebet.
dô in got allerbeſte tet.
und dort, dâ er in himelbrôt
regente vür des hungers nôt,
daȥ ſie dô durch des tiuvels ſpot
betten an diu abgot
ſît ſieȥ dort niht mohten lân
dô muoſteȥ hie alſam ergân.
von der Juden vürſten ſâ
wart Jêſus gevangen dâ.
ir rihter brâhten ſie in do
Pontio Pilâtô,
von dem er verteilet wart.
ſîn reiner lîp was ungeſpart
vil maneger grôȥer arbeit,
die er umb unſer ſünde leit.
Er truoc durch uns vil hôhen pîn
ein rûhe krône dürnîn
ſach man in uns ze ſælden tragen
dar nach er ſère wart geſlagen
mit geiſeln ſie in vilten,
vil ſpotlîchen ſie ſpilten
mit im kleine er ſpoten wac
ſie ſluogen in ûf den nac.
ir ieglîcher in anſpe.
noch tâten ſie im ſpotes me
ſie vielen vur in ûf diu knie.
ir gruoȥ in küneclîche enphie
ſpotlîche unde in ſpote gar.
des nam er zühteclîche war,
durch uns leit er diz ungemach.
er ervulte, daȥ Dâvît dort ſprach
»ich bin ein wurm, ein menſche niht,
ein itwiȥ menſchen geſiht,
der diet ein hinwerf: dêſt geſchehen
alle, die mich hânt geſehen,
die hânt gar verſmæhet mich.
ir munt redet; eȥ wegete ſich
ir houbet gên mir durch ir ſpot.«
diz ervulte an in dâ got,

und aber ein wort der wîsheit,
daz Salomôn der wîſe ſeit:
»die übeln durch ir übeln ſîn
ſprâchen alſus under in:
wir ſuln den rehten umbe gân
und nâch ſînem roube lân
durch den gewin ein lôz.
ſîn widerſatz iſt gên uns grôz:
er giht und hât des ſînen ruom,
er habe den gotes wîstuom.
den gotes ſun er nennet ſich.«
ir übel ſin vil tumplich
die wîsheit hazzet unde ir wort.
ſie hânt in iemer wernden hort
mit ſêre ân ende geleit.
von dem gedanke iſt in bereit
von ir ſchulden grôziu nôt,
wan ſie den ſchantlîchen tôt
mit ir rede gehiezen
got, und des niht enliezen.
Sie wurfen dâ ûf ſîn gewant
ein lôz under in zehant
und teilten ez einander hie.
ein wort ſich aber ſchouwen lie,
daz Dâvît geſprochen hât:
»ſie teilten in mîne wât
und liezen lôz ûf mîn gewant.«
daz wart mit wârheit dâ bekant.
dar nâch vuorten ſie in ſâ
gegen deme opher dâ.
ein opher wart er dô brâht
dem vater, als es was gedâht
und âne urhap geordent was.
hie von ſeit Îſaîas.
»man vüeret in zem opher ſîn
alſam ein krankez ſchæfelîn,
daz er niht ûf getuot den munt.«
er ſeit ouch von dirre ſtunt:
»zwâr, unſern ſiechtuom er treit,
unſer ſünde iſt im bereit;

ſîn angeſt machet uns geſunt.«
Kriſt wart an der ſelben ſtunt
genagelet vil vaſte
zuo des kriuzes aſte.
hie von hât gotes wîsheit
durch Dâvîdes munt geſeit
uns von Kriſtes ende:
»vüeze und dar zuo hende
hânt ſie durchgraben, mîniu bein
mir gar gezelt.« diz wort hie ſchein
an Kriſte dem vil ſüezen
an henden unde an vüezen,
die wurden im durchſtochen.
Hie von hât ouch geſprochen
Danîêl bî ſînen tagen.
der gotes geiſt hiez in ſagen:
»dar nâch wirt ertœtet Kriſt.
ſwer lougende ſîn danne iſt,
der mac ſîn liut geheizen niht.«
hie wart ervüllet diu geſchiht,
wan man in dâ tœten ſach.
Jêremîas aber ſprach:
»alle, die die wege gânt,
gedenkent, ſehent und verſtânt,
ob mînem kumber grôzen
iemen müge genôzen
gelîch leit mînem ſêre.«
Zacharias ſeit hie von mêre
»ſie ſehnt, den ſie durchſtochen hânt.
ir grôzen klage ſie niht lânt,
wan ſie in ſêre klagende ſint
als ein einbornez kint.«
hie von hât ouch geſprochen dâ
ein vrouwe, hiez Sibillâ:
»ſie hânt gote alſus bereit
diz ungemächlîche leit.«
dô wurden ertbibe grôz
manic grap ſich ûf ſlôz,
dar ûz erſtuont an dem zil
heiliger lîbe vil,

den ê ſlief daȥ gebeine.
dô ſpielten ſich die ſteine;
der tempel umbehange ganz
muoſten dulten manigen ſchranz.
al diſiu welt diu kom in nôt:
alſus nâhte Kriſtes tôt.
Sîn heilic ſêle von im ſchiet,
diu brach die helle nâch der diet,
diu in ſînem dienſte dar
komen was: die lôſte er gar,
wan niemen wîȥe überwart
dâ vor und der hellevart,
ſwie guot ſîn gotes dieneſt was.
diz bewæret Îſaias.
daȥ ſoltû vernemen wie:
»ein liut, daȥ in der vinſter gie,
daȥ ſach grôȥen liehtes ſchîn.
die in dem lande muoſten ſîn
des tôtvinſtern ſchaten gar,
die wurden liehtes gewar.«
daȥ lieht was der süeȥe Kriſt,
als eȥ hie bewæret iſt,
daȥ ſie mit vreuden lôſte
von des tôdes untrôſte.
in ein grap wart er geleit.
erſtorben was diu menſcheit,
diu menſchlich erſterbet wart.
gar âne ſchaden, unverſchart
beleip diu hôhe gotheit
ſunder nôt und âne leit
und âne tôtlîche nôt.
diu menſcheit diu leit den tôt
durch uns âne gedienteȥ mein.
ein unmâȥen grôȥer ſtein
über daȥ grap wart geleit.
diu erſtorbene menſcheit
in dem grabe wart bedaht.
zwêne tage und zwô naht
lag er nâch des glouben ſage
begraben. an dem dritten tage

erſtuont er menſche unde got.
diz was der gotheit gebot,
diu eȥ durch Dâvides munt
alſus machte dâ vor kunt:
»Ich bin erſtanden und bin noch bî dir.
du erkenneſt mîne urſtende an mir.«
diz wort iſt bewæret hie.
manegiu zeichen dô begie
Kriſt nâch der urſtende ſîn,
diu er tet ſînen jungern ſchîn.
in manige wîs ougt er ſich in
unde erlûhte ir herzen ſîn.
er zeigete in in den vierzic tagen
die ſchrift der reinen wîſſagen
die offent er in ſêre
in bezeichenlicher lêre
mit der êwangeljen ſage.
an dem vierzigeſtem tage
wolt er von hinnen ſcheiden ſâ
und wolte in monte Sinâ
ervüllen mit der ûſvart
daȥ von Dâvide gekündet wart.
er ſprach in ſînen ſchriften dâ
»in dem heiligen Sinâ
der herre in hœhe vuor zehant,
die gevancnüſſe er gevangen bant
und gap den menſchen gâbe dâ.«
diz wart von im ervüllet ſâ.
nû hœre von im noch vürbaȥ
zes vater zeſwen dô geſaȥ,
got, der heilige Kriſt.
ze himele er drivaltic iſt
mit drin benemeden ein got.
ſîn vil süeȥeȥ gebot
hieȥ in dannen künftic ſagen
ze rihter an dem ſuontagen
über aller menſchen leben
uns allen lôn nâch werken geben.
Dar nâch ſanter ſînen geiſt
zuo des glouben volleiſt

allen den jungern ſîn
in zungen, wâren viurîn.
dâ von ir vernunſt enbran.
ir ieglîcher dô began
dar nâch künden gotes wort,
als erz enphangen hâte dort.
in wâren alle ſprâche kunt.
der heilegen zwelfboten munt
ſtarkte des gelouben kraft
den Juden und der heidenſchaft
Kaldein, Armenjen, Kriechen.
ſie nerten alle ſiechen,
ſwaz in arger dinge war,
die wurden mit dem touſe gar
und mit der kriſtenheit geſunt
wart in der geloube kunt
mit veſteclîchem muote.
ſie hâte in ſîner huote
Kriſt, der ſie êrſte dar zuo vant,
daz ſie in kunten in diu lant.
vernim, wie ſie geheizen ſîn,
und nim in daz herze dîn
ir lêre, ir wort und ir gebot,
diu durch ir munt lêrte got:
Petrus unde Andrêas,
Jôhannes, Jâcobus, Thômas,
Philippus, Jâcobus, Mathêus,
Simôn Bartholomêus,
Tathêus und Mathîas
daz ampt, daz ê Jûdas
mit ſünden hâte verlorn,
dar zuo wart ſîn lêre erkorn.
die teilten ſich wît in diu lant
und tâten Kriſtes lêre erkant.
got erkôs im einen ſît
nâch der ûſverte zît,
des lêre hât gedienet wol,
daz er ein bote heizen ſol:
der was geheizen Paulus.
von dem ſeit diu ſchrift alſus,

daz er ein durchæhter was
der kriſtenheit, ſwâ man ſî las.
und ſît ein erweltez vaz
von gote wart genant, durch daz
er mit ſîner lêre was
der kriſtenheit ein ſpiegelglas;
wan ſwer in ſîne lêre ſiht,
der tuot niemer arges niht.
got hât ſîne kriſtenheit
ûf diſe gruntveſte geleit
der zwelfboten lêre,
diu ân ende ie mêre
veſte und ungewichen ſtât.
ir lêre, ir licht erliuhtet hât
die himeliſchen houbetſtat
und uns gebant daz rehte phat
gên dem himelrîche.
ſie lêrten kriſtenlîche
den touf in den namen drîn
und des gelouben begin
behalten an daz ende
gar âne miſsewende.
Kriſtes lêre und ſîniu wort
und aller worte hœhſter hort
daz ſint diu êwangeljâ.
in den vindet man dâ
Kriſtes wandelunge
geſchriben und ſwaz ſîn zunge
gelêrte ie nâch der menſcheit.
diu hânt vier herren geſeit
Jôhannes und Mathêus,
Lûcas unde ouch Marcus.
ſwaz der lêre habe geſeit,
dem volge und habe mit ſtætekeit
vreude und himelſche êre
mit vreuden iemer mêre.
diz iſt daz kriſtenliche leben,
daz got der welte hât gegeben,
des uns ſîn gotlicher rât
wirdic nû gemachet hât.

unſer vient Leviâtân
mac noch ſîn nîden niht verlân:
er kêret an uns grôȥen ſtrît,
wie er uns ſwende zaller zît
guotiu werc und reiniu wort:
wan im ſîn wange hât durchbort
des himeliſchen kindes tôt
unde uns von der helle nôt
durch ſîn wange ûȥgezogen.
in hât diu menſcheit betrogen
der kerder im den angel bôt
(dô Kriſt durch uns leit den tôt),
den er mit leider ſtætekeit
unverdout iemer treit,
als er in gebiȥȥen hât.
ſwer dem mit ſtæte widerſtât,
der lebet ân ende iemer mê,
ſwie eȥ in dirre welte ergê.
diz iſt mîn herre, der geſant
mich hât her zuo dir in diz lant.
wildû hân ſîne lêre,
ſô wil ich dir noch mêre
mit râte ſîner lêre ſagen
und dich des tiuvels râte entragen.«
Dô Barlââm mit wîsheit
die lêre hâte volleſeit,
diſiu mære und ſînen rât
enphie der junge Jôſaphât.
des himeliſchen lichtes ſchîn
erlûhte gar daȥ herze ſîn:
er nam die lêre in den gedanc.
von grôȥen vreuden er ûf ſpranc.
er hiels den reinen man an ſich.
er ſprach: »als ich verſinne mich,
aller tugende bluomenſchîn,
ſô mac diz der ſtein wol ſîn,
von deme dû mir hâſt geſeit,
der ſô bezeichenlîche treit
die kraft, als dû hâſt verjehen,
den nieman getar angeſehen,
er ſî vor allem wandel vrî.
nû ſage mir, ob daȥ alſô ſî.
wan als ich dîne rede vernam,
ein lieht in mîn herze kam,
daȥ gît mir alſô liehten ſchîn,
daȥ mînes leides hœhſter pîn
mit vreude ein ende hât genomen.
mîn zwîvel iſt an'ȥ ende komen.
nû ſage und triuc mich niht her abe
ob ich eȥ rehte errâten habe
oder niht, ſô ſage vürbaȥ
von dînem ſteine etewaȥ,
und wiȥȥeſtû beȥȥers iht,
des ſolt dû mich verſwîgen niht.«
Barlââm ſprach dô ſâ:
»vil ſüeȥer herre, jâ dû! jâ,
dû hâſt die wârheit vunden.
vor uns zallen ſtunden
was eȥ den liuten ie verſeit.
die nû daȥ zil der welte treit,
den iſt erkant des ſteines hort
und diu bezeichenlîchen wort.
des offenunge wart geſeit
und den liuten vür geleit
in manige wîs vor manigen tagen
von den reinen wîsſagen,
die eȥ ſô verre kunden ſpehen,
die wolden gerne hân geſehen
des heiles kunft. ſie mohten niht
rehte erſehen die geſchiht.
nû iſt er komen in unſer zît,
des lêre uns diz urkünde gît:
ſwer niht geloubet, der iſt verlorn,
ſwer geloubet, der iſt geborn
in daȥ gotes rîche
ze erbenne êweclîche.«
Dô ſprach der guote Jôſaphât
»dîne lêre und dînen rât
behalte ich gerne und dîn gebôt.
und wil unzwîvellîche an got

gelouben. nû ſoltû mir ſagen,
wie ich ſül in mînen tagen
im dienen nâch den hulden ſîn,
und ſage mir, lieber meiſter mîn,
waȥ der touf ſül bediuten
an allen kriſtenliuten.«
»Des gelouben gruntveſte,
diu ſtætiſt und diu beſte,
daȥ iſt des reinen toufes vlôȥ.
ſîn reiniu kraft iſt alſô grôȥ,
daȥ er die ſünde ſwendet,
ze reinekeit verendet.
ein niuborneȥ kindelîn
mac âne ſünde niht geſîn:
ſô dem der touf gegeben wirt,
alliu ſünde eȥ gar verbirt.
uns hât unſer herre got
gegeben ein alſolich gebot,
daȥ er müeȥe ſîn verlorn,
ſwer niht werde widergeborn
mit dem waȥȥer, mit dem geiſte,
und den niht beiden leiſte
von herzen werc unde wort.
ein wîſſage ſprichet dort:
»ſwennich geheileget an iu bin,
niuwen geiſt und niuwen ſin
gibe ich iu vil werde.
ich ſamen iuch von der erde
und begiuȥe iuch algemeine
mit einem waȥȥer reine,
daȥ iuch von ſünden reinet.«
hie mite iſt beſcheinet
des reinen toufes reinekeit.
ſwenn uns der touf wirt angeleit,
ſô ſîn wir anderſtunt geborn
und ze kinde gote erkorn
ze ſîner ſüeȥen ſchouwe
mit des heilegen geiſtes touwe,
daȥ uns reinen unde niuwen
ſol gote an ſtæten triuwen,
daȥ wir reinecliche
in dem êwigen rîche
mit gote an ſînem erbe grôȥ
mügen heiȥen erbegnôȥ.
Durch daȥ bite ich dich durch got
ſwenne dû durch ſîn gebot
den gelouben nemeſt an dich,
daȥ dû durch in und durch mich
mit rehtem herzen gâheſt,
den touf an dich enphâheſt.
des gewiſſen tôdes ſtunt
und ſîn kunſt diu ſint unkunt.
dâ von iſt eȥ vil ängeſtlich,
daȥ dû des toufes ſûmeſt dich;
wan ân den touf hilfet niht
des himelrîches zuoverſiht.«
dô vrâget in ſus Jôſaphât:
»dîn munt mir geſaget hât,
âne touf bederbe niht
alliu mîn zuoverſiht:
nû ſoltû mir rehte ſagen,
waȥ zuoverſiht magich bejagen
mit dem toufe, und ſage mir mê,
wie eȥ umb daȥ ende ſtê,
dâ von mînem herzen leit
nâhen müge mit trûrekeit,
und ſô des tôdes hôhiu kraft
an uns ſol werden ſigehaft:
werden wir denn nihtes niht
oder iſt dehein zuoverſiht,
daȥ nâch dem lîbe ein ander leben
werde in wernder kraft gegeben?
ouch ſoltû bewîſen mich
mit dîner lêre: wâ ſol ich
ſuochen die gotes lêre?
des wundert mich vil ſêre.«
Barlââm ſprach: »daȥ tuon ich.
vernim, ich wil es wîſen dich
gar unzwîvellîche.
daȥ gotes himelrîche

daʒ iſt diu guote zuoverſiht.
diu ſchrift uns alſus vergiht:
eʒ gehôrte menſche nie,
gedanc es künde nie gevie,
menſchen zunge eʒ nie geſprach,
vleiſchlich ouge nie geſach,
daʒ in got behalten hât,
die in ſunder miſsetât
minnent gar mit ſtætekeit.
wær eʒ ze wiʒʒenne uns bereit,
waʒ wære denne wunders dran?
daʒ himelrîche niemen kan
gelîchen dirre welte wol,
wan eʒ niemen glîchen ſol.
ſô wir mit rîchen vreuden grôʒ
werden der engel genôʒ
und wir die reinen namen drî
ſchouwen ſuln, ſô wont uns bî
manic wîslîcher liſt,
der uns nû verborgen iſt.
her an ſolt dû ſîn gemant
dir ſol rehte ſîn erkant,
daʒ dû niht ſtætes maht gehân
dâ von ſolt dû des niht lân,
dû gâheſt vlîʒeclîche
zuo dem himelrîche.
Wildû ouch, daʒ diu wârheit
von gote werde dir geſeit,
ſô ſolt dû an den buochen
diu êwangeljâ ſuochen,
an den gar geſchriben ſtât,
ſwaʒ got durch uns erliten hât.
umb den tôt ſô wîſe ich dich
lîp und ſêle ſcheident ſich.
der ſêle wirt der lôn gegeben,
den hie verdient des lîbes leben.
der lîp wirt ein erde
und lît dan unwerde
unz an die jungeſten zît.
ſô got der welte ein ende gît.

ſô ſamnent ſich ſêl unde lîp.
eʒ ſî man oder wîp,
daʒ vert als eʒ gedienet hât.
ſo der lîp mit der ſêle erſtât,
diz iſt ein zît der arbeit.
her nâch wirt der lôn bereit
dort ſnîdet niemen anders niht.
wan als in got hie ſæjen ſiht.
ſwer hie ſæjet in den tôt,
der ſnîdet dort des tôdes nôt.
ſwer aber ſæjet in daʒ leben,
dem wirt ein leben dort gegeben.
daʒ niemer mêre erſterben mac.
ouch hât der tôt niht endes tac.
diz iſt der guoten zuoverſiht.
der übelen lôn iſt anders niht
wan des leiden tôdes ſlac,
der niemer mêr verenden mac.«
Der junkherre ſprach aber dô
»dû ſeiſt mir angeſtliche drô
und dâ bî vil ſüeʒen wân.
nû ſoltû mich wiʒʒen lân
und an ein ende bringen
weiſtû diz von den dingen,
diu man vervarn hât geſehen
oder diu noch ſüln geſchehen.
daʒ dû ſô kuntlîche ſeiſt
und ſô beſcheidenlîche weiſt
künftic leben? des wîſe mich.
wer hât es bewîſet dich?
wâ von hâſtûs gewisheit?
oder wer hât dirʒ geſeit?
ſô der lîp ein erde wirt
und vleiſch und bein in gar verbirt
wie mac denne daʒ geſchehen,
daʒ er werde als ê geſehen
ein lîp? daʒ ſolt dû ſagen mir.«
»daʒ wil ich gerne künden dir.
got geſchuof Adâmen
ân menſchlichen ſâmen

von erde, als ich dir hân geſeit.
diu kraft iſt im noch bereit,
daz von ſîner kraft erſtât
ein lîp, den er geſchaffen hât.
ouch kan ich künftic dinc erſehen
von dingen, diu ê ſint geſchehen,
als uns ir lêre hât geſeit,
den nie geweich diu wârheit,
den got mit werken zaller ſtunt
ervulte, ſwaz geſprach ir munt.
Dô got menſche durch uns was
und uns des vater lêre las,
er hiez die tôten ûf ſtân,
geſunt von dem grabe gân.
nû wil ich dir rehte ſagen,
wie ich ez weiz von den tagen,
die vor uns hin vervarn ſint.
Jêſus, daz reine gotes kint,
diu ungevelſchet wârheit,
hât uns ein bîſpel geſeit
von einem grôz rîchen man.
der truoc ze allen zîten an
von weltlîcher rîcheit
phelle unde rîchiu kleit.
nâch ſînem willen braſt im niht,
ſwes man zer welte rîcheit giht.
nû was ein betelære dô,
der vil ſelten iemer vrô
von dirre welte wünne wart.
er was von ſiechlîcher art
zallen zîten eize vol.
im was vil wê und niemer wol.
er hæte vürbaz niht gegert:
möht er der broſemen ſîn gewert,
die man von jenes tiſche truoc,
des dûhtin, es wære im gnuoc.
die gap im leider niemen dâ.
des rîchen hunde kâmen ſâ
und lekten im die eize ſîn.
jenes liep, des armen pîn

hâten ſich gezweiet ſus.
der rîche man und Lâzarus
hâten ungelîchez leben,
daz ungelîche in wart gegeben.
der arme was hie arm durch got
und leit durch got der welte ſpot.
dâ wider ſtuont des rîchen muot
ze gote niht, wan an ſîn guot.
Nû muoſte nâhen der tac,
daz der arme tôt gelac:
mit des lîbes tôde er ſtarp.
ſîn armuot im hie erwarp
die êweclîchen rîcheit,
diu im ze lône was bereit.
in truoc der engel vreude grôz
ze himel in Abrahâmes ſchôz:
dar inne lebet er iemer mêr
ân allerſlahte herzeſêr.
nû mohte ouch der rîchtuom
und dirre weltlîche ruom
den rîchen dâ vor niht bewarn,
er müeſe ûz dirre vreude varn.
er ſtarp, ſîn guot beleip alhie.
ſînen lôn er ouch enphie:
in daz iemer wernde klagen
wart er ze helle dô getragen;
dâ was im vreude tiure.
in dem endelôſen viure
wart er begraben leider dô.
dar nâch vuogtez ſich alſô,
daz er des armen ſêle ſach
dulten êweclîch gemach:
dem was wol und im vil wê.
an Abrahâmen er dô ſchrê:
»gnâde, Abraham, lâ mich
erbarmen, herre vater, dich
und ſende Lâzarum alher
unde bite in des, daz er
netze den kleinſten vinger
und mir mache ringer

mit einem trophen mînen pîn,
den er troufe an die zungen mîn.
mir iſt in diſem viure
mit leide vreude tiure.«
Abraham der wîſe ſprach
»ſun, gedenke an daʒ gemach,
daʒ dir mit grôʒer rîcheit
in jener welte was bereit,
dâ Lâzarus mit liebe nie
weltlîche vreude enphie,
der nû mit vreuden iemer mê
vreude hât und dir iſt wê.
dâ zuo iſt uns diu vart benomen,
von uns hin ziu mac niemen komen
noch von iu her.« unſern vater
Abrahâmen alſus bater:
»herre vater, ſende in doch
in jene welt, wan ich hân noch
vünf bruoder, den er ſage,
daʒ ſie ſich von dirre klage
in jener welte hüeten wol.«
»diu welt iſt wîſer lêrer vol.
den volgen, ſô ſint ſie behuot,
daʒ in diſiu nôt niht tuot.«
»nein, herre, kæme ein tôte dar
und ſaget in diſen kumber gar,
dem geloubten ſie baʒ.«
»nû mac niht geſchehen daʒ.
hœren der lêre wârheit,
die Moyſes in hât geſeit
und ander guote wîſſagen.
welnt ſie die niht nâhe tragen,
ſie gevolgent niemer niht,
des in ein tôter man vergiht.«
des armen liep, des rîchen leit
hânt iemer wernde ſtætekeit.
nû merke, wie ir beider leben
in beiden hât ir lôn gegeben.
Jêſus, diu reine wârheit,
ein ander bîſpel hât geſeit,
daʒ ſeiter künſteclîche
von dem himelrîche:
wie mit vil rîchen ſachen
ein künic wolde machen
eine brûtlouft ſînem kinde.
dô hieʒ er ſîn geſinde
von dem rîche laden gar
die liute algelîche dar.
dô ſchuof der diz, dirre daʒ,
der liute allermeiſt vergaʒ
ſîner bete und kâmen niht.
dô hieʒ er, als diu wârheit giht,
ander liute dar bringen.
mit küneclîchen dingen
wart ſîn brûtlouft volbrâht,
als es der künic hâte gedâht.
nû ſach der künic einen man,
der truoc niht der kleider an,
als eʒ gezam den vreuden dâ.
dô vrâget in der künic ſâ
»vriunt, wie biſt dû ſô her komen,
daʒ dû niht hâſt an dich genomen
ze dirre brûtlouft gaſtlich gwant?«
er erſtumte, im was unbekant
antwürte nâch unſchulden.
von ſchulden muoſter dulden
mit leide vorhtlîche drô:
im hieʒ der künic binden dô
hende und vüeʒe an ein bant
und hieʒ in werfen ſâ zehant
in eine vinſter, dâ ſîn rât
niemer wirt und dâ er hât
weinen, griſgramen der zene
beide, diſe unde jene,
die ſîne bete vernâmen
und doch hin zim niht kâmen.
die wil ich dir beſcheiden hie.
der diſe brûtlouft begie,
daʒ iſt unſer ſchepher got,
der durch der gotheit gebot

mahelte die kriſtenheit
durch unſer ſüntlîchez leit
Kriſte, ſînem kinde.
ich geliche dem geſinde
die reinen predigære.
die guot und vil gewære
ſint, und uns enwiderſtrît
ladent an die hôhgezît,
dâ vreude ân ende iemer wert,
dâ got ſîner briute gert.
Die diz laden vernâmen
und doch dâ hin niht kâmen
von unmüezlîcher arbeit,
daz ſint die, den wirt geſeit
von dem himelrîche,
und ſie vil riuweclîche
ir grôzen ſünde ſêre klagent
und dar zuo guoten willen tragent,
wie ſie ze gotes hulden komen,
und in der wille wirt benomen
von der welte unmüezekeit,
diu in mit unmuoze entreit
den guoten willen und den muot
durch dirre welte krankez guot.
den man dâ zer brûtlouft vant
âne brûtlouftlich gewant,
daz iſt der den geloubeu hât
und in ſîn kranker ſin niht lât
den glouben vollebringen
mit reineclîchen dingen.
geloube âne werc iſt tôt.
er verliuſet michel nôt,
ſwer wol âne glouben tuot.
dewederz iſt ân'z ander guot
ſwer einez ân daz ander hât,
dem gebriſtet dirre wât,
der wirt gebunden ſâ zeſtunt
geworfen in der helle grunt
und iſt der wirtſchaft wirdic niht,
der got den erwelten giht.

Ouch hât uns bîſpel gegeben
zehen junger megede leben.
der wâren âne wîſen ſîn
die halben vünfe under in.
den andern vünfen was bereit
hôher ſin bî wîsheit:
die nâmen öle in ir glas.
dô zer brûtlouft künftic was
der briutegome und ſolte komen,
die tumben hâten niht genomen
öle, des muoſte ir liehtes ſchîn
erloſchen und verdorben ſîn.
des briutegomen biten ſie:
dô wurden ſlâfric alle die
der kunſt dâ ſolten bîten
in des ſlâfes zîten.
dô wart hin gên mitter naht
ein michel ruof unde ein braht:
der briutegome wære komen.
die dô hâten öle genomen,
der lieht was klâr, vil ſchône ez bran.
der briutegome nâhen began.
die tumben wâren vil unvrô.
ſie ſprâchen zuo den wîſen dô.
»gebt uns iuwers öls ein teil,
wir ſîn des trûric, niht ze geil,
daz unſer lieht erleſchent hie.«
dô diſiu bete alſus ergie,
die wîſen ſprâchen: »gêt ouch ir
koufen: alſô tâten wir.
uns allen gemeine
iſt hie des öls ze kleine.«
Sie giengen unde wolten
öle koufen, als ſie ſolten,
daz in vil wênic dô gezam:
der briutegome vil balde kam.
die dô hâten ſich bewart
dâ gên des herren zuovart,
die kâmen unde enpfiengen in.
er vuorte ſie mit im dô hin

zer êwiclichen wirtſchaft.
dô wart nâch im diu tür behaft.
die tumben megede kâmen ſâ,
ſie bôȥten an die tür aldâ,
ſie riefen: »herre, lâȥ uns in!«
dô dûht in gar ze tump ir ſin;
»âmen, âmen! diu wârheit
(ſprach er) ſî iu von mir geſeit,
daȥ ich iuch niht wiȥȥen wil
noch weiȥ.« dô wart ir leides vil.
ir klagender jâmer wart vil breit,
daȥ in diu wirtſchaft was verſeit,
diu iemer mêr ân endes zît
endelôſe vreude gît.
die vünf wîſen megede guot
bezeichent den, des ſtæter muot
ûf ſînes lîbes hinevart
mit guoten werken iſt bewart.
des tôdes kunft daȥ iſt diu naht,
diu unſer ſinne hât bedaht,
daȥ ſîn zil und ouch ſîn komen
unſern ſinnen iſt benomen.
Daȥ öle bezeichent guotiu werc,
diu vil ſwærer danne ein berc
in unſern kranken herzen ſint.
dirre welte tumbiu kint
gelîchent den vünf megeden wol,
den ir olvaȥ wâren hol
des öls der rehten werke gar.
bî diſem bîſpel nim des war,
daȥ got unſer herre Kriſt
der briutegome genennet iſt.
ſwer ſich niht gên im bewart
und rehtiu werc an'ȥ ende ſpart,
unz im des tôdes ſigenunft
zeiget unſers herren kunft:
wil er danne loufen,
öl rehter werke koufen,
des er biȥ an die ſtunt vergaȥ,
owê! ſô liſchet daȥ liehtvaȥ

und ſperret im vil lîhte vor
der edel briutegome ſîn tor.
alſus kan ich die wârheit ſehen
an dingen, diu ê ſint geſchehen,
als ich dir beſcheiden hân.
nû ſolt dû vürbaȥ dich verſtân,
wie uns diu gotes wîsheit,
diu daȥ vervarne hât geſeit
ze künſteclîcher lêre,
beſcheidet vürbaȥ mêre
ein dinc, daȥ noch geſchehen ſol
wie got übel unde wol
an dirre welte lônen wil,
ſwenn er der welte gît ein zil.
daȥ beſcheidet uns alſus
der wîſe bote Mathêus
und der êwangeliſte grôȥ,
als im die wârheit entſlôȥ
diu reine gotes wârheit, Kriſt,
der rehter wec und wârheit iſt.
wie got uns allen lônes giht
mit vorhten und mit zuoverſiht
Sô got an dem jungeſten zil
an daȥ gerihte komen wil,
ſô wirt vür in geſamenet dar
mit lîbe und ouch mit ſêle gar
ſwer in der welte ie wart geborn
die got danne hât erkorn
und ſîne erwelten ſint genant,
die ſtânt ze ſîner zeſewen hant
die übelen, die verworhten,
die in vil wênic vorhten,
die ſtânt ze ſîner winſtern dâ.
er ſprichet den erwelten ſâ
»koment her, erwelten mîn'
daȥ rîche iu ſol bereitet ſîn,
daȥ iu an anegenges vriſt
geordent und benennet iſt.
ir ladetet mich, dô ich was gaſt
und mir gerætes gebraſt.

ich was nackent, ſunder kleit,
dô buoztent ir mîn armekeit.
ich was ſiech, dô kâment ir
und brâhtent iuwer vuore mir.
ich lac in grôzer ſwære
in dem tiefen karkære,
dô ſâhent ir mit helfe mich.«
ſie ſprechent: »wâ ſâhn wir dich
in alſô grôzen nœten ſîn?«
»ſwaz ir durch den willen mîn
einem armen hânt getân,
deſt mir geſchehn. nû ſult ir hân
ze lône êwicliche
mîns vater himelrîche.«
Die werdent ſîn erweltiu kint.
die danne ze der winſtern ſint,
zuo den ſprichet er alſô
mit vil ängeſtlîcher drô:
»vart, vervluochten, in den tôt,
in des helleviures nôt,
daz dem tiuvel iſt bereit
mit nôt ân ende in ſtætekeit,
wan ich in mînen nœten nie
von iu deheinen trôſt enphie.«
ſô ſchrient ſie denn alle
mit jæmerlîchem ſchalle.
ſie klagent den endelôſen tôt,
ſie ſprechent: »wâ hâteſt dû nôt,
herre, dâ wir möhten dir
geholfen hân?« — »dâ ſâhet ir
einen mîner armen.
dô der iuch ſolte erbarmen,
ir getâtent im nie guot
und hâtent ie vil herten muot
gên der rehten lêre mîn.
des müezet ir verteilet ſîn.
nû var enwec, vervluochtiu ſchar!
zuo dem helleviure dar,
dâ iu ſol weſen iemer mê
bî dem leiden tiuvel wê.«

Dâ wirt daz êwicliche leben
der erwelten diet gegeben.
die übelen müezen ſîn verlorn:
den wirt daz helleviur erkorn
und iemer werndiu ſwære.
dâ vor dem rihtære
vervâhet miete kleine.
wir müezen algemeine
ſelbe umb unſer ſüntlîch leben
vor dem rihter rede ergeben.
dâ vindet niemen veile
vriuntlîch urteile.
ez teilet allez dâ daz reht,
dâ wirt reht ân krümbe ſleht.
ſô daz gerihte alſus ergât,
mit lîbe und ouch mit ſêle erſtât
beidiu man und dar zuo wîp
in den tôt oder in den lîp.
ſus gloube die urſtende.
dâ nimt der tôt ein ende,
wan der verlornen hôhiu nôt,
daz iſt der endelôſe tôt.
ſwer dâ ſtirbet, der iſt tôt
in der endelôſen nôt.
ſwem dâ daz leben wirt gegeben,
der ſol iemer mêre leben.
der verlornen hœhſter pîn
iſt, daz ſie müezen iemer ſîn
âne gotes angeſiht,
daz ſie die ſüln ſchouwen niht.
dirre tac mit vorhte gît
der welte ein grimmeclîchez zît.
Diz iſt der ängeſtlîche tac,
dâ niemen ſich behüeten mac,
er müeze dâ von gotes hant
ſwaz er vor hin hât geſant
enphâhen, leider anders niht
als Îſaias uns vergiht,
daz im got ſante in ſînen ſin:
»ich weiz ir werc, diu gilte ich in.

ich ſamene alle diet vür mich.
ſie ſehent mîne vreude, als ich
niwen himel und niuwe erde
gemache, die vil werde
belîbent iemer mêr vor mir.«
daz ſprichet got. noch ſîn wir
gewiſet von dem ſelben tage
ein teil, daz ſeit ein wîſſage.
»der gotes tac gît grôzen zorn,
die ſünder werdent verlorn.
der himel ingevalten wirt
alſam ein buoch; den tac verbirt
der gewente ſunnenſchîn.
ſîn lieht muoz erloſchen ſîn.
ſwaz man himelgezierde ſiht,
die gebent danne ir liehtes niht.
die ſterne vallent ſam daz loup,
daz dürre wirt an reben toup.
Der wîſſage aber urkünde gît.
von des ſelben tages zît
untrœſtet er die ſünder ie.
er ſprichet. »wê, iu, iemer wê.
die übel guot heizent
und guot ze übele reizent!
wê der vervluochten diete,
die die übeln durch die miete
gar an dem übeln ſlihtent
und reht unrehte rihtent!
wê in! wê den veigen,
die daz gerihte neigen
mit rouplîchem muote
nâch des armen guote!
owê danne der weiſen klage!
war vliehent ir an dem tage?
wer wirt vür iuwer ſwære
dâ iuwer helfære?
wem lânt ir iuwer êre dâ?«
nû ſprichet aber anderswâ
der wîſſage, als ich dir ſage,
von diſem vorhtlîchen tage
»ez iſt der tac der armekeit,
der angeſt, der nôt, der arbeit.
des zornes, der tôtvinſtern nôt.
der ſûre tac von viure rôt,
dâ der ſtarke kumt in nôt
und dâ niemen vür den tôt
deweder golt noch ſilber vrumt,
der an den tac mit ſünden kumt.
die ſünder ſtânt in grôzer klage
an dem gotes zorntage.«
diz iſt, als ich dir hân geſeit.
dirre tac wart ûf geleit,
daz got an ſînes endes zil
nâch dienſte uns allen lônen wil.
wie an der welte ende
geſchiht diu urſtende,
des hân ich dich verſwigen niht.
der vorhte und ouch der zuoverſiht.
der al der welte iſt bereit,
hân ich dir ein teil geſeit,
und von der künftigen welt.
dâ uns iſt bereit daz gelt
nâch übel und nâch guote,
daz merke in dînem muote.«
Joſaphât an ſich dô las,
ſwaz im hie vor geſaget was
des wîſen mannes lêre
erweinde in alſô ſêre,
daz er von herzenriuwen grôz
ſîn antlütze gar begôz.
ſîn riuwe machet in unvrô.
zuo Barlââme ſprach er dô
»dû hâſt mir liep, vorht unde leit
mit guoter wârheit geſeit,
lieber meiſter, süezer man.
nû ſolt dû wiſen mich daran,
wie ich der übelen nôt geneſe
und in der guoten vreude weſe.«
Barlââm ſprach: »daz tuon ich.
mit der ſchrift wîſich es dich

diu hât uns geſeit alſus.
daȥ der boten vürſte, Petrus,
tet die gotes lêre kunt.
dô wart daȥ liut ſâ zeſtunt
brâht in vil grôȥe riuwe.
an in wuohs gotes triuwe,
ze buoȥe ſtuont ir herzen gir.
ſie ſprâchen: »nû waȥ tuon wir?«
»dâ nemt an iuch den reinen touf
umb des himelrîches kouf
und büeȥent iuwer ſchulde·
ſô ſendet gotes hulde
an iuch den heiligen geiſt.«
des touſes kraft iſt aller meiſt
an ſælden gar in trœſtlich,
die got geladet hât an ſich,
als dich der ſüeȥe gotes rât
geladet an ſich hiute hât.
Dû wære im ê vil verre,
nû hât dich unſer herre
in ſîner diet beſchouwet.
ſîn geiſt hât dich betouwet
mit ſînem touwe reine.
nû ſolt dû niht ze ſeine
gên dem touſe gâhen:
dû ſolt in gerne enphâhen
und ſolt dîn kriuze hân enbor
als eȥ dir treit dîn ſchepher vor,
alſô ſolt dûȥ nâch im tragen.
ich wil dir diz ze tiute ſagen:
Kriſt gap durch dich zer marter ſich
und leit vil grôȥe nôt durch dich:
alſô tuo ouch dû durch in
und kêre allen dînen ſin,
wie dû berihtes ſô dîn leben,
als er dir bilde hât gegeben.
dû ſolt durch in arbeit hân,
als er ouch hât durch dich getân,
ſô maht dû im wol nâhen;
die gote gar verſmâhen,

die diſe heiden nennent gote
nâch des tiuvels gebote,
die ſint gegoȥȥen unde geſniten.
in allen ſüntlichen ſiten
weiȥ ich grœȥer ſünde niht,
danne daȥ in iemen giht
deheiner helflicher kraft.
mit dem tiuvel ſint behaft
diu ſelben ſinnelôſen vaȥ:
dû ſolt vür wâr gelouben daȥ.
ir deheineȥ ſprechen kan,
ſwie vil man ſie geſchrîet an:
ſie ſint gar âne wîsheit.
in iſt aller ſin verſeit,
gân, ſprechen, hœren, ſehen.
im muoȥ ouch alſam geſchehen,
ſwer an ein bilde beten gât,
daȥ menſche gemachet hât.
got hât ir gar vergeȥȥen.
der tiuvel hât beſeȥȥen
diu bilde und ouch der liute ſin,
die gelouben jehent in.
Sie ſint gar vervluochet
von gote und unberuochet
und müeȥen iemer ſîn verlorn,
die ſie ze goten hânt erkorn.
ſwaȥ in wirt ophers von in brâht,
des iſt dem tiuvel gar gedâht.
von den hât dich gotes gebot
brâht an ſich. nû ſolt dû got
gelouben unde minnen
von herzen und von ſinnen:
gelouben, daȥ der reine Kriſt
menſche durch uns worden iſt
und durch unſer ſchulde leit
menſchliche brœdekeit
unde, als ich dir hân geſaget,
wart geborn von einer maget.
dû ſolt gelouben, daȥ ſîn tôt
uns lôſte von der helle nôt

und daz ſin reine urſtende
dem tôde gab ein ende,
der von Adâme uns gerbet wart.
dû ſolt gelouben die ûfvart.
geloube ouch gotes ſigenunſt
und ûf diſe erde ſîne kunſt
an der welte endes zil,
und danne uns allen lônen wil
nach aller unſer guottât,
als ieglîcher gedienet hât.
dû ſolt gelouben ſunder wân,
daz dû ze jungeſt ſolt erſtân,
an dem gerihte rede ergeben,
ſwie dich gewîſet hât dîn leben.
Dû ſolt die reinen kriſtenheit
gelouben, als uns hât geſeit
diu botelîche lêre;
vil veſteclîche ſêre
gelouben nemen in dînen ſin,
daz den gotes namen drin
ſundernamen ſint gezalt
und doch ſint ein und ein gewalt.
du ſolt ſie ſunder nennen,
doch zeinem gote erkennen
und anbeten zeinem gote,
und daz ſînem gebote
dienent aller himele kraft
und allıu lebendiu geſchaft
mit ſtæte in vorhteclîcher art,
und daz nie niht âne in wart,
ſwaz uns geſchephede iſt gegeben.
ſô was ie an im daz leben
mit dem, an dem ez allez iſt
daz iſt der heilige Kriſt,
der himel und erde ſlôzbant
eine hât in ſîner hant.
diz ſolt dû ſunder wanken
mit ſtæte in den gedanken
gelouben unde ſtæte ſîn
mit ſtæte an dem glouben dîn.

Durch daz bin ich her geſant,
daz ich mache dır bekant
die lêre, die ich hân getragen
her von mînen kindes tagen.
lâ varn und lâ dir weſen leit,
daz dirre welte rîcheit
ein leitlîchez ende hât
unde jâmerlîche zergât.
ſi gît dir vrœlîch urhap
und leidez zil, ein engez grap
dâ wirt dîn lîp in geleit
und wirt ein krankiu armekeit.
ob dû wendeſt dînen muot
vür got an dirre welte guot,
ez lât dich, wan dû ſterben muoſt.
ſwie ungerne dû ez tuoſt,
ez ſendet dich mit leider klage
an dem jungeſten tage
in den êwiclîchen tôt,
der iemer wert mit klagender nôt.
dâ bî lâ dır mêre ſagen,
waz dû dâ mite maht bejagen,
ob dû die welt verſmâheſt
und gotes touf enphâheſt:
dû wacheſt, ſlâfeſt, ſprecheſt, gêſt,
dû rîteſt, ligeſt oder ſtêſt,
ſô iſt dır gotes helfe bî:
diu tuot dich aller ſorgen vrî.
Alliu ſwære dich verbirt.
dîn herze dir geveſtent wirt
als einem krefterîchen leun.
ſwaz dir iemen mac gedreun,
daz wirt dir ringer danne ein wint.
Kriſt, daz reine gotes kint,
wert dich aller dîner gir.
ze aller zît iſt er bî dir:
als dû ruofeſt im, er kumt.
in allen nœten er dir vrumt
und tuot dir ſîne helfe ſchîn.
ſô muoz dîn grœſtiu vreude ſîn.

daʒ dû des ſolt gedingen hân
ſunder zwîvellichen wân,
daʒ er dir gît êwicliche
mit im daʒ himelrîche.
daʒ hât in geheiʒen got,
die gerne minnent ſîn gebot.
her an ſoltû mit ſtæte ſtân,
ſô wirdeſtû der wîʒe erlân,
diu dem tiuvel iſt bereit
mit endelôſer arbeit:
dar an merke mînen rât.«
dô ſprach der guote Jôſaphât:
»Nû tuon ich gerne dîn gebot
und wil diu touben apgot
mit haʒʒe gar verſmâhen
und Kriſtes touf enpfâhen,
vil gerne werden gotes kneht,
ob er mich durch mîn unreht
niht vertrîben wil von im.
ſînen touf ich an mich nim:
iſt er ſô guot, ſô dû mir ſeiſt,
ſô ſendet er mir ſînen geiſt
und tilget mîne ſünde.
nû ſolt dû mir urkünde
mit dîner wîſen lêre geben:
wie ſol ich nâch dem touſe leben?
des volge ich dîner lêre.
ſol ich tuon vürbaʒ iht mêre
wan nâch gelouben touſen mich?
iſt des genuoc, oder ſol ich
iht anders tuon? daʒ ſage mir:
des wil ich gerne volgen dir.«
Dô ſprach Barlââm: »daʒ ſage ich dir.
nû merke daʒ alhie von mir,
wie dû ſolt nâch dem touſe leben:
dû ſolt bœſiu werc begeben
und minnen ie daʒ beſte,
und ûf die gruntveſte,
diu dem gelouben wirt geleit,
ſoltû mit ſüeʒer reinekeit
eine veſte bûwen gote
an dir nâch ſînem gebote.
ich gihe, daʒ der geloube ſî
verdorben, diu werc ſîn dâ bî.
dâ wider man den werken giht,
ſie ſîn âne glouben niht.
uns lêret geiſtliche gân
und dirre welte willen lân
der guote ſanctus Paulus.
er nennet die houptſünde ſus:
weltlich geluſt, unreinekeit,
nît, zorn, haʒ und meineit,
manſlaht, vluoch, untriwe, hôhvart,
mit vrâʒheit trunkenlichiu art,
gelîcheſen, zouber, trügeheit:
ſwer diu mit ſtætem willen treit,
der muoʒ verlorn iemer weſen
an der ſêle und ungeneſen,
ob er ſie bringet an ſîn zil,
ſô daʒ er ſie niht büeʒen wil.
des kan niemer werden rât,
ob er ſie durch got niht lât.
Sô nenne ich dir die reinen vruht
der rehten werke: daʒ iſt zuht,
minne, vreude, vride, güete,
triuwe, milte, lancgemüete,
enthabunge, gedultekeit
gotlîcher arbeit,
und daʒ man gedenke niht
ze übel der übelen geſchiht.
nâch ſünden ſtætiu riuwe,
an gotes buoʒe ie niuwe,
an guoten werken ſtæter muot,
diu ſint nâch dem touſe guot.
ſie gânt alſam ein ſtege enbor
gên des himelrîches tor.
der ſolt dû nâch dem touſe phlegen,
jener dinge dich bewegen.
ſô diu der touf verſwendet,
vertiliget und verendet,

ſô ſolt dû allen dînen muot
von jenen ſünden hân behuot.
würden ſie dir wider kunt,
ſô tæteſtû alſam ein hunt,
der daȥ âs von im lât
und danne wider drüber gât.
Got hât die boten ſus gemant
»gât unde tuot den touf erkant
und toufet in den namen drin.«
dâ bî gebôt er aber in,
daȥ ſie die diet bekêrten
und nâch dem toufe lerten
behalten ſtæte ſîn gebot.
ouch lêret uns vürbaȥ got.
der himeltugende vürſte.
daȥ uns hunger unde durſte,
und lîden weltlîchen pîn
alhie durch die hulde ſîn
und weinen ſünde in diſen tagen,
daȥ wir von im her nâch bejagen
der êwiclichen vreude zît,
diu vreude und trôſt ân ende gît
ouch lêret uns vürbaȥ Kriſt
han erbärmede, als er iſt
erbarmherze an guete
uns lêret ſîn dêmüete.
daȥ wir uns erbarmen
gên den vil reinen armen
und daȥ wir des næhſten klage
mit im klagen alle tage
und in vridelîchen ſachen
vride und gnâde machen,
und daȥ unreht machen reht
mit rehtem gerihte ſleht,
und daȥ man uns gedultic ſehe.
ſwaȥ leides uns von im geſchehe
und valſcheȥ urkünde lân.
gar gewære rede hân
und iegliches menſchen guot
niht nemen âne ſînen muot.

er verbiutet ouch die eide
gar unz an die beide.
nein und jâ. die ſol man hân,
dâ bî die andern eide lân.
Swer dich ſlahe an dîn wange.
ſo ſûme dichs niht lange,
dû bieteſt im daȥ ander dar.
ſwer mit dir ze gerihte var
kriegen umbe dîn gewant,
dem ſolt dûȥ lâȥen zehant.
gip mit zuhteclichem ſite
ſwes dich der nôthafte bite.
ſwes du beſwærde woldeſt hân.
des ſolt du ander liute erlân
ſwaȥ dir leides iemen tuo,
da ſoltû niht ſprechen zuo
ſô richet dîne ſwære
dîn rehter ſchephære.
dû ſolt ze rehte rihten ſo,
daȥ dû gerihtes werdeſt vro.
ſwie dîn gerihte wirt getân,
dar nach muoſtû gerihte hân
lâ beliben valſchiu wort.
ſwar dû birgeſt dînen hort,
dâ keret ie des herzen ſîn
mit ſtæteclichem muote hin.
durch daȥ lege dînen ſchatz,
dâ des diebes widerſatz
in müge niemer ûȥ gegraben
und dâ in ſwenden niht die ſchaben
daȥ iſt daȥ himelrîche;
dâ wert er êwicliche.
noch iſt daȥ hœhſte gebot,
daȥ man den næhſten unde got
mit vriuntlîchem ſinne
alſam ſich ſelben minne.
Dû ſolt niemer geſorgen
gên dem andern morgen,
waȥ dû danne ſüleſt eȥȥen
got hât des niht vergeȥȥen.

er gap dir lîp unde leben:
sus mac er dir die spîse geben.
die selben kraft hât er noch.
er vuoret daz gevügel doch
und allіu dinc mit sîner kraft,
er nert ouch alle geschaft.
got lêrt ob allen dingen
nâch sînem rîche ringen
uns wîset sîner lêre spor
dringen an daz enge tor,
dâ uns daz leben wirt erkant.
leider, nû ist uns gebant
des tôdes strâze alze wît.
diu himelstrâze ist alle zît
gar ungebant und eine;
ir volge ist leider kleine.
dise lêre und disen rât
gar ein wort beslozzen hât,
daz sprichet unser herre, Krist,
als ez dort geschriben ist:
»swer mir sprichet herre, herre'
ist mir sîn herze verre.
der vert ze himelrîche niht,
ob diz wort âne muot geschiht.
tuo mînes vater willen gar,
welle er, daz er ze himel var.
swem vater, muoter, bruoder, wîp,
kint, guot, diu welt, der lîp
mit stæte lieber ist dann ich,
der mac sô niht geminnen mich
daz er mîn wirdic müge sîn.«
diz merke in den sinnen dîn,
daz dir got gebe ze lône
des himelrîches krône.«

Dô sprach der guote Jôsaphât.
»dîn honicmæziu zunge hât
mir guote lêre vürgeleit.
ob ich durch mîne unstætekeit
mac diu gebot behalten niht,
ob daz vil lîhte mir geschiht,
daz ich briche mînem gote
zwei oder einez der gebote.
sol danne diu gedinge mîn
ze gote gar verkrenket sîn?«
»nein ez, herre, süezer man
ich wil træsten dich her an,
dû solt alsolhe rede lân,
durch got deheinen zwîvel hân.
ob daz alsô solde wesen,
sô möhte nieman genesen.
bî rehte got genâden phligt,
vür daz reht genâde wigt.
dô got mensche wart erkant,
daz er der grôzen sünde bant
bræche, daz der menscheit
von hôhen schulden was bereit,
er gap uns vür die sünde
der gnâden urkünde.
unser leben und den gedanc
sach er ze brœde und alze kranc.
durch die selben brœdekeit
hât er uns einen trôst geseit.
swenne der sündære
sîne süntlîchen swære
von herzen gar beweine.
er sî ir vrî und reine.

Der touf die sünde reinet.
swer sîne sünde weinet,
ist im herzenriuwe kunt,
sô toufet er sich anderstunt.
der gotes gnâden ist vil mê,
dan iemen sünden begê.
nieman hât sünden alsô vil,
man vinde ir mit ahte ein zil.
der gotes gnâden ist sô vil.
daz sie niemen an daz zil
gereiten noch verenden kan.
hie soltû gedenken an
und büeze im die sünde dîn,
sô tuot er dir genâden schîn.

unſer herre ſprach alſô:
»aller engel kœre werdent vrô,
ſô got den ſünder lêret,
daʒ er von ſünden kêret.«
diz merke an einer bîſchaft,
diu ſeit von der grôʒen kraft,
die diu gotes erbärmede hât,
ſô des reinen herzen rât
wil den ſünder bringen
von ſüntlîchen dingen.
daʒ tet uns ze trôſte kunt
unſers herren Kriſtes munt.
Eʒ was, als noch genuoge ſint,
ein rîcher man, der hâte kint
den teilte ſîne habe ſîn hant.
dô vuor der elteſt in ein lant.
vil verre in vremediu rîche.
gên wîben üppeclîche
kêrte er alſô gar den muot,
daʒ er mit in vertet ſîn guot
ſô gar, daʒ im diu hungers nôt
eine ſwache vuore bôt,
dâ mite er ſich dô nerte
und dem hunger werte.
er buoʒte alſus den hunger ſîn
ûf dem velde, dâ diu ſwîn
giengen an der weide,
dâ gienc er ûf die heide.
ſwâ daʒ ſwîn vant eine wurz,
ſi wære lanc oder kurz,
dâ jagete er eʒ balde von
und aʒ ſî des was er gewon,
daʒ er der ſpîſe nerte ſich.
diz hungerleben kumberlich
er mit grôʒer armekeit
in manegem grôʒen hunger leit.
diz leben machet in unvrô.
er dâhte in ſînem muote alſô
»wie lange wil ich diſe nôt
lîden? mînes vater brôt
vuoret alſô manegen man,
der im nâch lône dienen kan.
daʒ kunde ouch ich. nû wil ich gân
(ſwie ich an in geſündet hân)
hin zim und wil in des biten,
daʒ er mit väterlichen ſiten
mîne ſchulde überſehe,
daʒ eʒ mir niemer mê geſchehe
Ich wil ſprechen: vater mîn,
ich hân an die hulde dîn
geſündet, als mîn ſchulde giht.
ich mac dîn kint geheiʒen niht.
in den himel unde ouch dir
hân ich geſündet. nû tuo mir
genædeclîche triuwe ſchîn.
lâ mich dir bî den knehten dîn
dienen, daʒ dû vuoreſt mich.«
mit dem gedanke huob er ſich
wider in ſînes vater lant.
dô ſînem vater wart erkant
ſîn kunft, dô lief der herre
gên ſînem ſune verre.
dem knappen wart dô niuwe
diu väterlîche triuwe.
ſîn erbärmeclîcher ſin
bewegete ſich dô über in.
er kuſte in minneclîche dô;
ſîner künfte was er vrô.
dô wurden brâht diu beſten kleit
und dem knappen angeleit
und diu rîcheſten vingerlîn.
dô machet er den vriunden ſîn
eine grôʒe wirtſchaft ſâ.
mit vreuden kunte er, daʒ im dâ
ſîn kint wære wider geborn:
daʒ im dâ vor was verlorn,
daʒ hæte im wider ſich gegeben.
des hulfen im mit vreuden leben
ſîne vriunde durch in gar,
die zuo den vreuden kâmen dar

Des mit vorhtlîchen ſiten
der ſun den vater wolte biten,
des wart verzigen ſîner ſchame.
im werte ſînes vater name
nâch êren baȥ dan er in bat.
an ſînes lieben kindes ſtat
phlac er ſîn väterlîche
und machte in guotes rîche.
er lie nâch ſîner ſchulde
in haben ſîne hulde. —
nâch verluſt diz vunden kint
bezeichent, die in ſünden ſint
und danne ir herzenriuwe
ſie gote machet niuwe
an riuwec1îcher buoȥe.
mit minneclîchem gruoȥe
zeiget er in ſîne güete.
ze der rehten heimüete
erbarmet er ſich über ſie.
ſwaȥ ſie gên im getâten ie,
daȥ iſt ſâ von im verkorn,
und werdent gote als ê geborn
ze ſînen lieben kinden gar:
ſô vreut ſich aller himele ſchar.
noch wil ich dir künden
ein bîſpel von den ſünden,
dâ wîſte gotes wort mich an:
Hundert ſchâf hâte ein man,
in der wüeſte er eineȥ vlôs.
diu niun und niunzic er verkôs,
unz er daȥ verlorne vant.
als erȥ vant, er nam zehant
daȥ verlorne ſchæfelîn
und truoc eȥ ûf der ahſel ſîn
vrœlîche in ſîn hûs hin hein.
in grôȥen vreuden er ſchein
und bat ſîne vriunde dô,
daȥ ſie mit im wæren vrô,
wan er hæte an den ſtunden
ſîn verlorneȥ ſchâf vunden.

Sie vreuten ſich dâ durch den vunt.
uns tuot mit ebenmâȥe kunt
diu gewære wârheit,
daȥ grœȥer vreude ſî bereit
ze himele aller engel ſchar
und aller himel tugende gar,
ob ein grôȥer ſündære
wirt gote ein riuweſære
und ſich von ſünden kêret,
ir vreude eȥ vürbaȥ mêret,
danne ob niun und niunzic man
ſich grôȥer riuwe næmen an,
die von ſünden ſint behuot
und ie truogen rehten muot.
Petrus, der vil reine bote,
hâte geſündet an gote:
er lougente ſîn driſtunt.
des wart im ſô grôȥ riuwe kunt,
daȥ er vil ſêre weinde:
mit riuwe er buoȥe erſcheinde,
biȥ daȥ er ſîne ſchulde gote
nâch der riuwe gebote
buoȥte nâch den hulden gotes:
ſît wart er kemphe ſînes gebotes.
wir vinden ouch geſchriben dâ,
daȥ Marjâ Magdalênâ,
der ſünderinne vrouwe,
ſich mit ir herzen touwe
von ir ſünden reinde,
dô ſi Kriſt anweinde.
als er ir herzen riuwe erſach,
durch ir gelouben triuwe er ſprach
»wîp, dir ſî dîn ſünde gelân,
die dû hâſt biȥ her getân.«
Ob ein man in kamphe ſtât,
ſîn kamphgenôȥ in niht erlât,
er ſlahe in lîhte vor im nider,
des ſol er ſich erholn wider
mit vrümeclîchen dingen.
er ſol ûf aber ſpringen

gên ſînem vîende in den ſtrît
waz ob im got die ſælde gît,
ob er rehter manheit phligt,
daz er dem andern angeſigt.
alſus ſol ſich der ſünder wern.
ſehe er ſich die ſünde bern.
ob in ein ſünde drücke nider,
dâ ſol er ſich ſetzen wider
und ſol got ze helfer hân,
ſô wirt er ſiges niht erlân.«
Jôſaphât der guote ſprach
»ſît weinen, klage und ungemach.
jâmer, riuwe und arbeit
uns ſint ze buoze ûf geleit.
ſô dunket mich, ez wære
vreude bezzer danne ſwære.
ſît man ſus ſünde ſol geneſen.
ſô woltich vil gerner weſen
âne ſünde vreuden bî,
dan in den ſünden vreuden vrî.
ich ſol des lieben herren mîn
gerner hüetende ſîn
vrœlich âne ſünde,
dan ich an im enzünde
mit ſündenvreuden ſînen zorn
und mir ze buoze werde erkorn
vur ſündenvreude riuwenklage.
ſwenne ich gar nâch dîner ſage
die gotes lêre gelerne,
ſô huete ich vreuden gerne
und bin in vreuden gerner ſô,
dannich von ſünden werde unvro.«
Barlââm, der meiſter ſîn,
ſprach »vil lieber herre mîn.
des beſten hâſtû gedâht:
mohte ez werden vollebrâht,
ez wære ouch daz liebeſte mir
und unſerm herren gote an dir
dû maht es niht behueten dich
ez iſt gar unmugelich
bî viure ſitzen einem man,
etswenne rieche ez in an.
ſwer dirre welte unmuoze hât
und ouch ir rîlichen rât
an lîbe, an guotes rîcheit,
iſt al ſîn wille im unverſeit,
wie mac der die welt und got
behalten gar? wan ir gebot
iſt ungelîch geſcheiden.
man kan ze rehte in beiden
nâch ir gebote dienen niht.
als uns Kriſtes lêre giht.
er ſprach · »nieman zwein herren mac
gedienen ſô, daz ſîn bejac
müge ir beider lôn bejagen.
man ſehe in dem einen tragen
vriuntſchaft, dieneſt oder haz,
danne dem andern. vürbaz
er im den einen minnet,
von dem er lôn gewinnet.
ez lônet ietweders muot,
als man im dieneſt tuot.
ouch hât geſprochen anderswâ
Jôhannes êwangeliſtâ:
»ir ſult die welt minnen niht,
wan ſwaz man in der welte ſiht.
des gert diu vleiſchliche gir.
der ougen wunne lît an ir
diu iſt niht von gote komen.
ûz der welte iſt ſi genomen.
der welte wünne gar ververt
ir gir, ir name wirt verzert,
ir êre, ir rîcheit unde ir guot.
ſwer aber gotes willen tuot,
dem wirt daz êwicliche leben
bî gote ân ende gegeben.
Den reinen boten unde got
des boten lêre, gotes gebot
behielt vil unſerr vordern ê
die liezen in vil dicke wê

durch in ſîn, als er gebôt.
ſît wir mit alſo maneger nôt
müeʒen daʒ gotes rîche
gedienen kumberlîche,
ir lîp, ir muot wurden bekleit
mit dem kleide der arbeit,
und touſten nâch dem touſe ſich
mit ir bluote. lobelich
was der touf unſerm gote.
in ſînem reinen gebote
wart in nœte vil bekant.
genuoge wurden verbrant,
verſteinet und mit ſwerte erſlagen
ſach man manigen bî den tagen,
ſchinden und radebrechen
und etslîche durchſtechen.
vür wildiu tier bant man ir vil.
vür geſchütze alſam ein zil
ſach man genuoge ſetzen,
durch got ir leben letzen.
ſus liten ſie vil manege nôt
und kurn durch got des lîbes tôt
umb der ſêle iemerleben,
daʒ in ze lône wart gegeben.
got zeichen vil an in begie
die wîle daʒ ſie lebeten hie.
ſwâ ir lîp oder ir gewant
iemen ruorte oder ir hant,
der muoſte werden ſâ zeſtunt
von aller ſiecheit geſunt.
Genuoge ſâhen ouch die nôt,
die dirre welte minne bôt.
ſie dûhte ein arbeitlicheʒ leben
dirre welte ſich begeben
und doch in der welte weſen
und âne diſe welt geneſen.
ſie lieʒen varn kint unde wîp,
liute, lant, vriunde, lîp
und arbeiten ſich ſêre
nâch unſers herren lêre,
des vil wênic ſie verdrôʒ.
mit manegem ungemache grôʒ
die welt ſie gar vermeinden,
in wälden ſie vereinden.
in was vil wê, vil ſelten wol
ſie zugen ſich in wildiu hol,
ſie liten manige pîne,
ſie wurden pilgerîne
und oſte unwerde geſte
durch got. ir muot was veſte.
krût, eicheln unde gras
in gote ir ſpîſe lange was.
hôhvart, vlentlîcher nît
was in vremede zaller zît,
diu doch den guoten werken bî
gerne ſint. vil ſelten vrî
ſint guote liute ir beider.
den guoten was niht leider.
dan der welte rîchtuom
und ir trügelîcher ruom.
ſie hâten manege ſwære,
ſie wurden marteræere
doch von ir grôʒen nôt genant
und nâmen von der gotes hant
den balmen und die krône
bî den marteræren ſchône.
Got die gnâde an in begie,
daʒ al diu welt ir lêre enphie
und ûf der erde überal
ir wort, ir rede vil wîte erſchal.
ir lêre, ir leben lêrte daʒ
in gotes worte vürbaʒ.
der ſprichet ſô: »ſwennir getuot
werc, diu reht ſint unde guot,
und volbringent gotes gebot,
ſô ſprechent: herre, vater, got,
wir ſîn unnütze knehte.
wir tâten niht ze rehte,
daʒ uns von dir geboten wart.
dêmuot nidert hôhvart.«

der ſelben lêre phlâgen ſie,
ir dêmuot hôhvart nie begie.
nû iſt in ein hôhez leben
durch ir dêmuot gegeben.
in hât der hôhe gotes gewalt
die welt vergolten hundertvalt.
ir ſêle ſint bî gote dort.
diu gotes lêre ſint ir wort.
ir heilegez gebeine
guot, edel unde reine,
iſt uns ze ſælden hie verlân,
dâ von wir manige ſælde hân.
ſwie wir es unwirdic ſîn.
ich und die genôze mîn
hân ir leben an uns genomen
und mügen leider doch niht komen
dar ſie vor uns ſint gevarn.
wir kunnen uns des niht bewarn,
uns drücke diu welt under ſich
mit ir gezierde trügelich
und mit ir valſchen êre.
des iſt der guoten lêre
uns vorhtlîche ſwære,
griulich und egebære.
Zwâre, lieber herre mîn,
diu welt ſolde gehazzet ſîn.
des wære ſi benamen wert,
wan ſi ze ſtæte nihtes gert.
daz nu iſt, dêſt niht zehant,
nû jâ, nû niht, dêſt ir bekant:
hiute weſen, morne entweſen,
nû ſtœren, nû ze ſamene leſen,
den drucken, diſen ûfen,
dort ſwenden hort, hie hûfen;
nû liep, nû leit, nû leben, nû tôt,
nû grôz gemach, nû leides nôt;
hiute vreude und rîchez guot,
morgen leit und armuot.
ſi iſt ir vriunde vîent:
morgen lûte ſchrîent
die hiute ſêre lachent.
in leide morgen wachent,
die hînaht ſlâfen giengen,
mit vreuden ſlâf enphiengen.
ſwer ſich ûf ſî ſlâfen leit,
den wecket ſi mit arbeit.
ſwer ir getriuwez herze hât,
mit untriuwen ſi in lât.
ſi kan die tumben reizen
mit valſchen geheizen,
biz daz ir tumbes herzen muot
ir lêre, ir willen gerne tuot.
ſwen ſi ſus an ſich bringet
und der zir helfe dinget,
den lât ſi ligen in der nôt.
ir endes lôn iſt ie der tôt.
Die jenen rehten herren lânt
und diſem valſchen bî geſtânt,
den wirt der tôt vür daz leben
von im ze lône gegeben.
ſîn lôn iſt niht wan herzeleit,
als ich ein teil dir hân geſeit.
Die dirre welte volger ſint
unde ir dienſtlîchiu kint,
die gelîche ich einem man,
der nôt von einem tiere gewan
daz was ein einhürne grôz.
ſîn lüejen alſô lûte dôz,
daz ez den man brâhte in nôt.
er vorhtim unde vlôch den tôt.
ez jaget in âne milte zuht.
dô er was in ſorgen vluht
und vor dem einhürnen lief,
in ein abgründe tief
viel er über eine want.
in dem valle ergreif ſîn hant
ein boumelîn, dâ hieng er an.
daz vriſte diſen ſelben man.
er habete ſich vil vaſte
ze des boumelînes aſte;

die vüeȥe hâte er geſat
an eine wunderenge ſtat.
daȥ was ein kleiner erdewaſe,
gewurzet âne kraft mit graſe:
dar ûf enthielt er ſînen val.
diu ſelbe ſtat was alſô ſmal,
daȥ er dar an niht mohte geſtân,
ſwenn er daȥ boumel müeſte lân.
Swier dâ ſtuont in grôȥer nôt,
er wânde, im wære der tôt
mit vride gar benomen dâ.
dô kômen zwô miuſe ſâ:
einiu was ſwarz, diu ander wîȥ,
die kêrten allen ir vlîȥ
an der ſtûden wurzel gar.
ſie nuogen alſô vaſte dar,
biȥ diu wurz vil nâch ſich lie,
von der kraft diu ſtûde gie.
diz was ein ängeſtlîch geſchiht:
er mohte des erwenden niht,
ſie wolten der wurze angeſigen.
dô ſach er einen trachen ligen
tief under im in dem tal,
der dinget ûf des mannes val.
eȥ was ein ängeſtlîcher ſtric,
er truoc vil leiden aneblic:
diu ougen und der âtem ſîn
wâren beidiu viurîn.
er tet vil wîte ûf den munt:
dô dranc daȥ viur ſâ zeſtunt
mit grôȥer flamme, als er ſich vleiȥ,
als ûȥ einem ovene heiȥ,
ûȥ ſînem wîten munde.
vil ſêre in der ſtunde
mit grimme blangen began,
daȥ er verſlunde diſen man.
ûf ſînen val was er bereit,
ginende, als ich hân geſeit,
als er in wolde ſlinden.
dem man begunde ſwinden

herzevreude: daȥ tet nôt,
als im diu vorhte gebôt.
Dô der man diz ungemach
under im an dem trachen ſach
und den wüetenden einhürnen
ob im ſô ſêre zürnen,
dô er nâch im lûte ſchrei,
und daȥ der ſtûden wurz enzwei
von den miuſen nâch geſchaben
was: er dâhte, ob in enthaben
möhte diſiu kleiniu ſtat,
dâ er hâte hin geſat
die vüeȥe durch des valles vriſt.
als er diſen kleinen liſt
in ſînen grôȥen nœten vant,
er ſach des endes ſâ zehant.
aldâ moht er ſich niht entſagen
ûȥ der wende ſach er ragen
vier grôȥer würme houbet.
vreude er wart betoubet,
wan er des tôdes was gewis.
ein ſlange heiȥet Aspis,
der vil grôȥe vrävele hât,
ſwenne er lebendes iht beſtât.
der wurden im dâ vier erkant
bî ſînen vüeȥen in der want,
die den waſen undergruoben
und vîȥeclîche ſchuoben,
der under ſînen vüeȥen lac
und ſîn mit unſtæte phlac,
wan er ſô ſere began
mit helfe entwîchen diſem man.
dô diſiu viervalte nôt
dem man ſô grôȥe vorhte bôt,
er ſach ûȥ einem aſte,
ſamſte, niht ze vaſte,
ein kleine honicſeimes gân.
al ſîn nôt begunder lân:
er habete ſich dar ſâ zeſtunt
und lieȥ im triefen in den munt.

ſwar er ſach, dâ was nôt:
er ſach nâhen im den tôt.
ſwie vorhteclich was diu geſiht,
er lie der honictropfen niht.
Iſt dînen ſinnen iht ze ſnel
ze merkenne diz bîſpel,
ſô wil ich dirȥ ze tiute ſagen,
die rehten bîſchaft niht verdagen.
diu gruobe, dar in viel der man,
dâ ſoltû die welt merken an,
diu mit ſô maneger arbeit
uns ir ſtricke hât geleit.
der einhürne dêſt der tôt,
der mit ängeſtlicher nôt
alleȥ menſchenkünne jaget,
biȥ daȥ ſîn name an im betaget.
daȥ boumelîn, daȥ iſt daȥ leben.
daȥ uns allen iſt gegeben,
ieglîchem nâch ſîner maht.
der liehte tac, diu trüebe naht
bezeichent diſe miuſe zwô,
die jene wurzen nuogen ſô
daȥ der ſtûden kraft zergienc,
dar an der man mit vorhten hienc.
alſus genaget widerſtrît
unſer leben diu zît.
ir nagen daȥ hât endes niht,
ê man ſi abe genagen ſiht
unſers lebenes wurzelkraft,
dâ unſer leben iſt angehaft.
merke ouch in den ſinnen dîn,
daȥ der trache viurîn,
der gên dem man ûf tet den munt,
bezeichent der helle grunt
und des tiuvels angeſiht,
diu vorhtlicher ſwære giht.
Der vier ſlangen houbet ſint
vier tugende, von den al diu kint,
diu von menſchen ſint bekomen,
lîp und leben hânt genomen.
der vier êlementen kraft,
von den diu gotes meiſterſchaft
den lîp al der menſcheit
hât ze ſamene geleit,
daȥ iſt diu ungewiſſe ſtat,
ûf die der man hâte geſat
durch vriſten ſîne vüeȥe.
der welte unſtætiu ſüeȥe
ſî dir bî dem honige kunt,
daȥ jenem trouf in den munt.
und durch daȥ kleine tröpfelîn
vergaȥ er al der nœte ſîn.
hie ſî dir bilde bî gegeben,
daȥ dû dirre welte leben
rehte erkenneſt, wie ſi ſtât.«
dô ſprach der guote Jôſaphât
»wol dem ſüeȥen munde dîn.
dû müeȥeſt iemer ſælic ſîn
mit vreude ân alle ſwære!
wie guot und wie gewære
diz bîſpel iſt an lêre!
ſage mir der noch mêre,
daȥ mir ir lêre bîſchaft gebe.
wie ich in dirre welte lebe
und welher vriunde ich ſül phlegen
und der andern mich bewegen.«
Dô ſprach der alte wîſe man
»dû ſolt gedenken wol dar an.
wem dirre brœden welte kint
gelîch an ir lebene ſint.
welhe vriunt ſie minnent
und wie ſie lôn gewinnent
von der vriunde minne,
daȥ merke in dînem ſinne.
Eȥ was ein vil guoter man,
der drîer vriunde nam ſich an.
die begunder minnen
von herzenlîchen ſinnen.
den zwein er ſolher minne jach.
daȥ man in mit ſtæte ſach

ie dienen diſen beiden.
er was gar ungeſcheiden
mit ſtæteclîchem ſinne
von dirre beider minne.
den lobet er, unz an ſînen tôt
(als ir liebe im dô gebôt)
iemer in ir dienſte weſen,
mit in ſterben unde geneſen.
ſwenn er den dritten anſach,
vil kûme er im gruoȥes jach.
trâclîche gruoȥte er in;
ſîn gelîchſender ſin
gruoȥt in von herzen ſelten ie.
er ougte im herzevriuntſchaft nie,
als er ie tet den andern zwein,
in der dienſte er ie ſchein.
Der drîer vriunde er alſô phlac
mit ſolher liebe manigen tac,
daȥ ſie alſus ſîn herze ſchiet.
dô kom ein zornigiu diet
zuo zim gewalteclîche:
die wâren al gelîche
des keiſers wîȥenære.
die ſagten im ze mære,
daȥ er ſolde dô zeſtunt
umbe zehen tûſent phunt
ze rehte vor dem keiſer ſtân
oder den lîp verlorn hân.
diz mære erſchrahte in ſêre;
dô dâhte er an die êre,
die er den zwein vriunden ie
mit willen tet. vil balde er gie
zuo dem liebeſten vriunde ſîn.
er ſprach: »vil lieber vriunt mîn,
durch got, wes wil dû helfen mir?
nû ſtât gar mîn trôſt an dir.
mir ſint des keiſers boten komen:
ich hân von wârheit vernomen,
er welle mich des niht erlân,
ich müeȥe in nœten vor im ſtân
umbe zehen tûſent phunt.
nû tuo mir dînen willen kunt,
ob dû iht welleſt helfen mir,
als ich wol getrûwe dir.
dû ſolt des lân genieȥen mich,
daȥ nie geſchiet mîn herze ſich
von dir mit ſtæten triuwen gar:
des nim durch got hiut an mir war!«
Dô ſprach der vriunt ſâ zehant:
»man, dû biſt mir unbekant.
dû weiſt niht rehte waȥ dû ſageſt
und wen dû ze vriunde jageſt.
waȥ vriundes ſuocheſt an mir hie?
jâ, geſach ich dich ê nie.
ander guote vriunde ich hân,
mit den wil ich hiute gân,
in vreuden durch ir willen ſîn:
die hân ich nâch dem willen mîn.
ſît daȥ mich dîn tumber ſin
ze vriunde erſach, des ich niht bin,
ſô wil ich doch des wortes dich
lân genieȥen umbe mich.
ich wil dir geben zwei hemdelîn,
diu ſint vil bœſe hærîn,
diu ſoltû ze ſtiure hân:
eȥ mac nû anders niht ergân.
doch helfent ſie vil kleine dich,
dû darſt niht vürbaȥ biten mich.«
diu gedinge was verlorn,
die er dâ wânde hân erkorn.
vil trûriclîche gie der man
von ſînem trügevriunde dan.
zuo dem andern huop er ſich.
er ſprach: »vil lieber vriunt, wan ich
dich minnet ie vür alle man,
ſît daȥ ich künde dîn gewan.
als dîn liebe mir gebôt,
ſô hân ich alle mîne nôt
hiute an dînen trôſt verlân:
ich hân ze dîner helfe wân.«

»Waz ſol ich tuon, waz wirret dir?
durch waz ſtêt dîn trôſt an mir?«
»dâ lâ mich alles guotes
und dieneſtlîches muotes
und aller êren geniezen
und lâ dich niht verdriezen,
dû helfeſt mir von grôzer nôt,
wan ich muoz lîden den tôt,
gib ich niht zehen tûſent phunt.
diu mære ſint mir worden kunt,
nû trœſte mich ze dirre drô.«
der vriunt antwurte im alſô:
»ich mac dir helfen niht noch wil
ich hân unmuoze ſelbe vil,
ich bin in ſorgen, als ouch dû,
vil grôzen kumber hân ich nû.
biſtû ſô tump, geſelle,
daz du wæneſt, daz ich welle
mit dir gân in den tôt?
der wân iſt an dir âne nôt.
ouch verzer ich wol mîn guot,
daz ez dir kleine helfe tuot,
wan ich bedarf es ſelbe wol
âne manigerhande zol.
ich tuon dir wol ein kleine guot,
daz dir doch kleine vrume tuot
dâ dû ſolt ze gerihte ſtân,
dar wil ich hin mit dir gân
unz an des rihtæres tor.
dâ wil ich belîben vor
und wil tuon, des ich bedarf.«
unwertlich er von im warf
daz ouge. er ſchiet von dan zehant,
als er aldâ niht trôſtes vant.
Dô er den kranken trôſt enphie,
zuo dem dritten vriunde er gie.
ſîn lîp was ſorgen rîche.
dô weinder jâmerlîche.
als er den vriunt ane ſach,
ſîn herze im grôzer riuwe jach.

daz houbet liez er ſigen,
von ſchame wolter ſwîgen.
er getorſte in niht gebiten
von den ſchamlîchen ſiten,
daz er im êre nie gebôt;
er ſweic durch ſchamlîche nôt.
an ein heil liez er ez dô,
ſchamende ſprach er alſô
»nû hân ich mundes niht ze dir,
daz ich dich bite, daz dû mir
deheiner ſlahte helfe tuoſt,
wan dû des gedenken muoſt,
daz ich in al den ſinnen mîn
gevleiz mich nie des willen dîn
und dir gediende nie ſô wol,
ſô vriunt vriunde dienen ſol.
ich hân niht umbe dich verſcholt
dekeinen helflîchen ſolt.
nû hât mich angeſt unde leit,
kumber, nôt und arbeit
durch grôze gülte ergriffen.
mîn trôſt iſt gar zerſliffen
an den liebeſten vriunden mîn.
nû bæte ich gerne, möhtez ſîn,
etslîcher helfe dich,
daz dû geruocheſt trœſten mich
mit einer kleinen ſtiure
mir iſt nû vreude tiure.
dû ſolt mich niht engelten lân,
daz ich dir niht gedienet hân.«
Dô ſach in der guote man
mit güetlîchen gebærden an.
er ſprach: »triuwen, des iſt niht.
mîn herze dir von ſchulden giht,
daz dû der liebſte ie wære mir.
ſwaz dû wilt, daz diene ich dir
ich ſol niht vergezzen hân
des dû mir liebez hâſt getân,
daz ſol ich dir hie gelten ſô,
daz dû des geltes wirdeſt vrô.

wis mit vreuden ſunder leit!
dîn klage, dîne arbeit
lege ich dir zem künige hin.
nû habe vreudenrîchen ſin,
lâ trûreclîche ſwære ſîn!
ich ſüene dir die vorhte dîn
alſô, daʒ dîner vînde rât
nâch dînem willen gar zergât.«
des trôſtes wart der man ſô vrô,
daʒ er von herzen weinde dô.
weinende er vil lûte ſchrê:
»wê mir tumben man! owê!
wê mir! ich muoʒ von ſchulden klagen,
daʒ ich in allen mînen tagen
durch mînen tumblîchen wân
alſô vil gedienet hân
valſcher ungetriuwer diet,
diu ſich von mîner helfe ſchiet,
dô eʒ mir an daʒ leben gie,
und daʒ ich dem gediende nie,
des triuwen helflîcher trôſt
mich von dem tôde hât erlôſt.«
»Meiſter, daʒ beſcheide mir«
ſprach Jôſaphât, »daʒ iſt mîn gir.«
»daʒ tuon ich, merke diſiu wort.
rîchtuom, guot und grôʒer hort
und dirre welte gewalt
zem êrſten vriunde ſint gezalt,
durch diu dem man vil arbeit
in dirre welt muoʒ ſîn bereit.
êre, lîp, ſêl unde muot
wâget der man umbe guot,
wie er des gewinne vil.
ſô denne kumt des tôdes zil,
der gotes wîʒenære,
ſô klaget er ſîne ſwære
dem guote. er ſeit im ſîne nôt.
ſô gît eʒ im in den tôt
ze ſtiure ein krankeʒ tüechelîn.
daʒ ſint diu hemede hærîn,
diu jener ſînem vriunde gap.
daʒ gît im ſîn guot in daʒ grap.
eʒ lougent ſîn ze vriunde dâ.
ze vriunde erkiuſet eʒ im ſâ
die lebenden unde lât in dort.
den bezeichent ſus der hort.
der ander vriunt die mâge ſint:
wîp, vater, muoter, bruoder, kint,
durch die der man ze aller zît
got, ſêle unde lîp begît.
Wie hœrent diu des mannes klage?
wie helfent ſie im an dem tage,
ſô im der tôt ein ende gît?
vil jâmerlîche er gelît.
ſie ſehent ſmâhlîche dar
und nement ſîn ungerne war.
ſie ſchouwent leiders niht bî in,
ſie kêrent dar an gar ir ſin,
wie er kome ir ougen abe.
ſie volgent im biʒ zuo dem grabe:
als er danne wirt geleit,
an ir unmuoʒe arbeit
gânt ſie ſchaffen hein ir dinc.
ſie kêrent allen ir gerinc
an guot und vergeʒʒent ſîn;
ſie tuont im kleine helfe ſchîn.
ſîn minne iſt hin, ſô er gelît.
ſîn liebe ſwînet alle zît.
der dritte vriunt unmære,
der ſô leit und ſô ſwære
was des mannes ougen gar
und ſîn doch nam mit triuwen war
und im in des tôdes nôt
mit trôſte ſîne helfe bôt,
daʒ ſint diu reinen werc vil guot,
diu man durch got alhie tuot:
gebet, almuoſen, güete,
geloube, triwe, dêmüete,
gotes und des næhſten minne
mit unvalſchlîchem ſinne.

der man alſô kleine wart
und doch ir helfe iſt ungeſpart
und ir vil trôſtlîcher rât
dort, dâ eȥ an den erneſt gât,
dâ wir müeȥen rede ergeben,
wie wir leiten unſer leben.«
Jôſaphât ſprach aber dô
»dû hâſt mîne ſêle vrô
gemachet, liebeſter man,
und wol gewîſet mich dar an.
wie ich die welt erkennen ſol.
des ſîſt dû vreuden iemer vol
bî gote, dem herren dîn.
nû ſage mir durch den willen mîn
von dirre welte üppekeit,
der ſi alſô manege treît,
noch ein ander ebenmâȥe
und wie man ſi ſô lâȥe,
daȥ man von ir ſicher var
mit unverirten vreuden gar.«
daȥ tet der alte, als er in bat.
er ſprach: »Wîlent was ein ſtat
grôȥ und guotes rîche,
dâ man vil wunderlîche
vremeder ſite manigen tac
vil gewonlîche phlac.
iemer aller jærgelich
vliȥȥen des die burger ſich,
daȥ ſie dar brâhten einen man,
der ir ê künde nie gewan
und den daȥ jâr ze künige dâ
nâmen unde im ſwuoren ſâ.
der hâte aldâ daȥ eine jâr
ſînen willen, daȥ iſt wâr,
daȥ im nâch ſînem muote
mit lîbe noch mit guote
niemen niht verſagete
daȥ jâr, ſwaȥ im behagete.
Sô er denne lebete alſô
und ſîner werdekeit was vrô,
ſô dâhte er, daȥ ſîn êre
belîben iemer mêre
ſolde nâch dem willen ſîn:
ſô wart im vil balde ſchîn
ſînes gewaltes ende gar.
nâch dem jâre kômen dar
die burger unde viengen in.
durch ir vîentlîchen ſin
nâmen ſie im die krône,
ſie zugen in vil unſchône
nackent gar durch al die ſtat
ſie tâten ſînen vreuden mat.
dar nâch wart er ſchiere geſant
in ein vremedeȥ einlant,
dâ er von hungers nôt verdarp.
von vroſte und von unrâte erſtarp.
dâ was im nôt und arbeit
ân alle zuoverſiht bereit.
dâ muoſte er arnen daȥ gemach.
daȥ im in der ſtat geſchach.
in dem lande was enwiht
ſîn vreude und al ſîn zuoverſiht.
wan er dâ muoſte in leide weſen
und des tôdes ungeneſen.
diz was der burgære ſite,
dâ lônden ſie ir künegen mite.
nieman ſie des erlieȥen.
die ir künege hieȥen,
ſie muoſten lîden ſolhen pîn
und nâch ir vreude in kumber ſîn.
Nû wart ein künic dar genomen,
der was ſô gar vollekomen,
daȥ im an tugenden niht gebraſt.
er was vor allem wandel gaſt
nâch dirre welte prîſe.
milte, kiuſche und wîſe
was er mit ſiten unde guot.
er kêrte dar an gar den muot.
wie er mit ſînem guote
nâch wîslîchem muote

ſîn dinc ze wîsheit kêrte.
ſîn witze in alſô lêrte,
daȥ er mit ganzer ſtæte
daȥ beſte gerne tæte.
nû was bî im ein wîſer man,
der gewarnet in dar an,
wie diu gewonheit was getân.
er ſeit im, daȥ er müeſte lân
vil ſchiere leitlîche
daȥ zergäncliche rîche
mit arbeitlîchem ende
und in ein vremde ellende
ze jungeſt würde geſant.
dô im daȥ mære wart erkant,
er was dem râtgeben holt.
vil geſteines, ſilber, golt
ſante er vor im in daȥ lant
bî getriuwer liute hant:
die brâhten eȥ zer inſeln hin,
dâ man in wolte ſenden in.
Dô ſîn gewalt ein ende nam,
des jâres zil an'ȥ ende kam,
dô kâmen die burgære gar
nâch ir gewonheit aldar
und nâmen im ſîn êre.
ſie ſluogen in vil ſêre
nackent durch die ſtat alblôȥ.
als ê manic ſîn genôȥ
wart er hin in daȥ einlant
von dem rîche dô geſant.
die ê dar komen wâren
dâ vor in manegen jâren,
die hâten maneger hande leit
von maneges mangels arbeit,
wan ſie dar ê niht brâhten
und niht vür ſich gedâhten,
dô ſieȥ mohten hân getân.
der arbeit wart der künec erlân,
wan er ſante vor im dar
die êwiclîchen lîpnar
bî der getriuwen boten hant,
die im ſî brâhten in daȥ lant.
diſe trügehafte welt
unde ir trügelîcheȥ gelt
und ir unſtæteȥ rîche
ſoltû bezeichenlîche
bî dirre ſtat merken wol
wan ſi iſt untriuwen vol.
ir künegen eȥ alſus ergât,
die ſi ir jâr ze künegen hât.
Die burger wil ich nennen.
dû ſolt daȥ wol erkennen
daȥ eȥ die leiden tiuvel ſint,
die unſer ſinne machent blint,
daȥ wir der welte unſtætekeit,
ir ſüeȥeȥ ſûr, ir liebeȥ leit
wol ſehen und niht wellen ſehen
und unſern ſinnen des verjehen,
ir guot daȥ ſî ein ſtæte guot.
ſus triuget ir rât unſern muot,
daȥ wir des haben gewiſſen wân.
wirt uns vil guotes undertân,
daȥ eȥ uns mit ſtæte ſî
ſtæte ân ende iemer bî.
ſô ſie uns ſô betriegent
und mit geheiȥen liegent,
biȥ daȥ wir in der ſelben ſtat
ze künege werden geſat
(ich meine, in grôȥe rîcheit),
eȥ ſî uns liep oder leit,
ſô wir gewalt wænen hân,
ſô müeȥen wir daȥ rîche lân.
wan des tôdes endezît
uns den burgæren gît.
von den werden wir geſlagen
ſie beginnent uns verjagen
durch die ſtat hin in daȥ lant,
daȥ der ſêle wirt benant.
dâ vinden wir die lîpnar,
die wir vor uns ſenden dar.

deweder minner noch mê.
dâ iſt anders niht wan wê
und iemer leitlich ungemach,
angeſt, leit und niht wan ach.
ſwaz bî gewiſſer boten hant
in daz rîche wirt geſant,
daz wirt dâ behalten wol
dem, der ez dâ vinden ſol.
Der râtgebe, daz iſt ein man,
der wol mit ſælden râten kan
und der die rehten wârheit
dem man mit rehter lêre ſeit.
als ich bin zuo dir geſant,
daz ich mache dir bekant,
daz ich gelernet ſelbe hân,
wie diſiu welt ſol zergân.
die minnet ich unz an die ſtunt,
daz mir wart ir unſtæte kunt,
ir kurzez liep, ir langez leit.
als ich dir hie vor hân geſeit
gedenke, herre, wol dar an
ſwer daz lieht treit vor dem man,
daz ez wol ze geſihte kumt,
daz nâchgênde wênic vrumt.
die geſiht man ſchône hât
vor dem liehte, daz vor gât.
ez vrumet wênic oder niht
in der vinſter an der geſiht
daz man nâchgênde treit.
zer êweclichen ſtætekeit
vrumt daz vor hin wirt geſant
in daz gediente lônes lant:
dar hân wir eine lange vart.
wir müezen uns wol hân bewart
ûf diſen wec mit ſpîſe
in maneger hande wîſe,
oder uns wirt diu kraft benomen
ê daz wir hein ze lande komen.
her an gedenke in wîſer kür
und ſende dîne ſpîſe vür.

wan wildûz an iemen lân,
dû maht ir wol mangel hân.
Die minnent dirre welte guot.
die lebent als ein tûbe tuot.
ſô ſi ein ar beſezzen hât,
dâ ſi ûf einem boume ſtât
ſi vürhtet ſêre ſînen zorn,
ſi vert dâ bî in einen dorn
und wider ûf den boum zehant,
von dem in eines ſteines want
oder in ein ander mûre;
in vliehender natûre
lebet ſi gên dem vederſpil.
alſô tuont, die guotes vil
hânt mit rîcheit manicvalt:
die vürhtent weltlîchen gewalt,
und maneger arbeit überkraft
von ir guote und vîentſchaft.
ſie vürhtent des und wenkent dar.
ſô vliuhet aber anderswar
von vorhte ir angeſthafter muot,
wie behalten werde ir guot:
den iſt von ir rîcheit wê.
ſô hânt die ſwære vierſtunt me.
die mit grôzer armuot
ſunder danc ſint âne guot.
des rîchen zwîvellîchez guot.
des armen klagendiu armuot
ſint eine wîle in ſolher nôt:
doch verendet ſi der tôt.
diz iſt der welte kumber grôz,
des ze ſehene mich verdrôz.
ich gedâhte: hæte ich guot,
des vorhte ich, als der rîche tuot.
ouch dâhte ich grôzer ſwære,
ob ich es âne wære.
der welte rîcheit unde ir guot
liez ich unde ir armuot
und kêrte an got mînen muot,
wan iemer ſtæte wert ſîn guot

dar nâch dienich ûf sînen trôſt.
daȝ ich bin von der welte erlôſt,
des ſî im iemer mêre
genâde, lop und êre.«
Dô ſprach der guote Jôſaphât:
»nû gip mir dar zuo dînen rât.
bî wem ſol ich ſenden dar
mîn guot, ſwenne ich hinnan var,
daȝ eȝ mir dort ſî bereit
mit vreude, als dû mir hâſt geſeit,
und daȝ ich ſtæte vinde dort
den iemer mêre ſtæten hort?«
»bî gotes dürftigen hant
ſolt dûȝ ſenden in daȝ lant.
daȝ almuoſen, dêſt daȝ guot,
daȝ dich dort nert vor armuot,«
ſprach des herren lêrer dô.
»der behalter ſprichet ſô:
gên der ſêle huote
von diſem übelen guote
ſult ir iu vriunde erwerben,
ſwenn ir müeȝet verderben.
daȝ ſie iuch niht verſmâhen
und iuch danne enpfâhen
in diu êwigen gezelt.
dirre brœden welte gelt
heiȝet er daȝ übele guot,
daȝ uns dort vil gnâden tuot,
dâ uns niht anders wirt gegeben,
wan daȝ hie koufet unſer leben.
got enphâhet zaller zît
ſwaȝ man durch in den armen gît.
daȝ gotlich urkünde
lêret uns die ſünde
mit dem almuoſen ſwenden,
von dirre welte ſenden
bî kranker dürftigen hant.
wirt dir herzenlîche erkant
diu ſüeȝe gotes lêre
ie mêre und aber mêre,
ſô wirt dir diu welt ein ſpot
und liebet dînem herzen got.
ſwenne dû gedenken muoſt,
ob dû ſînen willen tuoſt,
daȝ er dir êwicliche gît
der êwiclîchen vreuden zît.«
Jôſaphât ſprach aber dô:
»nû ſeit mir dîn lêre alſô,
daȝ ich ſül lân der welte guot
und durch got dulten armuot.
gebuten daȝ die wîsſagen
und die boten bî ir tagen?
iſt diu lêre von gote brâht
oder hâſtû es erdâht
und ander die genôȝe dîn?
ſol eȝ ein niuwe lêre ſîn,
als ungedultige arbeit
lîden, als dû hâſt geſeit,
und dâ mit ängeſtlîche
gedienen gotes rîche?«
dô ſprach er: »nû enwelle got,
daȝ ich dich dekein gebot
bewî e an diſen ſtunden,
daȝ nû ſî niuwe vunden.
daȝ von alter her iſt komen,
als eȝ von gote wart vernomen,
daȝ lêre ich dich und anders niht,
als uns diu ſchrift von gote giht.
Ein rîcher man der bat Kriſt,
daȝ er in lêrte ſolhen liſt,
mit wie getânen witzen
er ſolde dort beſitzen
des êwiclîchen rîches leben.
nâch der lêre wolder ſtreben
und wolde ir gerne walten
mit werken wol behalten.
»Wildû daȝ tuon?« dô ſprach er. »jâ!«
dô ſprach unſer herre ſâ:
»nû ganc und tuo dich dîner habe
gar durch mînen willen abe

und gip ſi armen liuten hin.
ſô wirt dir hundertvalt gewin
ze himel und iemer ſtæter hort.
tuo mîne lêre und mîniu wort'
lâ dir nâch mir weſen gâch,
heb ûf dîn kriuze, gâ mir nâch'«
der rîche hâte vil grôȝ guot,
diu lêre truobte ſînen muot.
dô daȝ unſer herre ſach,
zuo dem rîchen man er ſprach
»hei! wie kumberlîche
kumt in daȝ gotes rîche
ſwer hât der welte rîcheȝ guot.
wan in der weltlîche muot
vil kûme von dem guote lât.
durch einer nâdel œre gât
ein olbende ſenfteclîcher,
danne ein weltlich rîcher
ze gotes rîche müge komen,
im werde diu bürde abgenomen
des unvertigen guotes
und weltliches muotes.«
diz lêrte der gewære got.
diſe lêre und ir gebot
durch in vil manic man begie.
der durch ſîne lêre lie
die weltlîchen rîcheit,
als dir hie vor iſt geſeit.«
»**W**ie kumet daȝ,« ſprach Jôſaphât.
»daȝ diſiu lêre und ouch der rât
ze alſô grôȝen ſælden kumt
und iemer êweclîche vrumt.
daȝ ſich als unmanic man
mit rehten werken wendet dran?«
»gnuoge volgent, maneger niht.
der lêre man uns volgen ſiht
manigen, der dem râte
mit willen volget drâte.
doch iſt der michels mêre,
die widerſtânt der lêre
des merke ein ebenmâȝe
eine wolgebante ſtrâȝe
vert man vil baȝ die lenge,
dan daȝ man die enge
durch rûhe dorne dringe
und arbeiten ſich twinge.
vür der welte grôȝ gemach
als got unſer herre ſprach)
die wîten ſtrâȝe maneger vert.
den engen ſtîgen iſt beſchert
vil wênic iemen, der ſie var.
man vert die wîten ſtrâȝe gar.
diu gên des tôdes porte gât.
der enge ſtîc verwahſen ſtât.
wan der vil wênic iſt erkant.
von den er werde gebant.
An ſwen der welte gîtekeit
ze einem mâle wirt geleit,
der muoȝ ir zallen ſtunden
alſô ſîn angebunden,
daȝ er ir niht entrinnen mac
ſwen ſô verhaget der welte hac,
der rihtet kûme ſich von ir
und von ir gîteclîchen gir
ſwie man ungerne hœre
und michels gerner ſtœre
die gotlîchen lêre gotes.
ſô iſt der rât ſînes gebotes
reht unde unwandelbære.
iſt er ze tuonne ſwære,
ſô wirt er doch durch die geſchiht
ze unrehte vernihtet niht.
der ſunnen ſchîn iſt reine
und der welte algemeine
ein lieht und eines liehtes ſchîn
ſwer birget ſô diu ougen ſîn,
daȝ er ſich von im kêret
und in dâ mite unêret,
der muoȝ grîfende gân
und alles liehtes ſîn erlân

und lîhte ſtrûchen in den graben
des wirt jener überhaben.
der in dem rehten liehte gât
und ſînen ſchîn im liuhten lât.
ſus iſt ez umb daz gotes wort:
mit lêre ez manigen man bekort.
der im vil toubez ôre tuot
und kleine bezzert ſînen muot.
ſwer in ſînem liehte gât
und im daz lieht entliuhten lât,
der gêt eben, er vallet niht,
ſô man jenen ſtrûchen ſiht,
der ez gar verſmâhet hât
und von dem lichte in vinſter gât.
alſus verirret maneges muot,
daz er niht nâch der lêre tuot.«
»Nû ſage mir, lieber meiſter, daz
und wîſe mich noch vürbaz
iſt nû iemen mêre,
der diſe ſelben lêre
ſage als dû ſî hâſt geſeit?
des ſage mir eine wârheit.
oder ſeiſtû die lêre eine,
daz dû mit ſolhem meine
vermeinet hâſt der welte leben,
in dem wir alle gelîche ſweben?«
dô ſprach der wîſe meiſter »jâ,
in allen rîchen anderswâ
iſt diſiu ſelbe lêre wert,
dâ man ir willecliche gert.
nû iſt niemen mir bekant
über al diz unſælige lant,
der diſe lêre künde hie,
wan dînes vater vorhte nie
dekeinen hie belîben liez,
wan er ſie verderben hiez
mit maniger grôzen vreiſe.
des iſt daz rîche weiſe
der ſelben ſüezen lêre.
man minnet ſî vil ſêre
über manic irdiſch lant.
diſiu lêre tuot erkant
daz leben und die kriſtenheit,
als ez die boten hânt geſeit.
durch daz bin ich zuo dir geſant,
daz ich dir diz mache erkant.«
»Meiſter, ſage mir mêre.
gelernete die lêre
mîn vater ie bî ſînen tagen?«
er ſprach: »er hôrtez dicke ſagen,
doch beſcheidenlîche niht.
im iſt guotiu lêre enwiht.
würde im übels iht geſeit,
dar zuo wære ſîn ſin bereit.«
»nû wolte ich, daz erz kunde
und daz ſîn muot bevunde
diſe lêre und dînen rât,«
ſprach der guote Jôſaphât.
der alte ſprach: »jâ, daz woldich.
der welte iſt vil unmügelich,
daz gote muoz mügelich ſîn.
waz ob dû dem vater dîn,
von dem dû nû biſt geborn,
ze vater wirdeſt noch erkorn?
der rede ſolt dû dich verſtân,
als ich ſî geſprochen hân.
in bezeichenlîcher wârheit
hân ich dir ſî vürgeleit.
dîn lêre in ze ſune gebirt,
ob er von dir behalten wirt.
diu dinc ungelouplich ſint,
daz dir dîn vater werde ein kint.
der welte ez ungelouplich iſt
dînes vater kint dû biſt,
der wirt ze kinde dir gegeben,
wîſeſtû in an daz leben.
Ich hôrte ſagen ein mære,
wie ein rîcher künic wære,
der lebete lobelîche.
vil edel unde rîche

was er ie bî sînen tagen.
man sach in sîne krône tragen
werdeclîche manegen tac:
des landes er mit zühten phlac.
im was gar der wunsch bereit
nâch dirre welte werdekeit.
des einen im doch gebrast.
er was des gelouben gast,
diu apgot er betet an.
nû was bî im ein guoter man,
den hâter zeinem râtgeben.
der hâte ie vil gar sîn leben
gewant an gotes wîsheit.
dem was herzeclîche leit,
daz der kunec diu apgot
êrte durch des tiuvels spot.
so ers in gestrâfet wolte hân,
sô muoste erz durch vorhte lân.
nû suochte er manege zît die stunt,
wenn im diu vuoge würde kunt,
daz er im nâch dem willen sîn
mit guoter lêre tæte schîn
von dem gelouben etwaz.
vil lange sûmde sich dô daz.
Dô diz sô lange was bewart
und im diu state vor gespart,
im was diu vuoge gar verseit,
daz er von der kristenheit
dem herren niht getorste sagen.
diz begunder sêre klagen,
daz er die rede muoste lân.
der künic sprach: »wir solden gân
durch kurzwîle vür die stat,
ob uns der kurzwîle phat
iht nützer dinge wîse hie.«
mit dem künige er dô gie.
nû sie ergiengen sich alsô,
sich begunde in ougen dô
ein lieht, daz gap vil liehten schîn
durch ein engez löchelîn.

dô sie des wurden gewar,
sie huoben sich vil balde dar,
der künic unde sîne man,
dâ daz lieht sô schône bran.
des nam sie michel wunder.
dô sâhen sie hin under:
in der erde was ein hol,
dar inne sich mit vuoge wol
ein man enthalten mohte,
dem ez ze hûse tohte.
diz was ein gotes armer man,
der truoc diu bœsten kleider an,
diu der künic ie gesach,
als er dâ mit der volge jach.
Der vor dem selben loche saz.
sîn wîp ir dienstes niht vergaz,
sî brâhte im ein liehtez glas,
dar inne im bereitet was
sîn trinken. daz truoc sî im hin.
als erz genam, sî stuont vür in,
mit vreuden trat sî unde spranc.
sî sanc den süezesten sanc
vil vrœlîch unde schône,
gar in dem besten dône,
den ir dekeiner ie vernam,
der dar mit dem künige kam
sî lobte ir man mit vreuden grôz.
den künic aldâ niht verdrôz,
er næme es vlîzecliche war.
sie wundert algelîche gar,
daz disen liuten was bereit
von armuot diu græst armekeit,
diu in dâ vor ie wart erkant,
und daz sie hûs noch gewant
hâten von grôzer armuot,
daz sie sô gar ân allez guot
mit grôzer vreude ir leit vertriben
und alsô rehte vrô beliben
in dem selben hol aldâ.
dô sprach der rîche künic sâ

ze ſînem lieben râtgeben:
»ſich, wie daʒ ärmeſte leben.
daʒ dirre welte künde hât,
in den hœhſten vreuden ſtât!
Mir und dir was ie verſeit
in mîner grôʒen rîcheit
alſô vreuderîcheʒ leben,
ſô diſen liuten iſt gegeben,
die in ſô grôʒen vreuden lebent
und in der hœhſten armuot ſwebent,
die ich vernam oder ie geſach.«
dem râtgeben dô verjach
diu zît, daʒ er dâ ſolde
wol ſprechen, ſwaʒ er wolde.
er ſprach: »vil lieber herre mîn,
nû ſage mir durch die hulde dîn,
wie ſaget dir von in dîn wân,
daʒ ir leben ſî getân?«
»daʒ ärmeſt und daʒ bœſte gar,
des mîn ouge ie wart gewar.«
»jâ, herre, dunket dich alſô?«
ſprach der râtgebe dô.
»jâ, wan ich eʒ hân geſehen.«
»nû lâ mich dir der wârheit jehen.
ſwes dû an in verwæneſt dich,
des verwænent ſie ouch ſich
nâch dem ſelben wâne an dir.
dû ſolt gelouben, herre, mir,
daʒ in dîn rîcheit und dîn guot
vürbaʒ iſt ein armuot
danne dir ir armuot ſî.
der ſelbe wân iſt ſtæte bî
allen den, der herzen leben
der welte leben hât begeben.
Swer ſchouwet herzenlîche
daʒ êwige rîche
und die gotlîchen ſchônheit,
die got mit ſtæte hât bereit
ze iemer werndem lône
mit einer ſtæten krône.

diu mit vreude ân endes zît
wert und niemer ende gît:
den dunket gar diu welt ein niht
und ſwaʒ man ir ze rîcheit gibt,
wan dem ein ende wirt gegeben.
ſie dingent ûf ein künftic leben.
daʒ mit vreuden iemer ſtât
und iemer vreude ân ende hât.
an daʒ iemer lebende guot
ſtêt ir gedinge unde ir muot.«
der künic vrâget in vürbaʒ:
»nû ſage mir rehte, wâ iſt daʒ
beʒʒer leben, dan wir hân?
wer hât daʒ leben, daʒ niht zergân
in ſtæteclîchen vreuden ſol?«
»daʒ kan ich dir geſagen wol.
got, des rîche niht zergât,
dâ rîcheit armuot in niht lât,
dâ vreude trûren ûʒ verjaget,
dâ leit mit liebe wirt verſaget,
dâ minne haʒ vertrîbet,
dâ vreude und liep belîbet,
dâ niemen ſorge vindet,
dâ klagendiu nôt verſwindet,
dâ kumber, arbeit, jâmer, zorn,
ſint verwâʒen und verlorn.
ſwer in die vreude komen ſol,
dem iſt ân ende iemer wol.
Die ſich ûf den gedingen lânt
und des wân mit vreuden hânt,
daʒ ſie her nâch noch komen dar,
die hânt der welte kleine war.
die dunken wir alſam ſie dich.«
der künic ſprach: »nû wîſe mich,
wie diu ſtrâʒe ſî getân,
die man ſol des endes gân.«
»got mit gelouben nennen,
mit werken wol erkennen
ſîne kraft, und daʒ Kriſt
ein got in drin namen iſt,

gewaltic und gewære.
aller dinge ſchephære.«
des küneges künecllch vernunſt
hâte keiſerliche kunſt.
daȝ wort hât er vil ſchiere vernomen
und was an den glouben komen.
er ſprach »owê, wer irte dich,
daȝ dû nû ſô lange mich
der guoten rede hâſt verholn
und alſô lange vor verſtoln.
daȝ man hie bejagen mac
ein iemerleben ân endes tac?
mîn herze dirre lêre gert:
ſi iſt mir süeȝe, niht unwert,
wan ich der welte kurzeȝ leben
wil umb die langen vreude geben.
daȝ ich hie von vernam niht ê,
daȝ tuot mînem herzen wê.«
»Diz lieȝ ich, herre mîn, durch daȝ
ich vorhte, daȝ ich dînen haȝ
müeſte hân und dînen zorn
und dîne hulde hân verlorn.
ich lieȝ eȝ niht durch unwert
ob dîn hôhiu wirde gert.
daȝ ich dir iht mêre
ſage von dirre lêre,
daȝ tuon ich ſunder widerſtrit
mit willen gerne zaller zît.«
»jâ, gerne!« ſprach der künic dô.
»ze allen zîten bin ich vrô
der lêre und dirre ſüeȝen ſage.
ich wil niht ſprechen alle tage.
ze aller zît und alle ſtunt
ſolt dû mir eȝ mâchen kunt.«
mit werken wart diu lêre vol.
wir hân vür wâr vernomen wol.
daȝ er nâch gotes willen ie
gotes gebot nie übergie
und daȝ ſîn reinecllcher muot
gar verkôs der welte guot
umb die êwiclîchen krône,
diu im ſît wart ze lône.«
ſprach Barlââm der alte dô.
»eȝ möhte noch ergân alſô
an dem lieben vater dîn,
daȝ er dir tæte volge ſchîn.
ſô diu zît gevüeget ſich,
daȝ er gerne hœret dich,
waȝ ob er des tiuvels rât
durch dîne lêre denne lât
und gote wirt ze kinde erkorn
und anderſtunt von dir geborn?«
Dô ſprach aber der junkherre
»ſwaȝ mînem vater werre,
daȝ büeȝe im unſer herre got,
als eȝ gebiete ſîn gebot.
dem ſint, als dû wiſeſt mich,
älliu dinc vil mügelich,
diu menſchlicher wisheit
ſint unmügelich geſeit.
nû hân ich in die ſinne mîn
genomen gar die lêre dîn
und weiȝ die kranken üppekeit.
die dirre welte brœde treit,
und hân des vil guoten wân.
daȝ ich wil bî dir beſtân,
biȝ daȝ ich nû geleben mac.
unz an mînes endes tac.
daȝ dirre welte unkiuſchiu gir
daȝ leben iht verlieſe mir,
dem niht endes wirt genant.
dû tæte mir hie vor bekant,
daȝ got behalten habe ein leben,
daȝ welle er den ſînen geben,
daȝ ſî ſô süeȝe und alſô guot,
daȝ eȝ nie menſchlîcher muot
noch herzen ſîn gedâhte
noch ôre vollebrâhte
noch zungen ort volleſprach
noch ougen ſehe nie geſach.

mag ich daz gotlîche guot
mit geiſtlîcher armuot
in dirre welte hie bejagen?
daz ſolt dû mir mit bîſchaft ſagen.«
Barlââm ſprach vürbaz:
»junkherre, wil dû daz?«
»jâ, meiſter mîn, vil gerne
die bîſchaft ich hie lerne
und wil mit willen volgen ir
nâch dîner lêre unde dir.«
»ſô muoſt dû werden gelîch
einem edelen knappen rîch:
der was geborn von hôher art.
ſîn geſlähte was bewart
vor miſſewende unz an ir zil.
dar zuo ſie hâten guotes vil:
ir lop behielt der welte prîs.
der knappe was guot unde wîs
unde an der hœhſten tugent
ûzgenomen in ſîner jugent.
nu dirre knappe wîſe
lebet in ſô hôhem prîſe,
ſîn ſælde wuohs, ſîn lop, ſîn lîp.
ſîn vater mahelt im ein wîp,
diu lebete ouch in rîcher zuht.
von der hœhſten herren vruht,
die man in dem lande
an edelkeit erkande
und ouch an grôzer rîcheit,
was ſi geborn. ir was bereit
an ſchœne wîplîcher prîs.
dô man dem knappen wîs
der gemahelſchaft gewuoc,
in ſînem muote er nâher truoc
und ouch in ſînem ſinne
die gotlîchen minne.
dô gedâhter im alſô.
»diz ſolde ſîn, ich wæres vro
und mînte ez in dem muote,
daz ir mit rîchem guote
ſolde ein armer ſîn erkorn,
der wære von edelkeit geborn,
und daz ich ein arme næme
gên gote daz gezæme.«
Sus gedâhter ſîn verlorn.
ob im ſolde ſîn erkorn
der welte zwîvalter ruom
und zweierhande rîchtuom.
vür diz allez minnet er got
und wolde ſîn durch ſîn gebot
in dirre welte ein armer man.
von ſînem vater er entran,
ſîn guot er dort belîben lie.
von ſînes vater lande er gie,
ze gote ſtuont ſîn witze.
nû twanc in ſtarkiu hitze,
diu in hâte in heizer phlege,
daz er kêrte von dem wege
gên einer einœde dan.
dâ hâte ein alter armer man
gehûſet hin durch ſîn gemach.
vor des tür er ſitzen ſach,
dar er von hitze was verjaget,
eine ſchœne reine maget,
diu des alten tohter was.
ir munt vil andæhtlîche las
von herzen gote ir gebet.
ir werc ſi mit den henden tet,
als ſi es bedorfte gar.
dô nâhte der junkherre dar.
dâ er ir lop hôrt unde ſach,
nâch gruoze er zuo der megde ſprach.
»liebiu maget, nû wîſe mich
ein teil, des ich vrâge dich.«
»nû vrâg an! ich ſage dir
ſwaz dû wizzen wilt von mir.«
»Sô ſage mir, vrouwe, durch dîn heil,
wes dû von gote ſîſt ſô geil,
daz dû in lobeſt ſô ſere?
dû lobeſt in vurbaz mêre

in dîner grôȥen armuot.
dan ieman, der rîcheȥ guot
unde wunſchlichen rât
nâch dirre welte wunſche hât.«
dô ſprach diu ſinnerîche maget
»wart dir nie niht dâ von geſaget.
daȥ hôher ſiechtuom dicke rât
von kleiner erzenîe hât?
den man tuot ouch vil ofte erlôſt
von hôher ſwære ein kleiner trôſt.
als iſt eȥ umbe gotes gebot:
teilet unſer herre got
iemen kleiner gâbe teil,
der ſol es doch weſen geil
und ſol es im genâde ſagen;
ſô mac ſîn gedult bejagen
von gote vürbaȥ grœȥer gebe,
eȥ ſî nâch tôde oder unz er lebe.
eins alten armen kint ich bin
umbe diſen kleinen gwin,
den mir got gegeben hât,
ſô iſt mînes herzen rât,
daȥ ich got iemer loben wil.
wan er gnâden hât ſô vil.
dâ des kleinen im gewalt
gegeben iſt, dâ iſt gezalt
diu grœȥer gâbe ſîner hant.
daȥ unſern ougen iſt erkant
ûȥerhalb an der geſiht
daȥ beſtât uns wênic iht
ich meine der welte rîcheit.
der ir vil ze ſamene leit,
alſe kleine ir im beſtât
ſô dem, der ir vil wênic hât.
Hât der rîche grôȥen hort,
waȥ wahſet dem, waȥ ſwînet dort
dem armen, der ſîn kleine hât,
ſît ſie niht daȥ reht erlât,
in müeȥe ein ende ſîn beſchert,
des ſich niemer lîp erwert?
got hât nâch gotlîchem ſite
daȥ grœſte mir geteilet mite.
der rehte nôtdürftigen teil.
daȥ iſt daȥ menſchlîche heil.
deweder wîp noch wîſer man
die guottât volleſprechen kan,
die ich von gote enphangen hân
ich bin gelîche getân
dem ſüeȥen antlütze gotes;
der gewalt ſînes gebotes
hât mir gegeben ſolhe kunſt,
daȥ ich mit ſinnen hân vernunſt
und übel unde guot verſtân
und daȥ ich des wol künde hân,
daȥ der einborne Kriſt
aller dinge ſchepher iſt
und daȥ ſîn vil ſüeȥer rât
mich an ſich geladet hât,
daȥ er mir êwiclîche gît
der himeliſchen gnâden zît,
ob ich eȥ gediene umb in.
durch diſen grôȥen gewin
lobich in iemer mêre.
ob ich in ſô grôȥer êre,
die der arme und der rîche
enphâhent ungelîche,
niht lobete, ſô müeſtich wol toben.
nû wes wolde ich danne loben
mînes ſchephæres kraft,
diu mit ir wîſen meiſterſchaft
mir rehten ſin, witz unde leben
nâch ſînen witzen hât gegeben?«
Dô dem knappen was geſeit
alſus ir grôȥiu wîsheit
mit ſinnerîcher lêre,
der witze erſchrac er ſêre,
daȥ ein ſô jungeȥ herze wielt
ſô grôȥer witze, als ſî dâ hielt.
der vater kam gegangen dô.
der junkherre bat in alſô:

»gip mir durch den dieneſt mîn
ze wîbe hie die tohter dîn,
wan ich hân durch ir güete
und ir grôȥen dêmüete
und durch ir ſin geminnet ſî.
mir iſt ir minne ſtæte bî,
mich hât verwunt ir ſüeȥiu kunſt,
ir witze, ir rede und ir vernunſt
und ouch ir ſælden rîcher lîp.
ich minne ſî vür älliu wîp,
der ich künde ie mê gewan.«
dô antwurt im der alte man.
er ſprach: »eȥ gezæme niht,
ſît man alſô rîche ſiht
dîne vriunt, den vater dîn,
daȥ dû die armen tohter mîn
ze einem wîbe ſoldeſt nemen.
ein rîchiu mac dir baȥ gezemen.
dû ſolt mîn niht ſpoten ſô.«
der knappe guot ſprach aber dô
»benamen, mir iſt erneſt.
ich minne ſi aller gerneſt.
wil dû mir ſî niht verſagen.
ich mac dich des niht verdagen,
ich ſî benamen der liute kint,
die edel unde rîche ſint.
mir was gegeben ein werdeȥ wîp,
diu hâte guot, vriunt unde lîp
nâch wunſchlîchem muote,
an gebürte, an lobe, an guote.
daȥ lieȥ ich gar: der tohter dîn
gert an dich daȥ herze mîn.«
»Ich mac ſî niht gegeben dir.
ſô daȥ dû vüereſt ſi von mir,
wan ich niht mêr kinde hân.
ich wil dir ſî hein niht lân,«
ſprach der vil alte grîſe.
dô ſprach der knappe wîſe:
»des hân ouch ich deheinen muot.
wirt ſi mir, mich dunket guot
daȥ belîben hie bî dir.
ich wil mit guotem willen mir
dîn arbeit und ouch dîn leben
gar nâch dîner lêre geben.«
ſus leit er von im zehant
ſîn rîcheȥ vürſtlich gewant
und nam ſich grôȥer armuot an
bî dem ſelben alten man.
der lieȥ in alſô bî im dâ.
ſîne kunſt lêrt er in ſâ:
houwen, riuten, ſtocke tragen
und durch nôt vil ofte klagen
manigerhande armekeit,
die er dienſtlîche leit.
er began in ſêre arbeiten
und in ſîn leben leiten
anders, danne er wære gewon,
daȥ er nie ſînen muot hie von
mit arbeitlîchen dingen
an zwîvel kunde bringen.
er began verſuochen in
unde ſînen ſtæten ſin,
daȥ im ze rehte würde ſchîn,
ob er kunde ſtæte ſîn.
Den knappen niht behêrte:
ſwaȥ er an in kêrte,
daȥ dûht in lîdecliche guot.
ſich ſtâte ſînes herzen muot.
er leit vil gar die arbeit,
diu an in ie wart geleit,
mit lîdeclîchem ſinne
durch dirre megede minne.
dô der alte man erſach,
als im des knappen ſtæte jach,
daȥ er niht durch ſpotlîchen ſin
ſîner tohter gerte an in,
und daȥ er dêmüetlîche leit
bî im ſô manige arbeit
durch die ſinnerîche maget
dô dem man was unverſaget

des junkherren ſtætekeit,
der tohter was er vil bereit,
diu wart im ſâ gegeben.
des vreute ſich ir beider leben
dem vater und dem kinde
wart er ein liep geſinde.
er minnet ſîn wîp und ſi in,
ſie dûhte ein vreuderîch gewin.
daʒ ſie einander ſolten hân.
ſie wârn einander undertân.
der knappe nie den muot verſtieʒ.
er tæte, ſwaʒ ſîn ſweher hieʒ,
unz er ſîn herze valſchelôs
ſtæte ân allen valſch erkôs.
Der ſweher zuo dem knappen ſprach,
dô er an im die ſtæte erſach,
diu nie mit zühterîcher tugent
betrouc an tugenden kindes jugent
»reiner ſun, vil liebeʒ kint,
ſît dir dîne vriunde ſint
ſô rîch, unwandelbære
und dîn grôʒ guot unmære
durch mîne tohter und durch mich.
ſô wil ich ergetzen dich
des guotes, des dû hâſt verlorn
(ſît dû mir z'erben biſt erkorn)
und wil dir guotes mêre geben,
dan dîn vater al ſîn leben
und dîne vriunde gewunnen ie,
und guotes mê, dan alle die,
der tohter was geheiʒen dir.«
er ſprach: »vater, ſwaʒ dû mir
liebes tuoſt, des bin ich vrô.
doch getar ich ſprechen ſô:
dîn munt hât nû geheiʒen mir,
des ich niht trôſte mich an dir.
mîn herze in den gedanken nie
gedanc noch wân noch muot gevie;
mîn ouge hât des niht geſehen,
mîn zunge hât mir niht verjehen,
daʒ mînen ôren wol gezeme,
daʒ ich den geheiʒ verneme,
der mir gehieʒe ſô grôʒ guot,
daʒ nie mîn herze noch mîn muot
noch mîn wân noch mîn verjehen
noch mîn gehœrde noch mîn ſehen
des wol verjehen kunde,
daʒ ich gar dâ vunde,
dâ eʒ mir an dirre vriſt
ſô grœʒlîche geheiʒen iſt.«
Sîn ſweher ſprach, der alte man
»ſun, nû ganc mit mir dan,
ich lâʒe dich die wârheit ſehen
und mê, dan ich dir hân verjehen.«
ſus vuort er in in ſîn gaden.
dâ ſach er kiſten wol geladen
bî grôʒen ſchrînen ligen vol.
ſwaʒ er dar inne hâte hol,
daʒ ſach er algelîche
von edelem golde rîche,
von ſilber und von geſteine
ervüllet algemeine
mê danne er ie geſæhe
oder im der ſweher jæhe.
daʒ hieʒ er in alleʒ hân
und machet eʒ im undertân.
er ſprach: »ſun, hân ich gelogen,
oder hân ich dich betrogen?«
»nein, vater mîn, ich muoʒ es jehen.
wan ich die wârheit hân geſehen.«
dô wart er guotes rîcher
und lebete rîlîcher,
dan alle ſîne vriunde gar.
hie bî ſolt dû nemen war,
daʒ der gotlîche rât
den ſînen mê ze gebene hât,
dan iemannes ſîn verjehe,
zunge, ôren oder ougen ſehe
vinden künnen oder verſtân,
als ich dir beſcheiden hân.

Der alte man, der bin ich.
wie, des lâ **mich wiſen dich.**
wil dû mîne tohter nemen,
diu mac dir niht wol gezemen,
dû volgeſt mînem râte
vruo und dar zuo ſpâte.
mîn rât dich lêret arbeit
hân, als mir ê was bereit,
unz ich verſuochte dich ſô gar,
daȥ ich bin an dir gewar
worden rehter ſtætekeit:
ſô iſt mîn tohter dir bereit.
daȥ iſt diu gotes lêre,
die ich an dich kêre.
ſô dich diu geminnet hât
und dînes herzen ſtæter rât
ſî beginnet minnen
von herzeclîchen ſinnen,
ſo ergetze ich dirre welte dich.
dîn erbe wirt ſô rîlich
und dîner gülte grôȥ gewin,
daȥ ougen ſehe noch herzen ſin
nie geſach noch nie gedâhte,
noch rede nie ze ôren brâhte
deweder man noch wîbe.
daȥ iſt nâch diſem lîbe,
ſô dir got machet undertân
ſwaȥ ich von im geheiȥen hân,
und dîner arbeit ende gît,
die dû bî des lîbes zît
durch dînen ſchepher dulten muoſt.
ob dû ſô mîne lêre tuoſt,
ſo gît er dir daȥ ſüeȥe guot,
daȥ deweder ſin noch muot
noch weltlich rât noch wîp noch man
der welte geebenmâȥen kan,
daȥ al der welte wîsheit
iſt unkunt unde gar verſeit.«
Dô ſprach gezogenlîche
Jôſaphât der ſælden rîche.
»genuoc gevuoge rüeret mich
diſiu rede, wan des wænich,
daȥ ſi geſprochen ſî von dir
bezeichenlîche her zuo mir.
nû ſage mir, lieber meiſter guot,
wie wil dû vürbaȥ mînen muot
verſuochen unde mînen ſin?
mit willen ich gehôrſam bin
dîner lêre und dîner gir.«
er ſprach: »ich lobe got an dir,
daȥ ich nâch dem willen mîn
dich ſihe ſô wol gehôrſam ſîn.
ich ſihe wol, daȥ dîn herze hât
reinen ſin und ſüeȥen rât,
ze gote willeclîchen muot,
daȥ got dîn ende mache guot
nâch den grôȥen hulden ſîn
und nâch dem anevange dîn.
des biuge ich mînes herzen knie
vür got, mînen ſchepher, hie
und bite in durch die güete ſîn,
daȥ er in dem herzen dîn
enzünde ſînes liehtes glaſt,
daȥ dû geſchîſt, daȥ dû niht gaſt
ſîſt in ſîner wünne grôȥ,
daȥ dû der boten ſîſt genôȥ
und der vil reinen wîſſagen
und daȥ man dich ſehe tragen
die krône bî der engel ſchar
ob menſchlîchem künne gar.«
»Daȥ welle got!« ſprach Jôſaphât,
»in des hant eȥ alleȥ ſtât.
von dem ſage mir mêre
mit dîner wîſen lêre.
war an ſol mir diu gotes kraft
ſîn erkant?« — »an der geſchaft
ſich grôȥiu wunder manecvalt,
der aller phliget ſîn gewalt.
ſwer wol ein hûs gemeiſtert hât,
dâ prîſet man des meiſters rât.

ſus merke gotes wîsheit,
diu himel und erde ſlôʒ treit.
daʒ ſtêt gar in ſîner hant,
des iſt er ſchepher genant.
âne in mohte niht geſtân;
wolt erʒ niht geboten hân,
wie mohteʒ ſich enthalten?
wer möhtes alles walten
ſô lange ân eine ſunderkraft,
ân einege eine meiſterſchaft,
ân einen wernden gewalt?
geſchephede alſô manicvalt
eʒ beſliuʒet gar ſîn liſt.
hie merke, ob er gewaltic iſt
ein hûs gerætes vil verbirt,
iſt eʒ âne wîſen wirt;
ungeræte eʒ gar verbirt
hât eʒ einen wîſen wirt.
an dem hûsgeræte gar
nimt man ie des wirtes war.
ein ſchif kan ſelten rehte gân,
eʒ müeʒe wîſen ſchifman hân.
Sus ſol der welte geſchaft
ougen dir die gotes kraft.
des himels lieht nû lange ſtât,
daʒ eʒ ſich niht geſelwet hât.
ſternen, mâne, ſunnenglanz
ſint unverwandelt unde ganz.
diu erde mender müede phligt,
ſwie grôʒ der berge ſwære wigt.
der brunnen urſprinc truckent niht
ſwie man elliu waʒʒer ſiht
kêren in daʒ mer ir vlôʒ,
ſîn übervluʒ wirt niht ſô grôʒ,
daʒ eʒ iemer übergê.
noch iſt der gotes krefte mê,
noch ſô vil mêr, und wære ein munt,
dem alle zungen wæren kunt,
dër die eine ſolde tragen,
die man ie gehôrte ſagen
und den ie vernunſtlîch leben
von anegenge wart gegeben,
der möhte volleſprechen niht
die witze, der man gote giht.
der hât uns ein teil geſeit
der wîſſagen wîsheit
und die zwelfboten hêre
mit ir vil ſüeʒen lêre.
von gotes witzen ſprichet ſus
der wîſe bote Paulus:
»oy, diu grôʒe richeit gotes!
der kunſt, der wîsheit ſîns gebotes!
wie unſpüric, wie unbekant
ſîne wege ſint gebant!
ſînes gerihtes meiſterſchaft
verborgenlich, unzalhaft!«
Sît diz der gewære bote,
der gezucket wart ze gote,
von gotes kraft geſprochen hât,
wie möhte danne unſer rât
vürbringen ſîne grôʒe kraft,
wan daʒ wir bî der meiſterſchaft,
die er hât an die welt geleit,
erkennen ſîne wîsheit?
der edel wîſſage Dâvît
von gote ein ſolch urkünde gît
»gotes güenlicher gewalt
von den himeln iſt gezalt,
ſîner hende meiſterſchaft
zelt des firmamentes kraft.«
ſus hât uns manic zunge
mit der bezeichenunge
von gotes wîsheit genant,
ſwaʒ ſîner kraft uns iſt erkant.
ſîn kunſt eʒ alleʒ hât gewegen,
mit ſunderwitzen kan er phlegen
alles des, daʒ namen hât
und mit geſiht ſich ſchouwen lât.
er iſt erbarmherze;
der ſündelichen ſmerze

iſt er ein beʒʒerære
reine und vil gewære.
der ſêle minner iſt ſîn name.
ſwer in kündet ſunder ſchame
mit lêre vor den liuten
und ſîne kraft wil diuten,
den kündet er vrœlîche
ze dem himelrîche.«
»Lieber meiſter, ſüeʒer man,«
ſprach Jôſaphât, »dîn munt wol kan
erkennen aller dinge hort.
dîniu vreudebæren wort
ſint mit ſolher wîsheit
mîner vrâge alſô bereit:
gedæhteſt dû es iemer,
ſô möhteſtû doch niemer
mit ſinnerîchen dingen
rîchern ſîn vürbringen.
dû hâſt got und gotes gewalt
beſcheidenlich alſô gezalt,
tæt eʒ diu gotes kraft niht kunt
durch dînen witzerîchen munt,
ſô möht eʒ niemer ſîn geſchehen,
daʒ dû es kundeſt ſus verjehen.
nû ſage mir, wie alt dû ſîſt,
daʒ dû ſô wîſe lêre gîſt.«
Barlââm ſprach: »ſage mir nû.
welhes alters vrâgeſtû?«
»des, in dem dir dîn leben
ſîn und leben hât gegeben.«
»ſô verſinne ich mich vür wâr,
ich habe vünf und vierzic jâr.
diu bin ich noch dâ her geweſen
in einer inſeln geneſen
diu iſt Sennâär genant.
verre in dem mer ein einlant.
dâ was ich ſider inne
durch unſers herren minne,
und ander bruoder, die dâ ſint,
die gerne wæren gotes kint
und dar umb dultent arbeit
bî mir in grôʒer armekeit.«
Jôſaphât ſprach aber dô:
»wie ſeiſt dû, lieber meiſter, ſô?
mich dunket des an dir vür wâr,
dû habeſt über ſibenzic jâr.
dû dunkeſt mich von wârheit
elter, denn dû hâſt geſeit.«
Barlââm ſprach: »dû ſeiſt wâr:
ich hân wol diu ſelben jâr,
vrâgeſtû der jâre gar,
daʒ mîn muoter mich gebar.
ſwaʒ ich bî den zîten mîn
in den ſünden bin geſîn,
des zel ich niht ze jâren dir
noch ze rehtem lebene mir.
ſwaʒ ich was in den ſünden,
des wil ich dir niht künden,
daʒ eʒ mir ein leben ſî.
mir was der tôt vil nâhen bî.
dô was ich in den ſünden tôt,
als diu ſünde mir gebôt.
ſît dô mir des geiſtes leben
zeinem lebene wart gegeben,
dô lebet ich: alſô lebe ich ſît.
ſus wiʒʒeſt mînes alters zît.
rehte leben daʒ iſt daʒ leben;
den ſünden iſt der tôt gegeben.
der tôt iſt in den ſünden weſen,
reht leben tôdes iſt geneſen.«
dô antwurt im Jôſaphât.
»ſît des lîbes leben hât
den namen, daʒ eʒ heiʒet tôt,
ob eʒ hât von ſünden nôt,
ſô ſol daʒ tôt ouch heiʒen niht.
ſô man den lîp erſterben ſiht.«
Barlââm, der wîſe, ſprach:
»mîn herze giht, als eʒ ie jach
vindet mich mîn ende in gote,
daʒ ich bin in gotes gebote,

ſô wirt des lîbes ende erkant.
daʒ iſt niht der tôt genant,
eʒ iſt ein ſcheiden in daʒ leben,
daʒ der ſêle wirt gegeben.
diz wehſellîche ſcheiden gît
nâch tôde ein lebelîcheʒ zît,
daʒ behalten iſt von gote.
bezeichenlîche hât der bote
hie von alſus geſprochen:
ſô diz hûs wirt zerbrochen,
daʒ uns daʒ irdiſche leben
zeinem hûſe hât gegeben,
ſô wirt uns ein hûs benant,
daʒ gar âne mannes hant
ze himele hât gebuwen Kriſt.
mit klage ein ſiuſtehûs diz iſt.
jenʒ iſt ein vrœlîch ſtætekeit.
vindet man uns wol bekleit,
niht nackent âne reht gewant,
ſô werden wir dâ hin geſant.
den minſten gotes knehte
nenne ich mich von rehte,
wan ich in ſünden leider bin.
ſwie ich daʒ bin, ich hân den ſin,
daʒ ich niht ûf des lîbes tôt
ahte noch ûf ſîne nôt.
der ſêle tôt mir nâher gât.
der endelôſeʒ ſterben hât.«
Dô ſprach Avemeres kint.
»dînu ſüeʒen mære ſint
und dînes lebenes reinekeit
ûf menſchlîcheʒ leben geleit.
menſchlich nature giht,
ſi müge ſich dar genôʒen niht,
dar dû biſt komen in dîner zît
vil ſælic unde reine ir ſît
dû unde die des muotes ſint
daʒ ſie werdent gotes kint,
der etelîcher iſt bî dir.
meiſter mîn, nû ſage mir
durch got, waʒ iuwer ſpîſe ſî
dir unde den, die dir ſint bî
ze dirre wüeſten wilde aldâ?«
dô ſprach der wîſe meiſter ſâ
»got hât uns dâ gevüeget
ſpîſe, der uns genüeget.
unſer koch iſt gotes ſegen.
ſunne, tou, hitze, regen
die ſpîſe machent uns bereit.
als ſî diu bernde erde treit
mit vil mislîcher vruht.
mit minnen, gar ân unzuht
nemen wir ſus alle zît
unſer ſpîſe, ſunder nît.
wir leben vrœlîche âne urbunſt
eʒ iſt iegliches gunſt,
ſwie vil ir der eine hât,
dem anderu ir genuoc dâ ſtât,
ob uns die boume entwîchent niht
und man die erde berhaft ſiht.
Nû hân ich rehte dir geſeit
die lîpnar, diu uns iſt bereit.
diu ſol und muoʒ uns dunken guot
ſô uns got die gnâde tuot,
daʒ uns bringent in der nôt
guote bruoder dar ir brôt.
die bî uns ſint geſeʒʒen,
ſô wirt des niht vergeʒʒen,
eʒ dunke uns reht, eʒ ſî geſant
uns von gote mit ir hant.
wir biten ſâ den gotes ſegen
der liute und ouch der ſêlen phlegen
unde enphâhen eʒ von in
durch got und durch der ſêle gwin.
unſer kleit iſt wüllîn,
rûch, vil herte, hærîn,
daʒ wir den ſwachen lîchamen
hie mite villen unde zamen,
des ſünde wol gedienet hât
leit, ungemach und unrât

alhie durch Kriſtes hulde
ze buoȝe vür die ſchulde,
die er ie tet wider got,
ze ſünden wider ſîn gebot.
vür die ſtunt, daȝ uns daȝ kleit
an den lîp wirt geleit,
ſô tragen wir eȝ iemer
und getürren niemer
von uns gelegen daȝ gewant,
ê daȝ eȝ wirt als alt erkant
daȝ eȝ uns ſelbe rîſet abe.
diſiu kumberlîche habe
iſt uns in gote ein rîchtuom
unde ein vreuden rîcher ruom,
daȝ uns werde noch bereit
der êwiclîchen vreuden kleit.«
»**N**û ſage meiſter, lieber man,
wes iſt daȝ kleit, daȝ dû treiſt an?«
»daȝ gap ein guoter bruoder mir,
dô ich wolte her zuo dir;
wan ich getorſte mîn gewant
bringen niht her in diz lant«
ſprach der alte wiſe dô:
»ich vorhte dînes vater drô.
mich dûhte beȝȝer, daȝ ich mich
den liuten unerkantlich
machte, ê daȝ mîn gewant
mich dînem vater tæte erkant.
vremediu kleider nam ich an
als ein liſterîcher man,
der hâte einen lieben mâc,
der durch vîentlîchen bâc
was gevangen unde geſant
in ſîner vîende lant.
diz beſwârte diſen man:
er wold im gerne helfen dan
und nam durch eine kündekeit
an ſich rehte alſolhiu kleit,
ſô die bekleidet giengen,
die ſînen neven viengen.
er wart der vînde vriunt genant
durch daȝ erkantlîche gewant;
dem neven wart er heinlich,
zuo dem heinlîchet er ſich,
unz er mit ſînem trôſte
von der vancnüſſe in lôſte.
Alſô tet ich, herre mîn.
dô mir al daȝ leben dîn
nâch rehter ſage wart erkant,
dô leite ich hin mîn gewant
und huop mich vremdeclîche
zuo dir her in diz rîche,
daȝ ich mit gotes râte
dir in dîn herze ſâte
den kriſtenlîchen ſâmen
und dich hie lêrte krâmen
den ſtein, an den geheftet iſt
himel und erde, daȝ iſt Kriſt,
als ich dir ê hân geſeit.
nû hân ich dir vürgeleit,
wie got die welt geſchaffen hât
und wie in ſîner hende ſtât
des himels und der erde kraft
und wie ſîn wîſiu meiſterſchaft
allen dingen hât gegeben
kraft, namen, urhap, leben,
als eȝ ſîn gotlîcher rât
mit wîsheit ſunder gordent hât.
die boten und die wîſſagen,
ſwaȝ die lêrten bî ir tagen,
des iſt dir ouch ein teil geſèit,
und daȝ urhap der kriſtenheit
und wie diſiu welt zergât,
wie jæmerlîche ir leben ſtât.
nû mache dich got ſô veſte,
daȝ du minneſt daȝ beſte,
wan ich gar daȝ mîne hân
gên dir mit lêre getân.
Nû muoȝ ich wider kêren.
ich getar dich niht mêr lêren,

mir ist ze sanfte ein teil gesîn
bî dir in dem rîche dîn.
nû muoz ich wider in daz lant.
von dem ich dir wart gesant.
dâ muoz mir aber sîn bereit
mîn gewonlîchez kleit.«
dô bat in dâ Jôsaphât
die gewonlîchen wât
zeigen, die der guote man
truoc gewonlîchen an.
der bete was er im bereit:
er zôch ab im daz oberkleit.
dô truoc der reine gotes trût
ze lîche an sîner blôzen hût
ein hertez tuoch, hærîn
halp und halbez wüllîn,
daz vil herte was gedrât.
daz hâte er vaste an sich genât
von dem gürtel an diu knie;
von den ahseln nider gie
des tuoches, des ich hân genant.
ze lîche ein hertez gewant:
daz gie unz an daz under hin.
dô sach Jôsaphât an in.
diu hût was im überal
erswarzet gar und worden sal,
er wart veizte an im betrogen,
er schein im, als ez wær gezogen
ein vel, dünn unde kleine,
swarz uber ein gebeine.
Dô Jôsaphâte wart erkant
sîn armer lîp, sîn rûch gewant,
des er ze kestegunge phlac,
von der gesihte er sêre erschrac.
er sprach. »vil reiner man, sît dû
mir sîst ze trôste komen nû,
daz dû von dirre swære
ûz des tiuvels kerkære
von der welte lœsest mich,
sô wil ich durch got biten dich,

daz dû des wol günnest mir.
daz ich von hinnen var mit dir.
wan ich in den senften tagen
vil unsanfte mac bejagen
daz süeze gotes rîche.
wan dû sô kumberlîche
dînem lîbe hâst gegeben
durch got ein als unsenfte leben.
wie sol ich danne hie genesen,
dâ ich muoz mit senfte wesen?
nû lâ mich durch den willen mîn
mit dir varn und bî dir sîn
und lâ mich iemer mêre
dir volgen dîner lêre,
sô nim ich den touf aldâ.«
»niht, herre!« sprach der meister sâ
»belîp dû hie, dêst bezzer vil.
ein mære ich dir bescheiden wil.
an dem solt dû dich verstân.
daz diz vil bezzer ist getân.
Ez was ein vil rîcher man,
der nam ze kurzewîle sich an,
daz er ein rêchkälbelîn
zôch in dem hove sîn,
unz ez wol gewahsen was.
ûf die heide und an daz gras
lie man ez zallen zîten gân
dô newolt ez niht erlân
der natûre grôz gewalt,
sîn jâmer würde an im sô balt.
daz ez ie ze walde gie,
des ez nie sîn art erlie.
nû ez diz mohte niht verlân.
an einem tage sach ez gân
ûf einem velde tiere genuoc.
sîn art ez balde zuozin truoc
und gie mit in vil balde
ze velde und ouch ze walde;
doch nâch dem tage ze âbende ie
hin wider hein ez balde gie

und aber an die weide
des morgens ûf die heide.
nâch den tieren was im gâch:
ſwar ſie giengen, eȥ gie nâch.
des ſites wurden dô gewar
des herren amptliute gar
und ſîne knehte. eȥ was in leit,
ſie wâren ie dar zuo bereit,
wie ſie im leideten die vart,
der eȥ phlac nâch ſîner art.
Eines morgens aber ûȥgie
daȥ tier, als eȥ vil ſelten lie.
dô ſach eȥ ûf dem velde gân
vil tiere unde ir weide hân.
ſîn angeborniu art im rief,
daȥ eȥ aber zuozin lief.
dô kômen dar nâch im gerant
des herren liute ſâ zehant.
diu tier begunden ſie verjagen:
der wart dâ ſchiere vil erſlagen,
diu andern kûme entrunnen.
dô ſie ir tier gewunnen,
ſie vuorten eȥ hin wider hein
unde wurden des enein,
eȥ ſolde niemer mêr ûȥ komen:
ſus wart ſîn wille im gar benomen.
des ſelben vürhte ich ſêre.
dâ von iſt mîn lêre,
daȥ dû belîbeſt, niender varſt
und mit dem touſe dich bewarſt,
und wis ein bredigære gotes
unde ein lêrer ſîns gebotes,
wan dûs gar gewaltic biſt:
alhie ſô kreſtic niemen iſt,
der wider dir getürre ſîn.
daȥ rât ich, lieber herre mîn:
ſô danne got vüege dir
die rehten zît, ſô kum ze mir,
daȥ ich mich dîn geniete.
ſwie daȥ got gebiete,

daȥ wir behalten unſer leben,
des ſuln wir im volge geben,
wan ich gedinge an gotes kraft,
daȥ uns ein geſelleſchaft
mit vrœlicher ſtætekeit
ze himelrîche ſî bereit.«
Dô weinde ſêre Jôſaphât.
er ſprach: »meiſter, ſît dîn rât
daȥ belîben râtet mir,
ſô wil ich es volgen dir;
ſwaȥ danne gotes gnâde tuot
an mir, daȥ ſol mich dunken guot.
dû ſolt niht mêre ſûmen dich,
meiſter mîn, dû touſeſt mich,
wan ich ſîn herzecliche ger.
von dannen dû biſt komen her,
dar lâȥich dich wider varn.
ê ſolt dû dich vil wol bewarn,
daȥ dû nemeſt von mîner hant
ſilbers, daȥ dû wol gewant
kouſeſt unde ſpîſe dir.
dû ſolt nemen hie von mir
ſô vil, daȥ al die bruoder dîn
berâten lange mügen ſîn
an ſpîſe und an gewande,
ſô dû hein komeſt ze lande.
dâ bî ſolt dû biten got,
daȥ er durch ſîn grôȥ gebot
in ſînem lobe ſtæte mich
und daȥ ich, lieber meiſter, dich
nâch mînem willen noch geſehe:
des bite got, daȥ eȥ geſchehe.«
»Den gotes touf enphâhen
und ſînem zeichen nâhen,
daȥ ſol niemen ſîn erwert.
von rehte iſt iuch der muot beſchert
dir und gotes kinden,
diu ſich im welnt geſinden,«
ſprach Barlââm der wîſe.
»kleit und rîche ſpîſe

bitestû mich von dir nemen
und wænest, daz sül uns gezemen?
nein ez, lieber herre mîn.
sît wir alsolhes muotes sîn,
daz wir geistlich arm wesen
und âne weltlich guot genesen,
sô ist uns gar ein armuot
daz arme weltliche guot.
zer welte ist unser armuot grôz,
wan wir sîn ir guotes blôz:
unser leben hât gegert
der richeit, diu ân ende wert,
umbe spîse und umbe kleit
hân wir die sorge hin geleit.
wir horden guot ze aller zît
sunder zorn und âne nît.
des tuont der welte volger niht.
swen man ir guot minnen siht,
der mag ez nû, geloube daz,
âne vîentlîchen haz
ze samene selten bringen
mit vriuntlîchen dingen,
daz doch vür den tôt niht vrumt,
swie vil es ze samene kumt.
Sît mîner bruoder vüeze
mit des reinen Kristes süeze
des slangen houbet hânt zertreten
und von der welte sich entweten,
sô tæte ich übele, daz ich in
verbunde den himelischen gwin,
swenn ich in bræhte solich guot,
daz der sêle schaden tuot.
der welte guot ist solher art,
daz ez hœhet hôhvart;
würde in daz von mir gegeben,
sô würde hôhvertic ir leben.
daz ist ein houbetschulde
gên der gotes hulde.
næm ich in sô die richeit,
diu in sus iemer ist bereit,

der roup wære ze süntlich,
er beswârte sêre mich;
diz wær mir iemer swære,
würdich sus ein roubære.
des guotes wir bedürfen niht
noch der kranken zuoversiht,
des dû uns geheizen hâst.
ob dû mir niht abe gâst
des geheizes, sô wil ich
in gotes namen biten dich,
daz dûz armen liuten gebest
und nâch mîner lêre lebest.
dû solt mit herzenlicher gir
daz veste gotes wâfen dir
ze einem stæten schirme hân,
sô maht dû vrideliche gân.
Dîn halsperc rehtiu güete sî,
diu machet dich von übele vrî.
diu wârheit sî der gürtel dîn.
gotes minne sol dîn helm sîn,
daz gotes wort daz sî dîn schilt.
ob dich der rede niht bevilt,
dû wirdest gote ein kemphe wert.
reht geloube sî dîn swert,
der süezen êwangeljen sage
sî dîn vride alle tage
und dîne vesten îsenhosen.
dû solt ir worte gerne losen
und ir lêre gerne volgen.
wirt dir danne erbolgen
der welte vîent, Sâtân,
der kan dir niemer widerstân;
ob er von dîner hant gelît,
sô gît dir got durch dînen strît
nâch dem sige ze lône
ze himelriche krône.«
mit sus getâner lêre
wart dô gevestent sêre
dem edelen junkherren guot
beidiu sîn, herz unde muot,

daȥ wol ſîn wille erſcheinde.
mit vaſten er in reinde
gên dem touſe, mit gebete
er guotiu wort mit willen tete.
Iemer, ſô der tac erſchein,
ſô wart Barlââm enein,
daȥ er gie ûf den palas,
dâ Jôſaphât ûffe was.
und tet im gotes lêre kunt
mit dem gelouben alle ſtunt.
die wîſſagen er im beſchiet,
zer kriſtenheit er im riet.
er leit im in wîſer kür
der reinen boten lêre vür.
vil gar lêrter in aldâ
diu reinen êwangeljâ.
der alten und der niuwen ê
verſtuont ſich Barlââm noch mê
dan iemen bî den ſelben tagen,
als ich die wârheit hœre ſagen.
daȥ wart an Jôſaphâte ſchîn:
er brâhte mit der lêre ſîn
daȥ ſüeȥe küneges kint an got,
daȥ eȥ leiſte ſîn gebot
ſô gar, daȥ an dem guoten man
des heilegen geiſtes viur enbran.
dô er gar zer kriſtenheit
und gên dem touſe was bereit,
als er in nemen wolte,
dô tet im, als er ſolte,
Barlââm ſîn meiſter dô:
er katheziziert in ſô:
»Sun« ſprach er, »geloubeſtû
mit veſteclîchen ſinnen nû,
daȥ got ie was und iemer iſt
und daȥ der heilige Kriſt,
der ie was ein wort bî gote,
nâch der gotheit gebote
ûf diſe erde wart geſant
und durch uns menſche genant
von ſante Marjen der maget,
der ſüeȥiu kiuſche hât bejaget,
daȥ ſi den truoc und ſîn genas,
der ir kint iſt, ir ſchepher was.
geloubeſtû daȥ?« ſprach er ſâ.
Jôſaphât ſprach: »jâ ich, jâ,
ich geloube eȥ rehte gar.«
»und daȥ ſi maget in gebar?«
»jâ.« »geloubeſtû ouch daȥ
an gotes kinde vürbaȥ,
daȥ er nâch den alten ſiten
wart in der alten ê beſniten?«
»jâ.« »gloubeſtû, daȥ er enphie
den touf?« »jâ.« »daȥ er begie
gotlîcher zeichen vil?«
»jâ. gerne ich eȥ gelouben wil.«
»geloubeſtû daȥ al vür wâr,
daȥ er was vierdehalp jâr
und drîȥic ûf der erde hie,
daȥ er ſünde nie begie?«
»Jâ, meiſter, daȥ geloubich.«
»geloubeſtû ouch, daȥ er ſich
bereite in menſchlîcher nôt
durch uns in menſchlîchen tôt,
in brœder menſchlîcher maht
vierzec tage und vierzec naht
mit kiuſcher vaſten?« er ſprach: »jâ.«
dô vrâget er in aber ſâ:
»geloubeſtû, daȥ in verriet
Jûdas gên der Juden diet?«
»jâ, diz iſt der gloube mîn.«
»wil ouch dîn geloube ſîn,
daȥ er durch uns gegeiſelt wart
und nâch ſpotlîcher art
durch uns von in ſpoten leit
und daȥ dar nâch diu menſcheit
den tôt an dem kriuze leit
mit unverſcharter gotheit?«
»jâ, diz geloube ich, als ich ſol.«
»geloubeſtû daȥ ouch vil wol,

daȥ ſîn geiſt die helle brach
und man in dannen vüeren ſach
die ſêlen gar, der lîp alhie
ſîn gebot nie über gie,
und von dem hellerôſte
ſie lôſte, von untrôſte,
und die noch ſînen willen tuont?
geloubeſtû, daȥ er erſtuont
gewære menſche unde got,
als eȥ der gotheit gebot
was nâch der prophêten ſage,
dar nâch an dem dritten tage?
Geloubeſtû ouch, daȥ er hie
gotmenſche ûf der erde gie
vierzec naht, ſô manigen tac?
daȥ er mit ſîner lêre phlac
den ſünden machen ende
mit ſîner urſtende
und dar nâch ze himele vuor?«
Jôſaphâtes herze ſwuor,
daȥ er wol geloubte, daȥ
zuo des vater zeswen geſaȥ
der gotes ſun, der reine Kriſt.
»und daȥ er dannen künftic iſt,
über al der welte leben
gedienten lôn nâch werken geben?«
»jâ, diz geloube ich ſunder wân.«
»daȥ dû ſolt ſterben unde erſtân
an der jungeſten zît,
ſô got der welte ein ende gît?
daȥ diz iſt und ſol geſchehen,
wil dû des glouben jehen?«
»jâ, meiſter ſælden rîche,
ſô rehte herzeclîche
geloube ich, ſwaȥ dû hâſt geſeit,
daȥ ichȥ weiȥ von wârheit.«
»geloubeſtû daȥ kriſten leben,
als eȥ Kriſt hât gegeben
und dû mich hôrteſt künden?
geloubeſtû den ſünden

ablâȥ, ob ſie mit triuwen
dich beginnent riuwen?«
»jâ. diz geloube ich gar an got
mit ſtæten triuwen ſunder ſpot.«
Dô Barlââm ſîn herze ſach
ſô reine und alſô guot, er ſprach.
»nû ſoltû in dînen ſin
daȥ gotes zeichen nemen hin
und in dem reinen herzen dîn
ein liebeȥ gotshûs iemer ſîn
dem heiligen geiſte an dir.
der iſt dir bî nâch dîner gir,
ob dû mit guotem herzen in
laden wilt in dînen ſin.«
ſus ſegenter vor ime aldâ
den reinen touf, er wihte ſâ
dem heiligen geiſte ein weſen
ûȥerwelt und ûȥerleſen,
ein edel goteshûs vil guot,
vor allem wandel wol behuot
an ſînem veſten herzen gar.
öl und kriſemen ſtreich er dar
und beſlôȥ dem tiuvel vor
ſîner ſinne herzentor.
er ſprach: »vil liebeȥ kint, nû ſprich.
wil dû gote toufen dich?«
»jâ gerne, wan ich wil dich biten,
daȥ dû nâch kriſtenlîchen ſiten
mich gotes gnâden koufeſt,
daȥ dû mich gote toufeſt.«
»geloubeſtû, herre, an den kouf
der gotes gnâden, ob der touf
an dich nâch der kriſtenheit
kriſtenlîche wirt geleit?«
»jâ, und mîner ſünden weſen
mit des toufes kraft geneſen.«
Er ſprach: »benamen, des ſîs gewis.
in nomine dei patris
et filii et ſpiritus ſancti
biſt dû dîner ſünden vrî.

in den reinen namen drin
toufe ich dich.« ſus touft er in.
Barlââm vil balde gie,
dô Jôſaphât den touf enphie,
ze ſîner herberge nider.
ſchiere gâhet er her wider
und ſanc eine meſſe dâ
durch got in gotes namen ſâ.
daʒ gotes opher bôt er im,
er ſprach: »lieber man, vernim
und lâ dir rehte ſagen, wie
und waʒ dû ſolt enphâhen hie.
dû ſolt hie nemen in gotes namen
den reinen gotes lîchamen.
dô got, der heilige Kriſt,
der al der welte lœſer iſt,
durch uns daʒ menſchlîche leben
an die marter wolte geben,
des tages, dô er morgen leit
den tôt nâch der menſcheit,
er aʒ mit den jungern ſîn;
beidiu brôt unde wîn
ſegent er vor in aldâ.
daʒ brôt gap er den jungern ſâ:
»diz iſt mîn lîp, nemt eʒ hin
und eʒʒet eʒ. nemt in den ſin,
daʒ eʒ mîn lîp iſt und mîn bluot.
ſwenn irʒ in mînem namen tuot,
daʒ iſt in der gehügede mîn,
des ſult ir âne zwîvel ſîn.«
Daʒ brôt ir iegelîcher aʒ.
»durch aller ſünden aplâʒ«
ſprach er, »wirt des lîbes leben
umb iuch in den tôt gegeben,
den lîp bezeichent daʒ brôt.«
den kelch er in dar nâch bôt,
er ſprach: »trinket hie mîn bluot
und habet geloubhaften muot,
daʒ eʒ umb iuch vergoʒʒen wirt.«
diz zeichen got an uns gebirt:
ſô wir in dem namen ſîn
daʒ brôt ſegenen und den wîn,
ſô nemen wir in gotes namen
daʒ bluot und ouch den lîchamen,
dâ mite uns allen wirt gegeben
daʒ iemer êweclîche leben.
ſwer daʒ unwertlîche nimt,
ſîn name gote niht gezimt;
des ſchulden wirt gegeben dran
der gotes æhteclîcher ban.
diu ſelben gotlîchen wort,
mit den eʒ wart geſegent dort,
diu ſprichet hie der prieſter drobe
bezeichenlîche in gotes lobe.
diz ſol vür dîne ſünde
vor gote ein urkünde
weſen des glouben dîn,
des ſoltû geloubic ſîn.«
dirre lêre was er vrô,
daʒ heilege opher nam er dô.
Barlââm, der meiſter ſîn,
ſprach: »vil lieber herre mîn,
eʒ iſt dir wol ergangen:
dû hâſt nû got enphangen
in dîn herze, er hât ouch dich
enphangen unde brâht an ſich.
Jôhannes, der heilege bote,
daʒ der geheiʒen hât von gote,
daʒ iſt an dir volle komen,
dû hâſt den geheiʒ genomen.
er ſprach: »die got enphiengen
und ſîn gebot begiengen,
den gap er ſolhen gewalt,
daʒ ſie im ze kinden ſint gezalt,
die an in geloubic ſint.
daʒ dû ſolt heiʒen gotes kint,
der gewalt iſt dir gegeben.
nû ſolt dû reinen im dîn leben,
an reinekeit behalten,
von houbetſünden walten.

daȥ er dich vinde reine,
bewart vor allem meine.
dû hâſt nû der kriſtenheit
eine gruntveſte geleit,
ûf die ſolt dû machen
mit gotlîchen ſachen
ein ungewichen veſte gote
mit rehter werke gebote.
dû biſt ein niubornez kint,
alſam diu kint, diu redelich ſint,
biſt dû anderſtunt geborn;
got hât ze kinde dich erkorn.
dîn vater iſt der reine Kriſt,
diu kriſtenheit dîn muoter iſt,
ûȥ der brüſten ſol dîn jugent
ſûgen die milch rehter tugent.
Unſers herren liehter ſchîn
erliuhtet hât daȥ herze dîn.
nû ſoltû daȥ lieht niht lân,
dû ſolt in dem liehte gân.
daȥ kan dir geſiht wol geben
in des himelrîches leben.
dir hât ein niuweȥ reineȥ kleit
got, dîn ſchepher, angeleit.
daȥ ſoltû behüeten wol,
wan eȥ niht mâſen haben ſol.
triwe, rehte minne, güete,
gedultekeit, dèmüete,
der ſolt dû hüeten alle vriſt,
ſît dû zuo im geladet biſt.
dû ſolt jagen ûȥ dîner bruſt
allen weltlîchen geluſt
mit herzenlîchem muote gar,
ſô dîn ſêle hinnen var,
daȥ ſi gote reine ſî,
vor ſüntlîchen ſchulden vrî.
dû ſolt dîn herze hân behuot,
daȥ eȥ üppeclîcher muot
und übel werc beſitzen iht.
von den werken ſpriche ich niht.

dû ſolt üppeclîchen wân
zuo den bœſen werken lân.
Die reinen gotes namen drî
ſint reinem herzen gerne bî.
dâ bî ſolt dû wiȥȥen ouch:
ſam die bine verjaget der rouch,
ſus jagent den heiligen geiſt
übel gedanke allermeiſt
von den herzen zaller zît,
dâ bœſer gedanc inne lît;
eȥ iſt der üppige gedanc
der ſünden werke ein anevanc.
ſwer eine kleine wunden hât,
die wîle er im ſî ſmâhen lât,
ſi vûlet lîhte unde ſwirt,
biȥ er von ir bekumbert wirt
und lîhte von ir tôt gelît.
diu rede ein ebenmâȥe gît
der kleinen ſünde. ſwer die hât.
ob er ſî an im wurzen lât,
ſi wähſet lîhte in ſolher kraft,
daȥ ſi wirt an im ſigehaft.
hie von ſolt dû hân behuot
dîn herze gote und dînen muot.
nû iſt dînes herzen tor
beſloȥȥen allen ſünden vor
und wont mit vreuden drinne
des heilegen geiſtes minne;
die ſolt dû gerne bî dir tragen,
niemer mêr von dir verjagen.
offent eȥ den ſünden ſich,
ſô viulet aber diu ſünde dich.
dû ſolt mit ſtæten minnen
an guoten werken brinnen,
biȥ dû den heiligen geiſt
mit guoten werken bî dir treiſt.
ſwes dû danne biteſt got,
des gewert dich ſîn gebot.
Nû ſol diu reine ſêle dîn
gote an dir ein ſpiegel ſîn,

ſô daʒ man ſich dar inne erſehe
und von dir guoter bilde jehe,
daʒ dû mit ſælden vlîʒeſt dich
guoter werke gotlich.
got ruoche an dir machen
mit gotlîchen ſachen,
daʒ dû ſîn wert mügeſt ſîn
von den rehten werken dîn.
herre mîn, nû hân ich got
dir vürgeleit und ſîn gebot
und hân im getoufet dich.
er hât gewunnen dich an ſich,
ſîne lêre und ſînen rât
er dich mit mir gelêret hât.
dir iſt erkant der ſünder tôt
und ir endelôſiu nôt
und daʒ êwecliche leben,
daʒ got wil den ſînen geben.
dîn herze dich behüete gote
reine in ſînem gebote.
»ir ſult heilegen iuwern ſin;
ſît heilic, wan ich heilic bin,«
ſprichet der heilige Kriſt,
der reine, guot und heilic iſt.
ſus wil got an dir heilic ſîn,
heilegeſtû daʒ herze dîn.
des helfe dir durch ſîn gebot
al der welte ſchepher, got.
durch ſîner muoter êre
geb er dir ſolhe lêre,
daʒ dû in ſînen hulden ſtêſt
und dienſtes im niht abe gêſt
alliu dînu lebenden jâr.« —
»âmen, daʒ müeʒe werden wâr!«
ſprâchen ſie dô beide hie.
der meiſter ze herbergen gie.
Des küneges amptliute gar
nâmen der heinlîche war:
ſie nam des michel wunder,
daʒ Barlââm beſunder
ſô dicke gie ze râte
mit ir herren Jôſaphâte,
daʒ er im heinlîcher was
dan ieman ûf dem palas.
diz dûhte ſie vil wunderlich.
ſie beſprâchen dicke ſich,
waʒ eʒ bediuten ſolde
und wie eʒ enden wolde.
diz erſchrakte ſêre ir ſin.
nû was einer under in,
der was geheiʒen Zardân.
im jach mit wârheit ſunder wân
der künic grôʒer triuwen ie.
durch die triuwe er in lie
phlegen Jôſaphâtes
und ſînes hœhſten râtes:
der hât es die grœſten klage.
er geſaʒ an einem tage
zuo dem junkherren ſîn.
er ſprach: »vil lieber herre mîn,
weiſt dû, daʒ dîn vater mir
getriuwet vürbaʒ gegen dir
dan allen den, die bî dir ſint?
er bevalch dich mir, ſîn kint,
und dar zuo ſînen hœhſten rât.
diu triuwe gelt von rehte hât.
Ich ſol gên im triuwe hân,
ſît er ſich hât an mich verlân.
nû hât mich dicke erſchrecket,
in ſorgen ûfgewecket,
daʒ dû ſô minneſt einen man,
des ich künde nie gewan:
ich vürhte, er ein kriſten ſî.
dû biſt im ſô gerne bî.
owê! ſol daʒ alſô weſen,
ſô bin ich gar ungeneſen,
wan ich muoʒ unſenften tôt
lîden und des tôdes nôt.
nû tuo eʒ durch den willen mîn
unde durch die gnâde dîn,

und nim dich mit dem vremeden man
niht sô vil gespræches an,
sô dû hâst biz her getân,
oder lâ mich von dir gân.
der bete solt dû mich gewern:
dû solt an dînen vater gern,
daz er einen man dir gebe
vür mich, der in den sorgen lebe,
daz mîn triuwe unverkrenket wese
und daz ich von der nôt genese.
herre mîn, hie gewer mich an,
sî dirre man ein kristenman,
die Avenier gehazzet hât.«
dô sprach der süeze Jôsaphât.
»lieber mîn, vriunt Zardân,
wildû des mannes künde hân,
sô verbirc heinlîche dich
hinder daz gestüele, dâ ich
bî im ûffe sitzen wil,
sô hœrst dû vremeder rede vil.
dar nâch bescheide ich rehte dir,
wie dû solt tuon. des volge mir.«
Nâch dirre lêre wart getân.
der wîse râtgebe Zardân
barc sich an ein enge stat,
als in der junkherre bat,
hinder daz gestüele hie.
dô meister Barlââm ûf gie,
sie sâzen, dâ sie dâ vor ê
gesezzen wâren dicke mê
durch ir heinlîchen rât.
»meister,« sprach dô Jôsaphât,
»dîne lêre vâch mir an,
als ir dîn munt von êrst began,
daz ii mîn sîn ergrîfe baz,
ob mir lîhte sî ze laz
der sîn, daz ich die kunst behabe,
daz mir dîn rât iht slîfe abe
mit der vestenunge dîn
von der einvalte mîn.«

Barlââm sprach: »daz sol wesen.«
dô begunde er im lesen
und tet im von êrst erkant,
wie got von himele wart gesant
und hie den tôt durch uns leit.
er seit im von der kristenheit
von der êrsten geschaft,
die got geschuof mit sîner kraft.
unz an daz jungeste zil,
sô got die welt verenden wil,
beschiet er im unz an daz ort
alles des gelouben wort,
und was got ûf der erde hie
durch uns wunders ie begie
und wie got wil den rehten geben
ze himel ein endelôsez leben.
Ze herbergen wider dan
gie Barlââm der guote man.
als er hâte volleseit
die reinen gotes kristenheit.
dô rief an sich Zardâne dar
und wolte gerne nemen war,
ob er die lêre minte als er:
durch daz versuochen rief im her
der gotes degen Jôsaphât.
er sprach »nû sich, wie dirre hât
geworfen sîne lêre an mich.
der worte sæjer vlîzet sich,
wie er mich müge verkêren
von disen grôzen êren,
und lêret mich ein gebot,
daz ich minne ein vremeden got
und den sûl ze gote hân.«
dô sprach der râtgebe Zardân
»vil lieber junkherre guot,
war umbe hâst dû mînen muot
versuochet alsô sêre?
mich dunket, daz diu lêre
dir nâher sî ze herzen komen
dan ich habe von dir vernomen.

dû wæreſt im ſô heinlich niht,
wan daz dir ſîn lêre giht,
daz ſîniu vremeden mære
dir ſüeze, unwandelbære
ſint worden in den ſinnen:
ich ſihe dich ſie wol minnen.
dû ſolt niht mê verſuochen mich,
wan ich ze wol erkenne dich.
Herzelieber herre mîn,
Avenier, der vater dîn,
hât vîentlîchen haz geleit
an die ſelben kriſtenheit
und hât von hinnen ſî vertriben.
ir lêre iſt kleine hie beliben,
der rât alſô ſüeze dich
dunket und ſô lobelich.
ſît dû nû dînes vater haz
ſus minnen wilt, ſô vüegen daz
die gote, daz ez wol ergê
gên dir! waz ſol ich ſprechen mê?
owê, der grôzen ſwære mîn!
ich muoz mit leide in ſorgen ſîn.
dâ von bekümbert iſt mîn leben,
wie ich im ſül antwürte geben,
des ich hân verſûmet mich
an mîner huote, ſît daz ich
dîn mit triuwen ſolde phlegen.«
Jôſaphât, der gotes degen,
ſprach: »mîn lieber vriunt Zardân,
ich wânde mich gar hân verlân
an dîner triuwen güete
und wânde dîn gemüete
ze bezzerunge kêren.
durch daz hiez ich mich lêren,
wie man die ſêle behalten ſol.
ich wânde, daz ich tæte wol,
ob ich dir rehte hieze ſagen,
wie dû des hulde ſolt bejagen,
des kunſt dich geſchaffen hât.
nû ſihe ich wol, dîn miſsetât
hât mînen ſin an dir betrogen:
mir hât mîn wân an dir gelogen.
Ich hân ze herte gar geſehen
dîn herze dir, des muoz ich jehen;
in übelwillic herze gât
ſelten wîslîcher rât.
ob dû ioch mînem vater ſeiſt
die lêre gar, als dû ſî weiſt,
daz vervâhet anders niht,
wan daz ime dîn vergiht
machet angeſt unde leit,
ob im diz mære wirt geſeit.
wil dû in bî vreuden hân,
ſô ſoltû die rede lân,
biz dir ein gevellic zît
der ſage rehte vuoge gît.«
ſus ſchiet von dem râte dan
Zardân, Avenieres man.
er muoſte die geſchiht verdagen,
er getorſt es niht geſagen
von ir beider vorhte dô:
des wart er leidic unde unvrô.
Barlââm des morgens kam,
ze Jôſaphâte er urloup nam,
als er wolte ûf ſîne vart.
er ſprach: »ſun, wis wol bewart
an kriſtenlîcher ſtæte gar.
ich bite got, daz er bewar
dich, vil lieber herre mîn,
ſtæte an dem gelouben dîn.
des ſolt dû zallen zîten got
von herzen biten ſunder ſpot.
ich wil ze lande wider varn:
got ruoche dich an im bewarn.«
Jôſaphât dô ſêre erſchrac.
daz urloup er ſô hôhe wac,
daz er bî dem guoten man
daz urloup weinen began.
doch was dâ bî ſîn hôhez leit:
er vorhte, daz er arbeit

und tœtlich angeſt müeſe hân,
würd eȥ dem vater kunt getân,
daȥ gienge an des meiſters leben.
er entſaȥ den râtgeben,
daȥ erȥ dem vater tæte erkant.
dâ von gedâhter im zehant:
»ich muoȥ durch des zwîvels wân
daȥ urloup mînem meiſter lân.«
von jâmers nôt was er unvrô,
weinende ſprach er alſô:
»nû lâſt dû, lieber vater mîn,
mich in dirre welte ſîn
und in ir grôȥen üppekeit,
als dû mir hâſt von ir geſeit,
und wil dû varn hein von mir.
nû getar ich vürbaȥ dir
gemuoten daȥ belîben niht.
durch al die triuwe, der mir giht
diu väterlîche triuwe dîn,
ſô lâ mich dir bevolhen ſîn
und wünſche des von gote mir,
daȥ ich kome noch ze dir
und nâch dirre welte vluht
bî dîner geiſtlîchen zuht
gediene reineclîche
mit dir daȥ himelrîche.

Noch lâ dich des durch got gezemen,
daȥ dû von mir geruocheſt nemen
dînen bruodern etewaȥ
und dir. durch got, nû tuo daȥ.
welleſtû niht bringen in
deheiner ſlahte gewin,
ſô nim doch etwaȥ von mir
durch got ze einer gâbe dir:
kleine zerunge unde gewant.«
dô ſprach der alte zehant:
»herre, merke mînen muot.
wær eȥ almuoſen unde guot
und ſolt eȥ mit rehte ſîn,
daȥ ich mir und den bruodern mîn
næme weltlîche habe,
ungerne gienge ich dir des abe;
benamen, ich næm eȥ von dir
mînen bruodern unde ouch mir.
vil lieber junkherre wert,
ſît ich noch ir deheiner gert
mit weltlîcher habe geneſen,
ſô lâ mit dînem willen weſen,
daȥ ich dirȥ nû muoȥ verſagen.«
»ſô lâ mich doch von dir tragen,
lieber man, dîn hærîn kleit,
daȥ eȥ mir ſî ein ſicherheit
gên des leiden tiuvels ſpote
und daȥ ich dîn gedenke in gote
vür den liebeſten man,
des ich künde ie mê gewan,
und nim ein anderȥ von mir.
ſwie dû daȥ wilt, daȥ gibe ich dir,«
ſprach Jôſaphât der guote
mit weinlîchem muote.

Dô ſprach der gotes wîgant:
»daȥ ich dir gæbe ein alt gewant
und ich ein niuweȥ næme,
gên gote eȥ niht gezæme.
doch ſol gên mir diu bete dîn
alſô niht verkrenket ſîn.
heiȥ ein hærîn hemede mir
ſuochen (daȥ tragich von dir),
daȥ alſô bœſe ſchîne
mir, ſô dir daȥ mîne.«
daȥ ſuochte man, eȥ wart dô brâht
dem alten, als es was gedâht.
dô leite der vil guote man
des junkherren hemede an
und er des meiſters gewant.
daȥ was ſô rîlich im erkant,
daȥ eȥ im was daȥ beſte kleit,
daȥ im ie wart angeleit.
Barlââm was dô bewart.
eȥ nâhente ſîn widervart;

er ſprach: »vil lieber Jôſaphât,
lieber ſun, ſît dich mîn rât
gote wider hât geborn,
dem dîn ſêle was verlorn,
ſô ſolt dû dich behüeten nû
mit vlîze baz dan ê, wan dû
mîner lêre muoſt entweſen.
dû ſolt in dîn herze leſen
diu wort der reinen kriſtenheit,
als ich dir ſie hân geſeit.
Gedenke, herre, an den tôt,
dem in endelôſer nôt
niemer ende wirt gegeben.
gedenke ouch an daz ſüeze leben,
daz niht von welt in welt zergât,
daz got dir behalten hât,
ob dînes herzen ſtætekeit
im ungewancte ſtæte treit.
dînem ſüezen muote
wart nie ſô nôt der huote
als ez nû iſt. nû hüete dîn
durch got nâch dem râte mîn
und wis an dem ſüezen gote
ſtæte in ſînem gebote.«
»vater mîn,« ſprach Jôſaphât,
»ſît mich dîn ſüeziu lêre lât,
diu mich dem tiuvel hât entragen,
owê, wer ſol mir nû ſagen
von der gotes lêre
ſô ſüeze iemer mêre,
als mir dîn reiner munt
daz leben hât gemachet kunt?
owê, vater, wer tuot daz?
owê, nieman. ez iſt ze laz
al der liute ſin gên dir,
die kunt vor dir ie wurden mir.
owê mir! daz mich dîn rât
alſô witelôs nû lât,
des muoz ich in dem herzen mîn
durch unſer ſcheiden trûric ſîn.

nû ruoche mir got bî geſtân,
ſît dû mich, ſüezer man, wilt lân.«
Barlââm gewarte dô,
daz Jôſaphât was unvrô
durch des ſcheidennes nôt.
ze himel er die hende bôt,
ze gote ſprach er ſîn gebet,
vil dèmüetlichen er daz tet.
er ſprach: »herre, vater, got,
ſît dîn väterlich gebot
in dînes ſunes namen hât
geſchaffen dîne hantgetât
und allem lebene hâſt gegeben
mit dînem geiſte lebendez leben,
nû tuo gên mîner bete ſchîn
die vil grôzen güete dîn:
ſît daz dû älliu herzen weiſt,
ſô ſende dînen reinen geiſt
dem ſüezen herzen, daz ſich dir
ze kinde hât ergeben mit mir,
und ſtæte daz gemüete ſîn
an den vil werden hulden dîn.
zuo dînem opher brâhte ich in;
nû ſende im alſô ſtæten ſin,
daz er dich künne minnen
von herzeclichen ſinnen:
lieber got, herre Kriſt,
ſît dû der herzen ſchouwer biſt,
ân anegenge und âne drum
in ſecula ſeculorum.«
»âmen!« wart geſprochen dâ.
dô kuſten ſie einander ſâ,
ſie ſchieden ſich mit jâmer hie.
Barlââm von dannen gie.
Jôſaphât beleip aldort.
mit jâmer ſprach er diſiu wort
»herre got, die lêre dîn
ſende dem herzen mîn.
ſît ich den niht mac gehân,
von dem ich dir wart undertân,

ſô ruoche ſîn mîn râtgebe,
daȥ ich dich, unz ich nû leb,
mit ſtætem muote lobende ſî
herre Kriſt, nû wis mir bî
durch dînes namen êre
und gip mir ſolhe lêre
nâch dîner gotlîchen kunſt,
daȥ ſich volende diu begunſt
die mir angevangen hât
des wîſen Barlââmes rât.
gip mir nâch dîner meiſterſcaft
ſtætes muotes lebende kraft.
des herzen und des lîbes knie
bouc er vil andæhtlîche hie.
dô er ze gote diz gebet
mit inneclîchem muote tet.
ſîn herze in grôȥer riuwe ſwal.
ſîn gebet ze gote erſchal.
got ſîn gebet gewerte
mit güete, des er gerte.
Barlââm der lobet ouch got
daȥ ſîn vil ſüeȥeȥ gebot
in ſolhe lêre lêrte,
daȥ er an in bekêrte
des ſelben landes herren namen,
den edelen herren lobeſame.
Dô Jôſaphât verweiſet war
mit Barlââmes hinvart,
dô ſtuont gar ſîn gemüete
ze gote. in rehter güete
begunder ſich enthalten
und gotes lêre walten
mit gebete und ouch mit vasten.
er kunde ſelten raſten:
daȥ grœſte teil des tages er was,
daȥ er andæhtlîche las
mit guotem herzen ſîn gebet
ân underlâȥ er daȥ tet,
ſwenne eȥ im niht wart benomen
durch ſînes vater ſtæteȥ komen,
des er hin zim vil ofte phlac.
ſwenn in verſûmde der tac
daȥ erſazt er mit der naht.
ſîn herze ſtætecliche vaht
nâch gotes rîche zaller zît,
tac und naht, enwiderſtrît.
Zardân begunde eȥ merken dô
er vorhte ſînes herren drô,
diz leit in niht bî vreuden lie.
ze ſînem hûſe er balde gie
und nam ſich grôȥer ſiecheit an.
vil ſêre er klagen ſich began.
Dô des der künic wart gewar,
dem junkherren gap er dar
durch phlegen in den palas hin
einen andern man vür in.
dem künege grôȥer ſwære jach
Zardânes ſiechlîch ungemach
ze ſîner helfe er ſande
von allem ſînem lande
den beſten arzât, den er vant.
dem was mit liſten ûȥerkant
von phyſicâ der hœhſte liſt,
der von erzenîe iſt.
dô der den ſiechen man erſach,
ſîn urîne im verjach
und ſîner kraftâdern ſlac,
daȥ ſîn dehein ſiecheit phlac.
wan daȥ von grôȥer ſwære
ſîn muot betrüebet wære.
dô daȥ dem künige wart geſeit.
er wânde des, daȥ im ein leit
von Jôſaphâte wær geſchehen,
des er getorſte niht verjehen,
und durch die ſelben ſwære
von im geſcheiden wære.
nû hieȥ er im künden dô,
ſîn ungemach tæt in unvrô
und daȥ er an dem andern tage
durch rât, durch vriuntlîche klage

zuozim wolde komen dar
und nemen ſîner ſiecheit war.
Als er des boten rede vernam,
der von ſînem herren kam,
er ſweic und lac mit ſorgen
unz an den andern morgen.
dô leiter an ſich ſîn gewant,
ze hove huop er ſich zehant
und gie vür ſînen herren hin;
ûf die erde viel er vür in
und ougte klagendeʒ ungemach.
Avenier, der künic, ſprach:
»Zardân, vriunt, bewîſe mich,
durch waʒ hâſtû beſwæret dich,
daʒ dû her kæme? ich wolte dar,
den liuten ougen, daʒ ich gar
dich minne und iemer minnen wil
unz an unſer beider zil.«
dô ſprach der trûrige Zardân:
»daʒ dû diz wolteſt hân getân,
des müeʒe al daʒ gelücke dîn
gehœhet von den goten ſîn.
mîn vil lieber herre,
nû hœre, waʒ mir werre:
mir wirret grôʒer ſiecheit niht,
wan daʒ mîn klagendeʒ herze giht
ſinn und dem lîbe ſolher nôt,
daʒ ich bin gar an vreuden tôt,
daʒ iſt gar mîn grœſte leit.
nû wære an mir ein tumpheit,
ſît ich noch die krefte hân,
daʒ ich wol mac her zuo dir gân.
daʒ ich dich lieʒe gân zuo mir;
ich ſol billîcher gân zuo dir,
dan dîn küneclîcher name
dar kæme. diz iſt minner ſchame.«
Dô vrâget in ſîner ſwære
der künic, waʒ im wære,
daʒ er ſô vil unvreuden phlac,
durch die er vreuden ſich bewac.
»owê! herre,« ſprach Zardân,
»dâ hân ich gên dir getân
grôʒer untriuwen vil,
des ich mich ſchuldic machen wil;
mîn triuwe hât verſûmet ſich
an dir. daʒ ſol über mich
von rehte rihten dîn zorn.
ich ſol von ſchulden ſîn verlorn
und lîden ſchäntlîchen tôt,
wan mîn unſælde mir gebôt,
daʒ ich des miſsehüetet hân,
daʒ an mich was von dir gelân.«
»wâ hâſtû dich niht behuot,
daʒ dir ſô wê diu huote tuot?«
»lieber herre, dâ ſoltich
phlegen, als dû bæte mich,
des lieben junkherren mîn,
daʒ mir gebôt diu bete dîn.
vil güetlîchen ich ſîn phlac
mit triuwen unz an einen tac
dô kom ein zouberære her,
der ſchuof mit ſîner lüge, daʒ er
vür mînen junkherren hie
mit mînem urloube gie.
mir leider ze unheile
ſaget er mir, daʒ er veile
den beſten ſtein hie trüege,
des man ie mê gewüege.
Der ûʒerrette mir dô, daʒ
ich mîner triuwe an dir vergaʒ
und lieʒ in ûf den palas.
ein verworhter kriſten was
der ſelbe zouberære
ſîniu zoubermære
und ouch ſîn trügelîcher rât
dîn liebeʒ kint verkêret hât.
dô mîn junkherre wart gewar
ſîner lügemære gar,
ich muoſte zallen zîten lân
den zouberære zuozim gân,

der hât verkêret sînen sin.
dirre sünde ich schuldic bin:
daz rihte, herre, über mich,
swie dir behage: dêst zimelich
daz laster dulte ich und die scame.«
der künic sprach: »wie ist sîn name?«
»er was geheizen Barlââm.
vervluochet müeze sîn der kram.
dâ mite er mich betrogen hât
mîn lieber herre Jôsaphât
ist gar an sîne lêre komen
und hât sîn leben an sich genmen.«
»moht ich daz ê gewizzen hâ,
sîner lêre wære getân
ze lône ein sô grôz êre,
daz er niemer mêre
küneges kint verkêrte
noch solhe lêre lêrte.«

Der künic hât ê wol vernomn,
daz in sînen hof was komen
Barlââm, der guote,
der ie mit stæter huote
in kumberlîcher arbeit
durch got vil manege swære lit.
als im der herre vorgelas
gar, als ez ergangen was,
sîn herze alsô sêre erkam,
daz im die hœhsten vreude nam
der schric der leiden mære.
er kom in solhe swære,
daz er von herzeleide gar
nam deheiner vreude war.
sîn tumpheit hôhes leides phlc;
dâ got mit liebe im sælde wac
dâ wac sîn hôch unsælekeit
daz herzeliep vür herzeleit,
von sînem lîbe im wær bereit
ein iemer klagendez herzeleit
hætez lâzen vollevarn
Jôsaphât, der sælden barn.

genuoge sint noch sô gemuot,
daz in ir übel ist ein guot
und ir liep hânt ze leide,
als ich iu nû bescheide.
hât ein man ein liebez kint
(als ie diu kint mit liebe sint),
wil ez den lîp lâzen varn
und die sêle wol bewarn,
daz ist des vater herzeleit,
doch sînes lîbes sælikeit
von dem leide hœhe sich.
daz ez sî leit, dêst menschlich;
vil gotlich daz wære,
daz ez niemen swære.
swer rehter liebe wolde jehen,
der sold ez niht ungerne sehen.

Diz geschach an Aveniere.
der hiez im bringen schiere
sînen liebesten man,
der sich nam sînes râtes an.
der was et ie der êrste,
der hœhste und der hêrste.
des rât was künsterîche
er riet im witzeclîche.
der was geheizen Arachîs,
von rîcher kunst was er vil wîs.
nû der kom gegangen dar,
der künic sagete im vil gar,
als ich iu hie, die wârheit.
er sprach, dô ez im was geseit
»gehabe dich wol, herre mîn;
lâ trûreclîche vorhte sîn.
dîn muot bî vreuden wesen sol.
ich weiz von rehter wârheit wol,
ist uns dîn kint verkêret
und unrehte gelêret,
daz er doch volget drâte
mir, swes ich im râte.
swenn er beginnet künde hân,
daz er unrehte hât getân.

ſô lât er die irrekeit,
die im der trieger hât geſeit
und lebet nâch mîner lêre.
mit väterlicher êre
mînem râte er volge giht,
des zwîvel ich an ime niht.
Dâ bî dunket mich vil guot,
ob ez dich ouch alſam tuot,
daz dû den trügehaften man,
der in gewîſet hât her an,
heizeſt vlîzeclîche
in dînem künicrîche
ſuochen unde bringen her,
ſô twingen wir in des, daz er
offenlîche hie vergiht,
wir haben wâr unde er niht,
und habe dîn kint verkêret;
ſwaz er in habe gelêret,
daz ſî ein valſchiu trügeheit:
wir machen wol, daz er daz ſeit.
ob diz allez niht ergât,
ſô vinde ich dan noch einen rât,
daz iſt der beſte, den ich kan.
ich weiz einen wîſen man,
daz iſt ein einſidel guot,
der unſer gote willen tuot;
unſer leben iſt ſîn leben,
er hât den goten ſich ergeben.
der ſelbe iſt Nachor genant.
ſîn antlütze iſt dâ vür erkant,
daz ez kuntlîche niemen ſiht,
wan der im âne zwîvel giht,
ez ſî der lügenære,
der uns die grôzen ſwære
an dînem ſune gemachet hât.
ir lîp alſô gelîche ſtât,
daz die ſelben zwêne man
erkennen niemen ſunder kan.
Wirt der verkêrer vunden niht,
daz man in entrunnen ſiht,
ſô bringe ich diſen her zehant;
ſô ſol man ſagen in daz lant,
daz Barlââm gevangen ſî.
ſô heiz ich in, daz er bî
geſtât der valſchen kriſtenheit.
ſô ſolt dû heizen ſîn bereit
die meiſter algelîche,
die ſîn in diſem rîche,
die ſuln behüeten unſer ê.
ſô ez dan an den erneſt gê,
ſô ſol er ſigelôs geligen
und unſer meiſter lân geſigen.
ſô daz erſiht Jôſaphât,
daz er ſigelôs geſtât
und unſern meiſtern ſiges giht
und ſîn geloube wirt enwiht,
der in nû iſt gelêret:
den muot er wider kêret
und büezet ſîne ſchulde
dir und der gote hulde.
ſô wirt im von herzen leit,
daz ſîn jungiu kintheit
gevolgete ie ſô drâte
des zouberæres râte.
Nachor ſol wîſen in her abe
und jehe, daz er in verirret habe,
wan er im iſt unbekant.
der kriſten lüge wird ſus geſchant.«
Der künic was des râtes vrô.
mit ſîner volge jach er dô.
der beſte rât wær vunden dâ.
vil balde hiez er gâhen ſâ
ſîne ſuocher in daz lant,
die den gotes wîgant,
Barlaâmen, ſuochen ſolden,
mit dem ſie krenken wolden
des reinen Jôſaphâtes ſîn.
die ranten her, die vuoren hin
in daz lant allenthalben
gên den vil wilden alben.

die zuovart der unkunden wege
nâmen ſie gar in ir phlege
und verſazten algelîche
die wege von dem rîche,
als ich die wârheit hœre ſagen.
ſie ſuochten in den ſehs tagen
und begunden râmen,
wâ ſie Barlââmen,
den gotes degen, vunden:
ſie ſuochten, ſwâ ſie kunden.
von diſen grôȥen ſorgen
was er vil wol verborgen,
dâ ſîn got, unſer herre, wielt,
der in vor dirre nôt behielt,
mit des kraft er wart verſaget
in, von den er wart gejaget.
ûf beȥȥerunge bare er in
durch ſînen gotlîchen ſin.
Arachîs begunde gâhen,
gên Sennââr hin nâhen.
ſwen er dâ bî gehûſet vant,
der im kriſten wart erkant,
dem tet er manige ſwære,
wâ der verborgen wære,
nâch dem er ſuochende leit
ſô manigerhande arbeit.
dô ſie verſageten diſen man,
er verjagete ſie von dan
und tet in leides genuoc.
ſîn wec an einen berc in truoc,
ûf des hœhe er ſtuont enbor.
in einer wüeſte dâ vor
ſach er vil guoter liute gân.
ſîn tobeheit wolt in niht erlân,
er hieȥe zuozin gâhen,
die guoten liute vâhen.
ir was ein vil michel teil,
ſie wurben umb der ſêle heil,
ze gote ſtuont ir herzen ſin.
ir abbet, der gie vor in hin,

des herze was vil reine,
der truoc heilic gebeine,
daȥ ſi wolten bî in hân,
ſwâ ſie ſich wolten niderlân.
ze rehtem heiltuome
nâch kriſtenlîchem ruome
und nâch der kriſtenliute ſite
ir alter wîhen dâ mite.
Dô der vürſte ſie geſach,
ſîn munt zornlîche ſprach
»ſaget an diu rehten mære,
wâ iſt der trügenære,
des verkêrter trügerât
des küniges kint verkêret hât?«
der abbet ſprach: »des weiȥ ich niht.
ob in dîn ouge hie niht ſiht,
ſô ſuoche in aber anderswâ.«
dô vrâget in der vürſte ſâ
»weiſtû in iender?« »jâ ich, wol.«
»wâ iſt er oder wâ iſt ſîn hol?«
»er iſt bî iu zaller ſtunt.«
»er iſt dir niht rehte kunt
(ſprach der vürſte), noch ſîn name.«
»jâ, got hœhe ſîne ſchame!
ſîn name iſt mir vil wol erkant,
er iſt der tiuvel genant
(ſprach der heilege abbet guot);
er hât beſeȥȥen iuwern muot,
wan ſîn tiuvellîcher rât
iuwern ſin begriffen hât;
der hât iuch verkêret
und ſîne kunſt gelêret.
mir iſt verkêrers niht erkant,
wan den ich dir hân genant.
wil dû den, den vindeſtû
bî dir und dînen goten nû.«
Dô ſprach der vürſte Arachîs
»er vert in tumbes mannes wîs,
nâch dem ich ſuochende var:
er iſt wîſer ſinne bar;

Barlââm ist er genant.
er kom dâ her in ditze lant
und hât uns hie verrâten
den süezen Jôsaphâten
mit sîner valschen trügeheit,
die er mit valscher lêre treit.«
dô sprach der abbet an der vrist:
»in gote er unser bruoder ist;
den erkennen wir vil wol,
sîn lîp ist rehter güete vol.
suochest dû den?« »jâ!« sprach er dô.
»sô soltû niht sprechen sô,
daz er ein trügenære sî.
vrâge alsô: gêt iu hie bî,
der Jôsaphâte hât daz leben
vür den lebenden tôt gegeben?
den künnen wir erkennen,
wildû in rehte nennen.
doch künnen wir dir niht gesagen,
war er vuor vor manigen tagen:
sider war er uns niht schîn.«
»sô zeiget mir die zelle sîn,
wâ diu sî.« »des tuon wir niht.
wolt er an iuwer gesiht,
sô wær er wol selbe komen
und hæte sich iu niht benomen.«
Dô sach vil zornlîchen an
Arachîs den guoten man.
er sprach: »nû zeiget balde!
wâ lît er in dem walde?
wâ wont der trügenære,
Barlaâm, der ungewære?
welt ir in niht zeigen,
ich heize iuch tumben veigen
tœten anders, danne ieman
sînes endes zil gewan.«
der guote man sprach aber dô:
»wir wæren herzeclîche vrô,
würd uns des lîbes tôt gegeben
in gotes namen umb daz leben,
daz uns mit endelôser zît
got âne dînen willen gît.
biz wir in gotes willen leben,
sô mahtû uns niht gegeben
den tôt; wan des lebenes zît,
daz got nâch disem lîbe gît,
hât endelôsen anevanc:
dar nâch ie unser leben ranc.
des ir wænet, des ist niht.
der wille niht an uns geschiht,
des ir hânt an uns gedâht.
an uns wirt niemer vollebrâht
iuwer unrehtiu gir.
swaz ir uns tuot, sô zeigen wir
Barlââmes zelle niht
und swen man gote dienen siht.«
»Ist iu des tôdes zil enwiht,
daz ir des tôdes vürhtet niht,
sô wil ich mit des tôdes nôt
lêren iuch des lîbes tôt.«
»daz ist, des wir uns trœsten.
wir ahtenz gar zem bœsten,
ob wir des tôdes nû genesen.
ez muoz doch etswenne wesen:
dâ von lâz ez volle varn,
wir weln uns niht dâ vor bewarn.«
dô hiez sie villen manegen wîs
der tobende vürste Arachîs;
dar nâch gevangen twingen
und Aveniere bringen.
dô sie der vür in komen sach,
vil zornlîche er zuozin sprach:
»ir trügenære, saget an,
wâ ist der trügehafte man,
Barlaâm, der lügenære,
des lügelîche mære
mîn kint den goten hât benomen?
daz saget: ir sît mir rehte komen.«
sie sprâchen: »herre, wâ er sî,
dâ lâz in sîn. got ist im bî

mit helflîcher ſtætekeit.
den heiligen geiſt er treit;
den hât er gelêret
dîn kint und eȥ bekêret
ze unſers ſchephers gebote
von des leiden tiuvels ſpote.«
Der künic zurnde ſêre.
»phleget ir der ſelben lêre,
der die kriſten ſich verſtânt,
die mînen ſun verkêret hânt?«
dô ſprâchens algelîche: »jâ,
wir ſîn kriſten.« er ſprach ſâ:
»durch daȥ wil ich iuwer leben
in daȥ krenkeſt ende geben,
des ich kan gedenken:
ir müget mir niht enwenken.«
»des ſoltû niht ſûmen dich.
Kriſt gap durch uns ze marter ſich.
daȥ ſuln wir gerne tuon durch in
dar ûf ſtêt gar unſer ſin.«
»gebiutet daȥ iuwer got,
daȥ ir gebet durch ſîn gebot
iuwer leben in den tôt?
ſît daȥ ir durch in minnet nôt,
ſô müeȥet ir ſî lîden.«
dô hieȥ er ſie zerſnîden
mit meȥȥern algemeine.
diu lit grôȥ unde kleine
hieȥ er beſunder gar von in
ſnîden unde werfen hin.
die wurden in daȥ gotes lant
ze lieben erben dô geſant,
dar inne ſie iemer mêre ſint
bî gote lebendiu gotes kint.
durch die got vil zeichen hie
noch begât und dô begie.
die gotes marterære,
behüeten uns vor ſwære.
Dô diz alſus geſchach,
Avenier, der künic, ſprach:
»Arachis, vil lieber man,
nû rât aber, ſich dar an:
ſwie guot uns was der êrſte rât
daȥ uns der niht vervangen hât.
nû wirp unde bring zehant
Nachorn, den dû hâſt genant.«
»herre, daȥ ſol ſîn getân
ich mac nâch mînem willen hân
diſen man, ſwennich in wil.«
dar nâch dô diu naht ein zil
mit trüebe gap dem liehten tage.
nâch der rehten wârheit ſage
der vürſte vuor vil balde
hin gên dem ſelben walde,
dâ Nachor inne was,
an zouberlîchen buochen las
zouberliſte grôȥe.
uber alle ſîne genôȥe
was er mit rîcher vernunft
der meiſter bluome an dirre kunſt
und was nâch des tiuvels ſpote
ein ewart der abgote.
durch der willen er dâ leit
manegerhande arbeit.
ſîner zouberliſte er phlac
in der wilde manigen tac
und was des gewæren gotes
widerſtrît und ſîns gebotes.
Als er dem vürſten wart erkant
der ſelben naht und er in vant,
ſie wurden herzenlîche vrô.
dô ſprach der ſelbe herre alſô.
»Nachor, lieber vriunt, mich hât
durch den nôtdürftigſten rât,
der uns ie mê wart erkant,
Avenier zuo dir geſant.
uns hât ein valſcher man betrogen,
des lêre hât an ſich gezogen
mînes lieben herren kint;
dar umbe in grôȥer ſwære ſint

alle die lantherren.«
»daz mac vil wol gewerren
den liuten algeliche
ze diſem künicriche.«
»daz wirret uns vil kleine,
wildû uns helfen eine.«
»jâ, gerne. nû rât mir dar zuo;
ich tuon ſwaz dû wilt, daz ich tuo.«
»daz ſage ich dir,« ſprach Arachîs.
»der ſelbe zouberære unwîs
dîn antlütze rehte hât:
daz dîne nâch dem ſînen ſtât.
er iſt dû, dû biſt der man;
nieman iuch rehte erkennen kan
dich vür in noch in vür dich.
morgen her zuo dir kum ich
unde vâhe dich zehant.
ich vrâge, wie dû ſîſt genant:
ſô nim der kriſtenheit dich an
und ſage, dû ſîſt ein kriſtenman.
Barlââm: der nam ſol dîn
uns nâch dîner rede ſîn.
Sô ſoltû dich vâhen lân
und ſolt mit mir ze hove gân:
des wirt mîn lieber herre vrô.
gên dir hât er vil manege drô;
ſô gich et dû der kriſtenheit,
ſô tuot er, als ez im ſî leit,
er dreut an dîn leben dir.
lieber vriunt, ſô volge mir
und wenke an dîner rede niht.
ſô man danne komen ſiht
unſer gote hôhgezît,
diu vil ſchiere nû gelît,
ſô ſol von dir der kriſtenheit
ſchade und laſter ſîn bereit.
gen dîner rede koment dar
unſerr gote êwarte gar,
die ſuln mit rede dich beſtân;
ſô ſolt dû widerrede hân.

dâ mite ſolt dû vriſten
die trügehaften kriſten.
ze jungeſt lâ dir angeſigen,
dû ſolt ſigelôs geligen
und ſolt jehen, dû habeſt geſeit
im ein valſche unwârheit.
ſô danne Jôſaphât erſiht,
daz in dîn munt der volge giht,
ſô zwîvelt er ſô ſêre,
daz er lât valſche lêre
und volget unſers willen ſâ
vor den lantherren dâ.«
Diz wart des tages vollebrâht,
als ez des nahtes was gedâht.
Arachîs nam ſîne man
und huop ſich gên dem walde dan.
dô des Nachor innen wart,
er vlôch vor im ûf die vart,
als er geheizen was dâ vor.
dô jageten ſie nâch ûf ſîn ſpor:
vil ſchiere viengen ſie in
und brâhten in dem vürſten hin.
der vrâgete in der mære,
wie er geheizen wære.
dô nam er ſich an zehant
er wære Barlââm genant
und hæte ſîn, ſêl unde leben
an kriſtenliche lêre ergeben.
der rede wart der vürſte vrô.
dem künege brâhte er in dô;
gevangen er hin vür in kam.
dô ſîn der künic war genam,
er ſprach: »dû trügenære,
daz ich ſô grôze ſwære
ſol hân von dîner lêre,
daz müejet mich vil ſêre.
dû hâſt mîn kint verkêret
und irrekeit gelêret.
dâ mite ich verſêret bin
und mîn ſun hât verlorn den ſîn.

dîn valſcher trügelîcher rât
daz lant und mich getrüebet hât.«
Nachor, der zouberære, ſprach:
»herre mîn, ſwer dir des jach
daz ich ein trügenære
mit valſcher lêre wære,
der hât unrehte dir geſeit.
ich ſol die reinen kriſtenheit
minnen, bredien unde ſagen:
dû ſolt des gên mir verdagen,
daz ich ein trügenære ſî.
mir iſt diu gotes lêre bî,
wan ich den gewæren Kriſt
ze gote künde, als er iſt:
daz iſt dîn ſun gelêret.
ich hân in niht verkêret,
wan ich hân im vorgeſeit
got und die rehten kriſtenheit
und hân im valſche gote erwert.
von mîner lêre iſt im beſchert
nâch diſem lîbe ein ſüeze leben,
daz im got ze erbene wil geben
ân ende vrœlîche
in ſînem himelrîche.«
des küneges ſchimphlîcher zorn
wart gên Nachore grôz erkorn.
Nachors gelîcheſen entſaz
des küneges ſchimphlîchen haz
»ich wil dich geniezen lân,
daz ich den ſelben namen hân,
der eines menſchen ſol weſen,
und wil dich nû lân geneſen:
waz ob dû noch ze buoze ſtâſt,
daz dû mîn kint verkêret hâſt.
wildû in wider lêren,
wie er die gote ſol êren,
ſô wil ich dich geneſen lân
und wil dîn walten ûf den wân,«
ſprach Avenier, der rîche,
mit ſchimphe zornlîche.

Schiere wart daz mære breit:
in daz rîche wart geſeit,
wie ez was ergangen,
daz Barlaâm wær gevangen:
daz wart Jôſaphâte kunt.
dô wart im ſîn herze wunt
von klagelîcher ſwære.
daz ſorge bernde mære
ſîn gemüete erſchrakte.
mit leide ez im erwakte
ſîn herze in grôzem ſêre.
mit rehter jâmers lêre
brach im ſîn grœſtiu vreude enzwei.
got unſern herren er anſchrei:
»herre Kriſt, vil ſüezer got,
durch dîn väterlîch gebot
nû behüete dînen kneht,
der des tiuvels unreht
mit dir angevohten hât
und der in dînem kamphe ſtât
mit ſîner lêre zaller ſtunt,
dem tuo genædeclîche kunt,
herre, die genâde dîn
und lœſe in von der ſwære ſîn.
lâz in geniezen, daz er mich
gewîſet, herre, hât an dich,
und biut im dîner helfe hant.
tuo dîner armen diet erkant
dîne gotlîche kraft
und lœſe in von der heidenſchaft.«
Jôſaphât diz gebet
ze gote herzeclîche tet,
als ie die getriuwen tuont,
unz er von gote ſich verſtuont,
daz er was erhœret
und al ſîn leit zerſtœret.
Der künic ſich dô wol verſach
(als im ſîn herzevreude jach)
den beſten rât hân vunden.
er danket an den ſtunden

dem vürsten, den ich hân genant,
des guoten râtes, den er vant:
mit vreuden liez er sîne klage.
dar nâch über zwêne tage
gienc er ûf den palas,
dâ Jôsaphât ûffe was.
sîn kint, der junkherre,
gên sînem vater verre
mit vrœlîchem muote gie:
vil minneclîche er in enphie.
nû phlac der vater solher site
(dâ zeiget er die liebe mite,
der er Jôsaphâte jach),
er kuste in, swenn er in sach:
disen site liez er dô.
zornic, als er wære unvrô,
bliht er vil unwertlîche dar
und nam des gruozes kûme war.
vür sich gienc er vil drâte
gên einer kemenâte,
diu Jôsaphâte was bereit
mit vil grôzer rîcheit.
vil trûreclîche er nidersaz,
als im sîn vreude wære laz.
Sînen sun besanter dô.
»sun« sprach er, »wie kumt ez sô,
daz mich diu vreude hât betrogen,
die ich wânde hân erzogen
an dîner süezen kintheit?
mir ist al vür wâr geseit
von dir ein leidez mære,
daz mînes herzen swære
mit klagenden sorgen mêret
und mich an vreuden sêret.
mîn vreude was sô grôz an dir,
daz mîn hôhgemüete an mir
von dir begunde hœhen sich:
nû hâst dû sô betrüebet mich,
daz mîn vreude ist geneiget,
mîn hôher muot gesweiget.
ich muoz von schulden leider jehen,
daz mir diu vorhte ist geschehen,
der sich mîn zwîvel ie versach,
der mir mit herzenschricken jach
vil vorhte an dir. dêst vollekomen,
ist ez, als ich hân vernomen.
den trôst ich mir selben gap,
dû soldest mînes alters stap
und mîner vreuden sunnenschîn
mit liebe an mînem alter sîn:
daz hâst dû mir verkêret,
die grâwen löcke entêret,
die mit vil grôzen êren gar
sint von alter missevar.«
»Vater, waz hân ich getân,
des dû wilt beswærde hân?
waz ist an mir geschehen dir,
daz dû sô sêre klagest von mir?«
»sun, dâ hâstû mîn leben
vremeden vînden gegeben
gar ze schimphlîchem spote.
dû wilt dich einem vremeden gote
durch valsche lüge nâhen
und unser gote smâhen,
die guot sint unde gewære.
daz dich ein lügenære
mit lüge an sich betrogen hât,
und durch den smæhest mînen rât
durch sîne valschen lêre,
daz müet mich an dir sêre.
mich trôste des daz herze mîn,
daz du soldest mîn erbe sîn
in mînem lande, des wând ich.
der wân hât betrogen mich,
wan dû wilt guot und êre lân
durch einen trügelîchen wân
und wilt diz vreuden rîche leben
umb eine kranke armuot geben.
als Marîen sun gebôt.
swer dem volget, der muoz nôt

lîden und grôz arbeit:
er minnet niht wan armekeit.
Dû bist ein kint, daz schînet wol.
kint tumpliche gebâren sol:
sun, als ist ouch dir geschehen,
dô dû begundest übersehen
mînen väterlîchen rât
und dich durch valsche missetât
vür mich, vür mâge und vür man
næme valsches râtes an:
daz was vil kintlîche getân.
mich muoz iemer wunder hân,
daz unser gote sint sô guot,
daz sie dînen tumben muot
niht râchen dô ze mâle
mit einer donrestrâle
und daz dich durch die sünde
daz endelôse abgründe
von ir gebote niht verslant,
dô dir diu schulde wart erkant,
daz dû des niht vorhtest,
dô dû ir heil verworhtest,
daz was vil kintlich an dir.
lieber sun, nû volge mir
und êre an mir den vater dîn'
lâ dir die valschen lêre sîn
unwert unde unmære gar
und nim mîner lêre war.
gedenke, herzeliebez kint,
daz dise valschen kristen sint
in einer tœrschen tobeheit.
ir lere ein künftic leben seit
und nâch des lîbes ende,
nâch tôde, ein urstende.
Nû merke, wie daz mohte ergân,
daz ein lîp dâ mohte erstân,
dâ vleisch noch bein noch âder ist?
dirre trügelîche list
und manic ander valscher rât
von der kristen lêre gât.

des sie dâ jehent, dêst ein niht.
ir geloube ist gar enwiht:
in wonet niht wan valscheit bî.
sît ez ein trügelêre sî,
diu dîne kintheit verirret hât,
sô soltû durch mînen rât
den goten bringen schiere
ze opher hundert stiere,
zam und wildes alsô vil,
sô dîn gemüete selbe wil.
ob wir mit disen sachen
mugen senfter machen
gên uns ir zornlîchen muot.
ich hân doch êre unde guot
von in und ouch daz rîche.
sie hôrten gotlîche
mîn gebet nâch mîner gir
und gâben dich ze kinde mir
des solt dû sie geniezen lân.
tuo hin den tumplîchen wân,
der dir verkêret hât den muot.
sie sint übel unde guot,
daz stêt allez in ir hant.
der gewalt ist in erkant.
durch daz soltû zir hulden komen.
swâ dir ir hulde hât benomen
diu kintlîche sünde dîn,
daz sol alsus versüenet sîn.«
Der junkherre gedagete,
biz daz er vollesagete.
des vater zunge leit im vür
in maneger betlîchen kür
vil süeze rede, die er begie.
mit smeichenne er in umbevie.
der knappe von dem herzen stiez,
swaz sîn vater im gehiez.
sîn herze vestente sich gote
stæte in sînem gebote.
daz wart an sînen werken schîn.
er sprach: »vil lieber vater mîn,

daʒ man mich nû kriſten ſiht,
des wil ich dir lougen niht,
als eʒ an mir geſchehen iſt.
ich hân den gewæren Kriſt
ze einem rehten gote erkant,
wan er hât mit ſîner hant
beſloʒʒen aller dinge kraft.
ſîn gotlîchiu meiſterſchaft
geſchuof, ſwaʒ ie wart erkant
und daʒ geſchephede iſt genant.
daʒ êrſte menſche, dem ie leben
unde name wart gegeben,
daʒ ſchuof er von der erde
und hieʒ eʒ iemer werde
leben in vreuden wîſe
in dem ſüeʒen paradîſe.
daʒ überhôrte ſîn gebot
durch des leiden tiuvels ſpot;
diu ſünde ſante an in den tôt:
ſus koufter uns des tôdes nôt.
Den endelôſen lebenden tôt,
den uns des wîbes ſchulde bôt,
ertôte Kriſt, dô er leit
den tôt nâch der menſcheit.
diu reine maget hât daʒ leben
uns vür des wîbes tôt gegeben,
dô Kriſt von himele wart geſant
und durch uns menſche genant,
der hirte durch diu ſchâf erſtarp.
des tiuvels kraft an im verdarp:
er gap dem tôde ein ende
mit ſîner urſtende.
diu himelvart uns goffent iſt,
die hât der vil reine Kriſt
uns armen widerkoufet;
dem bin ich getoufet,
an des namen hât mîn leben
mit gelouben ſich ergeben,
in ſînen ſüeʒen namen drin
ze einem gote geloube ich in,
wan âlle genande geſchaft
gemachet hât ſîn eines kraft.
allen dingen hât gegeben
geſchephede namen unde leben
ſîn eines kunſt, ſîn eines wort:
er iſt daʒ urhap und daʒ ort.
mîne tôttrüebe naht
hât ſînes liehtes ſchîn bedaht.
daʒ unreht ich gelâʒen hân
und bin dem rehten undertân.
Solte ich nû durch dîn gebot
Kriſt, den gewæren got,
den reinen ſchephære, lân
und dînen goten bî geſtân?
nû ſage mir, vater, vürbaʒ,
durch welhe rede tæte ich daʒ?
ſage mir eine kraft von in
und einen wîslîchen ſin,
ſô tuon ich zehant durch dich
ſwaʒ dû mit bete heiʒeſt mich.
ſie ſint gegoʒʒen unde geſniten;
wære ein lit an in vermiten,
ſie müeſtens iemer âne weſen;
ſie wæren iemer ungeneſen
von ir eigenlîcher kraft.
menſchlîchiu meiſterſchaft,
daʒ von gote ſich verſtât,
ſelten got gemachet hât.
nû ſage mir, wâ getet ir munt
den liuten rehte lêre ie kunt?
dîne gote ſtummen ſint,
toube tôren, ſie ſint blint.
ſwelher ſtât, vil ſtille er ſtât,
von der ſtat er niender gât.
er ſitzet, ſwar er wirt geſat,
daʒ er verwandelt niht die ſtat.
diz iſt gar an in geſchehen,
des muoʒ mir dîn volge jehen.
Man ſtæle wol durch einen ſpot
dir den gewaltigeſten got

und tæt im, ſwaʒ man wolde.
wær er ſô guot von golde,
man bræch in âne ſînen danc.
dêswâr, der gote helfe iſt kranc.
wær ich dir liep als dîn kint,
als ander kint den liuten ſint,
dû ſoldeſt an mir weſen geil,
daʒ mir got ie getet daʒ heil,
daʒ ich von ſinnen mich verſtân,
von wem ich lîp und ſêle hân.
daʒ ich mich des verſinnen kan,
daʒ lêrte mich ein ſælic man,
dem ich der lêre volgen wil
unz an mînes lîbes zil,
daʒ mir got danne gebe daʒ leben,
dem niemer ende wirt gegeben.
daʒ hâtich geheiʒen mir,
den ſelben muot vundich an dir,
daʒ dû ein vrœlîch ende
gæbeſt dem ellende,
in dem dû verellendet biſt.
ſît des mîn muot betrogen iſt,
ſô wil aber ich ſtæte ſîn
mit ſtæte an dem gelouben mîn.
dû rüerſt den himel mit der hant,
dir wirt daʒ tiefe abgründe erkant,
ê daʒ ich iemer durch dich
der kriſtenheit geloube mich.
Volge dû der lêre mîn,
welleſt dû iemer mêre ſîn
lebende êwiclîche
ze gotes himelrîche:
ich volge dir benamen niht
biʒ daʒ man mich lebende ſiht.
mîn got iſt reine, süeʒe, guot:
von dem ſcheide ich niht den muot.«
dô der künic hôrte daʒ,
er begreif ſô grôʒen haʒ,
daʒ ſîn gemüete in zorne bran
und er grisgramen began.

von zorne wart er miſsevar:
er ſach vil zornlîche dar.
mit grimme er zürnende ſprach
»diz grôʒe leit, diz ungemach
ich von dem guoten willen hân.
daʒ ich dir baʒ hân getân,
danne vater kinde ie mê.
daʒ mir nû iſt von dir ſô wê,
dâ iſt niemen ſchuldic an,
wan ich vil unſælic man.
eʒ iſt an dir nû geſchehen,
des ich die wîſen hôrte jehen,
dô dû geborn wurde mir:
dô ſageten ſie mir von dir,
dû woldeſt übelwillic ſîn
und ſmæhen gar den willen mîn
und dîne vriunt verkieſen,
dâ mite gar verlieſen
der vriunde gunſt und ouch diz lant.
daʒ tuot ſich balde an dir bekant.
ſol ich des vater namen lân
und wil dû mich ze vînde hân,
des gewer ich dich alſô,
daʒ dûs niemer wirdeſt vrô,
ſô dû mich ze vater lâſt
und gerner mich ze vînde hâſt.«
Jôſaphât mit zühten ſprach,
dô er den vater zürnen ſach:
»herre, dû hâſt dir erkorn
einen al ze grôʒen zorn.
dû klageſt al ze ſêre ein teil
dînes kindes grœſte heil.
wil dû dich von zorne ſchamen,
daʒ dû mich habeſt in kindes namen,
ſô maht dû vater heiʒen niht.
ſwaʒ anders mir von dir geſchiht,
dan kinde von dem vater ſol,
daʒ zimt niht vater namen wol.
mich tuot leidic unde unvrô
dîn unväterlîchiu drô.

ê daz ich die dulde,
sô lâze ich dîne hulde
und rûme dir daz rîche
von hinnen vlühteclîche;
sô schendestû des vater namen,
des mahtû dich sêre schamen.
lâ dîne drôlîche gust!
des vogels vliegen durch den lust
erverst dû sanfter und sîn spor;
des schiffes vart, dar ez vert vor,
vindest dû lîhter durch den wâc,
ê mich dîn vientlîcher bâc
von dem gelouben scheide dan,
des ich mich hân genomen an,
den mînes herzen stætekeit
von kristenlîcher lêre treit.
Noch wær mîn rât alsô getân,
daz dû geruochtest dich verstân,
daz al diu welt unde ir kint
dem dürren heu gelîchet sint
mit allem ir ruome.
reht als ein heubluome
lebet daz mensche, anders niht.
des bluomen wünneclich gesiht
dorret schiere, er wirt verzert.
alsam ein ringer schate vert
und als ein troumlîcher muot
der liute leben, der welte guot.
sô wert diu gotes lêre
vil stæte iemer mêre
und ouch sîn gotlîchez guot.
swer sînen willen gerne tuot,
dem wirt ein wünneclîchez leben
ân ende vrœlîche gegeben.
diz leben niht geherten mac,
wan als ein kurzer brâwenslac.
ze helle ist leider riuwe niht,
ze spâte riuwe dâ geschiht:
diz ist diu arbeitlîche zît.
nâch tôde got ze lône gît
swaz hie gedienet wirt umb in.
diz nim in dînes herzen sin
nâch des gelouben vergiht.
got wil an dem sünder niht,
daz er alsô werbe
daz er in sünden sterbe,
wan er sol sünden sich begeben
und iemer mêre ân ende leben.«
Der rede und ouch der lêre
geschach vil unde mêre
von dem edeln knappen dâ:
des verdrôz den künic sâ.
vil zornlîche er ûf spranc,
des kindes rede in zornes twanc.
er hâte manegerhande leit,
daz er des sunes wîsheit
niht kunde widersprechen
und niht getorste rechen
durch sîner liebe gebot
an im, daz er diu abgot
versmâhte alsô sêre.
noch muot in vürbaz mêre,
daz er mit bete, noch mit gebote,
noch mit dröuwenne, von gote
kunde erweichen sînen sin.
ouch vorhte er des, ob er in
der rede iht mêre bæte,
daz er dâ wider tæte
sô wîslîche antwürte schîn,
daz er al der liebe sîn
an im vergezzen müeste gar.
al dirre vorhte nam er war:
er wart ir leidic unde unvrô.
mit zorne manigerhande drô
leit er an Jôsaphâten.
ûz dirre kemenâten
schiet Avenier, der rîche,
mit zorne trûreclîche.
Jôsaphât beleip aldort.
er sprach ze gote disiu wort

von herzen in dem muote:
»Kriſt herre, in dîne huote
ergibe ich armer ſünder mich
und bite des von herzen dich,
daz dû geruocheſt mir geſtân,
ſît ich niht mê helfe hân,
und ſterke an mir dîne kraft,
daz ich belîbe ſigehaft
in dîner hulde, herre got,
ſît mich nû des tiuvels ſpot
und ſîn trügelîcher rât
ſô manege wîs beſtanden hât
mit mînes vater liſten,
nû ruoche mich dir vriſten,
wan des mîn vater vlîzet ſich,
daz er wil verkêren mich.
ſît daz dû elliu herzen weiſt,
ſô ſende den heiligen geiſt
mir in mîn gemüete,
daz er mich dir behüete.«
diz gebet erhôrte got.
im erzeigte gotes gebot
einen vreuderîchen trôſt,
der in von ſwære tet erlôſt.
ſîn herze gar erglüete·
des heilegen geiſtes güete
ſô ſêre enzunte diſen man,
daz ſîn herze dô began
in gotlîchen minnen
vil veſteclîche brinnen.
Des küniges muot beſwæret was,
daz er dort ûf dem palas
ſô leide widerrede vant.
er beſante dar zehant
ſînen râtgeben dô.
dem ſeiter, daz er dort mit drô,
mit bete, noch mit minnen
an ſich mohte gewinnen
den reinen Jôſaphâten.
»nû lâ mich dir râten«

ſprach dirre vürſte rîche.
»bit in nû güetlîche;
lâ drôlîche rede ſîn!«
»iſt daz dîn rât?« »jâ, herre mîn.
kunne uns niht vervâhen daz,
ſô denken aber vürbaz,
ob uns danne iht bezzers ſî,
dâ von wir werden ſorgen vrî,
die wir hân mit ſolher klage.«
dô gie an dem andern tage
Avenier, der rîche man,
ûf den palas wider dan.
ſîn kint in minneclîche enphie
den ſun er zuozim umbevie.
im gap mit liebe ſâ zeſtunt
vil manigen ſüezen kus ſîn munt.
ſie ſâzen beide. »ſun« ſprach er,
»nû bin ich aber komen her
und wil dich biten, daz dû mich
entwerſt niht. des bite ich dich,
dar umbe ich ê was zuo dir komen.
Dû hâſt ein leben an dich genomen,
daz iſt niht, wan ein trügeheit:
an daz hâſtû den ſin geleit,
daz dunket gar dîn herze guot
durch dînen kintlîchen muot.
wær dir anders iht erkant,
dar an wær ouch dîn ſin gewant.
nû ſol ich dînes herzen ſin
(wan ich dîn rehter vater bin
wol wiſen unde lêren,
ze bezzerunge kêren.
des ſolt dû, ſun, gewern mich,
als ich von herzen bite dich.
daz iſt ze lobe, ze ſælden guot,
ſwelch kint des vater willen tuot
des ſol dîn herze ſich verſtân
dû ſolt mich geniezen lân,
daz mir mit grôzer werdekeit
der beſten lop ie was bereit.

lebe, als ich gelebet hân,
sô mag eȥ dir vil wol ergân.
ich hân gehabet êr unde guot,
ich truoc sô hôhe ie mînen muot,
daȥ sich mit lobe die besten
gên mir ie muosten gesten.
mîn hant mit ritterlîcher tât
vil manegen man betwungen hât,
daȥ er guot und eigen lant
muoste hân von mîner hant.
Ich was ie miltes guotes
und rîche hôhes muotes,
des mich nie ze nôt verdrôȥ.
des muoȥ manic mîn genôȥ
jehn, der mîner manheit
gelîchen prîs nie anerstreit.
sie sint mir alle noch gelegen,
die mir gelîche wolten wegen
ir manheit mînem muote.
mit lîbe noch mit guote
wart ich überlobet nie,
des mir jehent alle die,
den mîn lop ist erkant.
mir hât mîn werlîchiu hant
biȥ her an disen tac bejaget,
daȥ an mir ist der prîs betaget,
dem nie mit vientlîchen siten
schamendeȥ lop wart ûȥerstriten
mit hœhers lobes prîse.
sît ich ie was sô wîse,
daȥ man mich her zem besten wac,
als ich von wârheit sprechen mac:
wænest dû danne, liebeȥ kint,
daȥ ich der sinne wær sô blint,
westich niht rehte, daȥ diz leben,
an daȥ dû dich hâst ergeben,
sô valsch mit trüge wære,
daȥ ich es danne enbære?
Vil ofte hân ich her besant
die besten meister, die ich vant
gelobet in hôher wîsheit,
die mir hânt vür wâr geseit,
daȥ eȥ mit spotlîcher lüge
sî niht wan ein valschiu trüge.
unser gote, die sint guot
swer in gerne dienest tuot,
den tuot ir helflîcher trôst
von aller sîner nôt erlôst
des bin ich worden innen.
swes ich wolt ie beginnen,
dâ gelanc mir ie wol an,
schiet ich mit ir hulden dan.
daȥ ist an mir wol worden schîn,
daȥ sie gewaltic mugen sîn.
sît ich begunde vristen
ir êre von den kristen,
sît bin ich sælecliche
mit sælden worden rîche.
dû würde mir sît ûȥerkorn
ein kint ze sælden mir geborn,
des soltû die gote unt mich
genieȥen lân, des bite ich dich
mit bete und ouch mit lêre.
gedenke, wie grôȥ êre
dem kinde an sælden ist, wie guot,
ob eȥ des vater willen tuot.
sun, des lâ genieȥen mich!
wis an mir gemant, daȥ ich
dîn vater bin und dû mîn kint
und lâ den muot varn unde erwint
der trügelîchen valscheit,
die dîn herze nâhen treit.«
Jôsaphât mit zühten saȥ.
sîn herze des niht vergaȥ,
eȥ vestende ein gotes wort,
daȥ got hât gesprochen dort
swer sich sîn und sînes namen
vor den liuten welle schamen,
des scham er sich êwecliche
ze sînes vater rîche;

und daȥ got lêret, ſîn gebot
mit ſtæte minnen ſunder ſpot
vür vater, muoter, bruoder, wîp,
vür die welt, vür guot, vür lîp.
diz nam er in den gedanc,
als in diu gotes minne twanc.
er ſprach. »vater, eȥ iſt guot,
ſwelch kint des vater willen tuot.
eȥ lêret ouch diu kriſten ê,
daȥ ein ieglîch kint geſtê
ze ſînes vater lêre,
vater und muoter êre.
daȥ kint ſol dem vater ſîn
tuon alles ſînes willen ſchîn,
unz er ze guote kêre
die väterlîchen lêre.
beginne er die verkêren,
daȥ kint unrehte lêren,
ſô râte ich, daȥ er kêre
dan an die gotes lêre.
mîn ſêle mir vil lieber iſt
dan der lîp: daȥ lêret Kriſt.
daȥ ich die durch dich verlür
und dich doch niht trüege vür,
wan daȥ dû wæreſt ouch verlorn:
ſô wære ich beȥȥer ungeborn.
gebit es niemer mêre mich,
wan diu bete iſt unbetelich.
Dû hâſt mir ſô vil geſeit
von dîner grôȥen manheit:
der iſt vil an dir geſchehen,
des muoȥ ich dir der volge jehen.
daȥ hân ich wol bevunden
vil ofte an manigen ſtunden,
daȥ eȥ mit rehter wârheit mir
dicke wart geſeit von dir.
ſît nû dîn herze ie was ſô grôȥ,
daȥ eȥ nie manheit verdrôȥ,
daȥ ſolt dû lâȥen werden ſchîn,
den prîs der hœhſten wirde dîn
gar krœnen unde zieren
und wunſchlîche florieren
mit dem reinen toufe gotes
und mit den werken ſîns gebotes.
gelobetes herzen manlîch muot
ſelten unmanlîche tuot.
got minnet tugende rîcheȥ leben
daȥ hât er durch daȥ gegeben,
daȥ man nâch ſîner lêre
die tugent ze tugenden kêre.
tugende rîch gemüete,
mit manheit manlîch güete
ſol man niht lân verderben
und in unmanheit ſterben.
got minnen, dêſt ein manheit,
diu aller tugende krône treit.
ein zage unde ein bœſer wiht
der mac ze gotes rîche niht,
der iſt deweder warm noch kalt,
ze ſünden noch ze buoȥe balt.
Dû hâſt des einen wol gephlegen.
dû biſt der welte gar ein degen,
nû wirt ouch gote ein kemphe wert,
der dîn ze einem kemphen gert.
vater, got hât dir gegeben
vernunft unde wîſeȥ leben.
daȥ hâſt dû gar von ſîner kraft.
an dich hât ſîn meiſterſchaft
geleit wunſchlîcher dinge vil,
daȥ des dîn muot niht wiȥȥen wil.
dâ krenkeſtû die witze dîn.
lâ dir ein ebenmâȥe ſîn,
daȥ ein tumbeȥ vederſpil
hât rehter ſinne alſô vil,
daȥ im eines menſchen hant
wirt heinlich unde liep erkant,
durch daȥ eȥ dâ vindet gar
heinlich liep und lîpnar;
ſwie ſîn geſlehte ungerne ſî
menſchlîchem künne bî,

daʒ menſche eʒ niht verbirt,
als eʒ bi im gezamet wirt.
ſus muoʒ mich iemer wunder hân,
daʒ dû dich niht wilt verſtân.
des dû dich doch wol verſtâſt,
daʒ dû von gote enphangen hâſt
ſêle, lip, guot, êre, leben,
daʒ dir ſîn witze hât gegeben.
daʒ dû des hant vliuheſt ſô,
des muoſt dû iemer ſîn unvrô.
Daʒ dû vür got, vür gotes kraſt
minneſt menſchen geſchaſt,
daʒ iſt ein ſchamelîcher ſite:
dâ bejageſtû niht mite
wan der ſêle wernde nôt,
den iemer ſterbenden tôt.
ob dû nû mit dîner hant
alliu rîche und alliu lant
dir einem möhteſt twingen
ze dieneſtlîchen dingen,
unde wær dir danne ein leben
vür aller menſchen lîp gegeben,
ſô müeſeſtû doch ſterben,
an dem zil verderben.
des tiuvels ſtricke ſint geleit
in dirre welte rîcheit.
ſwer ſich an die rîcheit lât
und ſî willeclîchen hât,
der muoʒ ſî vil ungerne lân,
ſô er ſî gerne wolde hân.
dû ſihſt wol, ſwaʒ wir werben,
wir müeʒen alle ſterben.
diu ſêle nâch dem lône vert,
der ir von gote iſt beſchert,
den hie der lîp gedienet hât.
diu ſêle mit dem lîbe erſtât
an der welte endes zil,
ſô got uns allen lônen wil.
Dâ ſiht man gotes erwelten ſîn
liehter dan der ſunnen ſchîn.
in wirt geiſtlîcher armekeit
offenlîche danc geſeit
vor al der welte angeſiht.
dâ wirt vür wâr vergeʒʒen niht,
man rüege dâ, ſwaʒ alhie
des lîbes leben ie begie.
den erwelten wirt ein leben
mit vreude ân alleʒ leit gegeben.
den vervluochten wirt der tôt
benant mit vreudelôſer nôt;
wan al diu welt bevindet dâ
mit gotes itewîʒe ſâ,
ſwaʒ ſie hie geſündet hânt.
in grôʒer ſchame ſie dâ ſtânt:
ir ſünden ſchame, ir miſſetât
von gote ein ſchamendeʒ rüegen hât.
ir ſünden werdent ſie geſchant
und in daʒ helleviur geſant,
dâ ſie müeʒen iemer mê
mit leide hân ach unde wê.
wer wære ſô gar âne ſin,
daʒ er den ſüeʒen gewin,
dem man iemer lebenes giht,
mit tûſent tôden kouſte niht,
ob im der ſterben töhte,
daʒ er ſie haben möhte?
ûf die vil ſüeʒen rîcheit,
diu dâ den guoten iſt bereit,
dultich der welte armekeit,
daʒ ſî werde mir bereit.«
Dô der künic hôrte, daʒ
des kindes ſin baʒ unt baʒ
geveſtent was an gotes gebote
und daʒ er in niht von gote
bringen mohte, daʒ muot in.
iedoch nam er in den ſin,
daʒ im des kindes wârheit
hæte wâr und rehte geſeit,
und daʒ im niht töhte,
daʒ erʒ verſprechen möhte.

des tiuvels rât behabete in
an ſich ſô gar, daȝ er den ſin
ze gote niender kêrte.
ſwie ſîn herze in lêrte
des kindes worten volge jehen,
er lie die gewonheit ſpehen,
daȝ er gên gote ze aller zît
was des gelouben widerſtrît.
»ſun« ſprach er, »ich ſihe an dir,
daȝ dû niht wilt volgen mir
und daȝ dîn herze mînen rât
durch valſchen rât verſmâhet hât
diu ſwære gît mir leides vil.
ein ſpil ich dir nû teilen wil,
daȝ iſt daȝ wægeſte mir
an dem gelouben unde dir,
und wil niht mêre biten dich,
wan dû ſô vil entêreſt mich.
ich wil der bete geben ein zil;
vernim, waȝ ich dir teilen wil.
Eȝ lît in den banden mîn
der trügehafte meiſter dîn,
des lüge trügelîcher rât
dînen ſin verkêret hât.
nû wil ich alle kriſten
her ûf die rede vriſten,
daȝ er dîn unde ir kemphe ſî
in ſtê ſîn beſtiu rede bî.
ſô wil ich, daȝ die meiſter mîn
der gote kemphen gên in ſîn.
ſwer dâ geſiget, des lêre iſt guot;
dem volgen beide, dêſt mîn muot.
geſigt er dâ, ſô volge ich dir.
geſigent ſie, dû volgeſt mir.«
»daȝ iſt mir liep« ſprach Jôſaphât,
»ich minne diſen ſelben rât.
ich weiȝ wol, daȝ der gotes gewalt
ſô wît iſt und ſô manicvalt,
daȝ er niht verderben lât
ſwer an in ſuochet ſînen rât.
mîn ſêle, mînes herzen ſin
hânt ſich verlâȝen gar an in.
ſîn reiner wille werde
ze himel und ûf der erde.
ſwaȝ got wil, daȝ ſî getân,
daȝ ſol ich an in gerne lân
mit unverzagetem muote.
nû helfe got, der guote,
den ſînen nâch den hulden ſîn,
daȝ uns ſîn güete werde ſchîn.«
Der künic ſchiet von dan zehant.
er hieȝ mit brieven in daȝ lant
künden, in ſîn rîche,
daȝ die kriſten vridelîche
ze diſem kamphe kæmen
und rehte dâ vernæmen,
wie eȝ dem kemphen ſolde ergan.
den ſie ze kemphen ſolden hân.
des man vür Barlâämen wielt
und ûf des kamphes ſtrît behielt.
der kriſten man dâ wenic vant
gerûmet hâten ſie daȝ lant,
der künic ſie ſô gar vertreip,
daȝ ir deheiner dâ beleip.
ir wart an den ſtunden
deheiner niender vunden
in allem ſînem lande dâ.
von Kaldêâ und von Indîâ,
wurden alle meiſter gar
beſant ûf diſen kamph aldar
und wîſer ſternewarter vil
ûf des ſelben kamphes zil.
nû ſie ze ſamene wurden brâht,
als eȝ was von in gedâht,
ſie wârn in manigem râte
gên dem werden Jôſaphâte.
in ſînem râte niemen was,
wan got und Bârachîas,
den ich hân hie vor genant,
der den wîſen wunden vant,

des rât im ſînes herren haʒ
erwante, den ſîn vorhte entſaʒ.
Des tages, dô die meiſter gar
zuo diſem kamphe kômen dar
und vil nâch algelîche
von ſînem künicrîche
die armen zuo den rîchen
dar begunden ſtrîchen:
der künec an daʒ geſtüele kam,
ſînen lieben ſun er nam
und hieʒ in zuozim ſitzen gân.
durch ſîne zuht wolt er daʒ lân,
ûf ſînen ſchamel er geſaʒ;
in dûhte des, daʒ ſtüende im baʒ.
dô ſtuonden ûf kamphlîchen ſtrît
die meiſter an der ſelben zît.
einhalp dô wart brâht Nachor,
als eʒ gerâten was dâ vor,
der Barlââm der ander was;
der ſtuont und Bârachîas
in Jôſaphâtes teile
der kriſtenheit ze heile.
der künic hieʒ dô ſwîgen ſâ.
daʒ wart getân. ſie ſwigen dâ.
zuo den meiſtern kêrter ſich,
er ſprach: »wiʒʒet ir, daʒ ich
iuch durch wîsheit hân beſant
und durch rât her in diz lant?
ir habent ſin, red unde vernunſt,
nâch witzerîcher lêre kunſt.
dar zuo hât iuwer meiſterſchaſt
der gote namen unde ir kraſt
rehte erleſen unde erkant;
des ſult ir hiute ſîn gemant.
Uns hât alhie diu kriſtenheit
vil grôʒen ſtrît vürgeleit
ſie velſchent unſer lêre
und unſer gote êre.
der kemphen ſult ir hiute ſîn
alſô nâch dem willen mîn,
daʒ ich iuch iemer mêre
mit guote an êren êre.
ob ir hiute alſô geſigent,
daʒ ſie ſigelôs geligent,
ſô mache ich iuwer ſælde breit
mit guotes grôʒer rîcheit.
ſiht man iuch ſigelôs geligen,
daʒ ir die kriſten lât geſigen,
ſô müeʒet ir verderben
und vil ſchäntlîcher ſterben
dan iemen ie verdurbe,
der leſterlîche ſturbe.
als ir gelîdent diſe nôt
und den laſterlîchen tôt,
ſô machich elliu diu kint,
diu in iuwerm künne ſint,
vremeden liuten undertân,
daʒ ſie müeʒen iemer hân
in dieneſtlîcher arbeit
angeſt, nôt mit armekeit:
her an ſol iuwer witze ſehen.
benamen, des ich hân gejehen,
daʒ briche ich ûf mîn êre niht,
ob man iu niht des ſiges giht.«
Dô ſprach aber Jôſaphât:
»vater mîn, dîn zunge hât
des beſten gar alhie gedâht.
daʒ eʒ werde vollebrâht,
daʒ ruoche gebieten got.
diz iſt ein keiſerlîch gebot,
daʒ vil wol gezimet mir
ze mînem kriege unde ouch dir.
eʒ ſol uns beiden ſtæte ſîn,
diz ſage ouch ich dem meiſter mîn.«
gên Nachore kêrter dô,
drôlîche ſprach er alſô:
»biſtû mîn meiſter Barlââm,
der mir bôt ſô rîchen krâm,
des kraſt der rîcheit krône treit
ob al der welte rîcheit?«

»jâ« ſprach er dô, »der bin ich.«
»ſô ſolt dû wol bedenken dich,
in welher rîcheit ich was,
dô dîn zunge mir vorlas,
wie dirre welte rîchtuom
niht wan ein üppeclîcher ruom,
trügelich und wandelbære
mit kurzen vreuden wære
und wie er mich verleite
in endelôſe arbeite
und wie diu welt ein ende hât,
in dem ſi leitlîche zergât,
und wie der welte rîcheit
niht wan gên dem tôde treit.
Des hieze dû gedenken mich
unde riete mir, daz ich
diſe rîcheit lieze gar
und einer rîcheit næme war,
der ende niemer wurde erkant,
an der würde mir benant
ein iemer ſtæte wernde guot.
mit geiſtlîcher armuot
ſoltich die rîcheit kouſen
und daz ich ſolde touſen
mich durch einen vremeden got.
dû ſageteſt mir, daz des gebot
al dirre welte geſchaft
niht wan mit eines wortes kraft
geſchüefe und werden hieze,
daz ich durch den lieze
daz guot, den lîp, weltlîchen muot
umbe ein endelôſez guot.
des hân ich gevolget dir,
dar nâch ſô dû riete mir,
und dulte geiſtlîche nôt
vür den endelôſen tôt
durch dîner lêre gebot
und durch dînen vremeden got.
diz iſt mînem vater zorn,
ſînen gruoz hân ich verlorn
und dar zuo mâge unde man.
ſwaz ich vriunde ie gewan,
die zürnent ſêre, daz ich hân
die gote und ouch die vriunt gelân.
Her an ſoltû gedenken ſô,
daz dich diu lêre iht mache unvrô.
beſchirmeſtû die wârheit,
als dû mir ſî hâſt geſeit,
ſô biſt dû gar gewære
der wârheit bredigære.
daz iſt dir ſælde und êre,
ſô volge ich dîner lêre
und wil in mîner jâre vriſt
gelouben iemer mêre an Kriſt.
lâſt aber dû dir angeſigen
und muoſt dû ſigelôs geligen,
ſô muoz dîn lêre ſîn ein trüge.
hâſtû mich danne in ſolher lüge
in die kriſtenheit betrogen,
ſô lügelîche mir gelogen,
ſô wirdich der welte ſpot,
ſô mac dich dîn valſcher got
des behüeten niht vor mir,
ich reche mînen zorn an dir
ich ſnîde ſâ ze ſtunde
ûz dînem valſchen munde
die valſchen zungen, diu mir gap
von êrſt des râtes urhap;
dar nâch dîn herze, daz den rât
gegeben dîner zungen hât,
der mich hât überwunden,
die wirfe ich ſâ den hunden
und dînen lîp ze ſpîſe,
daz ieglîch gouch unwiſe
an dir ein vorbilde neme,
wie wol ime daz gezeme,
daz er mit valſcher lêre
küniges kint verkêre.«
Dô diſiu rede alſus geſchach
unde Nachor rehte erſach,

daȥ er dâ vor in allen
in die gruobe was gevallen,
die er der kriſtenheite gruop,
dô er ſich dar durch velſchen huop
die reinen gotes kriſtenheit:
der ſtric, der dô von im geleit
was und von der heidenſchaſt,
dâ was er inne behaſt.
ſîn herze daȥ was worden wunt
von ſîner ſtrâle dô zeſtunt:
ſîn ſelbes ſchôȥ in ſêrte,
daȥ wider an in kêrte.
diu rede im ſolher vorhte jach,
daȥ man in ſêre bleichen ſach:
er wær vil gerne anderswâ.
doch gedâhte er im ſâ,
daȥ im vil beȥȥer wære,
daȥ in diu nôt verbære,
dan ob er müeſe lîden nôt
und diſen läſterlîchen tôt,
des er niemer würde vrî,
ob er dem künege ſtüende bî.
der nôt gedâhter wol geneſen,
wolt er der wârheit kemphe weſen.
diu vorhte got in lêrte,
daȥ er den ſîn bekêrte
baȥ danne es wurde gedâht,
dô er dar wart ze kemphen brâht.
Mit vride wart geveſtent dort
des küneges und des knappen wort,
diu ſie den meiſtern ſeiten
und beidenthalp vürleiten.
dâ was geſamnet liute vil
durch des ſelben kamphes zil,
die verre wâren komen dar
und gerne wolden nemen war,
wer dâ ſolte dô geſigen
oder ſigelôs geligen.
dô wart geſweiget überal
der liute dôȥ unde ir ſchal.

in den kamph trâten ſâ
gotes und des tiuvels kemphen dâ.
der geiſt der wîslîchen vernunſt.
der lêrer redelîcher kunſt
in Nachores herze dranc,
ſîne zungen er betwanc,
daȥ ſi vil anders rette gar,
danne er wære komen dar.
ſînen ſin, an witzen kranc,
der ſelbe geiſt ze wîsheit twanc,
der Balââmes eſele dort
gap ſin und menſchlîchiu wort,
der hieȥ in dem herzen ſîn
wahſen ſîner ſunnen ſchîn,
daȥ er dar zuo geſæhe,
wie er aldâ verjæhe
der rehten wârheit, die ſîn munt
von gote ſolte machen kunt.
Der kamph wart erhaben dô.
der wîſeſt under in ſprach ſô:
»biſt dû Barlââm genant,
der unſer gote hât geſchant
und alſô manige trügeheit
von ir helfe hât geſeit?«
»jâ, Barlââm daȥ iſt mîn name.
ich gihe mir ſîn ân alle ſchame.«
»nû wer riet dînem herzen daȥ
dich ein ſô tumber ſin beſaȥ,
daȥ dû mit valſchem râte
getorſteſt Jôſaphâte
ſîn rehteȥ leben verkêren
und ein unrehteȥ lêren?«
»ich hân in niht verkêret.
ich hân in reht gelêret,
wie er des tôdes ſol geneſen
und wie er ſol behalten weſen.«
»wâ ſol er behalten weſen
und des tôdes gar geneſen?
niemen iſt, er ſterbe,
ſwie witzecliche er werbe.«

»des lîbes tôt meine ich nicht,
ſô man den lîp erſterben ſiht;
ſwer danne ſtirbet, der iſt tôt.
ân ende in endelôſer nôt.
den tôt hân ich im benomen,
wil er alſô volle komen,
daʒ er behaltet mînen rât,
als er ſîn begunnen hât.«
»Diz ſpel iſt gar ein trügeheit,
dâ von dû nû hâſt geſeit.
dû lêrteſt in die hœhſten gote
lâʒen gar, in der gebote
die beſten von dem rîche lebent,
die ſich an ir helfe ergebent.
die gar die liſte vunden
vor uns in manigen ſtunden,
die wâren alle in ir gebote
und hieʒen ſie gewære gote.
nû lêrt dîn zunge einen got
(daʒ iſt gar der wîſen ſpot),
der heiʒet Kriſt. des kriuzes tôt
leit er in ſterbender nôt:
waʒ kraft iſt dir an dem erkant,
daʒ dû die gote hâſt geſchant
durch in? daʒ iſt ein tumpheit,
diu dich ûʒ wîſen ſinnen treit.«
»eʒ iſt benamen wâr, daʒ Kriſt
got ie was und iemer iſt.
durch uns geruochte er ſich geben
in brœdeʒ menſchlîcheʒ leben.
daʒ ſtarp durch uns; ſîn gotheit
flôʒ himels und der erde treit.
nu weder dunket beʒʒer dich,
des ſoltû bewîſen mich.
ein dinc, daʒ alle ſîne kraft
von eines meiſters meiſterſchaft
hât, oder des meiſters kraft,
der eʒ geſchuof mit meiſterſchaft?
des ſolt dû mir die wârheit ſagen.«
»Der meiſter muoʒ mir baʒ behagen.«

»iſt daʒ wâr?« »jâ, des gihich.«
»hie bî bedenke vür baʒ dich,
wie dû dich ſelben hâſt geſchant.
ſie machte eines mannes hant,
ſie ſint gar âne wîsheit;
gân, ſprechen, ſehen iſt in verſeit.
die ir tumben betet an.
ir ſoltet billîcher den man
êren baʒ, des wîsheit
daʒ bilde gôʒ oder ſneit.
dû ſihſt wol, iuwer ſin iſt blint,
iuwer hœhſten gote ſint
menſchlîchiu hantgetât,
die menſchen hant gemachet hât.
dû hâſt dich ſelben überſaget.
ſît dir der meiſter baʒ behaget,
ſô iſt dir des menſchen hant
kreftiger dan dîn got erkant.«
des wart aldâ der kriec verlân
im kunde niemen widerſtân,
die man dâ gên im kemphen ſach.
der valſche meiſter aber ſprach.
»wir hân diu bilde niht ze goten.
uns hât diu liebe geboten,
die wir von den goten hân,
daʒ wir in ſîn undertân.«
Nachor antwurte im dô
»gihſtû des, daʒ ſî alſô.
des lâ mich dich wîſen hie,
wâ von ſich daʒ anevie.
driu leben in dirre welte lebent,
diu vil goten ſich ergebent,
diu wil ich dir beſcheiden
Juden, Kriſten, heiden.
der eine teil der iſt an iu,
der hât geteilet ſich in driu.
Kaldei, Kriechen, Egyptiî.
den iſt gar ſunderleben bî,
die alle ſunder ſich verſtânt
gelouben ſunders, den ſie hânt.

wer dâ wol und übel var,
daȥ wirt hie gekündet gar.
die Kaldêî hânt gegeben
ſich in ein valſcheȥ trügeleben:
ſie nâmen ſich an der geſchaft,
und minten ſî vür gotes kraft;
von den wart des begunnen.
dem mânen und der ſunnen,
dem himele und der erde
dienten ſie vil werde.
viure, waȥȥer, lufte
nâch tœrſches herzen guſte
machten ſie gezierde vil
den ſelben goten ze einem ſpil.
diz was mit des tiuvels ſpote,
die gedâhten ſolher gote.«
Die meiſter von Kaldêâ
antwurten der rede ſâ.
ſie ſprâchen: »dû vil tumber man,
nimſt dû dich der tumpheit an,
daȥ dû bekumberſt dich dâ mite,
daȥ dû die vil wîſen ſite
der Kaldêjen velſchen wilt?
der meiſterſchaft uns gar bevilt
und ouch der tumben lêre.
daȥ man den himel êre,
daȥ maht dû widerreden niht,
ſît man von im gezieret ſiht
al die geſchaft, diu namen hât,
diu under ſînen kreften ſtât.
er hât bedaht mit ſîner kraft
der geſchephede meiſterſchaft.
ſît der von kreften mac geſtân,
ſô ſol er ein bilde hân,
daȥ man in ſînem namen wol
im ze êren êren ſol
in ſînem hôhen werde.
daȥ man dâ bî der erde
mache ein bilde, daȥ iſt reht,
wan ſî krump und dar zuo ſleht

ûf ir lât werden unde gebirt.
dû ſihſt doch wol, daȥ ûf ir wirt
gezierde vil, rein unde guot,
der glaſt den ougen ſanſte tuot.
ſî verwet wünnecliche ſich:
in maneger varwe wünneclich
mêret ſî der vreuden vlîȥ,
gel, grüene, brûn, rôt unde wîȥ
mit manigerhande blüete.
durch ir vil ſüeȥen güete,
der weltlîchiu vreude gert,
iſt ſî wol guotes bildes wert.
Daȥ waȥȥer ſol ein bilde hân.
daȥ ſiht man wünneclîche gân,
daȥ iſt guot und reine,
daȥ vuoret algemeine
ſwaȥ lebendes in der welte lebet.
in wünneclîchem vlôȥe eȥ ſwebet,
eȥ wäſchet unde reinet gar
ſwaȥ man unreines bringet dar,
eȥ tempert trinken, eȥȥen;
eȥ hât ſich ouch gemeȥȥen,
daȥ eȥ heiȥ wirt unde kalt.
ſîn kraft iſt alſô manicvalt,
daȥ ſî kan niemen volle ſagen.
eȥ treit diu dinc und lât ſich tragen,
es mac niemen âne weſen,
man muoȥ mit ſîner kraft geneſen.
dem ſol ein bilde ſîn bereit
und dieneſtlîchiu werdekeit:
daȥ iſt ein berndiu witze. —
des viures grôȥer hitze
kan niemen ebenmâȥe geben.
ſîn hitze vuoret unſer leben
in manigerhande wîſe
diu menſchlîche ſpîſe
bereitet von dem viure wirt.
ſîn ſchîn den ougen lieht gebirt
in der vinſter, ſwâ manȥ treit.
durch die grôȥen edelkeit

ſol beidiu wîp unde man
im ein bilde beten an.
Man ſol den winden machen
ze dienſtlîchen ſachen
ein bilde, wan ir hôher wer
mac ſich wazzer unde mer
ruowe niht gên in bewegen
noch ſtille gên ir kreften phlegen.
in wichet, ſwaz ſie rüerent;
ſwar in behaget, dar vüerent
ſie diu ſchif ûf dem mer
ân der marnære wer.
waz mohte wünneclîcher ſîn,
dan der liehten ſunnen ſchîn,
von der liehter ſchônheit
iſt al der welte ein lieht bereit?
hitze und lieht der ſunne hât,
ſîn glaſt den ougen widerſtât,
ir hitze und ouch ir liehtes maht
ſcheident uns tac unde naht.
ir liehtes liehter überlaſt
leſchet alles liehtes glaſt.
ſi iſt getempert alſô wol,
daz man ſî iemer êren ſol
mit einem bilde, daz iſt guot,
ſwer ir hât dieneſtlîchen muot.
ſô der tac verendet wirt,
des mânen ſchîn ſîn lieht gebirt;
der naht er liehtes glaſtes phligt,
der vinſtern trüebe er angeſigt.
dêr ouch ein bilde haben ſol,
daz zimt ſînen kreften wol.
Dar zuo was manic werder man,
des kraft vor uns den prîs gewan,
daz man im durch ſînen namen
hôhen, werden, lobeſamen
ze lobelîchen ſachen
ſol werdiu bilde machen.
diſiu bilde êren wir,
als von uns iſt geſaget dir.

ſwer daz widerreden wil,
der hât tumber ſinne vil.
ez tuot ouch niemen, wan die ſint
unwîſe unde an witzen blint.
keiſer, künege, vürſten grôz
und manic keiſers genôz
minnent diſen ſelben rât.
der rât von ir lêre gât,
die gar der liſte erdâhten
und uns den urhap brâhten
menſchlîcher wîsheit,
die hânt diz leben ûfgeleit.
daz velſchet dîn vil tumber munt
und tuot ein vremedez leben kunt.
daz iſt den wîſen gar enwiht.
ez hât ouch rehter wîsheit niht.
im wont gerne niemen bî,
der mit rehten witzen ſî.
an diz leben ſich ergebent,
die mit valſcher trüge lebent.
hie wider ſprich, ſwaz dir behage,
daz merken wir nâch dîner ſage.«
Nachor vil wîslîchen ſprach,
dô diſiu rede alſus geſchach
»vernement algelîche,
jung, alte, arme und rîche!
herre künec, daz zimt dir wol,
daz ez dîn ſîn vernemen ſol.
ir tumben wîſen habet geſeit
mir von einer wîsheit,
diu kindes tumpheit wol gezimt.
vür witze niemen ſî vernimt,
von rehte iſt ez der wîſen ſpot.
ir jehent, der himel ſî ein got
durch daz er ob der erden ſtât
und die geſchaft bedecket hât.
ſwer den himel hât ze gote,
der lebet nâch des tiuvels ſpote.
ſîn kraft iſt bewegelich,
nâch ſînen kreften weget er ſich.

wan er muoʒ loufende umbe gân,
als in ſîn kraft hât angelân,
der ſînes namen urhap
von êrſt mit anegenge gap.
der himel iſt kosmos genant.
der name iſt dâ vür erkant,
daʒ eʒ genant ſî ein geſchaft
von eines ſchephæres kraft.
anegenge und ende er hât,
nâch ſînem rehte er umbe gât,
nâch der natûre gebote,
als im geordent iſt von gote.
Er muoʒ ouch helfen reichen
von zeichen in diu zeichen
nâch ir genatûrter art
der ſternen louflîch umbevart,
die vür baʒ noch nâher gânt,
loufent noch ſtille ſtânt,
wan als in gordent iſt von gote,
der in ſînem gebote
ir natûre hât gephlegen,
der in ir mâʒe hât gewegen.
der himel hât deheinen liſt,
wan als im vor geordent iſt.
er wirt nâch der gotes ſage
an dem jungeſten tage
alſam ein buoch gevalten.
er mac ſich niht enthalten,
ſîn kraft müeʒe ein ende hân.
ſîn nam vor gote muoʒ zergân,
der in von êrſte werden hieʒ
und ſîner kraft ein zil ûfſtieʒ,
daʒ im zer jungeſten zît
mit beʒʒerunge ein ende gît.
ſît diz alleʒ an im iſt
von gote ân eigenlîchen liſt,
ſô mag er got geheiʒen niht.
ſît man in zergänclich ſiht,
als eʒ gebiutet gotes gebot,
wie möhter danne weſen got?

er iſt geſchephede genant
von des hœheſten hant.
Vil tumber ſinne wont iu bî,
jeht ir, daʒ diu erde ſî
got. nû ſehet ir doch wol,
daʒ ſi mit dieneſtlîcher dol
under allen vüeʒen ſwebet.
ſwaʒ in dirre welte lebet,
dem iſt diu erde undertân.
man ſiht alleʒ leben hân
(eʒ ſî guot, übel oder ſwach)
ûf der erde ſîn gemach.
ir kraft mit viure erſtirbet,
ſi dorret und verdirbet.
man grebt ſî, daʒ muoʒ ſi vertragen;
ir dieneſt mac ſi niht verſagen
der ärmiſten krankeit,
der ie name wart geſeit.
diu ſüntlîcheſt miſsetât,
der diſiu welt künde hât,
geſchiht ûf der erde.
ſi lît als unwerde,
daʒ ſi geſmæhet dicke wirt.
ſwaʒ ſi guoter vruht gebirt,
daʒ iſt dem menſchen vil gar
gegeben ze einer lîpnar.
ſwaʒ hât als unreinen ſmac,
daʒ in nieman verdulten mac,
daʒ wirt begraben ſâ zeſtunt
durch vlühtſal in der erde grunt.
hie bî merket iuwer lüge:
ſeht, ob ſi got geheiʒen müge.
den gotes namen ſi niht hât,
eʒ iſt ein gotes hantgetât.
Vürbaʒ habet ir geſprochen mêr,
daʒ waʒʒer ſî wol alſô hêr,
daʒ eʒ ſul haben gotes namen.
ſeht, des möhtet ir iuch ſchamen!
eʒ wirt verderbet manegen wîs:
von kelte wirt eʒ herteʒ îs,

von hitze wellic unde heiz.
hor und manigerhande ſweiz
muoz ez an manigen ſachen
vil ofte ſûber machen.
von bluote wirt ez miſsevar,
von übervlôze ez truobet gar
der liute nutze ez iſt beſcher,
mit ſchiffen man ez ouch duchvert.
ez muoz haben ſînen val
von der hœhe in daz tal;
ze berge mag ez dringen nih.
wan als man ez twingen ſiht.
ez iſt den liuten undertân:
den muoz ez ze nutze gân.
ez weiz niht, ſwaz man im tut.
daz ſult ir nemen in den muc,
ob daz ein got heizen ſül,
daz man des twinget, daz eimül
von im nâch ir rehte gê.
man twinget ez wol zeinem ſ
ſîn wer hât deheine kraft
gên der liute meiſterſchaft.
ſît ez deheine helfe hât,
wan als ein ander gotes getât
ſô mag ez nicht geſîn ein got
ez geſchuof ouch gotes gebot
Im iſt reht witze tiure,
ſwer giht, daz an dem viure
lige gotlicher kraft
mê danne an anderr geſchaft
daz viur mac got niht geſîn:
ſîn hitze und ſîn liehter ſchîn
von wazzer gar erſtirbet,
ez liſchet und verdirbet.
ſîn kraft al die zît geſtât,
biz daz man ez mit ruoche ht.
man treit ez, ſwâ man ez wil ân;
ez iſt den liuten undertân.
dêſt niht ein got. der gotes râ
den liuten ez gegeben hât

ze helflichem râte,
daz ez ſiede unde brâte
den liuten rehte ir ſpîſe. —
die tumben ſint unwîſe
und gar an rehten witzen blint,
die iu des jehent, daz der wint
got heize oder weſe got:
daz iſt ein laſterlicher ſpot.
ſwer ſuochet helfe und troſt an in,
der hât vil tumplichen ſin.
der wint nâch gotes gebote vert,
er iſt den ſchifliuten beſchert
ze geleiten ûf dem mer
und daz er bewegende ber
mit ſîner ſnellen dræte
boume, gras und ſæte.
Sô daz verſtât in ſîner zît,
als der ze lange in ſlâfe lît,
ſô ſol erz wecken unde wegen,
mit ſenfteclichem lufte regen
dar zuo iſt uns der wint gelân.
ſît er niht helfe mac gehân,
wan daz man in wæjen ſiht,
ſô mag er got geheizen niht;
er iſt ein geſchephede gotes
und ein urkünde ſînes gebotes.
ir leben vil ſpotlichen treit
tumbes herzen irrekeit
und ſint rehter witze vrî,
die des jehent, diu ſunne ſi
got, daz niemer mac geſîn.
ſich wandelt ir vil liehter ſchîn,
man ſiht des morgens ſi ûfgân
und wahſende hitze hân;
des âbendes ſi nider gât,
ir ſchîn die liehten hitze lât.
ir vart iſt ouch bewegelich,
ſi jaget in diu zeichen ſich.
diu ir kunſt hât ufgeleit
diu gotliche wîsheit,

diu ſî alſus geſchaffen hât.
in ir loufe ſi umbegât
anders niht, wan als ſi ſol.
wir merken unde ſehen wol,
wie ſi den zîten beiden
ir lieht muoȝ underſcheiden,
des ſi den ſumer in hitze phligt,
und im der winter angeſigt
mit kaltes luftes underſcheit,
den er bî ſînen zîten treit.
Ir krefte iſt ouch niht gezalt
dehein eigenlîch gewalt.
ſi hât von gotes meiſterſchaft
lieht und hitze und alle kraft.
dâ von iſt eȝ ein hantgetât,
die got ouch geſchaffen hât.
diz heiȝet ouch ze rehte niht
ein got, ob man der wârheit giht.
ſie ſint gar wîsheit âne,
die jehent, daȝ der mâne
ſî got. nein er, daȝ iſt wâr.
die mânôde gar durch daȝ jâr
ſiht man in ofte ſchînen
wahſen unde ouch ſwînen:
der beider art daȝ iſt ſîn ſite.
hie ſult ir merken, daȝ im mite
wont deheiner helfe trôſt;
er mac niemen tuon erlôſt.
ſîn kraft iſt ouch bewegelich:
in ſîner rehten verte ſtrich
nimt ſîn louf ſîn umbevart
nâch ſîner genatûrter art.
ſwaȝ ſîn natûre im krefte giht,
die hât er und anders niht.
im iſt noch minner krefte bî
vil, dan eȝ der ſunnen ſî.
man wirt dicke an im gewar,
daȝ er wirt nâch bluote var,
daȝ an im wirt eclipſîs.
er iſt vil tœrſcher danne wîs,
ſwer diſe gotes hantgetât
vor gote ze einem gote hât.
ſîn liehteȝ lieht verſwîne
in ſînem beſten ſchîne,
des mag er erwenden niht.
ſwer den ze einem gote erſiht,
der iſt noch tumber danne ein kint,
ſîn herze iſt wîſer ſinne blint.
Nû ſaget ir ouch, ir betent an
ein bilde zêren einen man,
dem nâch der welte werdekeit
guot und êre ſî bereit.
durch waȝ helfe tuot ir daȝ?
menſchen helfe, diu iſt laȝ:
daȝ ſelbe in hôhen ſünden lebet,
nâch üppeclîchen êren ſtrebet,
daȝ muoȝ ſelbe ſîn verlorn;
im iſt helfe niht erkorn,
ſô der lîp an im zergât,
wan als eȝ gote gedienet hât.
ob iu der bilde hêrſchaft
gehelfen mac deheiner kraft,
wie mac dan der bilde trôſt
von ſünden machen iuch erlôſt,
diu tôtſtummen blinde ſint,
als ir ſît ſelbe, an witzen blint.«
die meiſter ſwigen an der zît.
ſie lieȝen den kriecliſchen ſtrît.
ſie kunden im gantwurten niht
nâch ſîner wîslîchen vergiht.
dô ſprach Nachor »ich hân geſeit
iu die rehten wârheit,
wie ir in üppeclîcheȝ leben
iuwer leben habet gegeben
des müeȝet ir verjehen mir.«
ſie ſwigen. er ſprach »wes ſwiget ir?«
der widerrede ſie geſwigen,
ſie ſtuonden, lieȝen in geſigen,
wan ſie niht mêre kunden,
niht widerrede ſie vunden.

die Kaldêjen man erkôs
vor dem künege ſigelôs
an diſem ſelben ſtrîte ſâ
mit gemeiner volge aldâ.
Dô ſprach der gotes wîgant
ze dem künege ſâ zehant:
»nû ſich, wie rehte diſe leben.
ir wîslich rede hât begeben
antwürte gên den worten mîn.
ſît daȥ ſie überwunden ſîn,
ſô habe dich an ir meiſterſchaft
niemer mêr deheiner kraft.
ſît ir gote werdekeit
ſî mit ir witzen hingeleit,
und ir kraft müeȥe ſiechen,
ſô kêren an die Kriechen.
lâ mich von in bewîſen dich
wes ſie verſtên von gote ſich.«
dô drungen zuozim von der ſchar
der Kriechen beſten meiſter gar,
die von ir ſecte hœhſten kraft
truogen wiſe meiſterſchaft.
ſie ſprâchen: »ſage, wes gihſtû
von unſern lieben goten nû?
die ſint uns gotliche,
guot und helferîche,
ſie ſint gewaltic unde wert:
ſwes herzen bete ir helfe gert,
dem iſt ir helfe ſâ bereit
helflîcher ſtætekeit,
als uns ir ſtætiu triuwe giht.
gên den mahtû geſprechen niht.
ir helfe uns ſelten ie betrouc,
ir wârheit uns noch nie gelouc:
ſie hânt gewalt, witz unde kunſt.
ſwer in treit dieneſtliche gunſt,
dem lânt ſie ungelônet niht:
ir hulde hôhes lônes giht;
des iſt unſer orden
von in dicke innen worden.«

Dô ſprach Nachor: »nû nennent die
vor uns. nû ſaget, wie heiȥent ſie?
mir iſt ir grœſtiu kraft erkant:
ſô ſie werdent mir genant,
ich hœre an ir namen wol,
waȥ ich von in ſagen ſol.«
dô wurden ſie genant alſus:
»Der werde got Saturnus
gotlîcher helfe rât
bî helfeclîchen triuwen hât:
er iſt gewaltic unde guot;
ſwer im hât gunſtlichen muot,
des ſælden wirt er ein gewer.
dar nâch der guote Jupiter,
der hât den himel in ſîner hant,
er iſt ein hôher got erkant,
der hœhſte und der beſte,
der ſüeȥe, an kreften veſte:
der lebet gotelîche,
ſîn helfe iſt krefte rîche.
Vulkânus iſt ein hôher got,
des gewalt in ſîn gebot
betwungen daȥ geſmîde hât,
daȥ ſich nâch ſînem willen lât
ſmiden unde gieȥen,
glüejen unde vlieȥen
muoȥ eȥ ſich lâȥen, ſwie er wil.
ſô gît wîſer rede vil
unſer got Mercûrius.
geſuntheit gît Asclêpius,
bî helfe er hôhe witze treit:
nâch ſiechtuome geſuntheit,
nâch unkreften kreftic leben
kan er helflîche geben.
Swer von grôȥer überkraft
in nœten iſt von ritterſchaft
in ſtürmen oder in ſtrîten,
dem hilfet zallen zîten
Mars, der vil gewære.
der kemphen nôthelfære.

Bachus hât gewaltes vil,
des ich ein teil beſcheiden wil:
eʒ muoʒ nâch dem gewalte ſîn
ûf reben wahſen uns der wîn.
der uns in ſîner kraft ûfgât,
dâ bî ſîn kraft vil helfe hât.
Hercules ſol gêret weſen.
ſwer von zorne wil geneſen,
der ſol minnen ſîn gebot.
Apollô, des geſchützes got,
iſt ouch ze êrenne vil guot.
ſwer ſînen willen gerne tuot,
dem gît er vrœlîchen gedanc;
der ſeiten wîſe und ſüeʒer klanc
ſint in dem beſten dône
nâch ſînem willen ſchône.
des windes got, Êolus,
der ſunnen got, hêr Phêbus,
hânt ouch gewaltes vil mit kraft
in gotlîcher meiſterſchaft.
Pollux unde Perſeus,
Kaſtor unde Zîtus
ſint ouch die hœhſten gote gar,
die Jupiter der got gebar.
Adônides und Actêôn
hânt ouch gotlîchen lôn
gên dieneſtlîchem muote;
ſie phlegent in ir huote
der tiere gewalteclîche.
die gote helfe rîche,
die beſten, ſint dir gar genant,
die mit gewalte in ir hant
menſchlîcher ſælden pflegent
und nâch ir ſelber muote wegent
den liuten ſæleclîche gunſt
an guote, an witzen unde an kunſt.
wir haben in hôher minne
gewaltige gotinne,
den mit vil grôʒer werdekeit
iſt gotlîchiu kraft bereit,

der namen kraft hôh iſt gezilt.
diu eine iſt gotinne überʒ wilt.
diu lobes rîche Diânâ.
diu gotinne Medûſâ
hât ouch gotlîchen prîs.
von hôhen witzen iſt vil wîs
Pallas, diu der wîsheit
urhap unde krône treit;
ſwer welle rehte wîsheit hân.
der ſol ir weſen undertân.
ein gotinne heiʒet ſô,
diu guotes rîche Jûnô
diu iſt gotinne überʒ guot.
ſwer ir deheinen dieneſt tuot
mit ſtæteclîchem muote.
dem lônet ſi mit guote.
Vênus der hœhſten minne phligt,
ir wort an minnen kraft geſigt,
der name iſt minne rîche.
ſi wert uns minneclîche
mit vriuntſchaft minne ſunder haʒ.
noch minnen wir vürbaʒ
eine gotinne guot,
diu iſt über al des wâges vluot
gewaltic, des ſîs gewis,
diu iſt geheiʒen Thêtis.
dâ bî kan mit gewalte phlegen
ein vil gotlîcher degen
der waʒʒer krefteclîchen ſus,
der iſt genant Neptûnus.
die gote hân ich dir geſeit
und die gotinne vürgeleit
und ir kraft und ir gewalt.
wie grôʒ der iſt, wie manicvalt.
die minnent herzenlîche
vil edele künege rîche,
die diſen gotlîchen ſîn
geloubent âne wanc an in.
die beſten, die mit wîsheit ſint.
eʒ ſî vater oder kint.

die bietent in grôȥ êre.
ſie lebent in ir lêre.
durch waȥ wil dû vlîȥen dich
des rîche vürſten lobelich
dunket reht und niht bevilt,
daȥ dû daȥ widerreden wilt?
daȥ iſt vil ſêre miſsetân:
wie möht eȥ dir ze guote ergn?«
Nachor, der vil gewære,
der rehte unwandelbære,
der gotes lêre lêrte,
ſich gên dem künege kêrte.
der Kriechen rede antwurter lô.
ze dem künege ſprach er ſô
»herre, dû hâſt wol vernome,
an welhe gote ſie ſint komen
der wân in hôhen witzen ſweet.
der leben vil trügelîcher lebe,
dan iemen ſich an in verſehe
ſwie man in des mit volge jeh.
daȥ ſie die liſte vunden hânt
und doch unwitze ſich verſtât.
ſie ſint tôrheit rîcher
und lebent unmenſchlîcher,
danne die Kaldêjen leben,
die ſich hie ſiges hânt begebn.
ſie wænent hôhe witze hân,
der iſt ir tœrſcher ſin erlân.
dâ von hânt ſie ſô manige got
nâch des tiuvels gebote.
wie ſich daȥ laſterliche ſpotei
huop an den ſpotlichen goten
daȥ lâ mich dir künden hie,
als eȥ geſchach. nû merke, wie
der vorbilde wære getân,
die ſie ze goten wellent hân.
dû ſolt in dîn herze nemen,
ob gote ir leben ſüle gezemei
Urliuge, arbeit unde nôt,
von manſlaht manegerhande ʒt

huop ſich in ir lande
mit roube und ouch mit brande.
ſwer dô mit zouberliſten
den man kunde gevriſten
oder mit gewaltes hant,
der wart in ſâ ze gote erkant.
diz werte maniger jâre vriſt;
Nigromanzîe, der liſt,
was in algelîche kunt.
ſie kunden machen alle ſtunt
mit liſten, daȥ diu tumbe diet
ſich von gotes gelouben ſchiet,
wan in den niemen ſeite.
ſwaȥ in ir munt vürleite,
des ſtuonden ſie gar zir gebote
und hieȥen ſie durch daȥ ir gote.
ſwaȥ der man liſte vant,
des liſtes got wart er genant.
dô ſie ſus mit ir zungen
daȥ liut an ſich betwungen,
ſwen ieglîcher an ſich twanc,
der nam in ſînen gedanc,
daȥ er des volge ſolde hân,
ſwie jenes leben was getân,
den er ze gote nande
und zeinem gote erkande.
ir valſcheȥ vorbilde gap
den liuten valſchen urhap.
ir leben lêrte ir tumben ſin
ir lêre volge hân nâch in.
Nû habet ir hie geſeit alſus,
daȥ iuwer got Saturnus
getriuwe unde gewaltic ſî;
der beider iſt ſîn name vrî.
lebet er wol bî ſînen tagen?
nein er, benamen! lât iu ſagen,
ob ſîn leben wære guot,
dem ir ſô grôȥen dieneſt tuot.
er was ein zouberære:
von im ſeit iuwer mære,

daȥ der trügehafte man
bî Rêâ kinde vil gewan:
daȥ was ſîn wip, diu manegen tac
zouberlîcher liſte phlac.
der lebete gar ân alle zuht,
in twanc diu grôȥe tobeſuht,
daȥ er an witzen wart ſô blint,
daȥ er gaȥ ſîn eigen kint.
ir ſaget von im, daȥ in beſnite
nâch eines kappen ſite
Jupiter ân alle wer
und daȥ er wurfe in daȥ mer
dar an im gekappet wart.
ir ſaget nâch lügelîcher art,
daȥ Vênus ſî dâ von geborn,
die iuwer tôrheit hât erkorn
ouch zeiner gotinne.
nû ſeht, wie iuwer ſinne
ſint noch blinder danne blint,
daȥ ir dem ophert iuwer kint,
diu man dâ von unſælec ſiht:
ſie mügen ſælec werden niht.
Ir tuot von diſem gote erkant,
daȥ in Jupiter gebant
und wurfe in in die helle.
nû merke, ſwer hie welle
hœren grôȥe tobeheit,
diu von ir goten iſt geſeit'
gezimet gote, daȥ er ſî
menſchlîcher ſinne vrî?
ſol er ſîn ſô vergeȥȥen,
daȥ er ſîn kint ſol eȥȥen
nâch der nateren ſiten?
ſol er ouch werden beſniten
alſô gar laſterlîche?
ſol er des tiuvels rîche
gebunden ouch beſitzen?
nû ſeht, von welhen witzen
Saturnus weſen ſüle ein got'
merket diſen tumben ſpot.

den die Kriechen begânt,
die diſen ze einem gote hânt.
wer tæte diz, wan tœrſchiu diet,
die got ie von witzen ſchiet?
Nû ſaget ir ouch, daȥ Jupiter
gewaltic ſî und daȥ er
der himel phlege mit werdekeit.
der gewalt iſt im verſeit.
ich wil iu rehte ſagen, wie
der ſelbe müedinc lebete ie.
er was rîch unde gewaltic,
dô was daȥ liut einvaltic,
daȥ twanc er in ſîn gebot;
durch daȥ wart er genant ein got,
daȥ er was kreſticlîche
kunſt und guotes rîche.
von dem muoȥ iuwer ſchrift daȥ ſagen,
daȥ er in allen ſînen tagen
ein valſcher minnære
mit zouberliſten wære.
ir ſaget von im, daȥ er den lîp
verkêrte dicke durch diu wîp,
daȥ er bî den möhte ligen
und in mit zouber angeſigen.
ſwelch wîp er mit zouber twanc,
daȥ ſi in minte ſunder danc,
durch die kêrt er ſich ſchiere
mit zouber zeinem tiere,
daȥ er mit vuoge kæme zir.
iuwer buoch verjehent mir
vil mære, diu ſint trügelich,
daȥ er verwandelte ſich
zeinem ſtiere durch ein wîp,
diu hâte minneclîchen lîp,
diu was Eurôpâ genant.
dar nâch tuot ir von im erkant,
er würde einer vrouwen holt,
ſô holt, daȥ er wart ein golt
durch ſî, biȥ daȥ er zuozir kam
und daȥ ſi in ze vriunde nam.

Dânâê diu vrouwe hieʒ,
der er ze kleinœde lieʒ
mit zouberlîchen dingen
alſam ein golt ſich bringen,
unz er nâch ſînem muote an ir
bejagete ſînes herzen gir.
Dar nâch ſaget ir von im ſâ,
daʒ in diu ſchœne Lîdâ
ſô herzenlîche twunge,
daʒ er mit wandelunge
durch ir minne wurde ein ſwan
und daʒ der trügehafte man
durch einer vrouwen minneſtate
wurde ein wilder waltſchrate,
diu was genant Antîopê.
ein vrouwe diu hieʒ Sêmelê,
durch die wurde er ze mâle
ein ſnelliu donreſtrâle.
ſô ſaget ir von im anderswâ,
daʒ in diu ſchœne Alcmênâ
mit minnen triuten began
vür Amphitrîôn ir man,
dem er gelîches lîbes was;
und Gêtâ was Archas,
wie diu mit trügelîcher art
von diſem man betrogen wart.
daʒ zimt gotes namen niht,
ob man der rehten wârheit giht,
eʒ zæme baʒ des tiuvels ſpil.
ir jeht, er hæte kinde vil,
diu alſus wurden im geborn.
diu habt ir ouch dâ vür erkorn
nâch des tiuvels gebote,
daʒ ſie ſîn und heiʒen gote.
die wil ich nennen hie, durch daʒ
ir ſie bekennet deſte baʒ.
Liberus und Zîtus,
Caſtor, Pollux, Perſeus,
Amphîôn und Hercules.
wir ſîn underwîſet des,
daʒ ſîn ſun wære Apollô.
ſîne tohter hieʒen ſô.
Mînôâ und Hêlenâ,
Radamantis unde Arthemiâ.
Sarpîdonâ diu vünfte hieʒ.
der ſelbe got niun tohter lieʒ,
die heiʒent ir die ſängerîn.
waʒ möhte tœrſchers an iu ſîn,
danne daʒ in iuwer muot
nâch helfe ſtæten dieneſt tuot?
diſe valſchen gote ſint,
beidiu der vater und diu kint,
urhap aller ſünden.
ich muoʒ daʒ von in künden,
daʒ ſie gar in ir zîten
wâren Sôdômîten,
roubære und zouberære
und valſche trügenære,
ortvrumære unrehter trüge,
tihtære ſchädelîcher lüge.
ir ſüntlîcher urhap
den liuten ein vorbilde gap
ſwelher ſünde ſich ein man
wolt in den zîten nemen an,
der jach, eʒ wær daʒ gotes gebot
und ſprach eʒ tet vor mir der got
Ir habet ouch gejehen ſus,
daʒ iuwer got Vulkânus
gewaltes überʒ îſen phlege.
wie ſich der müedinc alle wege
bejagete, daʒ iſt mir erkant.
mit ſmidenne gewan ſîn hant
die ſpîſe ſîner lîpnar;
daʒ was ſîn hœhſtiu gülte gar,
diz muoſter trîben lange
mit hamer und mit zange
muoſt er genern ſînen lîp
und dar zuo kint unde wîp.
ſîn leben gote niht gezam
er was an einem beine lam.

nû ſehet wie des tiuvels rât
uch an im betrogen hât.
der was lam und guotes arm,
ſîn antwerc tet im ofte warm,
ſô der vil arme unwîſe
gediende ſîne ſpîſe.
ſol got haben ein lamez bein
und ſol ſîn dürftic, als er ſchein?
niht benamen! ez misſezimt,
ſwer in zeinem gote nimt.
ir jehet, iu ſî ze gote liep
Mercûrîus, der ie ein diep
was und ein ſchâchære.
der kunde manegiu mære
underſcheidenlîche ſagen,
ſô wol, daz in bî ſînen tagen
die liute gerne hôrten.
er was mit wîſen worten
ein ſpæher kallære,
dâ bî ein zouberære.
des ſol ouch ein got niht phlegen,
wil er hân helflîchen ſegen.
Asclêpius ein arzât was.
durch ſîne nôtdurft er las
ze arzenîe manege wurz.
ich mac die rede machen kurz:
in aller ſîner jâre vriſt
nert in von hunger dirre liſt.
ein blicſchôz in ze jungeſt ſluoc.
nû ſaget rehten gevuoc,
dâ mite ir vüeget, daz er ſî
got und im ſî helfe bî.
des namen ſol im ſîn verzigen.
ir jehet, durch ſtrîtlîch geſigen
ſult ir êren einen gôt,
der heizet Mars. daz iſt ein ſpot
unde ein tiuvellîcher rât,
ſwer den ze einem gote hât.
er was ein urliugære
und tet vil manige ſwære
den liuten zallen zîten.
ſîn vîentlîchez ſtrîten
beidiu liute unde lant.
mit urliugen überwant.
den gevie Vulkânus
und der junge Cupidus,
dâ er und Vênus lâgen,
ir geſelleſchefte phlâgen.
ſie bunden in vil ſêre.
gezimt alſolch unêre
gote? dêſt mir unbekant.
daz er dulde alſolhiu bant
und dicke ein urliugære ſî
und lige vremeden wîben bî:
ſol daz gote wol gezemen,
ſô ſol man in ze gote nemen.
Bachus in iuwer lant entran,
der was aldâ der êrſte man,
der leite unde bûte reben.
vil unvertic was des leben;
er was ein tobender wüeterich,
ze allen zîten vleiz er ſich,
daz man in tobetrunken ſach,
dâ von diu tumbe diet des jach,
im wær undertân der wîn.
er kêrte ouch daz gemüete ſîn
an der næhſten manne wîp.
vil zouberliſte phlac ſîn lîp,
her an kêrt er gar den ſin;
ze jungeſt dô erſluogen in
Titânî durch vîentſchaft.
nû ſeht iuwers gotes kraft!
ſol got durch valſch aptrünnic ſîn?
ſol in von ſinnen jagen der wîn?
ſol er bî vremeden wîben ligen?
ſol im ze jungeſt angeſigen
ſîner vînde hant?
waz helfe iſt im danne erkant,
der alſolich leben hât,
mit trüge, mit zouber ſich begât?

nû ſeht, vervluochtiu diet, den ſpot,
wie grôʒe kraft hât iuwer got!
ein trenker was Hercules,
von dem ſîn wir bewîſet des,
daʒ er durch tobenden unvuoc
ſîn liut und ſîn kint erſluoc
und daʒ der verworhte man
an ſînes lîbes zil verbran;
vil jâmerlîchen er verdarp,
in einem viure er erſtarp:
ſwen man ſus leben und ſterben ſiht.
der mac got geheiʒen niht.
Apollô, der ungewære,
der was ein birſære
durch lôch, durch wälde und durch zîl.
kocher, bogen unde phîl
truoc er nâch der jeger ſite,
dâ nerter ſich vil ofte mite.
dar zuo kunder ſeiteſpil,
harphen, ſwegeln gar ſîn zil.
ſwenn er mit einem niht gewan,
ſô nam er ſich des andern an.
als in gewin an beiden trouc,
durch lôn er den liuten louc;
den ſaget er ſolhiu mære,
daʒ er ein wîsſage wære.
alſolher kunſt nam er ſich an
ſwaʒ gerne hôrte der man,
daʒ ſeit er im künftic gar
durch miete und durch ſîn lîpnar.
ſît des durch miete phlac alſô
der trügenære Apollô,
ſô mac er nicht geheiʒen got;
eʒ iſt ein tôrlîcher ſpot,
ſwer einen got heiʒet
der birſet unde beiʒet,
durch guot den liuten liuget,
den man durch miete triuget
und ſich mit ſeiteſpil begât.
ſwer den ze einem gote hât,
der ſol bedenken rehte ſich,
ob diz ſî reht und gotelich.
ſî eʒ ein gotelîcheʒ leben,
ſô ſol er ſich im ergeben.
Adônides des ſelben phlac,
daʒ er durch ſînen bejac,
durch jagen ze allen ſtunden
lief mit ſînen hunden,
dâ mite er tiere vie genuoc.
ein eber in ze jungeſt ſluoc.
daʒ er lac vor ime tôt.
ſît dirre durch des hungers nôt
und durch nôtdürfte bejagen
von einem tiere wart erſlagen,
wie mac der ſîn ein got genant,
dem gotes leben iſt unbekant?
ſîn dieneſt hât des tiuvels lôn.
ir jeht des ouch, daʒ Actêôn
vor ſînen hunden wurde ein hirʒ.
nû wiʒʒet daʒ, geloubet irʒ,
daʒ iuwer ſchrift von ime ſeit.
daʒ iſt ein ſüntlich valſcheit
und gar des tiuvels gebot.
ſwer den müedinc heiʒet got,
der muoʒ verlorn iemer ſîn.
des gihe ich ûf die triuwe mîn.
nû habet ir hie geſeit alſus,
der waʒʒer phlege Neptûnus.
der was mit vîentlîcher wer
ein galiôte ûf dem mer:
ſîn bejac an roube lac.
wan er niht wan roubes phlac.
durch daʒ er roubes ie genas
und des mers gewaltic was.
dô wart er dâ vür erkant,
er wær des waʒʒers got genant.
Phêbus was ſo ſchœne erkorn.
daʒ des hæte wol geſworn
diu tumbe diet, er ſolde ſîn
got über al der ſunnen ſchîn.

der iſt tôt, der ſunnen glanz
ſchînet noch und iſt vil ganz.
ê daz der ſelbe ie würde erkant,
ê menſchen name wær genant,
dô ſchein diu ſunne in gotes gebote.
ſwer den verworhten hât ze gote,
der muoz mit im ſîn verlorn
und dulten endelôſen zorn.
Eolus phlac ſnelheit:
durch daz habet ir geſeit,
der wint wæje als er welle.
der iſt ouch in der helle
worden nû des tiuvels kint;
wan er iſt tôt, noch wæt der wint.
e daz den trügenære
ſîn muoter ie gebære,
dô wâte ez vor der ſelben zît:
alſô wæte ez iemer ſît
und wæt unz ûf der welte zil,
als ez got gebieten wil.
nû diz wâren iuwer gote,
die iuch mit läſterlîchem ſpote
an ir gebot betwungen hânt
unde iuch helfelôs nû lânt.
ſie mugen iu niht ze helfe komen,
elliu vreude iſt in benomen,
ſie ſint ſelbe in grôzer nôt.
der iemer ſterbende tôt
iſt an in, ſie ſterbent niht,
ſwie man ſie iemer ſterben ſiht.
Nû nennen die gotinne,
die iuwer valſchen ſinne
über iuch ze goten nennent
und wânlîche erkennent
dâ vür, daz ſie gewaltic ſîn.
von wîbe iſt ſelten worden ſchîn
gotlîchiu meiſterſchaft
oder helflîchiu kraft.
wir hân nâch gote mannes namen.
ir möhtet iuch des iemer ſchamen,
daz ir welt einem wîbe geben
kraft und gotlîchez leben.
wîp hât kranker ſinne lîp
dem man iſt undertân daz wîp.
nû ſeht, waz krefte mac ſi hân,
diu mannes namen iſt undertân?
nû habet ir gejehen dâ,
diu ſinnelôſe Diânâ
phlege der wilden tiere gar.
nû ſult ir von mir nemen war,
wie ir leben was getân:
man ſach ſî birſende gân,
ſleht, rûch, berg unde tal,
die wilden wüeſte über al
durchheſſen und durchſtreifen,
durchloufende umbeſweifen
nâch hirzen und nâch hinden.
ſwaz ſi mohte vinden
der wilden walttiere,
diu gevie ſi ſchiere.
dirre unwîplîche ſite
wonte ir unwîplîche mite.
durch den unwîplîchen prîs
hât iuwer tumber ſin unwîs
dem wilde ſî ze gote erkorn.
ê daz ſi würde ie geborn
oder menſche genant,
dô was wildes vil erkant.
Ouch hât iuwer ſchrift geſeit,
diu gotinne der wîsheit
ein vrouwe ſî, hiez Pallas,
wan ſi von künſte wîſe was.
diu pînte ſich vil ſêre
ûf hôher künſte lêre
mit der gedanke ſinne,
daz ſi wol ein gotinne
möhte ſîn von wîsheit.
von ir lêre was bereit
den liuten manic rât ze nôt,
den ſi mit ir lêre bôt

mit witzen guoter lêre kraft.
von dirre ſelben meiſterſchaft.
daʒ ſi ſô wol den liuten riet,
wart ſi der vil tumben diet
der witze gotinne genant,
der gotes kunſt was unbekant.
dar nâch habt ir geſeit alſô,
diu gotinne Jûnô
ſî gewaltic überʒ guot:
daʒ iſt ein tumplîcher muot.
vil grôʒ der welte rîcheit ſchein,
ê dirre gotinne dekein
ie gewünne lebenden lîp.
wâ von iu diz ſelbe wîp
des guotes gotinne iſt genant,
daʒ iſt mir ouch vil wol bekant:
ir rîcheit unde ir edelkeit
wâren nâch der welte bereit.
ſi was rîches guotes;
ouch phlac ſi ſolhes muotes,
daʒ ſi mit guote liute vil
brâhte an ſich. des tiuvels ſpil
twanc ſie, daʒ ſie jâhen ſô,
des guotes phlege Jûnô.
Dâ bî habet ir gejehen ſus,
diu unvertige Vênus
ſî über al die minne
gewaltigiu gotinne.
diu hâte an unvertigeʒ leben
ir ſin, ir lebenden muot gegeben.
ſi lebete unwîplîche gar,
ſi was ſchamender kiuſche bar,
ſi nam ſich ſolhes lebenes an,
daʒ ſi lie deheinen man,
ſi gæb im ir minne ſolt,
was ſi ſînem lîbe holt.
Mars und Adônides
und einer, hieʒ Anchîſes,
an die hâte ſich behaft
ir muot mit ſtæter trûtſchaft,
und dar zuo manic ander man,
der ir minne ſolt gewan.
ſwer ir behagete, der was ir,
wîſt an in ſî ir herzen gir.
ſi hâte manigen ſundertrût
beidiu ſtille und überlût.
ſwâ ſi niht mohte ir willen hân,
dâ mohte ſi den rât niht lân,
ſi vuogte aber anderswâ
trûtſchaft mit ir râte ſâ.
ſwer ein wîp wolte minnen,
moht er ſî niht gewinnen,
ir rât, ir zouberliſt ſî twanc,
daʒ ſi in minte ſunder danc.
alſus was ir leben getân.
ſwer die wil ze gote hân,
der hât die grœſten tumpheit,
diu tôren namen ie was bereit.
In alſus getâneʒ leben
hânt die Kriechen ſich ergeben.
ir tumben tôren ſît ſô blint,
daʒ ir ſît tœrſcher danne kint.
noch tuot mir iuwer lêre ſchîn,
daʒ diſe valſchen gote ſîn
alſô redelîche gote,
daʒ ir ſult in ir gebote
in dienen ûf ir helfe trôſt,
daʒ ſie machen iuch erlôſt
von unvertigen ſünden,
ſô kan ich iu wol künden
vür baʒ, wie die valſchen gote
lebeten in des tiuvels ſpote.«
die Kriechen ſwigen gên dem man,
ſie ſâhen alle einander an:
ſie dûhten ſich dâ ſigelôs,
ir ſtrît des kamphes ſie verkôs,
ſie muoſten alle dô gedagen,
ſie kunden im niht mê geſagen;
wan ſwaʒ er hâte aldâ geſeit,
daʒ nam er von ir wârheit;

wan ir ſchrift, ir trügeheit
hâte ſîn rede überſeit.
gên ſîner rede vürbaȝ
ir munt antwürte gar vergaȝ.
ſie wurden ſigelôs geſehen,
als mit der volge wart gejehen.
an in geſigete gotes degen,
der ſînes kamphes ſolte phlegen.
er ſprach: »ir tôren, jehent ir
oder niht des ſiges mir?«
ſie geſwigen vor im dâ.
dô jach im diu volge ſâ
des ſiges an der ſelben zît.
gelâȝen wart der Kriechen ſtrît.
Nachor zuo dem künege ſprach,
dô man des ſiges im verjach:
»nû ſich, wie die kemphen dîn
gên mîner rede geſwigen ſîn!
merke ir unde ir gote leben,
an die ſie ſich hânt ergeben
und nû mit volge entwîchent in,
den ouch verjehen hât dîn ſin
gewaltecllcher werdekeit.
nû iſt ir kraft gar hingeleit.
nû nim war, wie des tiuvels kint
ſigelôs gelegen ſint!
ſich an ir tumbes herzen ſin
und wende dînen muot von in!
ſît ich an diſen ſtunden
hân redelîch überwunden
der heiden hœhſten zwei leben,
ſô ſult ir alle hie begeben
der valſchen gote lêre
mit dieneſte iemer mêre.
nû wil ich künden hie zehant,
wie die von Egyptenlant
unſæliclîcher leben hânt
danne die ſigelôs hie ſtânt.
Die von Egyptô wâren dâ.
die ſprâchen ze Nachore ſâ:
»wir leben redelîche.
vil gote helferîche
haben wir ze werden goten,
als uns ir name hât geboten:
Typhôn unde Îſis,
Ôrus unde ouch Ôſiris
und ander gote wert erkant,
der gewalt wîte iſt genant.
hie vor in alten zîten wart
von unſerm lande ein hervart,
an der des landes vürſten gar
mit der aller grœſten ſchar,
diu dâ vor ie wart erkant,
rûmden durch ſtrît daȝ lant;
die alle ſturben âne wer
in dem rôten lebermer.
die dô mit dieneſtlîcher kunſt
bejageten der gote gunſt
die genâſen von der nôt,
als eȝ der gote kraft gebôt.
ſît in dô was gewalt gegeben,
daȝ ſie behuoten den ir leben,
der dieneſtlîchiu ſtætekeit
in mit dienſte was bereit,
ſô ſint ſie kreftecliche
noch grôȝer helfe rîche.
wildû der helfe krenken,
ſô ſolt dû dich bedenken,
waȝ dîn vil tumber ſin alhie
welle reden wider ſie.
ſie ſint vil gewære,
reht unde unwandelbære,
die wir ze goten hân erkorn.
wir ſîn ze dienſte in geborn
durch ir helfeclîchen trôſt,
der uns von nôt hât ofte erlôſt.«
Dô zeigete gotes wîgant
eine ſtille mit der hant,
daȝ ſie gedageten nâch im.
er ſprach: »herre künec, vernim

wie dirre gote leben ſtuont:
ſie lebeten, als ir volger tuont.
dô ſie zem êrſten vergâʒen gotes
und ſîner lêre gebotes,
dô betten ſie einen man
und ſîn wîp ze goten an.
der ſelbe man hieʒ Ôſirıs
und ſîn wîp Îſis,
diu was ſîn ſweſter und ſîn wîp.
dem nam ſîn bruoder ſît den lîp,
der was geheiʒen Typhôn.
durch ſîner minne jâmers lôn
vlôch ſi in Byblum inſulam.
ir zweier ſun mit ir dar kam,
der was Ôrus genant.
dô der ſô kreſtic wart erkant,
daʒ er ſît in manegen tagen
von kreſten wâſen mohte tragen,
daʒ man ın wol gewahſen ſach,
ſînes vater tôt er rach
an Typhône, dem vetern ſîn.
ſît Ôſiris vür diſen pîn
niht gebieten mohte,
daʒ im ze wer iht tohte,
ın fluege ſînes bruoder hant,
ſô mac er got niht ſîn genant.
ein got ſol niht ze wîbe hân
ſîne ſweſter, dêſt mîn wân.
ſol man den unvertigen man
ze einem gote beten an?
benamen, nein! eʒ iſt niht guot,
ſwer im deheinen dieneſt tuot.
Waʒ helfe mac Typhôn gehân,
der des niht mohte underſtân,
ın leite tôt mit ſîner hant
Ôrus, den ich hân genant?
die zouber, mort und manſlaht
uobten tac unde naht,
ſwer die gote heiʒen wil,
der hât tœrſcher tumpheit vil.

herre künec, eʒ kom alſô,
daʒ hie vor ın Egyptô
wuohs diu israhelſche diet,
die got von al der welte uʒſchiet
ze ſînen trûterwelten gar.
die ſelben gotes erwelten ſchar
erlôſte got von grôʒer nôt,
die ın mit beſwærde bôt
ein künic, der hieʒ Phârâô.
einen meiſter ſante dô
got dem israhelſchen her,
der eʒ durch daʒ rôte mer
ſô trucken ſtrâʒe vuorte,
daʒ ır dekeinen ruorte
des waʒʒers vlôʒ ûf dem wege
ſie hâte got ın ſîner phlege.
diz was den lantliuten leit;
ſie wâren ſchiere nâch in bereit
mit ir hœhſten kreften gar.
des landes vürſten mit ir ſchar
und ouch der künic Phârâô
die verdurben alle dô
mit des riches beſter wer
in dem rôten wilden mer.
Swer dirre ſelben hervart
in dem lande überwart,
der was es herzecliche geil
und pruofte eʒ vur ein michel heil.
ſwaʒ dem man die vart benam,
daʒ er in daʒ her niht kam,
daʒ nam er zeinem gote dô.
mit ſtætem muote jach er ſô,
daʒ eʒ ſîn got ſolte weſen,
er wær von ſîner kraft geneſen.
durch daʒ nam daʒ liut ſich an
daʒ eʒ minnen dô began,
ſwâ von eʒ überhaben wart
dirre ſchädelîchen vart.
ſwer bî ſînem phluoge was
und von der unmuoʒe genas,

dem wart ſîn phluoc ein got erkant.
der ſite wuohs über al daz lant:
durch des tiuvels gebot
erkurn ſie vil manegen got.
genuoger got was ein ſwîn,
etlîcher got ein ſchæfelîn,
ein kalp nam etslîcher dâ.
ſumelîche nâmen ſâ
häbche und ander vederſpil.
ze goten nâmen ir dâ vil
katzen, wolve, hunde.
der liute vil begunde
gîre und rappen minnen
vür got mit ſtæten ſinnen:
alſen wâren maneges gote.
nâch gotes und der welte ſpote
wirt ir leben noch geſchant.
genuogen wurden ouch bekant
ze goten trachen, ſlangen grôz.
ir was vil, die niht verdrôz,
ſie wolden anebeten ouch
ziebollen, krût und knobelouch.
Mit dirre grôzen irrekeit
was gotes geloube hingeleit
in dem lande Egyptô.
des wart des tiuvels lêre vrô,
wan an in was ſîns herzen ſpil.
ſiule von golde und bilde vil
machten ſie den valſchen goten;
daz hât der tiuvel in geboten.
der mit ſtarken banden ſie
mit ſîner kranken kraft gevie,
daz ſie im volge jâhen.
ſwie ſie verderben ſâhen
ir gote in alſô maneger nôt,
die manigen ſpotlîchen tôt
von den liuten muoſten hân,
ir gote wurden niht erlân,
ſie muoſen vûlen, dorren ouch
als ander krût unde louch.

daz man mit viule dorren ſiht
al diu geſchiht vervie ſie niht.
ſie wæren ſtæte an ir begunſt
und lerneten des tiuvels kunſt
ſie wâren gotes künſte vrî.
ir lêrer, ir philoſophî
wolten hôher künſte phlegen
der ſinnen was unkunſt gewegen:
die brâhten daz liut an die ſite.
daz ez verworhte ſich hie mite
und ez die kranken geſchaft
minte vür die gotes kraft.
Got ſol ſîn reht unde guot,
gewære, ſtæte, wol behuot
von wandel, triuwen manicvalt:
ein natûre und ein gewalt,
ein witze, ein name, ein rîche
ſol an im gotlîche
mit ſtæter dêmüete,
mit endelôſer güete,
mit unverkêrtem muote ſtân,
ſô mag er gotes namen hân.
ſol diz an einem gote ſîn?«
ſie ſprâchen: »jâ!« »diz tâten ſchîn
iuwer werden gote niht,
wan ſie gar mit ſunderphliht
nît mit hazze truogen,
dô ſie einander ſluogen.
ſie tâten vîentlîche erkant
einander roup unde brant.
ein got verriet des andern lîp
und nam im dar nâch ſîn wîp
des moht er danne erwenden niht.
ſwer ſich helfe an die verſiht.
der mac ir âne wol geſtân.
ſwenn er ſie gerne wolde hân.
es muoz mich wunder iemer weſen,
daz diſe wîſen hânt geleſen
und ſich des künnen wol verſtân.
daz diſiu ſünde iſt miſsetân.

ir witzen iſt daȥ wol erkant,
daȥ diepſtâl, roup unde brant,
zouber, manſlaht unde mort
ſint der grœſten ſünden hort
und gruntveſte aller miſsetât:
ſwer diſe ſchulde an im hât,
daȥ der ze rehte dulten ſol
der ê gerihte in hôher dol.
Diz was alleȥ an ir goten.
ſît eȥ den liuten hât verboten
daȥ reht und der ê gebot,
wie mac der danne heiȥen got,
der alſô grôȥe miſsetât
âne reht begangen hât?
man verteilt in in den tôt,
ſwer tuot, daȥ diu ê verbôt.
ſît diſe gote unz an ir tôt
ie tâten, daȥ daȥ reht verbôt,
ſô hânt ſie verſchuldet wol,
daȥ man an in verteilen ſol
den grôȥen namen, daȥ iſt reht.
daȥ reht ſî âne krümbe ſleht,
daȥ ſie verworhten ſîn genant,
wan ſie roup und dar zuo brant,
diepſtâl, zouber, manſlaht triben
und dar an ûf ir zil beliben.
ſie ſuln verteilet iemer weſen:
ſwaȥ von ir lebenne iſt geleſen,
ſol daȥ ſîn bezeichenlich,
ſô ſpellent diſiu mære ſich,
ſô ſint eȥ wort und anders niht.
ob aber des ir ſchriſt vergiht,
daȥ ſie lebende wæren
und diz niht verbæren,
ſô ſol ir gotlicher name
dulten æhteliche ſchame.
Nû merken alle, die hie ſîn,
wie offenlîche iſt worden ſchîn
der heiden grôȥiu trügeheit,
als ich mit volge hân geſeit.

der Kaldêjen irrekeit
hân ich iu hie vürgeleit,
der unreht ich mit rehte habe
ir gelimph gebrochen abe,
daȥ ſie den ſtrît hânt gelân.
mit rehte ich überwunden hân
die Kriechen unde ir valſchen gote
daȥ tœrſche leben, daȥ mit ſpote
iſt an den von Egyptô,
daȥ hân ich gevelſchet ſô,
daȥ ſie mit volge an dirre zît
lânt und gelâȥen hânt den ſtrît.
tuot rehte! lât daȥ trügeleben,
an daȥ ir iuch habet ergeben!
daȥ ſeht ir wol, daȥ iſt ein niht,
ein valſchiu trüge und gar enwiht,
als ir habet von mir vernomen. —
nû ſuln wir an die Juden komen,
und lât uns nâch den ſchriften ſehen,
wes ſie von gote wellen jehen.
die Juden wâren unde ſint
von Abraham der vrühte kint.
Iſaâc, Jâcob, die ſint der ſtam,
von den ir vruht den urhap nam.
Sie ſint der israhelſchen diet,
die diu gotes kraft beriet,
dô er ſie durch des meres trân
hieȥ von Egyptô gân
und gap in mit Moyſê
ſîn gebot und ouch ſîn ê,
den got in ir hungers nôt
gap vierzic jâr daȥ himelbrôt.
got tet in vil ofte ſchîn
die vil grôȥen güete ſîn.
daȥ was in widerzæme gar.
ſie nâmen es vil kleine war.
ir meiſter, der ſie lêrte,
ſô ſich der von in kêrte.
ſie hâten ſîn gebot vür ſpot
und machten ouch ir apgot.

ſit dô wurden ſie geſant
in daz geheizen gotes lant.
got überwant in mit kraft
die vientlichen heidenſchaft:
gots lêre ſie doch verworhten.
ſô ſie die niht vorhten,
die in den ſelben jâren
von gote ir meiſter wâren,
ſô wart ir ſin alſô blint,
daz ſie betten an ein rint,
an manic ander apgot.
doch durch ir lêrer gebot,
die got minten in den tagen,
muoſten ſie die wîſſagen
vernemen ir lêre ſchrîben
und nâch ir lêre belîben.
Swaz got an in genâden ie
mit gotlîcher kraft begie,
daz was in widerzæme.
ſie wâren undancnæme:
ſîner reinen wîſſagen
wart von in genuoc erſlagen.
ſwenne ſie in vürleiten
und ſolhe rede ſeiten,
die ſie hâten doch vür wâr,
daz vervie niht umbe ein hâr:
ſie tâten in vil manege nôt
und leiten ir genuoge tôt.
ſus was ir meiſtic lebende
und gote widerſtrebende
in den ſelben jâren. ſît
dô got in der gnâden zît
durch uns menſche wart genant
und uns ze trôſte geſant,
ſie begunden ſîn verlougen.
mit zuo getânen ougen
began ſich bergen ir geſiht,
wan ſie wolten ſehen niht,
daz ſie doch wol ſâhen
und es künftic verjâhen,

als in ê hâte vorgeſeit
der wîſſagen wârheit.
ſie verteilten Kriſtes leben,
daz menſchlîche wart gegeben
ze trôſte uns armen, in den tôt,
als ez diu gotheit gebôt.
Er gap dem tôde ein ende.
ſît nâch der urſtende
und nâch der gotes ûfvart,
dô gar an Kriſte ervüllet wart,
daz got dâ vor in maneger ſtunt
tet mit den prophêten kunt,
die Juden liezen rouben
ir herze des gelouben.
den ſie gelouben ſolden,
ob ſie daz wizzen wolden,
daz ir ſchrift in hâte geſeit
mit offenlîcher wârheit.
ſie bergent ir herzen geſiht,
daz ſie die wârheit ſehen iht.
die ſie doch wizzen unde ſehent
und es doch niemer verjehent.
ſie hânt verlorn ir eigen ſin;
ir ſelber vluoch der wert an in.
den ſie mit vluoche in veilten,
dô ſie Kriſt verteilten.
die wîſſagen geloubten ſie:
ſwaz in die geſageten ie,
daz hât vollevüeret Kriſt,
als ez von im geſchriben iſt.
des bîtet ir verworhtez leben,
ſwie redelîche habe gegeben
ſunder miſſewende
diu bezeichenunge ein ende
den worten, diu mit wârheit
die wîſſagen hânt geſeit.
ir bîten iſt in zwîvellich;
ſie beitent und verſehent ſich,
ez ſül geſchehen, daz iſt geſchehen.
des ir ſchrift in hât verjehen.

ſie hât verteilt und überſeit
ir ſchrift, ir rede, ir wîsheit
geloubet âne witze an got
niht volle gar, daz ſîn gebot
hât an Kriſte vollebrâht,
als ie ân urhap was gedâht.
ſie ſint geſehende an witzen blint,
dâ von ſie verteilet ſint,
ûz gotes hulden gar verjaget.
von den ſî nû genuoc geſaget.
Nû rüeren ouch daz kriſtenleben,
daz got den kriſten hât gegeben:
daz iſt reht und guot erkant.
nâch Kriſte kriſten ſint genant,
die kriſtenlicher lêre phlegent
und valſcher lêre ſich bewegent.
ſie ſint ungelouben vrî.
vernement, waz ir geloube ſî
ſie geloubent ſunder ſpot
an den almähtigen got,
der ie was und iemer iſt,
und an den vil gewæren Kriſt
und an den heiligen geiſt.
nâch ir glouben volleiſt
geloubet veſteclîche ir ſin,
daz den gewæren namen drin
ein gewalt ân underſcheit
mit drin namen ſî bereit.
in tuot ir geloube erkant,
daz ûf dis erde wart geſant
daz hœheſte wort von gote
nâch der gotheit gebote
ſante Marjen, der maget,
der lîp nie anders wart betaget
wan kiuſche, guot und reine,
bewart vor allem meine.
diu muoter ſælden rîche
truoc in menſchliche
ſunder ser ſî ſîn genas.
nâch der geburt ſî maget was

als ê vor der geburt dâ vor.
durch ir reinen ôren tor
wart ir daz gotes wort geſant,
daz von ir menſche wart genant.
Die kriſten triegent ſich niht.
ir geloube in des vergiht,
daz Kriſt ûf der erde hie
mit lêre zeichen vil begie.
des vater lêre er lêrte,
diu apgot er verkêrte.
mit kunſt in der gnâden tagen
ervulte er die wîſſagen.
durch uns er menſchliche ſtarp;
mit ſînem tôde er uns erwarp
ein leben, daz des tôdes nôt
hât ertœtet und den tôt.
diu himelvart uns goffent wart
mit ſîner ſüezen ûfvart.
dar nâch geloubent ſie alſus,
daz got Jêſus Kriſtus
an dem jungeſten tage
nâch der gewæren gotes ſage
al dirre welte git ein zil
und danne uns allen geben wil,
ſwaz wir umb in gedienet hân,
und daz wir müezen danne erſtân.
mit ſêle und mit lîbe nemen
den lôn, der uns dâ ſol gezemen
der wirt uns allen dâ gegeben
in den tôt oder in daz leben.
diz hât Kriſt, diu wârheit,
mit den wîſſagen vorgeſeit,
als er ervulte ſelbe hie
ſwaz ſie von im geſageten ie.
Zwelf boten er ûzſande
ze manigem vremeden lande.
die begunden ſtrîchen
vil wîte in vremeden rîchen
und lêrten, daz ſie lêrte got.
dirre lêre grôz gebot.

der einer her ze lande gie,
der ſeite in diſen rîchen hie
die ſelben gotes lêre.
dô was daʒ liut ze ſêre
an unſælden vereinet,
verhertet und verſteinet.
die des gewaltes phlâgen gar,
die machten alle ir herze bar
der lêre unſæleclîche
in diſem künicrîche.
diu lêre iſt anderswâ vil wert,
dâ man ir vlîʒeclîche gert.
nû merket! iſt diu lêre guot,
die kriſtenlîchiu lêre tuot?
jâ ſi! ûf die triuwe mîn,
ir lêre iſt reht und muoʒ reht ſîn,
wan got, der vil reine Kriſt,
der got ie was und iemer iſt,
ir lebennes lêrære,
iſt guot, reht und vil gewære,
nâch dem ſie daʒ vorbilde hânt,
nâch im der lêre ſich verſtânt.
wan er iſt reht und ie was guot,
ſô lêrte er ſie den ſelben muot.
Kriſt alſolhe lêre gît,
daʒ man mit ſtæte zaller zît
got und den næhſten minne
von herzeclîchem ſinne.
er gebiutet dêmüete,
zuht, milte unde güete
behalten unverkêret.
dar nâch ſîn lêre lêret
vriunt, vater, muoter êren,
den armen niender ſêren
und ſchirmen arme weiſen
von kumberlîchen vreiſen.
ouch verbiutet er dar zuo,
daʒ nieman dem andern tuo,
des er beſwærde wolde hân.
er lêret valſch urkünde lân;
er lêret herze unde munt
minnen wârheit alle ſtunt.
ouch lêret Kriſt die kriſten
vor allen zouberliſten
ze allen zîten ſich bewarn;
mit enthabunge an in ſparn
allen weltlîchen geluſt,
unde vîentlîche âkuſt;
mit vriuntlîchen ſachen
ze vriunde vînde machen.
er lêret ſich erbarmen
über die vil armen;
er lêret niemannes guot
nemen âne ſînen muot;
die ellenden wol grüeʒen,
den armen kumber büeʒen,
ûf beʒʒerunge ſprechen,
niht leit mit leide rechen,
mit minnen zallen zîten leben,
zorn, nît unde haʒ begeben.
Sît diſe lêre lêret Kriſt
und diu lêre nâch im iſt
guot, reht und vil gewære,
rein unde unwandelbære,
ſô gihe ich, daʒ diu kriſtenheit
über alliu leben treit
des wunſches bluomen ſchône
mit rehter ſælden krône:
die kriſten ſus bewæret ſint.
der welte vreude iſt als ein wint
genôʒet an daʒ reine leben,
daʒ got der kriſtenheit wil geben,
daʒ âne die reinen kriſtenheit
al dirre welte muoʒ ſîn verſeit.
die Kriſt got, der guote,
mit ſînem ſüeʒem bluote
lôſte von des tôdes nôt
und an in tôte den tôt,
die nimt er von untrôſte
ûʒ der leiden helle rôſte

und gît in êwecliche
mit im daz himelrîche,
ob sie nâch dem gelouben sîn
tuont rehtiu werc mit stæte ihin
daz hât gelernet Jôsaphât.
sît nû mîn munt bewæret hâ.
daz alliu leben sint mit trüge
erhaben unde in valscher lüg,
sô lâzen im daz rehte lèben,
daz im diu wârheit hât gegebn.
Heiz dîne trügenære,
die valsch und ungewære
sint nâch des tiuvels spote,
swîgen ir verworhten gote,
mit den sie verkêret sint
und iemer sint der helle kint
ir sult gelouben alle an Krist
sît er mit rehter wârheit ist
ein got mit gotlicher kraft
und ein schepher aller gescha.
swer daz niht tuot, der ist veıorn,
der muoz êwiclîchen zorn
mit werndem sêre dulden.
man sol nâch sînen hulden
mit dienestlîchem werde
hie werben ûf der erde.
ze helle riuwe kleine vrumt,
swer dar ungewarnet kumt.
got hât sîn rîche veile
mit endelôsem teile.
swer daz welle koufen,
der sol sich im toufen
unde in sîner lêre leben
benamen, sô wirt im gegeben
ein rîche, daz niemêr zergât
unde ân ende vreude hât,
des urhap zallen zîten wert,
der vreuden kraft niht endes ert.
dâ lebet diu gots esentiâ
per infinîtâ seculâ.«

die kristen sprâchen âmen dô.
sie wârn der rehten lêre vrô.
Jôsaphâte wart gegeben
ein alsô vreuderîchez leben,
daz dem edeln herren guot
lachte sîn, herz unde muot.
sîn triuwe an im gehertet was
gote, als ein stæter adamas.
im volleten sîniu ougen
von herzevreuden tougen.
sîn tugende rîch gemüete
got lobete solher güete,
daz er mit dem den vîent sluoc,
der des vîndes wâfen truoc,
und mit dem die wârheit lêrte,
der wârheit ie verkêrte,
und mit dem wîste sîne vart.
dem sîn wec nie kündic wart.
der künic grôzen zorn gevie,
daz Nachor die rede niht lie,
swenne er gên im kêrte
mit winkenne unde in lêrte,
daz er belibe sigelôs:
diz gebot er gar verkôs
und kêrte sich an ein gebot,
daz im gebôt der hœhste got,
mit dem er gesigete aldâ.
dô gebôt der künic sâ,
daz sich schiede des kamphes strît;
diz was an der vesperzît.
dô schieden sigelôs von dan
der künic unde sîne man.
»**V**ater« sprach dô Jôsaphât,
»daz dîn munt gesprochen hât
hie vor, daz sol stæte sîn.
nim dû zuo dir die meister dîn.
mîn meister der sol sîn bî mir;
dîne meister sîn bî dir,
daz vüeget sich vil wol alsô.
mîn meister müeste sîn unvrô.

ſolder bî den dînen weſen,
ſô wære er leides ungeneſen.
die dîne müeſen vreude hân,
der müeſer von dir ſîn erlân.
er ſol berâten ſich mit mir,
wie wir antwürten aber dir.
mit den dînen berât dû dich,
ſwaȝ dir behage. daȝ tuon ouch ich.«
diz muoſte ergân, eȝ geſchach.
der künic ſich noch wol verſach,
daȝ in Nachor gewerte,
des er an in ê gerte.
ſîne meiſter nam er dô,
die ſchieden dan mit im unvrô,
wan ſie der gotes wîgant
mit gotes lêre überwant,
und daȝ ir grôȝiu trügeheit
mit ſîner rede was hingeleit
und ſô gar überwunden,
daȝ ſie aldâ begunden
mit zwîvel al ze ſêre
zwîveln an ir lêre.
Jôſaphât, der guote man,
nâm ſich ouch ſînes meiſters an:
von ſîner hant er in niht lie.
Nachor mit im von dannen gie.
als er ûf den palas kam,
den meiſter er beſunder nam
und drukte in güetlîch an ſich;
ſîn halſen daȝ was vriuntlich,
daȝ er im durch ſîniu wort
bôt alſô minneclîche dort.
ſmierende er in aneſach,
mit ſchœnen zühten er dô ſprach:
»meiſter, wândeſtû, daȝ ich
ſolde niht erkennen dich?
dîn name iſt mir vil wol erkant,
dû biſt niht Barlââm genant.
dû wær mir wol erkant hie vor.
dû biſt der zouberær Nachor.
nû muoȝ mich iemer wunder hân,
war ir hâtet den ſin getân,
daȝ ir ſus woltet tœren mich,
daȝ ich verkêrte mich, unt ich
erſæhe in mittes tages ſchîn
den wolf vür daȝ lämbelîn.
Barlââmes heilekeit
dir ungelîcheȝ leben treit:
daȝ ſchînet an iu beiden.
dû biſt noch ein heiden
mit zouberlîchen liſten
und er ein reiner kriſten.
Eȝ wære an mir ein tumber ſin,
daȝ ich erſæhe dich vür in.
dîn liſt und der heiden rât
ſich an mir verkêret hât
nâch mînem willen alſô wol,
daȝ ich got iemer loben ſol.
daȝ dû von der kriſtenheit
gewærlîche hâſt geſeit,
des ſage ich dir und gote danc,
der dich der grôȝen ſælden twanc,
daȝ dû durch valſche miete
der gar vervluochten diete
ze liebe ſeiteſt anders niht
wan der gewârhaften geſchiht:
des muoȝ diu reine zunge dîn
von gote gêret iemer ſîn.
durch zwô ſache vleiȝ ich mich,
daȝ ich zuo mir næme dich:
mînes vater grôȝen haȝ
ich vil ſêre an dir entſaȝ;
ich vorhte, er tæte dir ein leit,
wan im von dir niht wart geſeit,
wan daȝ in ſêre muote an dir.
ouch nam ich dich durch daȝ zuo mir,
daȝ ich dir dankte ſêre
der gotlîchen lêre,
die dû von gote hâſt geſeit.
dar umbe ſol dir ſîn bereit

mit iemer werndem lône
ze himel ein rîchiu krône.
Ich wil dir hie ze lône geben,
daz ich dich wîse ûf daz leben,
daz iemer wert mit stætekeit,
als dû selbe hâst geseit.
wildû der lêre râmen,
sô maht dû hie wol krâmen
den unzerganclîchen gewin.
nû nim durch got in dînen sin
Krist, den gewæren got,
und toufe dich durch sîn gebot.
kêr an in dîns herzen muot
und lâ der armen welte guot,
daz leider leitlîche zergât
und jæmerlîchez ende hât.
gedenke, tugende rîcher man,
mit vestem muote dar an,
daz dû niht iemer maht geleben;
dîn leben muoz ein ende geben
balder, dan dû dich versehest
oder dînem lîbe jehest.
die bürde süntlîcher gir
wirf durch den guoten got von dir.
dû weist daz wol, wildû si tragen
in disen zerganclîchen tagen
unz an dînes lîbes zil,
daz si danne niemen wil.
got wil si nû. der muotet dir,
daz dû ledegest dich von ir
und im si ûf gnâde gebest
und iemer mêr mit riuwe lebest.«
Nachor erweinde sêre
nâch Jôsaphâtes lêre.
»herre künec, vil liebez kint,
dîniu wort gewære sint«
sprach er. »ich weiz daz selbe wol,
daz ich muoz und sterben sol,
daz got ie was und iemer ist
und daz der heilige Krist
mit drin benemeden ist ein got,
des meisterschaft und des gebot
geschuof mit sîner hôhen kraft
al dirre welte geschaft.
swaz kristenman gelouben sol,
daz geloubet ich ie wol,
wan ich an manegen buochen las,
swaz trügelich unde gewære was.
dô lie mîn gewonheit niht,
si blante an mir die gesiht
sô gar des herzen ougen,
daz ich muoste verlougen
des ich benamen wesse wâr.
ich hân von kinde mîniu jâr
alsô gelebet an disen tac,
daz ich niht gesprechen mac,
daz von mir guotes iht durch got
geschæhe, wan mir als ein spot
diu gotlîche lêre ie was,
swie gewârhaft ich si las.
Wære nû got alsô guot,
daz er mînen tumben muot
verküre und ouch mîn unreht
und mich verworhten sînen kneht
wolde niht versmâhen
und mîne buoze enphâhen,
sô buozte ich sîner hulde
vil gerne mîne schulde
swenn ich gedenken muoz dar an,
daz ich vil unsæliger man
in alsô vil gesmæhet hân,
sô hân ich des vil kleinen wân,
daz er in sîne hulde mich
enphâhe: ez ist vil zwîvellich.
wær ich von unkunst gesin
vlühtic dem herren mîn,
sô wizze mir sîn hulde niht
sô vollecliche die geschiht,
als er sus von rehte tuot,
wan mînes herzen kranker muot

die ſinne von im wante.
ſwie wol ich erkante
ſîne gotlîche kraft,
dô kêrte ich mîne meiſterſchaft
niht wan an valſcheʒ trügeleben.
mahtû mir trôſt von im gegeben,
daʒ er die ſünde mir vergebe,
ich lebe, ſwie dû wilt, daʒ ich lebe.
ich toufe gerne mich durch got
ze leiſtenne iemer ſîn gebot.«
Jôſaphât mit vreuden ſprach,
als er ſînen zwîvel ſach:
»dû ſolt veſteʒ herze hân
und zwîvellîche ſinne lân
durch dîn heil, durch got, durch mich.
ich wil von gote trœſten dich,
daʒ er dich verſmâhet niht,
ſwenn er dîn reineʒ herze ſiht.
Barlââm, der meiſter mîn,
tet mir mit den ſchriften ſchîn,
daʒ got den ſünder nie verſtieʒ,
ſwenn er im reinekeit gehieʒ
ze buoʒe nâch den ſchulden.
in ſînen werden hulden
iſt der ſünder, ſwenne er wil.
er machet ſîner ſünde ein zil,
als es mit riuwe gert an in
in buoʒe ſînes herzen ſin.
dû ſolt dich wenden niht dar an,
daʒ dû biſt ein alter man
worden in den ſünden gar:
wirt unſer herre got gewar,
daʒ in dîn herze ſuochet,
vil gerne er dîn geruochet
und zeiget dir dêmüete
durch ſîne reine güete.
dû hâſt dich niht verſûmet noch;
ſwie alt dû ſîſt, dir wirdet doch
ze himele rîchiu krône
nâch arbeiten ze lône
bî den êrſten, die dâ ſint,
wil dû werden gotes kint.«
Dô Nachor die lêre enphie,
ſînem herzen nâhe gie
des heilegen geiſtes minne.
ſînes herzen ſinne
begunden ſêre brinnen
in gotlîchen minnen.
er ſprach: »herre Jôſaphât,
des got an dir begunnen hât,
dar an ſolt dû vollevarn,
gote reine dich bewarn,
des helfe dir diu güete ſîn.
nû wil ich nâch der lêre dîn
nâch mînem gote gâhen,
daʒ er geruoche enphâhen
nâch mînen grôʒen ſchulden mich.
ſwie dû wilt, alſô tuon ich.«
dô ſante in der reine man
mit ſînem wortzeichen dan
an einen prieſter, der was guot,
der truoc ze gote ſtæten muot,
dâ nâhe in einem walde.
zuo dem hieʒ er in balde
des ſelben nahtes gâhen,
von im den touf enphâhen.
dô kuſten ſie einander hie,
Nachor von Jôſaphâte gie.
ſie bâten beidenthalben got,
daʒ er geruochte ſîn gebot
ir ietwedern lêren
und an in ruochte mêren
mit unvalſchem ſinne
ſîn vil ſüeʒen minne.
ſich ſchieden gotes degene
mit bruoderlîchem ſegene.
Nachor hin zuo dem prieſter gie,
vil minneclîche er in enphie.
die kriſtenheit die lerter in,
er touft in in den namen drin.

der wart ein heiliger man:
die kriſtenheit er began
nâch kriſtenlîchen êren
mit rehten werken lêren.
Jôſaphât aldort beleip.
ſwaȥ iemen kurzewîle treip,
tanz, buhurt oder ſpil
und anderr kurzewîle vil,
daȥ was im gar als ein ſpot.
ſîn kurzwîle was, daȥ er got
ſîner genâden bat.
ûȥ gotes minne er nie getrat
eines halben vuoȥes breit
in dirre welte unſtætekeit.
ſwenn er kurzwîle wolte hân,
ſô ſach man in beſunder gân,
veſten in dem muote
mit ſtætes herzen huote
die gotlîchen lêre.
ſîn tagalt was niht mêre,
eȥ wære daȥ in ſîn gedanc
nâch ſînem meiſter jâmers twanc.
er muoſte ouch manige ſorge hân,
wie eȥ dem vater ſolde ergan,
wan er mit der heidenſchaft
was in des tiuvels ſtric behaft.
Dô der ander morgen kam
und der künic wol vernam,
daȥ Nachor, der guote man,
des nahtes was geſcheiden dan,
eȥ was im herzenlîche leit;
wan diu gedinge im was verſeit
und der üppeclîche wân,
den er an im wânde hân.
ſîn herze in grôȥem zorne bran:
ſô ſêre er zürnen began,
daȥ er wâr von zorne lieȥ,
daȥ er den kemphen ê gehieȥ,
ob ſie würden ſigelôs.
daȥ man ſie ſigelôs erkôs,

durch daȥ hieȥ er ſie ſchenden,
geiſeln unde blenden,
durch die ſtat nackent jagen
durch ir unkunſtlîch verzagen,
daȥ ſie dulten ê dâ vor,
dô den ſie erwarp Nachor.
des küneges herzen was erkorn
von leide ein alſô grôȥer zorn,
ſwaȥ er ê vreuden ie gephlac,
daȥ er die dô vil ringe wac.
ſînen hœheſten goten
wart ophers von im niht geboten.
daȥ er dâ vor ſelten lie.
die hôhgezîte er niht begie,
die durch der gote werdekeit
von im wâren ûfgeleit.
In diſen ſelben zîten ſâ
was künſtic in der ſtat aldâ
den goten ein grôȥ hôhgezît
über al daȥ künicrîche wît
huoben ſich zer veſte aldar
die liute von dem lande gar
und brâhten ophers vil ir goten,
als in ir ſecte was geboten.
diu hôhgezît was nâhen dô;
der künic was noch als unvrô,
daȥ er niht wolte zeopher gân
die hôhgezît, noch vreude hân.
als ê in allen jâren
gewon die liute wâren,
daȥ er der grœſten vreuden phlac,
ſô diu hôhgezît gelac.
der gote êwarten klageten daȥ,
wan ſie gêret wurden baȥ
mit gâbe von des küneges hant,
ſô diſiu veſte wart erkant,
dan ander zît al durch daȥ jâr.
daȥ ervorhten ſie vür wâr:
ſie dorften niht der gâbe gern,
wolt er die hôhgezît niht wern

den goten nâch gewenten ſiten.
würde diu hôhgezît vermiten,
ſô würde ir nutz, ir werdekeit
in mit leide hingeleit.
Durch diſe vorhte dâhten ſie
mit vil manigen liſten, wie
ſie der witze erdæhten ſô,
daȥ der künec belibe alvrô
gewonlîch zem opher dâ.
ſie huoben ſich von dannen ſâ
in einen walt, dâ inne was
ein zouberær, hieȥ Thêodas,
dem ie der künic volge jach
nâch ſînem râte, als er vorſprach,
und ſich an in ie kêrte,
als in ſîn lêre lêrte.
von ſîner valſchen heilekeit
wânder, daȥ im wær bereit
êre, guot, lîp unde leben
und ſwaȥ im ſælden was gegeben,
die wânder gar von ime hân
und von den goten ſunder wân.
ûf des rât kêrten dar
die valſchen êwarten gar
und ſageten im ze mære,
wie der künic wære
getrüebet an Jôſaphâte
nâch Barlââmes râte,
und waȥ Nachor in hæte getân,
dô gar an in was gelân
ir ſic, ir ſælde, ir êre,
und er mit ſîner lêre
beleip mit willen ſigelos,
dô er der gote wort verkôs.
Thêodas vil ſêre erkam,
dô er diu mære alſus vernam:
gên hove er balde kêrte.
des tiuvels rât in lêrte,
daȥ er gên gotes wârheit
mit valſcher lüge was bereit.

ſîn herze wâfenen began
des tiuvels valſcher dienſtman
mit ungewiſſeȥ râtes trüge,
mit valſcher ungetriuwer lüge.
alſus huop er ſich balde
gên hove ûȥ ſînem walde.
dô dem künege wart geſeit
ſîn kunft, dô was er ſâ bereit:
vil güetlîche er in enphie
vor den lantherren hie.
zuozim hieȥ er in ſitzen gân:
ûf ſînen trôſtlîchen wân
klageter im ſîn ungemach.
Thêodas mit vreuden ſprach:
»gewalteclîche ſî bereit,
herre künec, mit ſælekeit
dir iemer vreuderîcheȥ leben,
daȥ dir die gote ruochen geben.
die hœhſten gote nemen war
dîn mit ir hôhen helfe gar.
dîn küneclîch gemüete
ſî mit ir hœhſten güete
ân ende vrœlîche bewart.
ûf vrœlîcher ſælden vart
ſîn dînes heiles ſælden wege
gebant in ir vil werden phlege!
Ich bin durch daȥ her zuo dir komen:
ich hân ein teil von dir vernomen,
daȥ Jôſaphât, der ſun dîn,
welle mit den kriſten ſîn
unſerr gote widerſtrît
und daȥ vor dir in kurzer zît
ein kamph vil lobebære
gên den kriſten wære,
dâ der gote werdekeit
die kriſten habe hingeleit,
und wie dû trüegeſt ſchône
des hœſten ſiges krône.
durch daȥ bin ich her zuo dir komen,
ob dû hâſt werden ſic genomen,

daz dû den goten sîst bereit
durch ir vil süezen werdekeit.
und helfest vollebringen
mit küniclîchen dingen
die loberîchen hôhgezît,
diu nû ze dieneste in gelît;
die suln wir vrœlîche begân:
stolze junge vrouwen hân
und werde ritter hôhgemuot
und ander hövesche liute guot,
die den goten machen
mit vreuderîchen sachen
die hôhgezît sô lobelich,
daz unser gote vlîzen sich
ûf unser helfe iemer mê.
dû solt nâch lobelîcher ê
bereiten in daz opher dîn;
dâ bî sol in bereitet sîn
der lantliute opher niht ze kranc.
des saget uns ir helfe danc.«
Diz riet im der unguote
mit smeichendem muote:
durch smeichen er im siges jach.
in sînem muote er sich versach,
daz im diu rede wære
ein vreuderîchez mære.
er wânde in hân gemachet vrô.
sus antwurt im der künic dô:
»vil lieber man, vriunt ûzerkorn.
wir hân vil leider verlorn
unsern trôstlîchen wân.
die uns geholfen solden hân,
die sint wider uns gesîn.
die tâten mit ir wârheit schîn
eine gewârhafte lüge
und seiten alsô valsche trüge
von den werden goten hie,
daz mich zwîvels niht erlie
mîn herze unde manegen man,
der sêre zwîvelen began.
uns ist vreude gar verzigen.
man sach uns sigelôs geligen.
wir sîn trûrec, sie sint vrô.
maht aber dûz gevüegen sô,
daz sich ir vreude neiget.
und ir ruom wirt gesweiget,
sô tuon ich, als dû lêrest mich,
und wil iemer rîchen dich
und heize dir ân allez spoten,
alsam den helferîchen goten.
anebeten eine sûl
von golde guot, diu niemer vûl
unz an der welte endes tac
in dînem namen werden mac.«
Dô vreute sich Thêodas,
daz er alsus getrœstet was.
er sprach mit vreuden zehant
»herre, mir ist wol erkant,
wes die von Gâlilêâ jehent.
des ir sinne sich versehent.
daz ist ein kintlich trugeheit.
diu wirt schiere hingeleit.
dâ sinnerîche liute sint.
noch lihter vil, danne der wint
ein toubez loup werfe hin,
verdrucke ich in ir tumben sin.
dîn ungemüete sî verjaget.
tuo, daz ich dir hân gesaget
lâ vorhtlîche swære stân!
dû solt die hôhgezît begân
den goten vrœlîche;
sie sint sô helferîche,
daz dû getrœstet wirst von in.
dû solt dînes herzen sin
wâfen mit ir güete,
sô wirt dîn gemüete
von ir süezen helfe vrô.«
der künic hiez vil balde dô
gebieten, dise hôhgezît
über al sîn künicrîche wît

mit opher leiſten ſînen goten.
diu hôhgezît wart dô geboten
allen den lantherren dâ.
die kâmen mit ir opher ſâ
nâch heidenlîchen ſiten gar
und brâhten grœzlîch opher dar.
Die gote wurden gêret,
als heidenſch orden lêret.
als uobten ſie die ſelben tage
ſunder leit und âne klage,
als ez ir orden dô gezam.
diu hôhgezît ein ende nam.
dô wart ouch gêret Thêodas,
von des lêre komen was
daz Avenier der künic hie
die ſelben hôhgezît begie.
die êwarten lobeten in
durch ir êren gewin,
die in der künec mit ſîner hant
vrœlîche tet erkant.
nû giengen ûf den palas
der rîche künec und Thêodas.
mit vreuden ſprach der künic ſâ
»vil lieber vriunt Thêodâ,
nû hân ich getân durch dich
ſwaz dû hieze leiſten mich.
ich hân die hôhgezît gewert,
als es dîn bete hât gegert.
nû iſt des zît daz ouch dû
dîne wârheit leiſteſt nû,
daz mich dîn wîslîcher trôſt
zuo von der irrekeit erlôſt,
die mîn ſun von der kriſtenheit
mit irreclîchem muote treit.
ſwaz ich im tuon daz iſt enwiht,
er volget mîner lêre niht.
dreu ich im dêſt gar verlorn,
er ahtet kleine ûf mînen zorn.
ſwenne ich in mit ſüezen ſiten
güetlîche beginne biten,
ſo verſeit er mir alſô,
daz ich leidic unde unvrô
von ſîner rede werden muoz.
der ſwære wirt mir niemer buoz,
wan nâch dîner lêre.
nû ſûme dich niht mêre,
gip mir dînen rât dar zuo,
wie ich lebe und wie ich tuo.«
Dô ſprach der zouberære:
»herre, dîne ſwære
kan ich dir ſenfter machen
mit alſô wîſen ſachen,
daz mîner lêre Jôſaphât
vil unſanfte widerſtât.«
»dar umbe wil ich iemer dich
rîchen; nû bewîſe es mich.«
»herre, daz ſol ſîn getân.
dû heiz von dînem kinde gân
al die junkherren dîn,
die ſîne phleger ſulen ſîn.
juncvrouwen, ſchœne und wolgetân,
die ſolt dû zuozim heizen gân,
die ſîn phlegen alle ſtunt.
wirt ir heinlîche im kunt,
ſô kan er ſich behüeten niht,
ſwenn er ſie ſtæteclîche ſiht,
ſie überwinden ſînen ſin.
kêrent ſie ir vlîz an in,
ſo beginnet er ſie minnen
ſô gar in ſînen ſinnen,
daz ſie im liebent alle zît.
als er in danne bî gelît,
ſô liebet im ir minne alſô
daz er wirt ir bete vrô:
ſwaz ſie gebietent, daz tuot er;
wan junger ſinne liebſtiu ger
an wîplîcher minne ſtât.
wîbes nam betwungen hât
manlîche kraft in ſüezer tugent.
wîp iſt ein bluomenkranz der jugent.

Wîp liebet junger ſinne kraſt.
in ir minne meiſterſchaft
liebet weltlich werdekeit.
ſwer muot ze dirre welte treit,
dem liebent minneclîchiu wîp
ſinne, muot, leben unde lîp.
der welte muot von wîben nimt.
ſwaȥ dirre welte wol gezimt.
ſwer hât ze dirre welte wân,
der muoȥ von ir minne hân
die hœhſten vreude, der er gert.
der welte iſt wênec iemen wert,
wan der von wîbes minne treit
hôhgemüete und werdekeit.
ſie ſint der welte hœhſter prîs.
eȥ iſt niemen alſô wîs
(er ſî junc rîch arm oder alt),
ergît er ſich in ir gewalt,
er müeȥe zir gebote ſtân,
des wir guot urkünde hân
und als wir ofte hœren jehen
her an ſol dîn witze ſehen.
Jôſaphât der iſt ein kint.
die älter unde wîſer ſint,
die ſint ze manigen ſtunden
von wîben überwunden.
beginnet er ſie minnen,
ich ſende ſînen ſinnen
einen geiſt, der dar zuo vrumt.
ſô der in ſîn gemüete kumt,
er kan in minnen heiȥen
und ûf ir minne reiȥen.
Sît niemen alſô wîſer iſt,
in überwinde wîbes liſt
mit ir minne meiſterſchaft,
ſô mac ſich Jôſaphâtes kraft
gên ir wer geſetzen niht.
ſwenne er in heinlîche giht,
ſîn natûre lêret in
an ſie kêren ſînen ſin.

gên in wirt âne wer ſîn kraft,
des hœre eine bîſchaft.
Eȥ was ein werder künic rîch,
der was an werdekeit gelîch
andern ſînen genôȥen,
rîchen künegen grôȥen,
in hôhem prîſe, daȥ iſt wâr.
der was lange manegiu jâr,
daȥ er deheinen ſun gewan.
daȥ was dem lobes rîchen man
von herzen leit und ungemach
ze grôȥem unheile er des jach.
dô wart im ein ſun geborn,
ein kint, ſchœne und ûȥerkorn
an kindes lobe: des was er vrô.
dâ wâren wîſe meiſter dô,
mit hôher kunſt niht ze laȥ;
die ſageten im von wârheit daȥ,
ob daȥ ſelbe kindelîn
den tac und der ſunnen ſchîn
geſæhe ê über zehen jâr,
eȥ müeſe blinden al vür wâr.
Der künec erſchrac vil ſêre.
nâch ſîner ſinne lêre
hieȥ er daȥ kint behalten wol
in einem ſteine, dâ ein hol
inne was gehouwen,
dâ niemen mohte ſchouwen
deweder tac noch liehtes ſchîn
dâ hieȥ er daȥ kint inne ſîn
mit ammen, die ſîn phlâgen dâ.
ſô grôȥiu vinſter anderswâ
vil tiure was, des hœre ich jehen;
ſie mohten liehtes niht geſehen,
wan daȥ von geſteine kam.
dem kinde vreude niht gezam,
wan als eȥ bî den vrouwen hie
kindes kurzwîle begie.
alſus wart eȥ unwîs gelân,
wie diſiu welt was getân

und ir gezierde manicvalt,
unz eʒ wart zehen jâr alt.
nâch diſen zehen jâren,
dô ſie verendet wâren,
der künic ſich beſande
von allem ſînem lande
mit rittern und mit vrouwen,
die ſolten helfen ſchouwen
ſîn liebeʒ kint, dem anderſtunt
geburt ſolte werden kunt.
Dô kam vil manic grôʒiu ſchar
durch den ſelben künic dar
mit edelem kleide rîche
gekleidet wünneclîche
mit küneclîchen dingen.
der künic hieʒ dar bringen
manegen wünneclîchen lîp,
beidiu man und dar zuo wîp,
wâfen, ors, rîch gewant,
vil tiere wunderlîch erkant
und manigerhande wunder.
an einen rinc beſunder
hieʒ man gân die vrouwen dâ.
dô vrâgete der knappe ſâ,
wie iegelîcheʒ wær genant.
dô wart im vil ſchiere erkant
mit ſînem namen diz unt daʒ.
dô vrâget er aber vürbaʒ:
»wie heiʒet diz?« (daʒ wâren wîp.)
»eʒ hât den ſchœneſten lîp,
den ich noch iender hie geſach.«
durch ſînen ſchimph ir einer ſprach:
»eʒ iſt der tiuvel, der den man
betriegen und verleiten kan.«
ſus wolter hân erſchrecket in.
dô betwanc ſînen ſin
ſîn natûre, daʒ er gar
diu ougen vürbaʒ wante dar,
danne an deheine ſchônheit,
diu im dâ wart vürgeleit.

Dô diz alleʒ was geſchehen
und der knappe hâte erſehen
geſchephede, wîp unde man,
zuo ſînem vater wider dan
vuorten in die ſîne dô.
der künic vrâget in alſô
daʒ er im rehte ſagete,
waʒ im beſte behagete
an allen dingen, diu er ſach.
der knappe kintlîche ſprach:
»daʒ tuot der tiuvel, der den man
verleiten und betriegen kan.«
»ſæhe dû den?« »jâ, vater, jâ!«
»lieber ſun, nû ſage mir wâ?«
»dort ûf dem hove er iſt.«
der künic vrâgete an der vriſt,
wie eʒ ergangen wære.
dô wart im diz mære
geſaget durch einen gelimph,
daʒ jener ſprach durch ſînen ſchimph,
daʒ wîp der tiuvel wære genant.
diu gämellîche wart zehant
wîte ûf dem hove breit. —
nû ſich, wie mannes herze treit
ie ze wîben ſînen muot!
dâ von dunket mich vil guot,
wil dû Jôſaphâtes ſin
an dich bekêren, daʒ dû in
lâʒeſt ſus belîben
bî minneclîchen wîben,
ſô wirt er ſchiere bekêret.
ſwaʒ in ir minne lêret,
daʒ wirt ſâ durch ſie getân,
als ich dir nû geſaget hân.«
Nû lât mich ſunder ſwære
mit urloube ûʒ dem mære
ein wênic kêren, des ger ich,
wan es mîn muot betwinget mich.
dô ich an diſem mære las,
daʒ dort durch ſchimph geſprochen was

daz wîp der tiuvel wære,
des ſîn daz niht verbære,
ſîn liſt verleite den man,
dô gedâhte ich dar an,
wie lebendes mannes vreuden lîp
an vreuden tiurent werdiu wîp,
und nam in mîne ſinne
die gêrten wîbes minne
wie diu mit werder güete,
mit lobe, mit hôhgemüete
tuot êre gerndez herze vrô.
mîn herze vrâget ich alſô:
»wes wildû von wîben mir
helfen jehen, des volge ich dir.«
mîn herze ein teil von zorne ſprach
»Ruodolf, mir iſt ungemach,
ob dû von in iht anders gihſt,
wan des dû dich von in verſihſt
dû hœreſt unde hilfeſt jehen,
niemen müge baz geſchehen,
dan einem êre gernden man,
des reiniu wîp ſich nement an.
und im ſîn ungemüete
mit wîplîcher güete
ze vreude ûz ſorgen kêrent
und ſîne vreude mêrent
mit vreuderîcher werdekeit,
die gêrter wîbes name treit.«
Sus antwurt ich dem herzen mîn.
»ich wolte dir der lêre dîn
gerne helfen unde jehen:
wær mir von in ſô wol geſchehen,
daz dû getörſteſt jehen mir,
daz mir ofter unde ouch dir
wær geſchehen baz von in,
ſô bæte ich gerne mînen ſin
die rede verſprechen und den namen,
des ſich ir kiuſche müeſe ſchamen.«
dô ſprach mîn herze: »gar der pîn,
der dir muoz bereitet ſîn

von wîben, der gêt über mich.
durch daz wil ich biten dich
daz dû ſie her an recheſt
und diſen namen verſprecheſt
ûf die gnâde, daz ſie dir
der rede lônen unde mir
mîne ſwære büezen,
ſô daz ſie dich wol grüezen.«
»hulfe ez iht, ich tæte daz
»ûf ir genâde.« »vürbaz
ſoltû ſie mê verſuochen,
ob ſie des geruochen,
daz in wert dîn dieneſt ſî,
ſô wert, daz ſie dich machen vrî
von ungemüete unde dich
an vreuden trœſten, unde mich
von herzeſêre enbinden.«
»mohtich daz an in vinden,
daz ſie daz tæten, ſô woltich
dir volgen, als dû lêreſt mich.«
»nû verſuochez, dêſt mîn rât.
diu dich nû betwungen hât,
durch die ſprich in allen wol
dîn dieneſt. durch ir güete dol
ir einen dienen, ſi iſt ſô guot,
daz ſi noch hœhet dînen muot.«
Dem herzen ich dô volge jach.
diſen namen ich verſprach.
und jach des ûf die triuwe mîn,
daz wîp ein krône, ein bluomenſchîn.
ein wünne berndiu werdekeit,
diu blüejende ſüeze treit,
an ſældenrîchen vreuden ganz,
und manlîcher vreuden kranz,
ein prîs manlîches muotes,
ein überguot des guotes,
ein lachendiu, ſpilndiu tugent,
ein ſpilndiu, lachendiu jugent,
rein, ſüeze, vreudenbære
manlîchen vreuden wære.

kiuſchiu wîpheit diu iſt wert
des beſten lobes, des man gert.
wîplich name dêſt ein wort,
daz aller worte hœhſten hort
an gotes geſchaft wol krœnet;
gebluomet unde geſchœnet
iſt weltlîchiu vreude an in;
wîbes name iſt ein gewin,
der mannes namen und werden man
an herzenvreuden herzen kan.
geherzet herze an wîben nimt,
ſwaz herzeliebe wol gezimt:
daz iſt vil gar an wîben.
wer möhte volleſchrîben
wîbes lop unz an daz zil?
mîner meiſter iſt ſô vil,
die an ir ſüezen werdekeit
hânt ſüezes lobes vil geleit,
daz mîn künſtelôſer ſin
niht niuwes ſprechen mac von in.
Reiner name, nû wizzeſt daz:
kundich dir wol geſprechen baz
oder wære ez hie diu zît,
daz ez die liute ſunder nît
an diſem mære liezen,
mich wolte niht verdriezen,
ich wolte gerne dînen prîs
(wær ich ſô künſterîch, ſô wîs)
ſprechen, hœhen, mêren,
ze hœherm lobe kêren:
daz hœret an diz mære niht,
als des mæres urhap giht,
durch daz muoz ich ez hie lân.
ſwaz ich von dir geſprochen hân,
daz tet ich durch alſolhe ſite,
daz ich verſpræche dich dâ mite:
hie bî wizzeſt mînen muot.
ſwer deheine rede tuot
von dir anders danne er ſol,
daz ez mir niht behaget wol,

daz zeigte ich gerne baz, möhtich
es geniezen umbe dich:
daz ſtê an den gnâden dîn,
unde an dem gelücke mîn.
tuo mir nâch dînen êren
und lâ mich aber kêren
wider an daz mære hie,
dâ ich die rede hie vor lie,
dô ich urloubes wolte gern:
ich mohte niht der rede enbern.
Der künic was des râtes vrô.
mit volge verjach er dô,
er hæte ſunder miſſetât
vunden gar den beſten rât.
er ſchiet nâch dem râte
gar von Jôſaphâte
ſwaz bî im ûf dem palas
ſîner junkherren was.
juncvrouwen ſchœne und wol getân
hiez er dar zuozime gân
und gebiez in wærlîche,
daz er ſî iemer rîche
mit rîlîchen ſachen
vil gerne wolde machen,
ſwelhiu ſô wol ſîn phlæge,
daz er bî ir gelæge.
ûf des geheizes lieben wân
hiez er ſie zuo dem herren gân,
geſtalt ſô ritterlîche wol,
daz des niemen wundern ſol,
ob ir volge ein junger man,
der ſie ſolde ſehen an,
mit ſîner volge jæhe
ir willen, als er ſæhe
bî im ſô minneclîchiu wîp
und alſô manegen ſchœnen lîp.
die ſchœnſten, die man dâ vant
gewahſen über al daz lant,
die hœhſten von gebürte gar
lie man zuo Jôſaphâte dar.

Die juncvrouwen vil gemeit
wâren ſtolzliche bekleit
und an ir lîbe minneclich.
ſie begunden vlîzen ſich
mit im heinlîcher ſite,
dâ ſie bekêren wolten mite
den reinen gotes degen guot
an ſich. ſie kêrten gar ir muot
mit heinlîchem ſinne
an Jôſaphâtes minne.
des geheizes lieber wân,
der in was dâ vor getân,
und des junkherren liehter ſchîn
vuogte ir herzen grôzen pîn.
ſie wolten in vil gerne hân,
wan ez mit vuoge möhte ergân.
dô wart im ofte erzeiget, daz
ſie wæren im des niht ze laz.
ſwes er hæte an ſie gegert,
benamen, des wær er gewert.
ſie wâren mit im alle ſtunt.
ſîn vil tugende rîcher munt
wart von in küſsens niht erlân.
ûf ſîner minne lieben wân
ir herze in ſînen minnen bran.
des wart der gotes dieneſtman
von in vil ofte innen
mit wîplîchen minnen,
des ſie mit vreude in werten,
ſô ſie ze vriunt ſîn gerten.
Von dannen huop ſich Thêodas,
dô der rât gevrumet was.
als er in ſîn hol dô kam,
ſîniu zouberbuoch er nam:
des tiuvels werder dieneſtman
mit ſînem zouber dô gewan
einen tiuvel, den er twanc,
daz er des junkherren gedanc
und ſîne ſtæte ſinne
kêrt an der vrouwen minne,
der tiuvel was betwungen
von des zouberæres zungen
mit nigromanzie alſô,
daz er ſich muoſte heben dô
zuo dem ſüezen Jôſaphâte
mit ſînem leiden râte.
der vrouwen minne gernden ſîn
enzunter alſô ſêre an in,
daz ſie begunden ſêre
ie mêre und aber mêre
den junkherren minnen,
in ſînen minnen brinnen.
des junkherren gemüete
vil nâch ſô ſêre erglüete,
daz er ir minnen geltes jach
vil nâch, ſwenn er ſie aneſach.
wan daz ze gote herter was
ſîn herze danne ein adamas,
ſô wær ſîn muot verkrenket
und gote an ſtæte entwenket.
Nû wart der reine guote
gewar in ſînem muote,
daz des hellewarten zorn
wolde gerne an im bekorn
ſîner ſtæten ſinne kraft.
doch wart ſîn herze ſigehaft
von gotlîcher lêre gar.
der nam er vlîzeclîche war.
ſîn herze dicke wart ermant,
daz er der ſêle gewant,
den lîp, behielte reine
von ſüntlîchem meine,
daz ſîniu brûtlouflîchen kleit,
diu ſûber wâren angeleit,
iender mâſen ſolden hân,
ſwenn er zer wirtſchaft ſolde gân,
dar des hœhſten keiſers kint
alle, die genennet ſint,
geladet an ſîne brûtlouf hât.
ſwem dâ gebriſtet reiner wât,

der muoȝ in endelôſeȝ klagen
dulten jæmerlîcheȝ jagen.
her an gedâhte Jôſaphât.
die vil reinen ſüeȝen wât,
diu mit dem touſe erreinet was,
behielt er lûter als ein glas,
reine und niht entreinet,
von ſünden niht vermeinet.
des kriuzes ſegen was im bî,
der machet in von zwîvel vrî.
Sîn gebet er ofte ſprach
durch des zwîvels ungemach
ze gote in ſînem muote:
»Kriſt, herre got, der guote,
lâ mich genieȝen, daȝ dîn trôſt
mich armen ſünder hât erlôſt
von mînen ſüntlîchen wegen,
und ruoche mîner ſinne phlegen
ſtæte in dîner lêre
durch der gnâden êre,
daȝ dû, vil reiner ſüeȝer got,
geruochteſt mich in dîn gebot
wîſen nâch den hulden dîn.
nû ruoche dir die kiuſche mîn
behalten reine und unverſchart,
diu dir von mir benennet wart
kiuſche iemer mêre
nâch kriſtenlîcher lêre:
die ruoche mir behüeten ſô,
daȝ mîne vînde iemer vrô
werden ſigender kraft an mir.
mîne kiuſche hân ich dir
geophert, herre, ſüeȝer Kriſt.
ſît dû mit kiuſche reine biſt,
ſô lâ mir daȝ heil geſchehen,
daȝ dich mîn ſêle müge ſehen
mit kiuſche reineclîche
in dînem himelrîche.
nû ruoche dir behalten mich;
lâ mich genieȝen, daȝ ich dich
geloube zeinem reinen gote
nâch dîner lêre gebote.«
Swenn er ze gote ſîn gebet
alſus nâch ſîner helfe tet,
ſô verſtuont er ſich zehant,
daȝ gotes helfe im wart erkant
und daȝ geſtætet wart ſîn ſin.
nâch dem gebete lieȝen in
die üppeclîchen ſinne
zuo dirre vrouwen minne.
gotes und des gelouben kraft
vertreip des tiuvels meiſterſchaft.
daȝ von dem herren unverzaget
des herzen zwîvel wart verjaget.
ſus muoſte dulten Jôſaphât
von dem tiuvel manigen rât,
den er an in ie kêrte,
als in betwungen lêrte
des tiuvels junger, Thêodas.
dô er von im geſcheiden was,
ſîn valſcher rât, ſîn kündekeit
ze allen zîten was bereit
mit manigem valſchen râte
gên dem jungen Jôſaphâte.
er wolte mit den vrouwen in
verkêret hân und ſînen ſin,
als er mit wîbe an ſich gewan
Adâmen, den êrſten man,
den er betrouc mit Êvâ.
die ſelben liſte vant er dâ,
daȝ er wolte verrâten
den jungen Jôſaphâten.
Nû was bî den vrouwen dâ
des küneges kint von Syrîâ.
diu was daȝ ſchœneſte wîp.
diu den minneclîcheſten lîp
dâ hâte in dem lande:
nieman ein wîp erkande
bî der zît ſô minneclich.
diu begunde trœſten ſich

ir ſchœne, ir lîbes unde ir jugent
an des junkherren tugent.
ûf den lieplîchen wân,
der von dem künege was getân,
und durch ſînen ſtolzen lîp
minnet in daz ſelbe wîp.
ſi was aldar gevangen komen;
ir vater hâten ſî genomen
dâ vor ſîne vînde ê.
daz ellende tet ir wê;
der jâmer nâch ir rîcheit,
diu ir muoſte ſîn verſeit,
twanc ſî nâch dem geheize hân
liebes ergetzennes wân,
von dem ſi würde leides vrî.
ſi geſaz dem herren bî,
der rede ſi hin zim began.
er ſach ſî zühteclîchen an,
er ſprach: »vrouwe, ſælic wîp,
dîn liehtiu jugent, dîn ſchœner lîp
hât mir ſorgen vil gegeben.
ſol dîn minneclîchez leben
in ungelouben ſterben?
owê! ſoltû verderben,
daz got beroubet wirt an dir?
daz gît vil grôze ſwære mir.
Sol dîn ſêle ſîn verlorn
und ſol der grôze gotes zorn
durch dînen ungelouben dich
verteilen, daz müet iemer mich.
daz wende, ſælden rîcher lîp.
gedenke, minneclîchez wîp,
durch rehte wîplîche tugent
an dîne minneclîche jugent,
und nim in dîne ſinne
die ſüezen gotes minne.
toufe dich durch ſîn gebot,
wan dir der gewære got
in dirre welte hât gegeben
ein alſô wünneclîchez leben,
daz dir wirt baz gekrœnet
und tûſentvalt geſchœnet
in dem himelrîche.
ob dû wilt êwiclîche
ein lebendez leben koufen,
ſô ſoltû dich toufen
und ſolt an den gewæren Kriſt
gelouben, der dîn ſchepher iſt,
der dir mit endelôſer zît
ein iemer werndez leben gît.«
diu vrouwe ſprach: »nû daz tuon ich
ob ich alſus erbarme dich,
als dû gihſt, ſô ſoltû
tuon, des ich muote nû.«
»ſwaz dû wilt, vrouwe, daz tuon ich,
daz dû gote toufeſt dich
und dich dem tiuvel roubeſt
unde an got geloubeſt.«
Dô ſprach daz minneclîche wîp
»wil dû gote mînen lîp
und mîne ſêle koufen
und ſol ich mich toufen,
ſô tuo, des ich an dich ger.«
»gerne, vrouwe mîn!« ſprach er,
»ich tuon gar den willen dîn.
nû ſage mir, waz dû welleſt mîn.«
»dâ lâ mich dir angeſigen,
daz dû geruocheſt bî mir ligen
hînaht durch den willen mîn,
daz ich mich geniete dîn
und dû dich mînes lîbes,
des ſchœneſten wîbes,
diu hie ze lande iender iſt.
tuoſt dû daz, ich wil durch Kriſt
mich morgen toufen unde wil
der heidenſchefte geben ein zil.
iuwer ê diu giht alſô:
der engel kœre werden vrô,
bekêre ein rehter ſünder ſich.
durch daz ſoltû bekêren mich.

daz dû teilhaftic mügeſt ſîn
des toufes, des glouben mîn.
dû biſt ſô rehte minneclich,
daz ich dînes lîbes mich
genieten wil, mac ez ergân,
und wil nâch dîner lêre ſtân
dar nâch ze dînem gebote
und wil glouben dînem gote.«
Dô diu vrouwe diz geſprach,
der herre bî im ſitzen ſach
einen tiuvel, daz iſt wâr,
als einen liehten engel klâr.
der mant in, daz er lôſte
von zwîvel, von untrôſte
der wolgebornen vrouwen lîp,
und hiez in daz edel wîp
zuo dem glouben bringen
mit ſus getânen dingen
von der unrehten heidenſchaft.
ſus was in manigen ſtric behaft
der werde gotes dienſtman.
diu juncvrowe in vil ſêre began
erbarmen in dem muote.
Jôſaphât, der guote,
verſach ſich des, daz dirre bote
rehte wær geſant von gote.
dô der tiuvel hin verſwant,
dô ſprach der gotes wîgant:
»vrouwe mîn, dû hâſt gegert,
des dû vil kûme hie gewert
von mînem lîbe werden ſolt
ich bin dir ſus in gote holt.
volge mîner lêre mir!
dirre bete wil ich dir
verzîhen hie, als ich dir ſage.
an dem ſüezen gotes tage,
dô ich den touf wolte
enphâhen, als ich ſolte,
dô gehiez ich daz gote,
daz ich in ſînem gebote

wolde durch die hulde ſîn
im die reinen kiuſche mîn
behalten ſtæte, reine,
bewart vor allem meine:
daz wil ich im zerbrechen niht,
biz daz man mich leben ſiht.
Ez wær ein ſüntlîcher kouf,
ob ich dir koufte alſus den touf.
dû ſolt ſus der lêre mîn
volgen durch die ſêle dîn.«
diu juncvrowe ſprach aber dô:
»herre mîn, wie gihſt dû ſô,
daz ez ſî ſô ſüntlich?
dû ſolt wol bedenken dich,
waz iuwer ê gebiutet,
des iſt mir vil bediutet
von kriſtenen liuten.
die hôrte ich mir bediuten
in mînes vater rîche,
daz man wol unſüntlîche
von rehte wîp ſolde hân,
daz ez niht wære miſſetân.
ſwer ez an iuwern buochen
wil geſchriben ſuochen,
der vindet, daz die wîſſagen,
die patriarchen bî ir tagen
mit gote wîbe phlâgen,
bî den ſie kiuſche lâgen.
dâ bî ſaget ir alſus,
der boten vürſte, Petrus,
hæte ouch wîp bî ſîner zît,
und jehrt, daz er doch würde ſît
gewaltic unde gewære
ze himele ſlüzzelære.
Paulus ez geboten hât
und aller iuwer lêrer rât,
daz man ſol wîp ze rehte hân.
dunket dich daz miſſetân?
ich wæne wol, ſô zwîvelſtû
an der kriſtenheite nû.

wildû mit irrekeite ſîn,
daȥ krenket mir die lêre dîn.«
Jôſaphât antwurte ir dô:
»vrouwe mîn, eȥ iſt alſô,
als dîn munt alhie vergiht;
unſer ê diu wert daȥ niht,
ſwer wîp wil hân, daȥ iſt vil guot;
ob er daȥ mit rehte tuot,
der tuot niht wider gotes gebote.
daȥ aber ich hân geheiȥen gote,
wie möhte ich im des abe gân?
ich muoȥ eȥ im gewære lân.«
»nû diz ſî ouch der wille dîn.
wildû vrô mînes heiles ſîn,
ſô lige diſe naht bî mir,
daȥ ich geniete mich mit dir
mit minneclîcher liebe kraft
lieplîcher geſelleſchaft,
ſô lobet mîn triuwe wider dich,
daȥ ich morgen toufe mich.
durch dich wil ich mich toufen;
wildû mich wider koufen
mit dînem ſchœnen lîbe,
daȥ dû mich hâſt ze wîbe,
ſô tuon ich, ſwaȥ dû râteſt mir,
wirdich gewert der bete an dir.«
Jôſaphât, der guote man,
vil ſêre zwîveln dô began.
er dâhte, ob erȥ verbære,
daȥ eȥ vil wirſer wære,
dan ober ſî ſus koufte,
daȥ ſi ſich gote toufte.
ſi wegete ſîn gemüete mê,
dan ie getet ſîn vater ê.
an grôȥen zwîvel was er brâht;
als es was dâ vor gedâht,
alſô was eȥ nâch vollekomen,
dô ſi hât in an ſich genomen,
und in bat mit ſüeȥer ſtæte,
des maniger gerne bæte,

ſo er allerbeſte kunde,
ein wîp, an der er vunde
ſô guote rede, ſô ſchœnen lîp.
ſwen ein ſô minneclîcheȥ wîp
der guoten rede gewerte,
der tæte, ſwes ſi gerte.
diz wil ich ſprechen ouch von mir,
daȥ ich müeſe helfen ir
zuo des toufes reinekeit,
als ich hie nû hân geſeit.
ich würde überwunden ſus,
ob mir ſô manigen ſüeȥen kus
bute ein alſô ſchœneȥ wîp,
daȥ ich minnete ir werden lîp
ûf die rede, daȥ ſi ſich
gote ergæbe, des hulſich.
ein ſolich almuoſen wær mîn gir,
ob es geruochte ein wîp von mir.
ich bin wîben alſô holt,
daȥ ich in durch ir minnen ſolt
ſus wolde güetlîche
koufen daȥ himelrîche.
ich würde ir trûtgeſelle,
möhtich ſie von der helle
ſus erlœſen, dêſt mîn muot.
ſwer in ſô gerne tæte guot,
dem ſolde ſîn ir danc bereit,
daȥ zæme wol ir wîpheit.
Nû lâȥen die ſchimphrede ſtân.
dô diſiu bete was getân
und Jôſaphât, der guote,
begunde in ſînem muote
von zwîvel hân des muotes val,
dô wart ze walde ein michel ſchal
vür jeneȥ hol, dâ Thêodas
der zouberære inne was.
ſie riefen alle: »kêrâ dan'
dirre krefte rîche man,
der unſer widerſatz was ie,
des muot wir noch erwegeten nie,

den hât an diſen ſtunden
ein wîp gar überwunden.
ſîn hôhiu veſte neiget ſich,
diu iſt nû bewegelich.
diu zît nâhet, kêren hin!
under uns drücken wir in.«
ſus ſante ſie des tiuvels man
zuo Jôſaphâte wider dan.
der kunde ſelten raſten
mit gebete und ouch mit vaſten,
unz in ſîn keſtegunge twanc,
daʒ er vil wênic den gedanc
zuo dirre welte kêrte.
des lîbes nôt in lêrte,
daʒ ſîn geluſt ſich ſelten ie
ze dirre welte minne lie;
wan unrætlîchiu armuot
grôʒe hôhvart ſelten tuot.
alſus was Jôſaphât bewart
von weltlîcher hôhvart
mit keſtegunge des lîbes.
diu minneger des wîbes,
ir bete, ir ſüeʒiu zunge
twanc in der keſtegunge.
Dô er alſus betwungen was,
ſîn gebet er gote las:
»herre, ich gedinge an dich,
daʒ dû ſô wol behüeteſt mich,
daʒ ich ûf dirre erde
geſchant iemer werde,
und daʒ dû mîne ſinne mir
behaldeſt reineclîche dir.«
des gebetes er ie phlac
beidiu naht und den tac
ân underlâʒ von herzen ie.
vil andâhtlîche ûf ſîniu knie
lieʒ er in dem gebete ſich
vor im ûf den eſterich.
ein ſlâf begreif in, er entſlief,
dô er an gotes helfe rief.

nû ſach er, als ich hân vernomen,
egeslîche liute komen.
des dûhte in, daʒ ſie næmen in
ein teil von ſînen ſinnen hin.
in ſînem troume er ſich ſach
die geiſte, von den ich nû ſprach,
vüeren an ein ſchœne velt,
dâ manegerhande vreuden gelt
ſînen ougen wart erkant.
daʒ velt er gebluomet vant
ſô wünneclîche, daʒ er jach,
daʒ vleiſchlîch ouge nie geſach
ſô wunſches rîchen ougenglaſt.
wunſchlîcher vreuden niht gebraſt
ob weltlîchem wunſche alhie,
dâ man daʒ velt in ſchouwen lie.
Er ſach dâ wünneclîche ſtân
edel boume wolgetân,
die mit ſüeʒer genuht
den ougen wünne bernde vruht
gâben an ſüeʒer geſiht.
ouch gebraſt in des niht,
ſie gæben alſô reinen ſmac,
daʒ ſîn hôhiu ſüeʒe wac
vür al der welte wünne gar.
ſô ſchœne und alſô wolgevar
ſchein ir loup, ir vruht, ir bluot,
daʒ alleʒ irdiſche guot
mohte niht gelîchen ſich
der geſchaft vil wünneclich.
ſô ſich von einem winde,
ſenfte, ſüeʒe und linde
der löuber dicke underdranc,
ſô wart ein alſô ſüeʒer klanc,
daʒ menſchlîcher ôren tor
nie gehôrte ê dâ vor
ſô wünneclîch gedœne.
von golde, lieht und ſchœne,
ſtuonden liehte ſtüele dâ.
hie bî ûf diſem velde ſâ

ſach er vil wünnecliche ſtân
ſô rîchiu bette wolgetân,
daȥ ir vil rîchiu edelkeit
der welte rîcheit iſt verſeit.
dâ bî vluȥȥen al vür wâr
liehtiu ſüeȥiu waȥȥer klâr,
der vlôȥ was wünnebære.
ſwer ie geweſen wære
mit leide, er müeſe ſîn geneſen,
ſolter ſîn aldâ geweſen.
Dô der gotes wîgant
die vreude bernde wünne vant,
die geiſte, die in brâhten dar,
die vuorten in ſchier anderswar
durch daȥ velt ein reineȥ phat
gên einer wünneclichen ſtat.
diu gap alſô liehten ſchîn,
daȥ niht ſchœner mohte ſîn
der ſunnen liehter widerglaſt.
der ſtat an rîcheit niht gebraſt
beidiu rincmûr unde graben,
die türne hôhe ûſerhaben,
von golde, lûter, reine.
daȥ edelſte geſteine,
daȥ mannes ouge ie geſach,
von dem ie zungen ort geſprach
ze gaſtlîcher rîcheit,
dâ mite ſach er ſîn bereit
die türne und ouch die veſte gar.
der ſteine glaſt den ſtrâȥen bar
alſô lichten liehtes ſchîn,
daȥ dâ mit ſtæte muoſte ſîn
tac zallen zîten ſunder naht.
dâ was von liehte gar bedaht
der trüeben naht ir trüebe zît.
vrœliche unde enwiderſtrît
hôrt er daȥ ſüeȥeſte geſanc,
daȥ mannes ôren ie erklanc:
daȥ gap vil vreude rîchen ſchal,
der in der ſtat vil wîte erhal.

In dem vil ſüeȥen dône
hôrt er dâ ſingen ſchône
ein engeliſche ſtimme guot,
diu wol ervreute ſînen muot.
diu ſtimme in dem dône ſprach.
»ein ruowe, ein ewiclîch gemach,
mit vreude, ân ende, ſunder leit
iſt gotes erwelten hie bereit.
den kiuſchen iſt gehûſet hie·
die gote wol behageten ie
durch ir kiuſche reine ſite,
den wil got hie lônen mite,
biȥ daȥ er in ân endes zît
ein endelôſeȥ rîche gît.«
Jôſaphât, der guote, ſprach,
als er die grôȥen vreude ſach
»gnâde, lieben herren mîn,
lât mich in diſen vreuden ſîn,
und mügeȥ anders niht ergân,
ſô lât mich doch alhie beſtân
in einem winkel kleine.«
dô ſprâchens algemeine
»vriunt, daȥ mac nû niht ergân.
dû muoſt ê vil arbeite hân
und ê vil dicke in gotes gebote
erſwitzen. maht dû danne in gote
lîden weltlich arbeit,
ſô wirt dir alhie bereit
ân ende ein vrœlicheȥ guot
in dirre ſüeȥen heimuot.
durch daȥ ſoltû dich kiuſche gar
behalten gote und ſünden bar.«
Jôſaphât belîben bat
in der gotes erwelten ſtat,
die in dâ vuorten, diſe diet.
vil ungerne er dannen ſchiet
dô mohter niht belîben dâ.
die geiſte vuorten in dô ſâ
hin überȥ velt von dirre ſtat
ein vil trûreclicheȥ phat.

dâ hôrter angeſt unde leit,
in klägelîcher arbeit
wuofen, ſchrîen, klagende nôt.
dâ was der ſterbende tôt
und angeſtlîcher aneblic
in einer vinſter, diu was dic.
dâ hôrt er niht vreuden mê,
wan ach, leit unde owê.
ſie riefen: »wê!« und niemer: »wol!«
diu leide ſtat was leides vol,
von ſmacke grôz unreinekeit,
mit jâmer trûreclîchez leit,
wallende viures flammen heiz.
in diſem viure ſêre beiz
allerhande ſlangen vruht
die armen ſêle ſunder zuht.
hagel, bech unde ſwebel,
ein viur regenender nebel
ûf die vil armen ſêlen gôz
wallende hitze grôz.
in was daz leide leben für;
der viur giezende ſchûr
erlie ſie ſelten dirre nôt.
diz was mit nôt ein lebender tôt,
der dâ mit ſterbenne geſchach
und doch nie ſtarp ſîn ungemach.
Eine ſtimme hôrter dô
ſchrîen ängeſtlîche alſô:
»diz iſt der ſündære pîn.
die man ſiht in ſünden ſîn
in ir lebenden ſtunden,
und alſô werdent vunden,
den muoz iemer ſîn bereit
diz klagende leit mit arbeit.
owê, daz er ie wart geborn,
dem diſiu nôt muoz ſîn erkorn!
owê dem geſlähte gar,
von dem ſîn muoter in gebar!
owê dem lîbe und niemer wol,
der her die ſêle trîben ſol!
owê dir, unkiuſchez leben,
hie wirt dir dîn lôn gegeben!
im wirt bezzers niht beſchert,
ſwer unkiuſche ûz der welte vert:
diz iſt der ſündære lôn.«
dirre jâmerlîche dôn
was in der vinſter grôz aldâ.
Jôſaphâten brâhten ſâ
wider die geſellen ſîn
an ſînen ſin. als im wart ſchîn
der rehten vreuderîchez leben,
daz in ze lône wirt gegeben,
und daz vil klagelîche leit,
daz den ſündæren iſt bereit,
ein ſô grôz jâmer in begreif,
daz al ſîn vreude gar zerſleif.
Der armen ſünder lebender tôt
vuogtim alſô grôze nôt,
daz er vil kûme lebete.
ſîn jâmer ſêre ſtrebete
nâch der vil ſüezen rîcheit,
die got den ſînen hât bereit.
diu vorhte erſchracte ſînen ſin;
dâ bî betwanc der jâmer in,
daz ſich der gotes dienſtman
hin wider ſêre ſenen began,
dâ er daz lebende gemach
in der ſtat mit vreuden ſach.
der jâmer und der armen nôt
im alſô grôzen kumber bôt,
daz er vil ſiech den morgen lac
und ungeſunt vil ſorgen phlac.
dem künege ſchiere wart geſeit
ſînes kindes ſiecheit.
er gâhte zuozim balde dar
und wolte gerne nemen war,
waz im geſchehen wære.
ſîn leit was im vil ſwære.
er kam und wolte in geſehen,
und vrâgete, was im wære geſchehen.

dô ſprach der guote Jôſaphât:
»owê, vater, daȥ dîn rât
mir mit ſô grôȥer kündekeit
hât alſô manegen ſtric geleit!
hæte mich got niht behuot,
ſô müeſe ich in der helle gluot
lange wîle ſîn geweſen.
daȥ ich bin der nôt geneſen,
des wil ich iemer loben Kriſt,
der aller güete ein urhap iſt.
Owê, lieber vater mîn,
waȥ got den erwelten ſîn
ze lône vürgehalten hât,
und wie er die verderben lât,
die gên im hinnan ſchuldic varnt
und ſînen willen niht bewarnt!
owê, waȥ ich geſehen hân!
owê, wie ſol eȥ dir ergân,
wil dû alſô ſcheiden hin,
daȥ dû niht beȥȥerſt dînen ſin!
owê, waȥ danne gotes zorn
dir ze lône hât erkorn:
ein tôt, der iemer mêre wert,
ein nôt, diu niht endes gert,
diu muoȥ dir iemer ſîn bereit
ân ende in wernder ſtætekeit.
ouch hânt dir diu ougen mîn·
von gote erſpehet die miete dîn,
die dir hât behalten Kriſt,
ob dû im gehôrſam biſt:
daȥ iſt ein vreuden rîcheȥ leben,
dem niht endes wirt gegeben.«
alſus ſeit er unz an daȥ ort,
waȥ er hæte erſehen dort:
den trôſt, daȥ vorhtlîche leit,
als ich hân hie vor geſeit,
leiter ſînem vater vür
in maneger drôlîcher kür
und manegen trôſt vil trôſtlich,
wolder gote beȥȥern ſich.

»Ich wil ûf die gnâde gotes,
ûf den wec ſînes gebotes
gâhen nâch den hulden ſîn.
dâ Barlââm, der meiſter mîn,
wont, dâ wil ich kêren hin:
nâch im ſenet ſich mîn ſin.
werſtû mir daȥ, eȥ iſt mîn tôt.
der jâmer gît mir ſolhe nôt,
der mir wirt niemer mêre buoȥ,
ob ich ſîn entweſen muoȥ.
ſtirbich ſus von den ſchulden dîn,
ſô muoſt dû kindes âne ſîn
und maht ein vater heiȥen niht,
ſô man dich kindes âne ſiht«
ſprach der gotes erwelte man.
der künec erſchrac und ſach in an.
im was vil herzeclîche leit
ſînes kindes ſtætekeit.
in dûhte, er wære entſetzet,
an vreuden gar geletzet:
er gie ûf ſînen palas.
die tiuvel gar, die Thêodas
dâ vor hâte dar geſant,
die kêrten wider an in zehant.
ir geſchrei daȥ was ſô grôȥ,
daȥ eȥ ze walde verre dôȥ.
ſie ſageten, wie des herren kraſt
an in was worden ſigehaſt,
ſwenn er ſprach gote ſîn gebet
und er vor im daȥ kriuze tet,
wie er ſie danne überwant
und ſie mit ſige tet geſchant.
Dô ſprach aber Thêodas,
der des zoubers meiſter was.
»wie was iuwer kraſt ſô blint,
daȥ iuch ein ſô jungeȥ kint
ſô lîhteclîchen überwant?«
die tiuvel ſprâchen ſâ zehant
»dô wir die liſte erdâhten
unde an in die brâhten,

mit den Adam verleitet wart
nâch unſerr meiſter wîſer art,
ſô was er ie alſô bereit,
daȥ wir gar unſer arbeit
gên im von Kriſte verlurn.
unſern ſic wir gar verkurn:
als er des kriuzes zeichen ie
vor im in kriuzewîs begie
und danne an Kriſtes helfe ſchrê,
ſô wart uns von viure wê,
daȥ mit kraft ûf uns zehant
von Kriſtes zorne wart geſant
daȥ hât uns dicke wê getân.
wir getürren niemer mê beſtân
Jôſaphâten, den degen,
ſô wol hüetet ſîn der ſegen,
den des kriuzes zeichen hât,
mit dem vil wol beſigelet ſtât
ſînes veſten herzen tor.
er hât ſich wol bewart dâ vor,
daȥ er iemer alle vriſt
von uns ungewunnen iſt.«
Dô ſus von gote entſetzet was
ſînes willen Thêodas,
er lebete trûreclîche.
ouch was der künic rîche
mit leide in ſorge ergriffen ſô,
daȥ er was trûric unde unvrô.
ſîne boten ſanter ſâ
nâch ſînem meiſter Thêodâ.
der kam ze hove balde
von ſînem wilden walde.
ſîn herre gên im verre gie,
vil güetlîche er in enphie.
vil trûreclîche er zuozim ſprach
»meiſter mîn, daȥ ungemach,
daȥ mich getrüebet lange hât,
dar umbe ich ſuochte dînen rât,
daȥ lenget an mir ſêre ſich.
daȥ dû nû jungeſt lêrteſt mich,
daȥ tet ich, eȥ vervie mich niht:
der rât iſt worden gar enwiht.
nû ſuoche vür baȥ mêre,
ob dû deheiner lêre
dich künneſt vürbaȥ verſtân,
diu uns ze helfe müge ergân:
die lêre mich. dêſt an der zît.
mînes ſunes widerſtrît
hât mich ſô ſêre entêret,
daȥ ich es bin verſêret.
nû lêre! ſwaȥ dû lêreſt mich
ze dirre ſache, daȥ tuon ich.«
Dô gerte ûf den palas
zuo Jôſaphâte Thêodas
ze einem ſunderrâte.
dô huop er ſich vil drâte
gên Jôſaphâte ſchiere
mit dem künege Aveniere.
Jôſaphât enphie ſie wol,
wan er was reiner güete vol.
dô ſie geſâȥen an den rât,
dô wart der guote Jôſaphât
in maniger itewîȥe
beſtanden dâ mit vlîȥe,
daȥ er durch ſînen vater nie
niht getet, wan daȥ er ie
des vater bete entwerte,
des er mit vlîȥe gerte,
daȥ er lieȥe kriſtenleben,
an daȥ er ſich hæte ergeben,
daȥ wider ſînem vater was.
dô ſprach hin zime Thêodas:
»nû ſage mir, lieber Jôſaphât,
wer riet dir diſen tumben rât,
daȥ dû die gewæren gote
alſô gar in dînem ſpote
mit dîner widerrede hâſt
und dû dich doch wol verſtâſt,
daȥ ſie dir guot, êr unde leben
mit ir gewalte hânt gegeben?

Sie gâben dich dem vater dîn.
dem hâſt dû daʒ gemüete ſîn
ſô dicke an dir beſwæret,
daʒ dû hâſt erværet
an ungemüete ſînen muot,
daʒ iſt vil übel und niht guot
dâ mite hâſt dû dich behaft
in der lantliute vîentſchaft.
dir iſt daʒ kriſtenleben wert,
des niemen wîſer gerne gert.
dîn vater iſt ſô wolgemuot,
wær daʒ kriſtenleben guot,
er hæteʒ ouch genomen an ſich.
nû ſoldeſtû verſinnen dich,
daʒ die beſten, die nû lebent,
an die gote ſich ergebent.
an daʒ ſoltû dich kêren
und dînen vater êren,
wan eʒ gezimet kinde wol,
daʒ eʒ den vater êren ſol
und volgen ſîner lêre.«
des wart vil und mêre
dem junkherren dâ geſeit.
im wart diu reine kriſtenheit
gevelſchet von in beiden:
ſie begunden im ſî leiden.
des nam er vil kleine war.
ſîn herze wart geveſtent gar
in reines herzen willen gote,
ſtæte in ſînem gebote.
Des himeliſchen keiſers kneht
began diz grôʒe unreht
mit zühten merken: er geſweic.
ſîn muot niht wan ze gote ſteic.
er ſprach mit gotes lêre ſâ
zuo dem valſchen Thêodâ:
»ſwic, unrehtiu irrekeit!
dîn irrekeit dich hôhe treit.
der welte ſchande ûʒ Bâbilôn,
dâ rehter ſprâche ganzer dôn

gebrochen unde geſchendet wart
von unrehter hôhvart
ûf turri kâlannâicâ,
dîn herze hât gehûſet dâ.
der valſchen Bâbilône rât
der welte rede entrihtet hât.
dû vervluochter alte unwîs,
in gotes vluoche biſt dû grîs.
verworhtiu vruht von Kânâân,
wer geriet dir den wân,
daʒ dîner valſchen zungen ort
ie getorſte valſcheʒ wort
geſprechen gên der kriſtenheit,
diu rehte und redelîche treit
die gewæren lêre gotes,
den rehten urhap ſîns gebotes?
valſchiu valſcheit, wîſe mich,
weder dunket wæger dich:
dienen dem, des wîſer rât
elliu dinc geſchaffen hât,
oder einem bilde, daʒ ein hant
gemachet hât und iſt genant
von einem menſchen ein got
durch des tiuvels gebot?
Dîn got, dem dû dich ergîſt,
der iſt vil junger, dan dû ſîſt.
dû wær ein menſche geborn,
ê dînem gote ie würde erkorn
dehein erkantlich geſchaft.
merke dînes gotes kraft:
get dîn got? niht! er ſtât.
ſwâ man in ſitzende lât,
ſtêt er dâ? nein er, niht!
ſprichet er? hât er geſiht?
gehœrt er? kan er ſprechen wol?
nein er, benamen! er iſt hol
an rehten witzen unde laʒ,
als ein gegoʒʒen læreʒ vaʒ.
er iſt, ſwie dû macheſt in,
ein gôʒ, ân allerſlahte ſin.

steine, silber, golt sie sint
stummen, âne gehœrde, blint,
in der gebote ir gerne lebet
und den ir iuwer opher gebet.
swaz ir in ophers bringet dar,
daz hât vil hœher krefte gar
dan die gote, die dû hâst,
ob dû der wârheit dich verstâst.
ein vihe gehœrt, ez siht, ez gât,
von gote ez lebende krefte hât:
sô ist dîn got ein geschaft
reht als ein stoc, ân alle kraft.
daz vihe ist gotes hantgetât;
ein mensche gemachet hât
dînen got mit sîner kunst
âne sin, sunder vernunst.
Dîn got, dem dû bist sô holt,
ist er silber oder golt,
sô muoz diu stæte huote dîn
vor den dieben hüeten sîn.
ist er holz oder lein
oder ein kreftelôser stein
sunder nutz, sô gar unwert,
daz sîn ze nutze niemen gert,
sô hât er krefte wol sô vil,
ob sîn der diep niht steln wil,
daz man in von der stat niht treit.
daz kumt von der krankeit,
daz man sîn niht geniezen mac.
dîn got in einem viure lac,
dô man in smitte unde gôz.
ein holz, ein stein, ein erde blôz
ist er; er wuohs in wilde,
ê daz in zeinem bilde
gemachet eines menschen hant
wie mac daz sîn ein got genant?
der heizet got, des wîser rât
daz mensche gemachet hât,
daz mit sîner wîsheit
daz bilde gôz oder sneit.

daz dû heizest dînen got,
daz ist gotes und der welte spot.
nû prüeve in den sinnen dîn,
ob daz ein got müge sîn,
daz deheiner slahte kraft
hât wan von der meisterschaft,
die menschlîchiu wîsheit
mit listen an ez hât geleit?
Tumber gouch, nû sich dar an,
dîn got leben nie gewan;
er starp ouch nie, wan im daz leben
nie lebelîche wart gegeben.
er wart nie lebende unde ist tôt.
wirt dir eines phandes nôt,
ist er danne güldîn
oder rîche silberîn,
sô tuot sîn helflîcher trôst
dich allerbest von sorge erlôst.
nû merke, tumbez wiht, den spot.
wer mac verpfenden rehten got?
wer mag in verkoufen ouch?
swîc, sinnelôser gouch!
leg dîne hant vür dînen munt,
dir ist niht wan tôrheit kunt.
lâ dîn âkôsen sîn!
ze liebe dem vater mîn
sitzestû hie unde seist
ein trügespel, daz dû niht weist
selbe rehte, war diu wort
kêrent urhap oder ort.
dû bist sô gar der witze erlân,
daz dû niht weist, wie ez sol gân
deweder nâch oder vor.
dû heizest mich ein toubez hor
anebeten und einen stein,
dâ weder vleisch noch bein
noch âder ist noch lebendiu kunst.
niht wan durch mînes vater gunst.
Solde ich durch daz smeichen dîn
lâzen den glouben mîn

und den got lân durch dînen rât,
des witze mir gegeben hât
vernunft und wîslîchen ſin?
von dem ich lebende worden bin?
des gotlîchiu wîsheit
daȥ urhap und daȥ ende treit
al der dinge, den ſîn kraft
namen gît und ouch geſchaft?
ſîn kraft, ſîn gotlîcher rât
alliu dinc gemachet hât.
er tet ſîne wârheit kunt
durch der wîſſagen munt,
nâch der worten er uns kam.
die menſcheit er an ſich nam,
wan ſich diu menſcheit verlôs.
durch die ſchulde er im erkôs
ſô grôȥe dêmüete,
daȥ er durch ſîne güete
des knehtes bilde an ſich nam
und wart alſô gehôrſam,
daȥ er ſich an daȥ kriuze bôt
und dar an leit durch uns den tôt.
diu menſcheit daȥ ſterben leit
den ſunnenſchîn diu gotheit
mit ir kraft erlaſte
an ſînem liehten glaſte.
diu menſcheit begraben wart.
ze helle vuor die hellevart
ſîn heilic ſêle, diu ſî brach.
die gotheit man lœſen ſach
die rehten ûȥ der helle nôt.
vür den endelôſen tôt
hât in diu gotheit daȥ leben
ân ende vrœlîche gegeben.
Hæte ſich unſer herre got
durch ſîner güete grôȥ gebot
niht ſô gedêmüetet
und alſô ſêre gegüetet,
daȥ er durch ſîne güete
mit ſolher dêmüete
des knehtes bilde næme an ſich,
ſô wære daȥ unzwîvellich,
diu vil kranke menſcheit
müeſt iemer mêr ſîn hin geleit
wan diu krenkeſt armekeit,
der ie name wart geſeit,
daȥ was diu menſcheit dâ vor
die hât nû vil hôhe enbor
über al der engel ſtat
diu gotes menſcheit geſat.
dô diu menſcheit alhie
der gotheit gebot begie
nâch der prophêten ſage,
an dem vierzigeſten tage
vuor er ze himele aber wider,
von dem er wart geſant hernider
durch Adâmes miſſetât,
die gote nû verſüenet hât
Kriſtes reiniu menſcheit,
diu den tôt durch uns leit.
zes vater zeswen dâ iſt
geſeȥȥen got, der ſüeȥe Kriſt.
ſus iſt got der reine
mit drîn namen eine.
ſwer daȥ niht glouben wil,
der muoȥ ân endelîcheȥ zil
iemer mêre ſîn verlorn.
ſwer eȥ geloubet, derſt geborn
in daȥ êwiclîche leben,
daȥ got wil den ſînen geben
in dem himelrîche
ân ende vrœlîche.
Vil tumber man. nû wîſe mich,
weder dunket beȥȥer dich
glouben einem reinen gote,
der in ſînem gebote
hât in wîſer meiſterſchaft
aller der geſchephede kraft,
der reht mit triuwen lêret,
unreht ze rehte kêret,

der guot iſt unde gewære,
rein, reht, unwandelbære,
der wiſe iſt unde ſüeȥe erkant,
der diu wârheit iſt genant,
der milte mit dêmüete phligt,
des kraft vür alle krefte wigt
oder einem touben apgote,
daȥ got mit ſinnelôſem ſpote
verteilet mit dem tiuvel hât,
daȥ ſich von ſinnen niht verſtât
wan als ein toubeȥ œde vaȥ,
daȥ lære iſt, lebender witze laȥ?
hie ſoltû gedenken an
von gote, dû vervluochter man.
benamen! dû ſolt wiȥȥen daȥ,
als dîniu ſinnelôſen vaȥ
tôt und âne witze ſint,
toup, an rehten ſinnen blint,
daȥ den muoȥ alſam geſchehen.
die in gelouben wellent jehen
got hât ſîn rîche in verboten
allen, die ſie hânt ze goten.«
Dô ſprach der zouberære:
»nû iſt daȥ offenbære,
daȥ rîche künege, vürſten grôȥ
und manic keiſers grôȥ genôȥ
und die die liſte vunden gar,
e nâmen unſerr lêre war.
die dûhtes algemeine
guot, reht und reine.
die kriſtenlîchen lêre
die lêret niemen mêre,
wan daȥ ir zwelve erdâhten,
die ſî den liuten brâhten
nû in kurzen jâren.
die ſelben alle wâren
gebûre und niht von hôher art
von den diu lêre erhaben wart.
die wâren arme liute gar,
gebürte und wisheite bar.
wie wil dû daȥ bewæren,
daȥ die unedeln wæren
mit ir lêre gewære,
und diſe lügenære,
den guot, geburt und wîsheit
mit hôhen witzen was bereit?
die edeln und die wîſen hânt
vil witze, in den ſie ſich verſtânt
des ſol man in der volge jehen.
von den unedeln iſt geſehen
ſelten wîslîch wîsheit,
diu edelr wîsheit iſt bereit.«
Jôſaphât der ſprach dô ſâ:
»ſinnelôſer Thêodâ,
dû biſt vil lîhte âne vernunſt,
ein tumber eſel, âne kunſt.
dîn einic rede rihtet ſich
vür ſich alleȥ einen ſtrich
mit tumben touben mæren
und kanſt des niht bewæren
gên endehafter wârheit,
daȥ dû ſeiſt und hâſt geſeit.
ſwie vil ich dir bewære
mit wârheit rehter mære,
ſô wil daȥ tumbe herze dîn
doch alleȥ âne witze ſîn.
dû gihſt alſô, daȥ iuwer leben
von wîſen liuten ſî gegeben
und von rîcher hêrſchaft,
die mit gewalteclîcher kraft
muoſten eȥ beſchirmen ie,
ſô daȥ eȥ niemen übergie.
ſît ſie es gedâhten mit den goten
und eȥ hât ir gewalt geboten,
ſô iſt der rîchen künege kraft
und der liſtwürken meiſterſchaft
der gote lêrer überȥ leben,
an daȥ ir iuch hânt ergeben.
ſol got hân lêrære,
ſô iſt er ſelbe lære

gotlicher wisheit
des muoȝ ich jehen ûf mînen eit.
Waȝ iſt gewaltes im gezalt,
ſol in menſchlich gewalt
bevriden zallen ſtunden
von ſînen nâchkunden?
hie ſolt dû rehte merken an,
daȝ got wunder üeben kan:
dîner gote werdekeit
wart von künegen ûfgeleit,
die mit gewalteclîcher hant
die liute twungen und diu lant
in ir gote lêre.
nû ſich, wie der êre
von tage ze tage ſîget
und jeniu lêre ûfſtîget,
die durch armer liute munt
got tet mit rehter lêre kunt.
diu rede iſt vil bezeichenlich
got der dêmuote ſich,
daȝ er hôhte dêmuot,
diu von hôhvart wær behuot,
und valſche hôhvart neigte
und tumbe rede geſweigte,
diu mit gewalte erhaben wart
der wil die tumben hôhvart
dîner gote neigen
und den gewalt geſweigen
der vürſten, die mit tumpheit ſint
an hôhvart dirre welte kint.
die drücket er und hœhet die
mit rehter dêmuot wâren ie.
Ze wîſer ſinne volleiſt
ſante er den heiligen geiſt
den zwelfboten ze lêre.
die ſînes lobes êre
den liuten vürleiten,
in allen ſprâchen ſeiten
wîte in vremeden landen.
des ſie ê niht erkanden.
daȝ wart in ſchiere wol erkant,
dô gotes geiſt in wart geſant.
ſie ſint, von den geſprochen hât
Dâvît, als eȝ geſchriben ſtât:
»in al die welt der erde hie
ir ſchal, ir dôn vil wîte gie,
unz ûf al der erden ort
erſchullen vil wîte ir wort.«
noch ſprichet von ir lêre
Dâvît aber mêre:
»dû wilt ſie ſetzen werde
ze vürſten über die erde:
ſie gedenkent dînes namen.«
die reinen boten lobeſamen
hât diu ſchrift bewæret ſô.
gewalt, vorhte, tôt noch drô
moht ir wort verdrücken niht,
daȝ man in gote wahſen ſiht.
die künege und ouch die wîsſagen,
die got hie vor in alten tagen
der welte künftic ſageten,
die lebeten und betageten
baȝ und redelîcher
vil edeler unde rîcher
wâren ſie mit wârheit,
dan von den dû hâſt geſeit.
Die leiſten rehte gotes gebot
ir wort hât ervüllet got,
der ſüeȝe, der gewære Kriſt.
als daȝ geſchehen iſt,
alſô hât eȝ der boten munt
gemachet in der welte kunt.
ir wort, daȝ ſint diu gotes wort,
von den hât got geſprochen dort
»himel und erde diu zergânt,
mîniu wort diu geſtânt.«
von gotes kreften ſprichet ſus
Dâvît, pſalmigraphus:
»herre, dû ſtifteſt werde
von anegenge die erde.

die himele ſint dîn hantgetât,
der beider kraft vil gar zergât.
ſie zergânt, dû geſtâſt,
wandels dû ſie niht erlâſt.
an in wirt wandelunge erkant,
ſie veraltent als ein gewant,
und als ein decke gar vür wâr
wehſelnt ſie ſich. dîniu jâr
verwandelnt ſich niemer.
der eine biſt dû iemer,
dîniu jâr verſwindent niht.«
dem Dâvît der krefte giht,
der iſt reht unde gewære,
der welte ſchephære:
gên des kraft ſoltû gedagen.
nû ſage, waz mahtû geſagen
von dînen goten gewæres,
ze rehte unwandelbæres?
Die iu ze goten ſint erkant,
die wâren menſchen genant
und wâren mit des tiuvels kraft
ze allen zîten gar behaft.
ſwaz ſie dô liſte vunden
an den ſelben ſtunden,
des hâte tumbiu diet den wân,
ez hæte ein werder got getân.
daz liut ſie an ſich twungen
mit ir valſchen zungen,
daz ſie ſtuonden zir gebote
und hiezen ſie gewære gote.
dô was daz liut an witzen kranc.
ir vreiſe, ir zouberliſt ſie twanc,
daz ir wer was gên in blûc.
der êrſte was genant Serûc,
der apgote gedâhte.
den ſite er ûzbrâhte
und gap von êrſt den urhap,
daz man dem ein bilde gap,
den man ze gote wolte hân,
und was dem bilde undertân.

ûz dem der tiuvel zaller ſtunt
den liuten tet antwürte kunt.
dâ hâter iuch betrogen mite,
nâch dem behaltent ir den ſite:
ân allerſlahte wîſen ſin
tuot ir manegen dieneſt in.
Lâ dir von gote ſagen mê:
dô nâch kriſtenlîcher ê
die boten wurden ûz geſant
hin und her in vremediu lant,
ſwâ danne mit des tiuvels kraft
wâren diu apgot behaft,
zehant, ſô der bote kam,
des tiuvels kraft ein ende nam
und ſprach zehant gên im niht mêr.
durch daz reine zeichen hêr,
daz mit des kriuzes kraft ergie,
der tiuvel ſîne rede lie:
daz zeichen in beherte,
ſînen gewalt ez werte.
die ſiechen wurden alle ſtunt
von dem zeichen wol geſunt.
der tiuvel niender mac geſtân,
ſwâ daz zeichen wirt getân.
dû trügenære, waz ſageſtû
von dînen valſchen goten nû?
heiz dînen witzelôſen ſin
geſwigen antwürte von in.
Dâvît hât bewæret dort,
daz Kriſt, daz reine gotes wort,
geveſtent habe der himele kraft.
diz iſt ſîn rehtiu bîſchaft,
als ez dort geſchriben ſtât:
»daz gotes wort geveſtent hât
der himeltugende volleiſt
und ſînes mundes ſüezer geiſt.«
daz wort iſt Kriſt, daz gotes kint,
mit dem ſie geveſtent ſint.«
Dô verſtuont ſich Thêodas,
daz er überwunden was.

der rede er alſô ſêre erſchrac,
daȥ er niht widerrede phlac.
daȥ ſüeȥe reine gotes wort
ruorte ſînes herzen ort
ſô ſêre, daȥ ſîn herze braſt
und daȥ im ein vil reiner gaſt
wart geſant von gote drin.
diu riuwe brâhte im in den ſin
des heiligen geiſtes kunſt,
der mit gotes ſigenunſt
den vîent an im überwant.
als im ſîn ſchulde wart erkant,
ſi rou in alſô ſêre,
daȥ er die gotes lêre
ſô rehte minnecliche enphie,
ſwaȥ er ſî gehaȥȥete ie
dâ vor in ſînen ſinnen,
daȥ began ers wider minnen
in ſînen ſin er ſî dô las.
ſô vîent er ir dâ vor was,
ſô holt wart er ir dar nâch.
im was von dem râte gâch.
vür Jôſaphâten er dô gie,
vür in viel er ûf ſîniu knie.
ſîn ſünde im tet von herzen wê;
vor dem künege er lûte ſchrê
»wir ſîn an diſen ſtunden
mit wârheit überwunden,
herzelieber herre mîn.
Jôſaphât, der ſun dîn,
des heiligen geiſtes rât
in ſînem reinen herzen hât.
Got hât an dirre ſelben ſtunt
mit uns geredet durch ſînen munt.
ay, ſüeȥer got, vil werder Kriſt,
welch ein reiner got dû biſt,
von dem ſîn zunge hât geſeit'
ay, ſüeȥiu kriſtenheit,
wie reht und wie gewær dû biſt!
wie grôȥ, wie ganz dîn leben iſt!

nû ſage mir, ſælden richiu tugent,
reiniu gotes erweltiu jugent,
iſt got ſô dêmuot, daȥ er ſich
geruoche erbarmen über mich,
ob ich ze ſînen hulden
nâch mînen grôȥen ſchulden
mit mîner buoȥe komen wil?
iſt ſîner güete alſô vil,
daȥ er mich niht verſmâhe
und mîne buoȥe enphâhe?«
»benamen,« ſprach der herre guot,
»ſîn güete dir genâde tuot,
ſwenne es dînes herzen ſin
mit rehten triuwen gert an in.
got, diu gewære wârheit,
gewære vreude hât geſeit
von aller der engel ſchar,
daȥ diu ſî mit vreuden gar,
ſô got den ſünder lêret,
daȥ er von ſünden kêret.
des werdent al die engel vrô.
noch ſprichet unſer herre alſô
»ich bin niht durch die rehten komen.
die diu ſünde hât benomen
deme himelrîche gar,
die ſol ich laden wider dar.
Noch trœſtet uns got anderswâ
ſus mit ſînem trôſte dâ,
den uns alſus ſîn lêre bôt
»ich lebe und wil niht den tôt
des ſünders, daȥ er ſterbe;
ich wil, daȥ er ſô werbe,
daȥ er von ſünden kêre
und erſterbe niemer mêre
und ân ende lebende ſî.«
hie ſolt dû rehte merken bî,
daȥ der gewære gotes trôſt
dich von ſünden tuot erlôſt.
dar an ſolt dû zwîveln niht,
als man dich im toufen ſiht,

ſo beſtât in dem toufe gar
ſwaz dû ſünden bringeſt dar,
und wirdeſt anderſtunt geborn
und gote ein reinez kint erkorn.
diz bewæret gotes wort
mit dem wîſſagen dort:
»weſchet iuch algemeine
und weſet iemer reine!
tuot von den gedanken hin
daz übel und den übeln ſin!
lât varn, daz ir übel tuot!
leiſtet unde lernet guot!«
diz lêret unſer herre got.
alſus nim an dich diz gebot:
ſwenne dû dich im ergîſt
und dû durch in getoufet ſîſt,
ſô lebe nâch der lêre ſîn
und hüete wol der ſêle dîn,
daz ſi got iemer mêre ſî
reine und alles wandels vrî.«
Dô der alte Thêodas
brâht an den gelouben was,
er gâhte dannen balde
in ſîn hol in dem walde.
ſwaz er dâ zouberbuoche vant,
diu verbranter ſâ zehant.
von dannen er dô kêrte,
als Jôſaphât in lêrte,
an jenen prieſter, den Nachor
ſuochte durch den touf dâ vor
der was in gotes lêre aldâ.
dô er in vant, er gap im ſâ
des herren wortzeichen dar.
dô des der prieſter wart gewar;
er neic im und der reinen hant,
diu ez hâte dar geſant.
der prieſter güetlich an ſich nam
den bekêrten Thêodam:
zuo dem gelouben wîſter in,
er toufte in in den namen drin.

der wart reht unde gewære
und gote ein predigære,
ein reiniu ſêle, lûter gar.
er machte ſich von ſünden bar
mit guoter werke ſtætekeit;
durch got er manege ſwære leit.
er kunde ſelten raſten.
mit gebete und ouch mit vaſten
ziert er mit vlîze ſchône
wol des gelouben krône.
Dô diz allez was geſchehen
und der künic hâte erſehen,
an ſwelhen rât er ie was komen,
daz im dar an was benomen
al ſîn gedinge, er was unvrô.
ſîne man beſanter dô,
er ſprach: »ir herren, mîne man
und mîne vriunt, nû ſeht dar an
und gebet mir wîſen rât dar zuo,
wie ich Jôſaphâte tuo.«
dô rieten ſie vil manege wîs.
dô ſprach der vürſte Arachîs:
»waz ſuln wir tuon oder lân?
wir haben allez daz getân,
des wir an Jôſaphâte
mit lêre und ouch mit râte
zem beſten ie gedâhten.
ſwie wir daz volbrâhten,
daz vervienc uns allez niht:
unſer lêre iſt im enwiht.
wart im mit ſcharpher drô gedreut,
wart er mit ſüezer rede gevreut,
daz was im allez als ein wint.
herre mîn, dîn liebez kint
hât lîhte von natûre den muot,
daz erz von natûre tuot.
daz machet in alſô ſtæte,
ſwie gerne er anders tæte,
daz ers doch niht gevolgen kan.
ſwaz alſô gerne tuot ein man,

wer mac in dâ von bringen
mit deheinen dingen?
È daʒ dû bringeſt in hie von,
des er von kinde iſt her gewon,
ſô tœteſtû benamen in
nû gert ouch vür baʒ niht ſîn ſin,
wan daʒ er durch Kriſt lige tôt.
diz dunket in ein ringiu nôt,
dar an iſt er unervorht.
tæteſt dû daʒ, ſô wær verworht
der väterlîche name an dir.
râtich dir wol, ſô volge mir.
ſît uns dekein wîſer rât
vervâhet noch vervangen hât,
ſô volge mîner lêre:
bit in vür baʒ niht mêre,
teile im väterlîche
en zwei dîn künicrîche.
ſwelhen teil er danne neme,
der im ze teile wol gezeme,
den ſolt dû im beſunder geben.
lâʒ in in ſînem teile leben,
als im danne beſte behage.
gip ein ende dîner klage,
ſwenn im diu rîcheit zuogât
und in unmuoʒe niht erlât,
ſô vergiʒʒet er vil gar,
des er ſus nimt gerne war.
belîbe er kriſten, daʒ lâ ſîn,
daʒ iſt ân die ſchulde dîn.«
des râtes was der künic vrô.
ſie jâhen algelîche dô,
dâ wær der beſte rât geſchehen
des wart mit volge aldâ verjehen.
Dô der ander morgen kam,
der künic ſîne vürſten nam
und ſwaʒ dâ ſîner manne was
und gie hin ûf den palas.
der junge reine gotes kneht,
begie dô ſîner zühte reht,
als ie diu edeln herzen tuont.
gên ſînem vater er ûfſtuont
und gên den andern vürſten dâ.
»ſun« ſprach der künic ſâ,
»nû bin ich aber zuo dir komen,
wan dû dich hâſt angenomen,
daʒ mich dîn munt entwerte
ſwes ich ze dir ê gerte·
ſô bin ich aber alſô hie.
nû ſolt dû rehte wiʒʒen, wie
und wes ich dich biten wil.
hie gib ich al der bete ein zil,
der ich ie ze dir getete:
diz ſî mîn jungeſtiu bete.
mir iſt geràten, daʒ ich dich
von mir ſcheide und daʒ ich
dir halben teil des rîches gebe
und ich eʒ halbeʒ, unz ich lebe,
habe und dar nâch lâʒe dir.
ſus wil ich ſcheiden dich von mir
wis du in dem teile dîn
und lâ mich in dem mînen ſîn
dâ lebe, ſwie dû welleſt leben.
ich mac niht mêre mich begeben
ſô maniger vreude, als ich nû hân
von dînen ſchulden her getân.«
Dô dâhte aber Jôſaphât,
benamen, daʒ der ſelbe rât
wær niht geſchehen und der teil
wan ûf des wânes unheil,
daʒ im der welte rîcheʒ guot
von gote drunge ſînen muot.
doch dâhter, daʒ eʒ wære
guot und lobebære,
daʒ ein kint daʒ tæte,
des eʒ ſîn vater bæte.
»lieber vater« ſprach er dô.
»diz wær mîn wille, ich wær es vrô,
daʒ ich der bete würde erlân,
wan ich gar verſprochen hân

dirre welte krankeȥ guot.
ich hâte des vil guoten muot,
daȥ ich ſuochte den, des rât
daȥ leben mir erzeiget hât,
daȥ iſt der liebe meiſter mîn.
ſît aber mich diu bete dîn
ſus erneſtlîche und dîn rât
dirre bete niht erlât,
ſô wil ich eȥ tuon durch dich,
ſît es dîn bete gert an mich.
ſît dû diz wilt, ich bin es geil.
nû teile, ich nim den einen teil,
als dû hie geſprochen hâſt,
wan dû mich ſîn niht erlâſt:
welher teil mir wirt benant,
den nim ich von dîner hant.«
Der künic was der rede vrô.
mit Jôſaphâte teilter dô
daȥ lant und al ſîn rîche,
die hêrſchaft algelîche.
der beȥȥer teil über al daȥ lant
wart Jôſaphâte aldâ benant.
dô wart alhie vil ſchône
mit des künicrîches krône
gekrœnet dirre gotes degen,
der des landes ſolte phlegen.
des rîches vürſten wâren dâ,
die ſwuoren ime hulde ſâ.
der künic ſînem kinde hie
vil grôȥe hôhgezît begie
mit küneclîchen êren.
dô dannen wolte kêren
der tugende rîche wîgant
von ſînem vater in ſîn lant,
der künic hieȥ die vürſten gar,
daȥ ſie mit küneclîcher ſchar
in vuorten hêrlîche
in ſîn benanteȥ rîche.
diz geſchach. ſie vuorten dan
den edelen tugende rîchen man,
als ſie der rîche künic bat.
des landes grœſtiu houbetſtat
in Jôſaphâtes teile lac,
diu gar des rîches veſte phlac,
dar inne er weſen wolte
mit hûſe, als er ſolte.
Nû die burger vernâmen,
daȥ die vürſten kâmen
und ir vil lieber herre,
ſie vuoren gên im verre
und enphiengen in mit vreuden wol,
als man noch enphâhen ſol
einen niuwen herren wert,
der ſîner hêrſchefte gert.
mit vreude enphienc er ſâ zehant
die ſtat, daȥ rîche und daȥ lant.
die vürſten er belîben bat
mit im in der ſelben ſtat
und bôt in michel êre.
die ſüeȥen gotes lêre
von dem himelrîche
ſeit er in güetlîche.
er lêrte ſie daȥ gotes wort
von anegenge unz an daȥ ort,
wie got geſchuof mit ſîner kraft
al der welte geſchaft
und wie er menſche dar nâch wart
die urſtende und die ûfvart,
den tôt, des tôdes ſigenunft,
die êrſten und die andern kunſt,
ſô got an der welte zil
diſe welt verenden wil.
leiter in mit wîſer kür
in maneger wîſer lêre vür.
der ſünder nôt, die ſeiter in
an der behaltenen gewin
und an des himelrîches kouf
riet er in und an den touf.
Von ſtunt ze ſtunt und tägelich
vleiȥ er mit ſüeȥen worten ſich,

wie er daȥ lant bekêrte
und gotes gelouben lêrte.
ûf die hôhen türne enbor,
ûf al die zinne und ûf diu tor
wurden kriuze vil geſat:
diz zeichen er wol êren bat.
er lêrte ſie des kriuzes ſegen;
des ſelben zeichens hieȥ er phlegen,
ſwâ der man vorht grôȥe nôt.
den liuten er dar nâch gebôt
diu betehûs, hôhe ûferhaben,
niderbrechen unde graben
die gruntveſte ûȥ der erde·
diu hieȥ er vil unwerde
ûȥbrechen algemeine.
daȥ golt und daȥ geſteine,
daȥ mit grôȥer rîcheit
an diu betehûs was geleit,
daȥ hieȥ er ſtœren unde nemen
er wolt eȥ niht lân gezemen
got an ein gotshûs anderswar.
man muoſteȥ vürder tragen gar.
die gote er verderben hieȥ,
dekeinen er belîben lieȥ:
diu bilde wurden gar verbrant.
ſwâ im ein apgot wart erkant,
den gotes zorn er an im rach
ir betehûs er gar zerbrach.
Nû was kriſtenliute vil
dâ vor lange manegiu zil
von ir lîbes ſorgen
mit vorhten gar verborgen
von ſînes vater vorhte,
die er mit vrävele worhte.
dô die diu mære vernâmen,
vil vrœlîche ſie kâmen
ûȥ den wüeſten wilden gar
zuo dem jungen künege dar.
vil minneclîch er gên in reit
und gruoȥte ſie mit werdekeit
und bôt in manige êre.
die ſüeȥen gotes lêre
hieȥ er ſie dô den liuten
vorſagen unde bediuten.
er hieȥ mit rîlîchen ſiten
in der ſelben ſtat enmiten
gote ein münſter machen
mit keiſerlichen ſachen
nâch gotlîchem ruome:
daȥ hieȥ er mit heiltuome
wol zieren unde wîhen ſâ.
nû was ein biſchof aldâ,
den ſîn vater ê vertreip,
durch daȥ er kriſten beleip,
den hieȥ er erzebiſchof weſen
und die gotes lêre leſen.
in dirre ſelben houbetſtat
wart ze erzbiſchofe geſat
dirre ſelbe erwelte gotes
und was dâ lerer ſîns gebotes.
Der künec hieȥ in den zîten
in einer apſîten
machen eine toufſtat,
die er mit vlîȥe zieren bat.
dar nâch mit ſüeȥen ſegenen guot
gewîhet wart des toufes vluot.
dô touften ſich zem êrſten
die vürſten aller hêrſten,
die edeln und die rîchen.
dar nâch begundeȥ lîchen
den rittern und der andern diet.
als in des küneges lêre riet.
ze allen zîten hieȥ er dort
die phafheit daȥ gotes wort
den leien künden unde ſagen.
man vant in den ſelben tagen
niht mêre kurzewîle dâ,
wan diu reinen êwangeljâ
ſagen unde bediuten
mit lêre den lantliuten.

er hieʒ machen alle ſtunt
die wîſen prophêten kunt,
diu vünf buoch von Moyſê,
die alten und die niuwen ê,
die boten, die epiſtolas,
den ſalter, die omêlias
unde ſwaʒ dem glouben gap
veſtenunge und urhap:
daʒ wart mit wîſer wârheit
den lantliuten vorgeſeit.
Sus gâhten an der ſelben zît
vrœlîch unde in widerſtrît
herhaft unde in maneger ſchar
die armen und die rîchen dar,
die gotlîche enphiengen dort
den touf und ouch daʒ gotes wort.
ſwie ſêre ſiech deheiner was,
in dem toufe er ſâ genas:
als im der dâ wart gegeben,
der ſêle und ouch des lîbes leben
beʒʒerte vrœlîche ſich
an den liuten tägelich.
ſô ſie von dannen kêrten wider,
diu betehûs ſie brâchen nider
und machten niuwe kirchen gote
nâch der kriſtenheit gebote.
liutkirchen, klôſter, biſtuom
der wart durch gotlîchen ruom
vil gemachet überʒ lant.
ſich tet diu kriſtenheit erkant
vil wîte in dem rîche.
den liuten kriſtenlîche
von dem künege in daʒ lant
wart guoter phafheit vil beſant,
die junge und alte lêrten,
wie ſie ze gote kêrten
herze, ſin und ouch vernunſt.
der rehten ſchrift lêr unde kunſt
wart in von gote in kurzer ſtunt
und von der phaffen lêre kunt.
Got und die gotes lêre
veſtent in vil ſêre
ein dinc, daʒ alhie geſchach.
ſwâ man niderbrechen ſach
durch der kriſtenheit gebot
diu betehûs der apgot,
ſô hôrten junge und alte dâ
die tiuvel lûte ſchrîen ſâ:
»wê! man wil uns vertrîben!
dâ wir ſolden blîben
und noch ſîn biʒ her beliben,
dâ müeʒen wir nû ſîn vertriben!«
ſwenne daʒ geſchrei geſchach,
ir iegelîcher rehte ſach
der tiuvel her mit vlühte ſîn
und klagen diſen grôʒen pîn.
diſiu vil grôʒe vorhte
wol an den liuten worhte
die kriſtenlîchen lêre.
ie mêre und aber mêre
began daʒ liut von ſinnen
got und von herzen minnen.
ouch kunde in guot vorbilde geben
des küneges reineclîcheʒ leben.
der ſô gar menſche engel ſchein,
daʒ menſchen name an im verſwein.
er was engel, menſche niht,
des muotes, als daʒ mære giht.
ſîn menſchlîch gemüete
was niht wan engels güete.
Nû nam der künic Jôſaphât
an der reinen ſchrift den rât,
den der gotes kneht Dâvît
den künegen ûf der erde gît.
er ſprichet: »künege. ir ſult vernemen.
lât iuch lêre wol gezemen.
die die erde rihten gar,
nemet der gotes lêre war!
dienet gote in vorhten wol,
ſît im in vorhten vreuden vol,

daȥ got deheines zornes phlege
und iuch von dem rehten wege
daȥ unreht iht bekêre.
ſô kürzlîchen vil ſêre
enzündet wirt der gotes zorn,
ſô werdent ſie ſælic erkorn,
die wol getriuwent an in.«
diz nam der künec in ſînen ſin
mit vlîȥe ûf gotlîchen lôn;
und einen rât, den Salomôn
der erde rihtæren tuot,
den nam vil gar in ſînen muot
Jôſaphât, der gotes kneht.
diu wîsheit ſprichet: »minnet reht,
die gerihtes der erde phlegen!«
den rât behielt der gotes degen
Jôſaphât der guote
mit vlîȥe in ſînem muote
und berihte wol ſîn rîche
mit ſælden zühteclîche.

Sus was ſîn vorbilde getân.
er kunde reineȥ leben hân,
er rihte wol ze rehte
dem ritter und dem knehte,
dem rîchen als dem armen.
in muoſte ſêre erbarmen
der armen arbeit unde nôt.
ſîn hant in manege helfe bôt
mit gotlîchem trôſte.
vil güetlîche er lôſte
der armen vil von ſwære,
von manigem karkære.
ſwer dem andern tet unreht,
daȥ machet er mit rehte ſleht.
ſwer umbe gelt gevangen lac,
daȥ gelt er balde vür in wac.
ſwaȥ er guotes ie gewan,
daȥ ſante der vil reine man
ûf endelôſen gewin
bî dürftigen gar vür ſich hin
ûf des himelrîches teil.
dar zuo gap im got daȥ heil,
ſwer ungeſunt hin zime kam,
daȥ er geſuntheit von im nam:
ſêle und lîbes ſælekeit
was alle ſtunt von im bereit.
ſîn geiſtlîch gemüete,
ſîn reiniu manlîch güete,
ſîn gebærde und ſîn leben
kundim der liute vriuntſchaft geben.

Gots und des Wunſches kinde
begunde ſîn geſinde,
ſîn guot, ſîn lop, ſîn êre
mit ſælden wahſen ſêre.
ſwie vil er rîch und rîcher wart,
ſô was er doch von hôhvart
alſô ſêre wol behuot,
daȥ ſîn heiliger muot
ie mit ſüeȥer güete
wuohs mit dêmüete:
des wart ſîn lop mit ſælden breit.
ſînes vater werdekeit
begunde ſwînen tägelich;
ſîn lop, ſîn êre hôhte ſich.
des vater guot gelücke ſwein;
ſîn êre zallen zîten ſchein
wahſende von tage ze tage.
ſîn vreude ſînes vater klage
begunde ſêre mêren,
ir kraft an wahſen kêren.
als hie vor in alter zît,
dô der wîſe künec Dâvît
über Saulen was erkorn.
dô der gediende gotes zorn
und er ſîn rîche verlôs
und got Dâviden erkôs
ze künege in Israhêl vür in,
dô wuohs Saules ungewin;
dâ wider krefteclîche
wuohs Dâvîdes rîche.

Saul verlieſende ſtarp,
gewinnende Dâvît erwarp
ein iemer werndeʒ rîche,
daʒ wert êwiclîche.
Alſus geſchach in beiden.
dem kriſten und dem heiden
iſt ze ebenmâʒe hie gegeben
Dâvîdes unde Saules leben.
Dâvîde alhie gelîchet ſtât
der gotes degen Jôſaphât;
Avenieres unreht gewalt
iſt ze Saule hie gezalt.
ir mære hânt gelîchen teil:
der unheil, der andern heil
gelîch an diſem mære ſint.
dô Avenier ſach, daʒ ſîn kint
rehte lebete unde er niht,
er begunde die geſchiht
merken in ſînem muote,
daʒ Jôſaphât an guote
mit êren rîchte und mit habe
und im gie zallen zîten abe:
diz dûhtin vil bezeichenlich.
dâ bî bedâhter rehte ſich,
wie Nachor mit wârheit
die heiden hâte überſeit
und ſîn meiſter Thêodas
in aller ſîner künſte was
âne wer gar überkomen
und den touf hâte an ſich genomen,
an den er was mit rehte brâht.
ouch wart des von im gedâht.
waʒ im ofte was geſeit
gewæres von der kriſtenheit.
Dar zuo von herzen ofte tet
Jôſaphât ſîn gebet
über ſînes vater leben,
daʒ im got geruochte geben
ein herze, daʒ in lêrte
daʒ er ſich zim bekêrte.
diz gebet erhôrte got.
durch ſîner dêmuot grôʒ gebot
ſant er mit vreuden ſchiere
dem künege Aveniere
ze lêre in ſîne ſinne
des heilegen geiſtes minne.
nâch der vil ſüeʒen lêre
rou in ſîn ſünde ſêre
und wolt ir gerne komen wider.
er ſaʒ mit ſînem râte nider,
mit triuwen ſuochter an ſie rât,
wie er ſîne miſſetât
und ſîne grôʒen ſchulde
gebuoʒte gotes hulde.
des wâren dâ genuoge vrô,
wan eʒ ſich dicke vüeget ſô,
daʒ ein man vil ungerne tuot,
daʒ in daʒ muoʒ dunken guot,
ob eʒ ſîns herren muotwille iſt.
ſus was dâ maneger, der an Kriſt
gelouben heinlîche jach
und eʒ doch überlût verſprach
ze liebe dem herren ſîn.
dô des heilegen geiſtes ſchîn
ſô ſêre in ſînem herzen bran,
im gerieten ſîne man,
daʒ er im Jôſaphâten,
ſîn kint, hieʒe râten,
wie er ze gotes hulden
kæme nâch ſînen ſchulden.
Dô der ander morgen ſchein,
dô wart der künic des enein,
daʒ er ſînes herzen nôt
mit brieven Jôſaphâte enbôt.
einen brief ſchreip er im dort,
dar an ſtuonden diſiu wort:
»geſuntheit, ſælde und alleʒ guot,
gelücke, vreude rîchen muot
enbiutet dir, ders wünſchen muoʒ,
und dar zuo väterlîchen gruoʒ

Avenier, der vater dîn.
herzelieber ſun mîn,
Jôſaphât, erwelteȥ kint,
mîn trôſt vür alle, die nû ſint,
mîn lîp, mîn liep, mîn ſælden wân
der hœhſten ſælde, der ich hân,
die ich ze herzen nâheſt trage,
merke, waȥ der brief dir ſage!
mich hânt gedanke manicvalt
ſô genomen in ir gewalt,
daȥ ich beſwæret ſêre bin.
mîn ſchulde hât mir mînen ſin
und mînen muot betrüebet ſô,
daȥ ich von herzen bin unvrô.
ſun, ich hân daȥ wol geſehen,
als ich muoȥ von wârheit jehen,
daȥ unſer dinc zergänclich iſt,
und ſwer gelouben hât an Kriſt,
daȥ dem ſîn ſælde vür ſich gât,
als got an uns bewæret hât.
Dû wær ie ſælden rîche;
ſô lebte ich kumberlîche,
ſît daȥ ich ſündehafter man
die kriſtenheit haȥȥen began.
ſwie vil mir rehter wârheit
von gote wart mit dir geſeit,
ſô was mîn herze doch bedaht
mit ſô nebelvinſterr naht
daȥ mir daȥ tumbe herze mîn
laſchte den gewæren ſchîn
der gotes lêre alſô gar,
daȥ ich des nam deheine war,
daȥ ich mit maniger wârheit ſach,
unde im rehter volge jach.
des ich in mînem muote
von gote ie jach ze guote,
daȥ widerrette ich überlût,
dar umbe ich, vil liebeȥ trût,
dicke hân beſwæret dich.
ich vleiȥ des ie leider mich,
daȥ ich dir zornic herze truoc
und manegen reinen kriſten ſluoc,
die mit gewârhaften ſiten
gên mir mit gotes helfe ſtriten.
owê der ſünden unde owê!
mîner ſchulde iſt leider mê
danne ich nû geſprechen müge.
owê mir armen! wê der trüge!
owê der valſcheit, mit der ich
alſô dicke wolte dich
an daȥ unreht verkêren
und valſcheȥ leben lêren!
Sun, daȥ lâ dich erbarmen
und wünſche mir vil armen
nû genâden umbe Kriſt.
mîn herze ein kleine erliuhtet iſt;
des iſt doch alſô kleine,
daȥ ich eȥ nenne ſeine.
in der naht der ſünden mîn
hât ſich ein kleiner liehtes ſchîn
in mînem muote enbrennet,
von des glaſte erkennet
daȥ herze mîn die miſſetât,
die mîn lîp gevrumet hât.
nû wil ein ander wolken dic
des kleinen liehtes kleinen blic
erleſchen unde betouben
und mich des liehtes rouben
daȥ iſt der zwîvellîche wân,
daȥ ich ſô vil geſündet hân,
daȥ mîn wân des zwîvel hât,
daȥ mîn iemer werde rât,
und Kriſte, dem vil ſüeȥen,
iemer müge gebüeȥen
nâch ſîner grôȥen hulde
die vil unrehten ſchulde.
daȥ ich im aptrünnic ie
was und im genâhte nie,
daȥ riuwe got; eȥ riuwet mich.
ſun, dû ſolt niht ſûmen dich,

dû helfes mir die lêre geben,
wie ich ſül redelîche leben
nâch mînen grôȥen ſünden.
daȥ ſoltû mir künden
mit dîner lêre, ſô tuon ich
ſwaȥ dû rehtes lêreſt mich.«
Dô Jôſaphât den brief gelas,
ſîn herze in grôȥen vreuden was.
den ſüeȥen tugende rîchen man
vil ſêre wundern began,
ob er die rede und die vergiht
ſolde glouben oder niht:
vil zwîvellîche was er vrô.
von den ſînen gienc er dô,
als er des vater ſchrift erſach,
an ſîn heinlîch gemach
in ſîne ſunder ſlâfſtat.
dâ was ein bilde in geſat,
nâch gote in kriuzewîs geſniten,
vor dem er mit gewenten ſiten
dicke herzeclîche tet
an got nâch helfe ſîn gebet.
als er vür daȥ bilde gic,
dô viel er nider an ſîniu knie.
dô bôt die hende und ouch den muot
ze gote dirre herre guot:
ſîner güete lobetin dô
ſîn munt, ſîn herze. er ſprach alſô:
»lop, genâde und êre
ſî dir nû und ie mêre
ân ende, in wernder ſtætekeit
von dîner hantgetât geſeit,
durch dîne güete, reiner Kriſt,
wan an dir der urhap iſt
der ſælde dîner hantgetât,
der leben in dîner krefte ſtât.
Nû wis gelobet, ſüeȥer got,
daȥ dîner güete grôȥ gebot
daȥ ſteinherte gemüete,
daȥ dir ie mit ungüete
gevremedet und verſteinet was,
daȥ der verhertet adamas
in mînes vater herzen iſt
dir vorgeweichet, ſüeȥer Kriſt.
herre got, des ſî dîn name,
der guote, reine, lobeſame
ân ende gêret iemer mêr.
Kriſt, aller künege ein keiſer hêr,
aller güete ein lebender brunne,
aller witze ein liehter ſunne,
aller ſorge ein vreudenzil,
rehter tugende ein wünneſpil,
ein ſchepher aller der geſchaft,
dîner ſterke lebendiu kraft
mac von aller wîsheit
niemer werden volleſeit.
daȥ hât diu genâde dîn
erzeiget an dem vater mîn,
der ie dîn vîent alle zît
was und dîn ſtæter widerſtrît.
daȥ dich der güete wil gezemen,
daȥ dû den wilt ze kinde nemen,
des müeȥe diu genâde dîn
gelobet iemer mêre ſîn.
dirre grôȥen milte rât
einen trôſt gegeben hât
und eine gnâde grôȥ an dir
dînem armen knehte mir.
Diz zeiget, daȥ dû, herre Kriſt,
aller güete ein krône biſt:
diz iſt ein trôſt der kriſtenheit.
niemannes ſünde iſt alſô breit,
ſwenne er dîner hulde gert
mit buoȥe, er werde ir ſâ gewert.
der genâden man ich dich,
daȥ dû geruocheſt hœren mich
und mîn alſô gedenkeſt,
daȥ dû mîn herze trenkeſt
von der wahſenden wîsheit,
die dîner wîsheit brunne treit.

lâ mir in daȥ herze mîn
ein vil kleineȥ rinnelîn,
von dînem brunnen rinnen,
daȥ ich mit wîſen ſinnen
mînen vater lêre,
wie er ſich dir bekêre
und dîn gebot im werde kunt
durch mînen ſinnekranken munt,
daȥ er erkenne dîn gebot
und daȥ er dich, vil milter got,
mit des gelouben gebote
rehte erkenne zeinem gote.
gib alſolhe lêre mir,
daȥ ich in ze knehte dir
gewinne nâch den hulden dîn.
geruoche dînes liehtes ſchîn
in ſînem muote enbrennen,
daȥ er wol künne erkennen,
daȥ dû got, vil gewære Kriſt,
ân urhap unde ân ende biſt.«
Dô diz gebet alſus geſchach
dem jungen Jôſaphâte jach
diu gotlîche wîsheit,
ſîn bete wære im unverſeit,
mit dêmuot würd er gewert,
des er hæte an got gegert
des lobter vlîȥeclîche got
mit reinem herzen, âne ſpot.
von dannen gienc er ſâ zehant
hin dâ er ſîn geſinde vant
mit rîcher küneclîcher ſchar.
die hieȥ er ſich bereiten gar
mit im in ſînes vater lant.
die bereiten ſich zehant
mit im in hôher rîcheit.
der künic Jôſaphât dô reit,
mit wirde vil vrœlîche
in Avenieres rîche.
dô er gevrieſch daȥ er kam,
ſîne vürſten er ouch nam;
mit grôȥem geſinde
reit er gên ſînem kinde
verre ûf ſîne zuovart.
vil wênec wart aldâ geſpart
ir vriuntſchaft mit gruoȥe.
ſie lieȥen ſich ze vuoȥe;
ſie hielſen unde kuſten ſich.
ir gruoȥ was vil vriuntlich,
den ſie einander tâten dâ.
ſie ſâȥen ûf, ſie riten ſâ
mit einander beide
mit vreuden, niht mit leide.
Dô wart aldâ vil ſchiere
von dem künege Aveniere
gemachet ein grôȥ hôhgezît
von ſînem künicrîche wît
wâren mit vil grôȥer ſchar
die grœſten herren komen dar.
nû nam der künic Jôſaphât
ſînen vater an einen rât
und ſeit im des gelouben wort
von anegenge unz an daȥ ort.
im wart von im vorgeſeit
diu gotlîche menſcheit,
der touf, daȥ leben und der tôt,
in den ſich got durch uns bôt,
diu urſtende und diu ûfvart,
und ſwaȥ an Kriſte ervüllet wart
nâch den reinen wîſſagen,
dô got in der gnâden tagen
was menſch unde got genant.
er tet im die kunſt erkant,
ſô got zer jungeſten zît
al dirre welte ein ende gît.
got ſante Jôſaphâte
den ſâmen, den er ſâte.
des küneges reineȥ herze bar
hundertvalten wuocher gar.
dem künege ſüeȥe und ſüeȥer was,
ſwaȥ Jôſaphât im vorgelas

der kriſtenlichen lêre.
ie mêre und aber mêre
wuohs in dem herzen ſîn
des glouben lichter ſchîn.
Des ſunes rede beȥȥert in.
ieglich wort ergreif ſîn ſin;
daȥ wart mit der gotes kraft
an im alſô berhaft,
daȥ eȥ mit bernder genuht
gap zehenvaltes wuochers vruht.
diu lêre im in ſîn herze kam.
im wart ûf ſînen wilden ſtam
ein lebendeȥ obeȥ gezwîet,
des ſüeȥe in hât gevrîet
von der helle rôſte wol.
diu zwî wurden ſchiere vol
in ſînem gemüete
der vruht nâch ſüeȥer blüete.
Jôſaphât, der reine man,
vienc ie die lêre wider an
und ſaget im ſî ſô dicke vor,
daȥ er ſînes herzen tor
gên gotlicher lêre ûfſlôȥ.
der gotes gnâden tou begôȥ
ſîne verſteinden ſinne.
des heilegen geiſtes minne
des tiuvels kraft an im vertreip.
diu gotes minne an im beleip.
in tet von zwîvel gar erlôſt
von gote ſînes kindes trôſt.
in trôſte ſîn vil ſüeȥer rât,
daȥ got ſîner miſſetât
niemer mêr gewüege,
ſwenn er den willen trüege,
daȥ er ſî wolde büeȥen
mit buoȥe in werken ſüeȥen.
Dô ſich der künec bekêrte,
als Jôſaphât in lêrte,
ſîner ſünden er verjach.
nâch buoȥe man in reinen ſach
gên dem gotes toufe ſich:
ſîn buoȥe was vil gotlich.
er lebete gar nâch gotes gebote
und hieȥ ſîne valſchen gote
brechen, den er was ſô holt,
und hieȥ daȥ ſilber und daȥ golt.
daȥ mit vil grôȥer rîcheit
an die gote was geleit,
alleȥ armen liuten geben
umb daȥ êwicliche leben
in dem himelrîche.
er bredicte offenlîche,
daȥ got mit einer drîvalt
wær ein got und ein gewalt:
drîvalt unde ouch reine,
mit drin namen eine,
die gotes drîvalt einekeit,
der drier namen underſcheit,
mit namen underſcheiden ſus:
pater, filius et ſpiritus ſanctus,
diu eine drîvalt einic iſt
ein got, daȥ iſt der reine Kriſt,
der ſunder hât in ſîner hant
ſwaȥ ie geſchephede wart genant:
die geſchuof gar ſîn gebot,
eȥ wart nie dehein ander got.
Diſe lêre lêrte ſus
der gotes kathecuminus
und veſtent eȥ vil ſêre
nâch kriſtenlîcher lêre.
ſus wart er ungelouben vrî,
reht geloube was im bî.
diu gotliche vorhte
in ſînem herzen worhte
vil reineȥ leben, des er phlac.
dô ſînes toufes zil gelac,
dô kam mit dêmüetlîchen ſiten
der erzebiſchof dar geriten,
von dem ich ê hân geſeit.
den gruoȥten wol mit werdekeit

die beide künege rîche
und enphiengen in güetlîche.
der gotes bredigære,
der rehte, vil gewære,
nâch dem gelouben dô began
vrâgen den vil reinen man
den er dâ toufen ſolde,
ob er gelouben wolde
Kriſt weſende einen got?
des gelouben gebot
jach im, daȥ er geloubte wol,
ſwaȥ kriſten man gelouben ſol.
als er des gelouben jach,
ſîn reht im aldâ geſchach
er kathezizierte in ſâ
mit gotlîchem ſegene aldâ.
Dar nâch vil ſchiere toufter in
vil werde in gotes namen drîn.
dô wart ze vater im erkorn
ſîn kint, daȥ von im was geborn,
dâ wart ſîn vater und ſîn tote
ſîn vleiſchlich kint in gote.
ſwaȥ bî dem künege vürſten dâ
was, die touften ſich dô ſâ.
dar nâch diu ſtat und al daȥ lant
wart geloubic ſâ zehant,
in gotes namen getoufet
und gote wider gekoufet.
junge, alte, arme und rîche
touften ſich algelîche
durch des hœhſten gotes gebot.
ſie brâchen alle ir apgot
und wihten münſter, kirchen gote
nâch der kriſtenheit gebote.
ſwaȥ ir deheinem arges war,
des wart er ledic unde bar,
als im wart der touf gegeben.
dô wuohs daȥ kriſtenlîche leben
über al daȥ künicrîche
mit gote kriſtenlîche.

ſus wuohs mit geiſtlîcher zuht,
dâ ê der ſünden was genuht,
ein übergenuht an güete
in des küniges gemüete:
ſîn leben wart vil geiſtlich,
von ſtunt ze ſtunt beȥȥert er ſich.
Avenier, der gotes degen,
begunde ſolher riuwe phlegen
umb ſîne êrren miſſetât,
daȥ er ſînes herzen rât
gar von dirre welte brach.
ſîn herze weltlich guot verſprach.
er gap eigenlîche
beidiu ſîniu rîche
Jôſaphâte und al ſîn guot.
er kêrte ſô gar ſînen muot
an got, daȥ er niht anders tet,
wan daȥ er ſprach ſîn gebet.
vil grôȥe riuwe er ſcheinde,
vil gerne er ie vereinde
von ſînem geſinde
bî ſînem lieben kinde
und tet im ſîne riuwe kunt
mit ſîner begihte alle ſtunt.
er was in ſolher riuwe
ze allen zîten niuwe,
von ſîner ſchulde in ſolher ſchame,
daȥ der gewære gotes name
alſô grôȥ im wart erkant,
daȥ er nie wart von im genant
volleclich durch ſînen munt.
ſwenne im wart ſîn ſünde kunt,
er begunde ſich ſô ſchamen,
daȥ er von ſünden gotes namen
ſelten ie genande.
ſô daȥ ſîn ſun erkande,
ſô gap er im trœſtlîchen wân
und hieȥ in allen zwîvel lân.
Alſus lebeter, daȥ iſt wâr,
gedulteclîche vier jâr:

ſîn ende nâhen dô began.
der reine gotes dienſtman
begunde ſiechen ſêre,
ſô ſêre, daȥ er mêre
niht getrûwete geneſen
unde in dirre welte weſen.
dô dâhter aber an ſîn klagen,
daȥ er in ſînen jungen tagen
alſô grôȥer ſünden phlac.
in ſolhen vorhten er gelac,
daȥ er von herzeriuwen grôȥ
mit ſînen ougen ſich begôȥ.
im tet vil wirs, danne der tôt,
diu vorhte, die ſîn ſünde im bôt.
mit vorhten er niht anders ſchrê
wan »owê mir armen! wê
mîner grôȥen miſsetât!
lât ſi mîn iemer werden rât?
owê mir armen! waȥ ich hân
gên mînem gote miſsetân!«
Jôſaphât, der reine, ſprach,
als er des vater zwîvel ſach:
»vater mîn, gehabe dich wol!
nieman an gote zwîveln ſol.
nieman ſô grôȥe miſsetât
in dirre welte hie begât,
der gotes genâden ſî doch mêr.
dû ſolt dîn zwîvellicheȥ ſêr
ûȥ dînem herzen gar verjagen,
an gotes gnâden niht verzagen.
Niemen volleſagen mac
unz an den jungeſten tac
die gotes gnâde. ir iſt ſô vil
mit zal iſt vunden ſchiere ein zil
des mannes ſünden, die er tuot.
unſer herre iſt alſô guot,
als er den man in riuwen ſiht,
daȥ er in lât verderben niht.
dô got an dem kriuze hienc
und durch uns den tôt enphienc
in ſterbender ſwære,
den ſterbenden ſchâchære
enphienc er durch die triuwe,
daȥ er mit grôȥer riuwe
was an des ſûren tôdes ſtat.
als er got genâden bat,
dô was er ſâ behalten.
got wil nieman verſchalten.
der an in genâden gert,
benamen, der iſt ſâ gewert,
ſwes er mit rehte gert an in.
diz ſolt dû nemen in dînen ſin
und lâ den grôȥen zwîvel ſîn.
got tuot dir ſîne güete ſchîn,
ſît dû den gelouben treiſt
und riuwe dîner ſchulde weiſt.
der touf dich gote gereinet hât;
gotes geloube dich niht lât
in dînen ſünden ſterben.
dir ſol dîn riuwe erwerben
der êwelîchen vreuden rât,
diu vreude ân ende iemer hât.«
Sus hât in des kindes trôſt
von ſînem zwîvel ſchiere erlôſt.
gên ſînem ſune kêrter dô,
weinende ſprach er alſô:
»herzelieber ſun mîn,
got müeȥe iemer gêret ſîn
des ſüeȥen tages und der ſtunt,
dô dû der welte würde kunt
und ouch ze trôſte mir geborn.
dû biſt mir niht ze kinde erkorn.
dû biſt des hœhſten keiſers kint,
des aller himele tugende ſint,
als dîn heilic leben giht.
ich wær dîn wert ze kinde niht.
wol mich, ſun, daȥ ich dîn ie
ze kinde künde gevie.
wie ſol ich gedanken dir,
daȥ alſô vil genâde an mir

dîn hôhiu güete erzeiget hât.
mir hât dîn wîslîcher rât
vür den tôt daȥ rehte leben
erworben unde wider gegeben.
daȥ ich genas, daȥ lêrteſtû.
ich was ê tôt, ich lebe nû.
dîn lêre mir daȥ leben bôt,
dô ich was in ſünden tôt.
dîn rât mich gote wider gewan.
dô ich abtrünnic im entran.
dû hâſt mir verſüenet got,
des lône er dir durch ſîn gebot:
er kan und mac wol danken dir
des dû begangen hâſt an mir.«
Alſus nâhet im der tôt.
ze himel er die hende bôt.
als er den gotes lîchamen
enphie mit rehte in gotes namen.
er ſprach: »herre vater, Kriſt,
ſît dû mîn rehter ſchepher biſt.
ſo bevilhe ich den genâden dîn
die vil armen ſêle mîn.
nû ſende mir in dirre nôt
durch dînen heiligen tôt
alſô gnædeclîchen trôſt,
daȥ ich von nœten werde erlôſt!«
dô nam ſîn leben ein ende.
von diſem ellende
vuor er gedulteclîche.
zuo dem gotes rîche
wart er mit himelvreuden grôȥ
brâht in Abrahâmes ſchôȥ:
dâ lebet er iemer mêre.
dôt war er vil ſêre
geklaget von den ſînen.
die lieȥen jâmer ſchînen.
als in der jâmer gebôt
umb ir vil lieben herren tôt.
dô wart der künic angeleit
âne küniclîchiu kleit
mit einem hemede hærîn.
daȥ tet der liebe ſun ſîn
in einvaltlîcher güete
durch rehte dêmüete.
Dâ was an dem ſelben tage
von Jôſaphâte grôȥiu klage,
und jæmerlîch gebâren
von allen, die dâ wâren.
mit kriſtenlîchem rehte
wart von dem gotes knehte
mit jâmer, ſunder lôsheit
der künic Avenier geleit.
des küneges jâmer was ſô grôȥ,
daȥ er weinende begôȥ
ſînes lieben vater grap.
die ſêle er mit gebete ergap
dem gote, der uns lôſte
von der leiden helle rôſte.
der edel künic rîche
ſprach vil dêmüetlîche:
»herre, ich lobe dich, reiner Kriſt,
daȥ dû ſô genædic biſt
und alſô grôȥe güete hâſt,
daȥ dû verderben niemen lâſt,
der genâden gert an dich.
daȥ dû hâſt erhœret mich
über den lieben vater mîn,
des müeȥe dîn name iemer ſîn
gelobet, gerüemet, gêret,
daȥ er von dir bekêret
zuo dînem gelouben wart
und nû ze ſîner hinevart
mit ſolher riuwe hât ſîn leben
verendet und ſich dir ergeben.
Kriſt, herre, lâȥ im werden ſchîn
die endelôſen güete dîn
und ruoche in zuo dir leiten
von der helle arbeiten
zuo dînem himelrîche,
dâ er êwicliche

dîn reine antlütze schouwe.
mit dînem süezen touwe
geruoche im senften sîne nôt
durch den menschlîchen tôt,
den dû, herre, umb uns erlite.
sô vergiz der alten site,
der er leider manigen tac
mit sündehaftem muote phlac.
swâ sîn sünde sî geschriben
und daz buoch noch ganz beliben,
die schrift heiz alle tilgen abe,
daz im dehein buochstabe
vor dir gebe der sünde vluoch.
heiz in an der lebenden buoch
den rehten schrîber künden.
swâ er mit houbetsünden
habe gedienet dînen zorn,
herre got, daz sî verkorn.
ouch sante dir hie vor sîn swert
manegen reinen erben wert;
die ruoche im ouch mit minnen
ze vriunde gar gewinnen.
Herre got, des bite ich dich.
dir ist niht unmügelich,
wan ân erbarmherze sîn.
swer suochet die genâde dîn,
daz dû den von dir verjagest
und dîne hulde im versagest
und über in niht erbarmest dich,
daz ist dir vil unmügelich:
des andern hâst dû gar gewalt.
diz ist unmügelich gezalt
dîner gotlichen kraft.
swâ in sîner sünden haft
beheftet habe von schulden,
dâ lâ mit dînen hulden
brechen sîner sünden bant.
herre got, nû wis gemant,
wie er dir in des tôdes nôt
mit riuweclîchem herzen bôt

an die grôzen güete dîn
sînen geist, die sêle sîn:
der ruoche ein lieht, ein ruowic leben
vor dînem antlütze geben,
daz er daz iemer sehende sî.
mach in vor allen nœten vrî;
zeig im, herre, lieber Krist,
daz dîn genâde bezzer ist,
danne gên uns sî dîn reht:
des lâ geniezen dînen kneht
und heiz in ruowen iemer mêr
in dînem vride ân allez sêr.«
Diz gebet mit grôzer klage
treip er gar die sîben tage,
daz er von dem grabe nie
mit sînem willen vuoz gegie.
der jâmer, daz gebet in twanc,
daz er az wênec oder tranc
und beidiu naht unde tac
selten senfter ruowe phlac:
im was niht wan gebetes gâch.
über ahte tage dar nâch,
dô der sîbende ergangen was,
dô gie er ûf den palas:
die armen er besande
von allem sînem lande;
den teilter rîlîche dort
sînes vater grôzen hort,
der lange was behalten dar
von sînen altvordern gar.
er lie deheinen âne guot
von im gân mit armuot.
swâ er die edeln armen sach,
den buozter gerne ir ungemach
rîlîche mit sîner habe.
sus nam er im selben abe
die weltlîchen bürde,
swenn er dringende würde
dort durch daz enge tor
daz sî in behabete iht dâ vor.

ſwaʒ man iender überʒ lant
armer dürſtigen vant,
die machet er wirdecliche
nâch ir wirde rîche.
Nû diz geſchehen was alſô,
einen hof gebôt er dô,
daʒ beidiu rîche und arme gar
von ſînem lande kæmen dar.
als er ſînem vater hie
den drîʒigeſten tac begie
mit gehügede, daʒ er ſtarp
und an dem lîbe verdarp,
als ir habet von mir vernomen,
dô wâren die lantherren komen
mit vil grôʒer werdekeit,
als uns daʒ mære hât geſeit,
als eʒ dem hove wol gezam.
der künec an ſich die vürſten nam
und gie mit grôʒen witzen
an daʒ geſtüele ſitzen,
als er gerihtes wolde phlegen.
mit witzen ſprach der gotes degen:
»vernemt, ir herren, hœret mich,
ſehet, wie gar trügelich
dirre welte lôn geſtât!
wie jæmerlîche ſi zergât,
wie kurzlich ir werdekeit
wirt an dem ende hin geleit,
daʒ iſt leider worden ſchîn
an dem lieben vater mîn,
dem künege Aveniere.
ſeht, wie rehte ſchiere
ſîn lîp, ſîn kraft, ſîn leben, ſîn muot
ein ende hât und ouch ſîn guot!
Seht, wie ſchiere ein bote kam,
der im al ſîn êre nam
und al die rîcheit, der er phlac!
ſeht, wie jæmerlîche er lac!
merket, ſwie rîch er was ie,
daʒ in der tôt doch niht erlie,
er müeſe im werden undertân!
diz mohte niemen underſtân:
guot, noch lîp, noch mâc, noch man,
ſwaʒ er des alles ie gewan,
daʒ was im gar an helfe ein wint,
und ich, ſîn vil liebeʒ kint,
mohtin dâ vor niht bewarn,
er müeſe an daʒ gerihte varn
und müeʒe rede aldort ergeben,
wie in gewîſet hât ſîn leben,
weder wirs, wol oder baʒ.
im was unſer helfe laʒ;
ſeht, wir muoſten hie beſtân,
er mohte niemen mit im hân,
der mit helfe dekein wort
geſprechen müge vür in dort:
wan ſô vil, ſwaʒ er guotes hie
mit almuoſen ie begie,
daʒ vindet er dort, anders niht.
diu vorhtliche zuoverſiht
iſt uns allen vürgeleit.
kunſt, geburt noch rîcheit
mac uns dâ vor niht bewarn.
wir müeʒen alle hinnan varn,
dâ uns wirt der lôn benant,
der von uns wirt hin vürgeſant.
Nû hœrent alle, die hie ſîn,
mâge und man, die vriunde mîn.
daʒ gotes heilic erbe grôʒ,
durch die er ſîn bluot vergôʒ,
die Kriſtes tôt erlœſet hât
von süntlîcher miſſetât,
ich darf iu des hie niht ſagen,
wie ich hân in mînen tagen
her gelebet an diſe ſtunt:
mîn leben iſt iu allen kunt.
ir wiʒʒent daʒ wol, ſît der vriſt
daʒ ich geloubic wart an Kriſt,
daʒ ich ſelten ie den muot
kêrte an dirre welte guot,

wan eȥ ſô leitliche zergât.
nû was ie mînes herzen rât,
daȥ ich der welte lieȥe ir trüge
und mich ze gote von ir züge:
des irte mich mîn vater dô.
ſît vuogte eȥ unſer herre alſô,
daȥ in mîn lêre lêrte,
daȥ er an got ſich kêrte
mit gelouben und mit muote.
ouch vuogte got der guote,
daȥ iu ſîn lêre wart erkant
und ir ſît ſîniu kint genant;
des lêre ſult ir ſtæte hân
und niender von dem wege gân
ûȥ gotes gelouben. minnet got!
als ir erkennet ſîn gebot,
dar nâch lebet und anders niht,
wan als iu gotes lêre giht,
daȥ ir ſîn wirdic müget ſîn:
daȥ râte ich ûf die ſêle mîn.
Eȥ nâhet nû, daȥ wiȥȥet ir wol,
daȥ ich den antheiȥ leiſten ſol,
den ich gote hân getân.
ich wil weltlîche wünne lân
und wil gehaben mich an got.
ſwar mich wîſet ſîn gebot
dâ wil ich mînes herzen ſin
nâch ſîner lêre kêren hin,
dâ ich im iemer büeȥen wil
unz an mînes lîbes zil
mîne ſchulde, ſwâ ich hân
gên ſînen hulden miſsetân.
nû müget ir niht alſô geneſen,
daȥ ir ſult âne herren weſen:
ein künic muoȥ iu wol gezemen,
den ir ze rihter müeȥet nemen,
der des rîches krône trage.
nû ſeht, wer iu dar zuo behage,
und nemt den, ſît im undertân
mit ſtæte, ſunder valſchen wân.
leiſtet gerne ſîn gebot,
daȥ minnet Kriſt, des vrides got.
ſwenn ir mit vride gerne ſît,
ſô wont iu bî des vrides zît.
iu machet vride êr unde guot:
ob ir ſîn reht mit rehte tuot,
ſô werdent ir des vrides vrô.«
die herren ſprâchen alle dô
mit rehten triuwen, ſunder ſpot:
»herre, niene welle got,
daȥ wir dich verlieſen
und iemer uns erkieſen
deheinen herren, wan dîn.
dû ſolt die rede lâȥen ſîn,
daȥ dû vür dich deheinen gebeſt
ze herren uns, biȥ daȥ dû lebeſt.«
Diz verſprâchen ſie ſô gar,
daȥ er wart an in gewar,
daȥ eȥ der vil werden diet
ſunder valſch ir triuwe riet.
er ſprach: »nû lât die rede ſtân,
ich wil mîn rîche ſelbe hân.«
hie mite entſageter ſînen muot.
der edele ſüeȥe herre guot,
Jôſaphât, der ſælden barn,
gap in urloup und lie ſie varn
wider ze herbergen dan:
vil ſêre er trûren dô began.
dô kom Bârachîas,
der ie der kriſten kemphe was,
als ich tet hie vor bekant.
den hâte an ſich aldar beſant
der edel künic Jôſaphât.
er gie an einen ſunderrât
mit diſem vürſten rîche,
beſunder, vil heinlîche.
vil güetlîche ſprach er zim:
»Bârachîâ, vriunt, vernim
ein teil nâch mînes herzen gir
des ich alhie wil ſagen dir.

dû weiſt wol, wie mîn dinc nû ſtât.
daz des mîn herze willen hât
daz ich niemer mêre
gewinne weltlich êre
noch zergenclichez guot:
dar ûf ſtêt vil gar mîn muot.
Nû behaget mir niemen baz
(vür wâr ſoltû gelouben daz)
in diſem rîche, danne dû.
durch daz wil ich dir bieten û.
tugende rîcher wîgant,
des landes krône und ouch daz lant,
und bite dich des, daz duz nmeſt.
ſît dû der krône wol gezeme,
vür al die vürſten, die hie ſît.
wan dû wære ie gotes kint,
dô niemen hie geloubic was.
dô ſprach Bârachias
»owê, herre, ſüezer man.
wan gedenkeſtû dar an,
daz unſers herren Kriſtes rât
mit lêre daz geboten hât,
daz man den næhſten minne
mit herzenlichem ſinne,
nû bin ich ein der næhſte dîn.
nû vâreſtû der ſælden mîn
ob dich daz weltliche guot
dunket üppic, als ez tuot,
wil dû danne gunnen mir,
des dû wilt ſelbe erbunnen dir,
ſô biſt dû mir niht alſô holt,
ſô dû nâch gotes lêre ſolt.
ſwaz dû dran vürhteſt, daz vrhtich.
vürhteſtû des, daz ez dich
verlieſe, ſô wirdich verlorn,
wirt ez mir vür dich erkorn
ſô wildû verlieſen mich.
wildû dâ von behüeten dich.
ſô ganſt dû wider gote mir,
des dû niht wilt gunnen dir.«

Dô ſweic der künic Jôſaphât.
er gie von dan und lie den rât.
dô des tages lieht verſwein
und diu kunſt der naht erſchein.
dô hiez ſich lâzen eine
Jôſaphât der reine:
in ſîner kamern er beleip.
mit ſîn ſelbes hant er ſchreip
einen brief den vürſten dort.
dar an zeigten ſîniu wort
den vürſten ſînes herzen muot.
er ſchreip in liep und allez guot,
ſînen gruoz und ſînen ſegen
und bat got ir heiles phlegen,
und wie ſie leben ſolden,
ob ſie got minnen wolden
er ſchreip in gotes lêre gar.
dar nâch ſchreip er der werden ſchar.
daz niemen ſolde ir krône phlegen
wan Barachias, der gotes degen,
der ie von herzen minte got
diz was ſîn bete und ſîn gebot.
alſus liez er den brief aldâ;
von dannen huop er ſich dô ſâ
vil heimliche ûf ſîne vart,
daz es nieman innen wart,
ê daz diu naht ein ende nam
und der ander morgen kam.
dô man den brief und in niht vant.
dô wart ez in êrſt erkant.
Nû wart von der vürſten ſchar
ein michel zuolouf aldar.
dô man des brieves ſchrift gelas
und ſwaz dar an geſchriben was,
dô wart daz geſchrei vil grôz.
der jâmerregen in begôz
in klagenden riuwen ir gewant.
ſie gebuten ſâ zehant
arme und rîche gâhen,
ir lieben herren vâhen

und ſuochen den gewæren man.
ſie randen hin, her unde dan:
die ſtrâʒe wurden gar verſat.
nû was er komen an eine ſtat,
dâ er ûf ſîner venje lac
und ſprach ſînen mitten tac,
daʒ wir heiʒen ſexte zît,
ſô der ſtunde zît gelît,
daʒ got Kriſt, der ſüeʒe,
durch hende und ouch durch vüeʒe
genagelet an daʒ kriuze wart.
die zît begie ûf ſîner vart
Jôſaphât, der herre grôʒ,
bî einem waʒʒer, daʒ dâ vlôʒ.
dâ wart er an den ſtunden
von den ſînen vunden.
dô ſach er, daʒ ſie grôʒe klage
gehabet hâten an dem tage;
daʒ ſie vunden in alſô,
des wâren ſie von herzen vrô.
Sie verwiʒʒen im die vluht.
der herre ſprach mit ſchœner zuht,
als im ſîn werdiu zuht gebôt:
»ir arbeitet iuch âne nôt,
wan ich benamen unz ûf mîn zil
niemer mêre werden wil
alhie künic überʒ lant.«
ſie vuorten in von dan zehant
ûf ſînen palas wider dan.
dô ſwuor der gotes dieneſtman,
daʒ er niemer mêre
wolde weltlich êre
weltliche gewinnen,
noch weltlich guot geminnen.
er ſprach: »vil lieben vriunt, ich hân
daʒ mîne gar gên iu getân.
ir ſît nû gote bekêret;
ouch hân ich iuch gelêret
die reinen gotes kriſtenheit.
ich was iu zaller zît bereit,
ſwes iu ze lêre tohte,
mit lêre, ſwâ ich mohte,
ſît daʒ ich gote kriſten wart.
nû wil ich leiſten eine vart,
der mir ie was ze muote.
dô ich von iuwer huote
wolte entrinnen unde entran,
dô wîſte ich iuch an einen man,
der gote und iu gezimt vil wol,
an den ich wil und râten ſol.«
Dô nam er, den ich hân genant,
Bârachîam bî der hant.
er ſprach: »diz iſt der, den mîn rât
ze herren iu gegeben hât:
der ſî iuwer künec vür mich.«
der hêrſchaft werte er ſêre ſich;
doch wart im an der ſelben ſtat
ûf ſîn houbet dâ geſat
gewalteclîche ſchône
des künicrîches krône
und ouch des rîches gewant
im angeleit. an ſîne hant
ſtakt im der liebe herre ſîn
des künicrîches vingerlîn.
als er ze künege was erkorn,
dô wart im hulde ſâ geſworn:
die herren vür in giengen,
ir lêhen ſie enphiengen,
ir lant, ir landes genieʒ,
alſô Jôſaphât ſie hieʒ
und ſie wîſte ſîn rât.
der gotes erwelte Jôſaphât
viel ûf ſîniu blôʒen knie
vor den werden vürſten hie.
in guoter andâht er daʒ tet.
er ſprach ze gote ſîn gebet
über des niuwen küneges leben,
daʒ im got heil geruochte geben.
dar nâch bat er über al die ſchar,
daʒ ſî got behuote gar

von houbethaften ſchulden
in ſînen ſüezen hulden.
Dô diz gebet alſus geſchach
mit zühten er zem künege ſpach:
»bruoder, ich wil râten dir:
daȥ ich dir ſage, des volge mr.
got hât gewalteclîche
dich über al diz rîche
zeinem rihtære gegeben:
nû ſolt dû rihten wol dîn lebn.
dû minneteſt got, ê daȥ dû
gewunneſt diſe rîcheit nû,
dem ſolt dû gerner dienen ba
dan ê. lâ ſagen dir durch waȥ
er hât bevolhen dir ſô vil,
daȥ er an dir verſuochen wil,
wie dû phlegeſt ſîner diet.
von al den vürſten er ûȥſchie
zuo des rîches krône dich.
nû iſt daȥ vil unzwîvellich,
daȥ ſich der ſite niht verbirt
ſweme vil bevolhen wirt,
man eiſche deſte mê von im.
lieber bruoder, daȥ vernim
und ſich, daȥ dû dich ſô bewrſt,
ſô dû ze rechenunge varſt
vür dînen ſchephære,
daȥ danne ſî gewære
gên im diu widerrede dîn.
dû ſolt reht unde gewære ſîn
guoten vride machen
mit vridelîchen ſachen.
Dir ſî daȥ vür wâr geſeit:
daȥ urhap aller wîsheit
iſt diu grôȥe vorhte gotes.
dû ſolt mit vorhte ſînes geboes
zallen zîten hüeten,
dich ſelben dêmüeten
gote in dînem muote gar:
nim der gotes lêre war!

vür alliu dinc minne got;
erbarmherze iſt ſîn gebot.
ſich, daȥ dir der welte guot
iht ze hôhe trage den muot.
daȥ dû ze nider valleſt iht:
hôhvart iſt vor gote enwiht,
wan Lucifer durch hôhvart
von himele hin geworfen wart.
»ſælic die dêmüeten ſint,«
ſprichet Kriſt, daȥ gotes kint.
wis milte dînes guotes
und dêmüete des muotes.
dû ſolt dich lân erbarmen
die nôtdürftigen armen.
dîn gerihte ſol gelîchen
die armen zuo den rîchen;
eȥ ſol gelîch ſîn unde reht,
ebengelîch, in allen ſleht.
wis worte und werke kiuſche,
mit wârheit âne getiuſche!
wis ein widerſatz der lüge,
dû ſolt haȥȥen valſche trüge!
Lâ dir ſîn unmære
ſpot und die lügenære;
lâ die bî dem râte dîn,
die reht unde gewære ſîn.
wis ſtæte, an triuwen veſte.
noch râte ich dir daȥ beſte,
daȥ dû der ſêle hüeteſt wol,
wan diu vil leider dulten ſol,
ſwaȥ der lîp alhie getuot,
eȥ ſî übel oder guot.
diz ſolt dû gote ſtæte lân,
als ich dir gerâten hân:
daȥ iſt dir guot und ſæleclich.
dû ſolt gerne vlîȥen dich
daȥ dû ſô redelîche lebeſt,
daȥ dû den guot bilde gebeſt,
die dir got bevolhen hât,
wan al ir wîſunge an dir ſtât.«

zuo den vürſten kêrter ſich.
er ſprach: »ir herren, ouch wil ich
iuch in gotes namen biten,
daȥ ir mit zühteclichen ſiten
geſtêt iuwerm künige bî.
ſwaȥ in alhie gelêret ſî,
daȥ helfet vollebringen wol,
wan er mit iuwer helfe ſol
iuch rihten unde lêren.
ir ſult mit triuwen êren
got und in mit ſtætekeit,
als ich hân iu und im geſeit.«
Sus viel er ûf ſîniu knie
vor den vürſten aber hie
unde bat weinende got
in in ſtæten diz gebot.
dô weinden herzecliche
arme und dar zuo rîche,
als ie die getriuwen tuont.
von dem gebete er ûfſtuont.
er ſprach zuo der getriuwen ſchar:
»nû nâhet balde, daȥ ich var.
nû bitent got, daȥ er ſich
geruoche erbarmen über mich
und ſîn gebot mir mache kunt.«
den künic kuſter an den munt,
dar nâch die getriuwen diet.
mit urloub er dô dannen ſchiet.
dô volgeten im ſîne man
lange weinende dan.
ſie ſprâchen: »owê, herre Kriſt!
daȥ dîner güete ſô vil iſt
und dû nû diſem rîche
ſus ungenædecliche
tuoſt an dem beſten man,
den lant ze herren ie gewan.
owê des ängeſtlîchen ſchaden,
der uns nû hât überladen
an unſers lieben herren vluſt!«
in lange ſehen was ir geluſt:
dô was im von in vil gâch.
ſie giengen weinende nâch,
biȥ daȥ in und ouch die diet
diu naht von einander ſchiet.
Alſus gie vrœlîche
von ſînem künicrîche
der edele, reine, guote
mit ſo vrœlîchem muote.
ſô ſêre er vreuen ſich began,
rehte als ob ein vremeder man
in herzeclîcher ſwære
in dem ellende wære
und daȥ ellende wolde lân
und vrœlîche wider gân
zuo ſînen vriunden in ſîn lant.
noch wart im grœȥer vreude erkant
eȥ dûhte ſînes herzen muot
ein ellende der welte guot;
dem hâte er ſich durch daȥ benomen,
daȥ er zer heimuot möhte komen,
die got alſô geſtætet hât,
daȥ ſî niemer mêr zergât.
owê, wer volget diſem man?
owê, wer gêt mit ime dan?
wer wil ſîn ellende lân,
mit im hein ze lande gân,
ich meine, ûȥ ſînen ſchulden
zuo den gotes hulden?
owê, wie eine er dannen gât!
wie eine er diz ellende lât!
wie eine er gert der heimuot!
owê, wie einic er daȥ tuot!
owê, wie ſîne vürſten ſtânt,
daȥ ſie mit im von dan niht gânt!
Hie meine ich dirre welte kint,
die mit houbetſünden ſint
und in den ſô ſtille ſtânt
und niht mit dem rehten gânt
ûȥ den ſünden in daȥ leben,
dem niemer ende wirt gegeben.

owê. war gât nû Joſaphât,
daȥ manec ſîn vriunt ſô ſtille ſtât.
der ich leider einer bin,
der ſtille ſtât und lât in hin
in die rehten heimuot gân?
nû wil ich in niht eine lân
und wil im geſelleſchaft
mit geſelleclicher kraft
leiſten mit dem mære.
der reine unwandelbære
gie noch mit grôȥer rîcheit
küneclîche wol bekleit
mit rîchen kleiden guot genuoc.
an ſîner blôȥen hût er truoc
daȥ herte hemede hærîn,
daȥ im ê gap der meiſter ſîn.
der herberge nôt in treip,
daȥ er die ſelben naht beleip
bî einem alten armen man;
der hâte von den liuten dan
an einer einœde eine
gemachet ein hûs kleine.
bî dem was er dâ die naht,
der ie nâch gotes rîche vaht.
dô er des morgens dannen gie,
ſîniu kleider er dâ lie
durch got dem armen alten.
der in hâte behalten.

Dô diz almuoſen gap ſîn hant,
eȥ wart daȥ leſte guot genant,
des er von dirre welte habe
ſich tet durch gotes willen abe
ſus truoc er dan ſîn hærîn kleit,
von dem ich ê han geſeit.
er truoc vür des hungers nôt
weder kæſe. vleiſch noch brôt,
noch diz noch daȥ, wan gotes ſegen.
der ellenthafte gotes degen
truoc des durftigen gebet
und maneges armen, dem er tet
durch got mit ſînem guote wol.
ſîn lîp was reiner güete vol:
ze gote ſtuont ſô gar ſîn muot,
daȥ er als ein glüendiu gluot
begunde in gotes minnen
ie mêre und mêre brinnen.
dô durſte ſînen gedanc
ûf des lebenden brunnen tranc.
des ſüeȥe niemer mê zergât:
von dem Dâvît geſprochen hât.
der gotes wîsſage wert:
»als der hirȥ der waȥȥer gert,
alſô gert mit rehter gir
mîn ſêle, herre got. zuo dir.
eȥ dürſtet mîne ſêle gar
zuo dînem lebenden brunnen dar,
wenn ich ſül komen unde ſehen,
vor gote ſîn antlütze ſpehen.«

Alſus durſte in gotes gebote
ſîne ſêle gar nâch gote,
als ouch Salomônes wort
von gotes minne ſprichet dort
»zeige mir daȥ antlütze dîn,
eȥ hât ſô minneclîchen ſchîn;
vil ſüeȥe ſtimme hat dîn munt
von dîner minne bin ich wunt.«
mit werken zeiget er diſiu wort.
wan er gar der welte hort
und ir vil grôȥen rîcheit lie,
dô er von ſînem lande gie
und von dem grôȥen rîche,
und ſô gar ärmecliche
gerte an der einœde weſen
und âne diſe welt geneſen.
ze gote ſchrei er alle ſtunt:
»herre got, nû tuo mir kunt,
wâ ich den lieben kneht dîn
vinden ſül, den meiſter mîn,
der dîn gebot mich lêrte
und mich zuo dir bekêrte.

herre got, gip mir den muot,
daz mich der armen welte guot
iht jâmers nâch ir twinge.
tuo mir, als ich gedinge,
und hüete mîner ſinne
ſtæte in dîner minne.
tuo mich der welte lônes vrî.
wis mir genædecliche bî.
ſunder ſüntlîchen vlec
geruoche rihten mînen wec
vür dîne geſiht. herre got,
ûz dirre welte in dîn gebot.
ſtæte daz gemüete mir,
daz ich belîbe ſtæte an dir.«
Diz was ſîn ſtætez gebet,
daz er ie in der wüeſte tet.
waz ſîn ſpîſe wære?
der guote, unwandelbære,
Jôſaphât, der gotes trût,
az niht wan wurzel unde krût.
diu wüeſte was ſô dürre erkant,
daz er dâ wênec wazzers vant.
den zâdel und die armekeit
er vil dêmüetlîche leit.
diz was dem nîdære,
dem leiden tiuvel, ſwære:
der herren ſtæte in gar verdrôz,
daz diu gên gote was ſô grôz
in gotlîcher minne.
er ſante in ſîne ſinne
dicke jâmer in dem muote
nâch ſînem grôzen guote.
vil ofte er im vor erſchein,
als ſîner junkherren ein
unde als ein ſîn liebſter man
und mant in dicke dar an,
daz er diz ärmeclîche leben
ſolde lâzen unde begeben
und aber rîlîche
næme ſîn künecrîche.

Dar nâch, ſô diz alſus geſchach,
mit übele er in komen ſach
und an in kêren manige drô
dâ wider ſazter ſich alſô,
daz er mit werlîcher art
niemer überwunden wart.
in manege wîs verſuochter in
und ſînes herzen ſtæten ſin:
mit ſwerten er dik ûf in dranc
und wolte krenken den gedanc,
der herter danne ein adamas
gote an rehter ſtæte was.
er dreute, er wolde in ſlahen nider,
ob er niht ſchiere kêrte wider.
dâ kêrte ſich vil wênic an
Jôſaphât, der reine man.
etswenne machete er ſich
ze grôzen ſlangen egeslich,
die gên im kêrten manegen ſtrît.
dar nâch in vil kurzer zît
ſô machte ſich des tiuvels ſpil
ze vorhtlîchen tieren vil,
die vil den herren muoten:
ſie grinen ſêre, ſie luoten
mit ängeſtlîcher ſtimme
gên im in grôzem grimme.
alſus wart im ze maneger ſtunt
von im vil hôher vorhte kunt
mit egeslîcher vorhte ſite:
dâ wolter in verkêren mite.
Do diz Jôſaphât erſach,
daz ez umb anders niht geſchach
wan durch verkêren ſînen muot,
dô ſprach der gotes degen guot.
»hei, dû trügehaftez wiht!
ich ahte ûf dîne trüge niht.
ſwie manicvalt dîn vorhte ſî,
mir iſt diu gotes helfe bî.
dû kêreſt ân nôt dînen liſt
an mich, wan got bî mir iſt

mit dem verſmâhe ich dîne drô.«
daz kriuze tet er vor im dô.
als im daz zeichen wart erkant,
des tiuvels ſpil verſwein zehant.
dar nâch was er vor im bewart.
er gie vrœlîche ûf ſîne vart,
vil lobes gote ſagende,
vil dicke alſô betagende,
daz im vil manigerhande nôt
der kumberlîche zâdel bôt.
diz werte lange manegen tac,
daz er vil grôzer arbeit phlac
und im vil manic ungemach
von allerhande nôt geſchach,
die er mit maniger armekeit
von gote dèmüetlîche leit.
Alſus beleip er, daz iſt wâr,
in dirre wüeſte zwei jâr,
daz er den gotes wîgant
Barlââmen niender vant.
er leit mit grôzer armekeit
hunger, nôt und arbeit;
dâ mite got geruochte,
daz er an im verſuochte,
ob er in grôzer ſwære
alſô gedultic wære,
daz er mit gedulteкeit
kunde weltlîch arbeit
alſô gelîden, daz er got
gewinnen möhte und ſîn gebot
âne murmels underſwanc.
ſîn ſtætekeit in dô betwanc,
daz er ſich ie ze aller zît
bezzerte âne valſchen nît.
im was ein wünne bernde leben,
ſwaz im arbeit wart gegeben:
die leiter wol mit willen.
er dâhte, daz diz villen
ein zartlîch zühtegunge
wær ſîner veſtenunge,
wan im iſt ſîn kint niht zart,
ſwer im die ruoten dicke ſpart
und ſîne unzuht niht ſtillet.
got ſîne erwelten villet
in vünf wîs und der welte kint.
der keſtegunge vünve ſint.
Ein keſtegunge alſus geſchiht,
als uns diu ſchrift der wârheit giht.
dâ got wil verſuochen an
gedultigen muot des man,
ob er gedultic künne weſen.
alſe wir von Jobe leſen,
den got unſer herre
verſuochte alſô verre,
daz er mit grôzem ſêre
lîp, guot, kint, weltlîch êre
verlôs von gotes gebote gar.
daz er der aller wart ſô bar,
daz er niht leit wan ungemach.
in aller ſîner nôt er ſprach,
ſwie kumberlich ie wart ſîn leben
»got nimt ez, der ez hât gegeben.«
dem wart von ſîner güete ſider
ſîn guot, ſîn êre zwivalt wider.
ouch iſt geſchriben anderswâ,
wie got an Tobîâ
ſîner wunder vil begie.
ſô gedultic was der ie,
daz er gar ſîn gemüete
an gedultecliche güete
und niht an anderz kêrte,
als in ſîn güete lêrte:
der verlôs guot unde geſiht.
al diu geſchiht want in des niht,
er wære gedultic doch in gote.
dem wart ouch ſît von gotes gebote
lîp, geſiht, vreud unde guot
durch ſîne grôzen dêmuot
mit wunſche wider gar gegeben
und vil gehœhet im ſîn leben.

got vüeget manigem kumbers vil,
daȥ er in ſus verſuochen wil.
Der ander gotes geiſelſlac
ouch alſô geſchehen mac,
daȥ man unſers herren kraſt
ſehe und daȥ ſîn meiſterſchaft
aller dinge hât gewalt
und daȥ ſîn kraſt iſt manicvalt.
dô got ûf der erde hie
in menſchlîchem bilde gie,
dô wart im brâht ein blinde,
der was geſîn von kinde
ſô blint daȥ er nie niht geſach.
diz ungediende ungemach
was an im alſô geſchehen,
daȥ man an im ſolde ſehen,
daȥ got, der gewære Kriſt,
über elliu dinc gewaltic iſt.
gotes junger in vrâgten dô:
»meiſter guot, wie kumt daȥ ſô?
waȥ hât geſündet dirre man,
oder wâ hânt ſîne vordern an
geſündet, daȥ er niht geſiht?«
got ſprach: »er hât geſündet niht
noch ſîne vordern. gotes kraſt
ſol an im werden ſigehaſt.«
den machte got, der reine Kriſt,
geſehende an der ſelben vriſt.
diu keſtegunge ouch ſus geſchiht,
als diu ebenmâȥe giht.
Diu dritte keſtegunge
von gote iſt ein manunge,
die tuot unſer herre ſchîn,
daȥ man an dem gelouben ſîn
ze allen zîten beȥȥer ſich
mit reinen werken gotlich.
vür Kriſt unſern herren kam
ein armer man, der was lam:
der geloubte wol an in.
ûf beȥȥerunge gewin
ſchrei er nâch ſîner helfe in an.
dô vrâgete got den ſelben man,
ob er geloubte? er ſprach: »jâ!«
dô ſprach unſer herre ſâ:
»ſtânt ûf, wan dînes glouben rât
von gote dich behalten hât.«
ſus villet got der liute vil,
daȥ er ir beȥȥerunge wil.
maneger hât mit arbeit
von gotes keſtegunge leit.
daȥ kumt von ſîner miſsetât,
die er gevrumet lange hât,
und daȥ er in ſîner vriſt
verworht von ſînen ſünden iſt.
diz iſt diu vierde gotes zuht,
dâ mite er menſchliche vruht
villet in den ſünden
nû wil ich iu künden,
wie diu vünfte iſt getân,
des wir guot ebenmâȥe hân.
Swer mit ungelouben lebet
und wider gotes willen ſtrebet,
und zallen zîten ſünden wil
âne vorhte und âne zil
und nâch des tiuvels gebote
gar verzwîvelt an gote,
der muoȥ von ſînen ſchulden
die vünften geiſeln dulden;
dem wirt verteilet hie ſîn leben,
dem lîbe ein urhap gegeben
des tôdes, der mit lebender nôt
iſt iemer ein ſterbender tôt,
als an Herôde geſchach,
an dem got ſînen anden rach
und iemer mêre rechende iſt,
und als unſer herre Kriſt
verdarbte Jûlîânum,
und Domicîânum,
Antjochum und Nêrônem,
Olofernem und Phâraônem,

Pilâtum unde Jûdam
der ieglîcher lebender nam
ſînes tôdes urhap,
den im got êweclîche gap,
und als eʒ manigem noch ergât,
den verteilt ſîn miſsetât.
ſus ſuln wir urkünde hân,
ſwaʒ uns von gote wirt getân,
von welhen ſachen daʒ geſchehe.
unſer iegelîcher ſehe,
wâ von im weltlîch arbeit
in dirre welte ſî bereit,
und merken daʒ dem menſchen niht
âne ſache hie geſchiht.
Sus wart der guote Jôſaphât
âne gediende miſsetât
verſuochet unde gevillet.
an im wart geſtillet
weltlîchiu hôhvart.
daʒ er alſus verſuochet wart,
daʒ geſchach durch anders niht,
wan durch alſolhe geſchiht,
daʒ got ſîne geduldekeit
verſuochte. er truoc ſîn arbeit
lîdecliche in gotes namen
âne weltlicheʒ ſchamen.
nâch diſen zwein jâren,
dô ſie verendet wâren,
er gie ſuochende; er vant niht.
gote klageter die geſchiht
überlût und tougen.
mit weinlîchen ougen
bat er got zeigen im den man,
von dem er künde ſîn gewan:
des wart er gewert vil wol.
ze jungeſt kam er an ein hol,
dâ was gehûſet inne
durch gotlîche minne
ein armer einſidel guot,
vor allem wandel wol behuot:
der gruoʒtin minneclîche.
der guote ſælden rîche
mit vlîʒe vrâgen dô began
nâch dem gotes dienſtman.
Dô zeigete im der guote
mit vrœlichem muote
des reinen Barlââmes hol
des wart ſîn herze vreuden vol.
er lief des endes ſâ zehant;
daʒ hol er beſloʒʒen vant.
dâ bôʒte der gotes degen;
er ſprach »gip mir dînen ſegen.
lieber vater, meiſter mîn
ich bin der arme junger dîn.
lâ mich durch got zuo dir dar in;
dîn kint ich in gote bin.«
als in der meiſter hôrte alhie,
vür daʒ hol er balde gie
er offent im des ſteines tür.
als er kam zuozim hin vür
und er in ſach, er erſchrac.
im hâte manic übel tac
geſelwet ſîne varwe gar
er was ſwarz, niht wîʒ gevar.
ſîn varwe gar verwandelt ſchein
als ein varlôſer lein.
er was mager und harte bleich.
ſîn hertiu kraft was worden weich.
daʒ minneclîche antlütze ſîn
hât allen ſînen liehten ſchîn
verwandelt von der arbeit,
der er alſô manige leit:
nahtes vroſt, tages hitzeglaſt
tet in ſîner ſchœne gaſt.
ſîn liehteʒ hâr, daʒ ê was blanc,
was nû vervilzet unde lanc.
Dô ſîn meiſter in geſach,
ſîn wort erkanter, als er ſprach;
ſîn lîp was im niht erkant,
wan er in gar verwandelt vant.

ſîn meiſter güetlich in enphie,
weinende er in umbevie.
er kuſtin vrœlich unde er ın:
güetlîch âne valſchen ſin
kuſten ſie einander dô.
ſie wâren beide einander vrô.
der meiſter ſprach: »mîn liebeʒ kint,
des aller himel tugende ſint,
der ſî gelobet des an dir,
daʒ dir iſt erkant von mir
ſîn geloube und ſîn gebot.
nû gebe dir unſer herre got
des iemer wernden erbes teil,
ân ende dîner ſêle heil
und daʒ endelôſe guot
durch den dêmüetlîchen muot,
daʒ dû der welte rîcheit
hâſt durch in gar hin geleit.
nû gebe dir got ze lône
des himelrîches krône!«
»âmen!« ſie beide ſprâchen dâ.
»ſun!« ſprach dô der meiſter ſâ,
»liebeʒ kint, nû ſage mir,
do ich nû jungeſt ſchiet von dir,
wie geſchach eʒ umbe dich?
des ſoltû bewîſen mich.«
Dô ſprach aber Jôſaphât:
»durch gotes und durch mînen rât
mîn vater wart bekêret,
daʒ lantliut wart gelêret
den glouben und die kriſtenheit.
diu apgot ſint hin geleit;
getoufet hât ſich gar diu diet.«
do er von im ze jungeſt ſchiet,
wie eʒ dô hinder im ergie,
des ſeiter ım die wârheit hie.
des lobten ſie dô beide Kriſt,
der aller dinge ſuoner iſt,
mit weinenden ougen
in ir gebete tougen.

ietweder herzeclîche tet
unz an den âbent ſîn gebet.
dô ſprâchen ſie daʒ gotes amt,
die veſper gotlîche ſamt.
dô giengen ſie ze tiſche:
vleiſches unde viſche
und kleiner eʒʒen was dâ niht,
als uns diu wârheit von in giht.
ſie âʒen niht wan gartenkrût.
daʒ Barlââm, der gotes trût,
den ie valſch gemüete vlôch,
in ſînem gärtelîne zôch,
und guoter tateln, doch niht vil.
nâch des eʒʒennes zil
ſie ſprâchen aber ir gebet,
daʒ ietweder gerne tet.
Mit ſolhem getwange
lebten ſie beide lange
in gotes veſtenunge.
ir reiniu wandelunge
beʒʒerte ſich tägelich.
Jôſaphât beʒʒerte ſich
nâch der gotes lêre
ſô fêre und alſô fêre,
daʒ es den meiſter wunder nam,
daʒ in ſô lîhte ie gezam
ſô jungen ſolher arbeit,
der er alſô manige leit.
in dûhte, daʒ ſîn ſtrenge
ſich mêrte ſô die lenge,
daʒ er ſîner arbeit
nâch alter gewonheit
niht ſô gevolgen möhte,
daʒ eʒ ze gote iht töhte.
des lobeter ie von herzen got,
dêr in lêrte diz gebot.
einmüetic mit dêmüete
mit einmüetlîcher güete
begiengen ſie daʒ gotes amt
mit einander lange ſamt

in der wüeſte mit arbeit.
daz ſie der welte irrekeit
nâch ir dekeines jâmers twanc.
noch von gotes minnen dranc.
Barlââm. der guote man,
vil ſêre ſiechen dô began.
er rief ſînem kinde dar,
daz er in gotes lêre gebar.
er ſprach: »vil lieber Jôſaphât.
unſer herre got mich hât
an dir, vil liebez kint, gewert
des ich nû lange hân gegert,
daz er dich mir hât geſant,
und daz ich weiz, daz dîn lant
von dîner lêre geloubic iſt,
und daz dû mir komen biſt
diz was alſô geordent dir.
liebez kint, nû volge mir.
dû ſolt gote dich bewarn;
ich muoz ſchiere von dir varn,
und muoz mînes lîbes leben.
der erde ir erde, wider geben
ich meine, daz ich ſterben ſol.
wan ich des tôdes ſiecheit dol.
ſun, ſô ſolt dû mich begraben,
dich ſelben ſtæte behaben.
dû ſolt in dirre wüeſte ſîn
biz daz dû lebeſt. daz herze dîn
ſolt dû gote veſte hân
und dem tiuvel widerſtân.
gedenke, nim in dînen muot
daz künftig endelôſe guot,
daz anegènde vreude hât,
ân ende niemer mêr zergât.
nâch der valſchen rîcheit,
die dû nû hâſt hin geleit,
ſolt dû dînen jâmer lân,
wan ſi mit leide muoz zergân.
Sun, gedenke wol dar an,
daz der leide tiuvel kan

verkêrter ſunderliſte vil,
dâ mite er dich verkêren wil;
gên dem ſol der geloube dîn
ein widerſtrit mit kamphe ſîn.
ſwaz er ſpotes kêre an dich
mit ſînen lügen trügelich,
ſô hüete dîn, daz er dich iht
verkêren müge; lâ dich niht
verdriezen dîner arbeit,
diu dir hie muoz ſîn bereit.
lâz ouch in dînem muote
den jâmer nâch dem guote,
daz dû gelâzen hâſt durch got.
wis gotlich arm durch ſîn gebot.
wan er ouch arm wart durch dich.
in rîcher rîcheit armder ſich.
daz er dich machte rîche.
dien im gedulteclîche,
wan der weltlîchen arbeit
wirt ſchiere ein ende ûſgeleit,
der gotlîchen rîcheit
wirt ende niemer angeleit.
da bî ſoltû gedenken mîn.
des vil armen vater dîn,
der dich nâch gote hât geborn.
bit in, daz er ſînen zorn
gên mînen ſünden lâze,
und mîner ſêle mâze
die leiden hellewîze.
des bit got mit vlîze.
wis an dîner arbeit
gedultic, âne herzeleit,
daz dir got mit liebe gebe
ein leben, in dem dîn ſêle lebe
ân ende vrœlîche
daz iſt daz himelrîche.«
Dô der meiſter diz geſprach,
dô twanc des jâmers ungemach
den jungern, daz er weinde.
er vorhte, als er vereinde.

daȝ in dan des tiuvels ſtrît
mit vlîȝe muote zaller zît.
vil herzeclîche jâmert in
nâch ſînem lieben meiſter hin.
in dûhte, er wolde ruowen varn.
dô ſprach der reine ſælden barn:
»meiſter, wem lâſt dû mich?
eȝ wære reht und gotlich,
daȝ dû von herzen gundeſt mir
des dû wilt ſelbe günnen dir:
got wil ze ruowe vüeren dich,
des wünſche ouch mir von im, daȝ ich
dîn geſelle werde dar,
daȝ ich mit dir ze ruowe var.
ich vürhte des vil ſêre
daȝ ich an mîner lêre
ein teil ûf dirre erde
verkrenket eine werde.«
dô ſprach der ſælden rîche
mit zühten ſenfteclîche:
»bruoder mîn, vil liebeȝ kint,
diu gotes gerihte tougen ſint:
wir ſuln ſînen hulden geben
über tôt und über leben
urloup nâch den gnâden ſîn,
daȝ râte ich, lieber ſun mîn.
Dû hâſt mit arbeitlîchen ſiten
ſô volleclîche niht geſtriten,
daȝ dû noch ſülſt hinnen varn.
got wil dir eine wîle ſparn
des lîbes leben, ein kurzeȝ zît,
daȝ dîn êhaftiger ſtrît
den lôn neme von gotes hant
ze rehte, der dir iſt benant.
ich bin, als ich hân gezalt,
vil nâch wol hundert jâr alt,
der bin ich hie in Sennââr
geweſen vünf und ſibenzic jâr.
ſô lange lebeſt dû doch hie niht
biȝ dir diz leben des lîbes giht.

ſô lebe als ich dir hân geſeit,
ſô wirt dir durch dîn arbeit
ouch alſô rîcher lôn gegeben,
ſô den, die man ſiht langer leben
in gotes lêre maniger zît:
daȝ wiȝȝeſt âne widerſtrît.
nû louf balde, liebeȝ kint,
ze bruodern, die hie nâhen ſint.
und bring des wir bedürfen nû
ze gotes ambt. ich wil, daȝ dû
dich bewarſt, und ich bewar
mich, ê daȝ ich hinnen var.«
dô lief der gotes dieneſtman
von ſînem meiſter balde dan.
er vorhte, ê daȝ er kæme,
daȝ er ſîn ende næme.
Sus kam er balde wider dar
geloufen unde brâhte gar
dar umbe er was ûȝ geſant.
dô bereite ſich zehant
der meiſter zeiner meſſe dâ.
daȝ heilege opher nam er ſâ.
ſie beide wurden dô bewart:
er ûf des lîbes hinevart,
der ander ûf des ſchirmes wân,
daȝ er ze ſchirme wolte hân
mit im bezeichenlîche got
vür des leiden tiuvels ſpot.
ſante Barlââme was
worden baȝ, unz er gelas
und gar geſanc die meſſe hie
und gotes ambet gar begie.
ze Jôſaphâte ſprach er dô:
»ſun, nû ſolt dû weſen vrô!
wis ſtæte an dîner ſtætekeit
eȝ nâhet dîner arbeit
ein lôn, der niemer mêr zergât,
den dir got behalten hât.
wis ſtæte diz vil kurze zil,
daȝ dir got ſchiere verenden wil.«

der meiſter ſolher rede phlac
unz an den âbent gar den tac.
dar nâch, dô diu trüebe naht
die erde hâte gar bedaht,
der lêre er niht gedagete.
dô eȥ aber tagete,
dô nâhte balde im der tôt.
ſich mêrte ſînes herzen nôt
gên ſînes lîbes ende;
dô bôt er ſîne hende
ze gote mit dêmüete
und lobeten ſîner güete.
Er ſprach: »got herre, ich lobe dich,
daȥ dû hâſt gemachet mich
wirdic der genâden dîn,
daȥ ich unz an daȥ ende mîn
gevolget dîner lêre hân.
nû ruoche mich genieȥen lân,
daȥ dû, vil lieber herre Kriſt,
alſô erbarmherze biſt,
daȥ dû nieman verderben lâſt,
an dem dû reinekeit verſtâſt.
nû ruoche durch die güete dîn
beſchirmen mir die ſêle mîn
von des tiuvels ſtricken,
von den leiden aneblicken
des grimmen tiuvels. wis mir bî,
tuo mich ſîner vorhte vrî,
daȥ er mîner ſêle ſich
vremeden müeȥe. ouch bite ich dich,
daȥ dû dînen werden namen,
ſüeȥen, reinen, lobeſamen,
an dîme erwelten êreſt
und dîn gebot in lêreſt
behalden veſtecliche.
wis in ze dînem rîche,
ſît daȥ er mit der lêre mîn
hât künde des gelouben dîn.
hilf im in ſînen kurzen tagen
daȥ joch gedultecliche tragen
dînes gebotes, herre got,
und lêre in ſtæten dîn gebot.«
Alſe diz gebet geſchach,
ze ſînem lieben kinde er ſprach:
»nû phlege dîn got der guote
mit ſîner ſüeȥen huote
reinecliche, biȥ daȥ ich
geſehe in ſînem rîche dich!«
güetlîchen kuſte er in dô.
von jâmer was der herre unvrô,
als im ſîn hôhiu triuwe riet.
von ſante Barlââme ſchiet
ſîn heilic ſêle reine.
dô ruowete ſîn gebeine;
ſîn reiner geiſt enphangen wart
in ſîner ſüeȥen hinevart
in daȥ gotes rîche;
dâ lebet er êwicliche
mit ſenfter ruowe, ſunder wê.
ſich ſûmde Jôſaphât niht mê
den lîchamen er inwant
in daȥ wüllîn tuoch zehant,
daȥ er im ê hâte gegeben,
do er in wiſte in gotes leben.
dô ſprach der wandels vrîe
ſîne pſalmodie
weinende, âne unzühte braht,
den tac ob im und al die naht
und manic gotlich gebet.
mit reinem herzen er daȥ tet,
ze gote er ſîn vil gewuoc,
wan er im holdeȥ herze truoc.
Dô ſich der morgen anehuop,
bî dem hol vil nâhen gruop
der edel Jôſaphât ein grap.
der erden er dâ wider gap
ir reht an dem guoten man.
er nam in ûf, er truoc in dan
mit engeliſcher helfe dar.
von im und al der engel ſchar

wart ſante Barlââm geleit,
als uns diu wârheit hât geſeit.
im hulfen offenliche niht
die engel ſchar an der geſchiht:
ſie wâren ſînen ougen
aldâ verborgen tougen
und wârn in ſîne helfe komen;
ſwie ſie wæren im benomen
an der geſiht und unbekant,
ze helfe wârn ſie im geſant.
dâ wart ein vreuden rîcher ſmac,
dâ der gotes erwelte lac.
Jôſaphât ſich dô lie
bî dem grabe ûf ſîniu knie.
er ſprach: »herre, ſüezer got,
durch dîner gotheit gebot
hilf mir unde wis mir bî,
ſît daz ich verweiſet ſî.
mich hât nû mîn geſlähte gar
gelân. nû nim mîn, herre, war!
ſît ich niemen hân, wan dich,
herre got, ſô wîſe mich
mit ſtæte in dîne lêre
durch dîner muoter êre
und durch den trût erwelten dîn,
den vil lieben meiſter mîn.«
Dô diz gebet alſus geſchach,
als erz vil dêmüetliche ſprach
mit manegem herzeſiuften tief,
von müede er bî dem grabe entſlief.
dô ſach er, als ich hân vernomen,
die ſelben geiſte aber komen,
die im die gotes rîcheit,
von der ich ê hân geſeit,
zeigeten und die liehten ſtat.
die vuorten in daz ſelbe phat,
daz er ouch ê gevüeret wart.
dô brâhten ſie in ûf der vart
in die ſtat über den plân.
dô ſach er gên im ſchône gân
engel ſchœne und lieht erkant,
die truogen alle in ir hant
vil wünneclîchen ſchône
die liehteſten krône,
von den menſche ie vernam.
dô im der engel ſchar bekam
und er die liehten krône ſach,
Jôſaphât, der guote, ſprach:
»wem ſuln die liehten krône?«
»dir ſol einiu ze lône
(diu hât den liehteſten ſchîn)
umb den vil lieben vater dîn,
daz dû den bekêrteſt
und den gelouben lêrteſt,
dar nâch durch maneger ſêle leben,
die gote ſînt von dir gegeben.
Diu diu beſte dar nâch iſt,
diu ſol mit ſtæte ân endes vriſt
dînem vater ſîn bereit,
wan im diu gotes wârheit
mit dîner lêre wart erkant.
dir iſt diz himeliſche lant
behalten, daz wil dir got geben,
wil dû ſtæten im dîn leben
und der einœde einekeit
durch got dulten âne leit.
dîn und dîns vater rîcheit
ſol ein lôn hie ſîn bereit,
der niemer mêre mac zergân.
ſwaz ir habet durch got gelân,
daz wirt getûſentvaltet hie.
niemer wirt, ez wart ouch nie
ende der grôzen rîcheit,
die got iu beiden hât bereit.«
diz ſeite ein liehter engel dâ.
Jôſaphâten dûhte ſâ,
daz er in dem gedanke ſîn
gedæhte: »ſol der vater mîn
mir ebengliche krône tragen,
und er in alſô kurzen tagen

ſich durch got garbeitet hât?«
dô ſach der reine Jôſaphât
ſînen lieben meiſter dort.
in dûhte, er ſpræche diſiu wort,
durch ſtrâfen ſînen gedanc,
der in ein wênic nîdes twanc:
»Jôſaphât, vil liebeʒ kint,
nû ſich, wâ dir bewæret ſint
mit endehafter wârheit
diu wort, diu ich dir hân geſeit:
würdeſtû ze rîche,
daʒ dû gedulteclîche
die rîcheit kundeſt niht vertragen.
dû ſoldeſt billîcher ſagen
gote lop und êrê,
daʒ er mit dîner lêre
daʒ rîche nû beſeʒʒen hât,
des rîcheit niemer mê zergât.
dû ſoldeſt mit dem vater dîn
vrô durch ſîne vreude ſîn.«
dô ſprach der herre wolgeborn
»genâde, meiſter, lâ den zorn,
vergip mir, lieber meiſter mîn,
die ſchulde durch die güete dîn.
lieber meiſter, ſage mir,
wâ hât got gegeben dir
dîn belîben, dîn gemach?«
der guote Barlââm dô ſprach:
»enmiten hie in dirre ſtat
ein rîcher palas iſt geſat,
den al diu welt vergulte niht,
dâ niemer man die naht geſiht.
dâ niemer nôt von ſorgen wirt,
dâ niemen leit und angeſt ſwirt,
dâ niemen nihtes inne gert,
er werde es tûſentvalt gewert:
dâ ſol ich iemer inne weſen,
vor allen nœten gar geneſen.«
Jôſaphâten dûhte dô,
daʒ er den meiſter bæte alſô,
daʒ er in lieʒe bî im dâ,
und im der meiſter ſagete ſâ,
er müeſte ſich arbeiten ê
durch got in dirre welte mê,
und daʒ er aber ſpræche zim:
»var hin! in dîne lêre nim.
ſwaʒ ich dich gelêret hân,
dar an ſolt dû volleſtân,
daʒ nimt doch ende ſchiere an dir.
ſô ſolt dû komen her zuo mir,
ſô ſîn wir lebende iemer mêr
mit einander âne ſêr.«
Dô Jôſaphât erwachet was,
ſîn gebet er gote las,
daʒ er geruochte ſtæten in
an ſînem lebe dar nâch hin:
von gote er diſe bete erwarp.
dô ſîn vil lieber meiſter ſtarp,
er nam ſîne lêre an ſich.
ſîn leben was ſô gotlich
und ſîn reineclîcher ſite,
daʒ eʒ ieman vil kûme erlite
ſîn leben und ſîn geverte
was herter danne herte;
ie herter unde ie ſtrenger,
ie lenger unde ie lenger
begunder lengen ſînen pîn
durch got und ouch den kumber ſîn.
Er hâte ſich an got ergeben
alſô gar, daʒ ſîn leben
engels lebene wol gezam.
der boten lôn ſîn leben nam,
wan er ſô manigen lêrte,
daʒ er ze gote kêrte.
mit willeclîcher ſwære
was er ein marterære.
ein reiner begihtære guot
was er durch ſînen ſüeʒen muot,
ein maget durch ſînen magetuom.
ſus was der himeliſche ruom

in allen gotes orden
an im ervüllet worden:
von kinde er gotes kint was ie.
dô er von ſînem lande gie,
durch got lie ſînen gewalt,
dô was er zweinzic jâr alt,
dar über hâte er vünf jâr.
vünf und drîʒic al vür wâr
was der unwandelbære
gote ein riuweſære.
got was im zallen zîten mite,
in gote phlac er ſüeʒer ſite,
in gote er inneclîche bran.
got ſach er ſtæteclîchen an
mit ſînes herzen ougen;
mit ſtæte, ſunder lougen
mêrte ſich ſîn güete
mit werder dêmüete.
Dô der guote Jôſaphât,
der heilege âne miſsetât,
der gotes erwelte reine,
der ie vor allem meine
was reine und unvermeinet,
reine, gote gereinet,
alſô lebete, daʒ er nie
die gotes lêre übergie,
ſît er der welte wünne vlôch
und ſich in gotes dieneſt zôch:
dô begunde im wonen mite
der alte und der niuwe ſite,
ich meine den gemeinen tôt,
der ſîne hervart im gebôt
und der niemen ledic lât:
der guote ſante Jôſaphât
von dirre welte ſchiet, er ſtarp.
ſîn hinevart im dort erwarp
mit vreuden êweclîche
daʒ wernde gotes rîche,
des ſüeʒe ſolher ſüeʒe giht
daʒ man niht dar inne ſiht,
des iemanne ſchade ſî.
ſwaʒ in iſt dar inne bî
niemen des verdriuʒet,
dar in, her ûʒ niht vliuʒet.
hie ûʒ iſt niht, des man drin ger,
drinn iſt niht, des man gerne enber:
dâ iſt niht anders inne
wan vreude, vride, ſælde, minne.
Der edel guote reine
lac ſîner vriunde al eine,
der irdiſchen vriunde gar.
die vriunde, die ſîn nâmen war,
daʒ was daʒ himeliſche her,
daʒ gên dem tiuvel was ſîn wer,
der dâ niht wan ſchame erwarp,
dâ der gotes erwelte ſtarp.
dô ſante Jôſaphât lac tôt,
von gote ein ſtimme dô gebôt
einem guoten bruoder ſâ,
der was geſeʒʒen nâhen dâ,
daʒ er ſich balde hüebe,
den guoten man begrüebe.
diz geſchach: er lief zehant,
dâ er den lîchamen vant:
ob dem ſprach er ſîn gebet.
des meiſters grap er ſchône ûf tet
und leit in zuozim dar in.
diz was an im ein rehter ſin,
daʒ er ze ſamene vuogte die,
die ſich geſchieden ſelten hie
und ouch dort, dâ ſie gotes kint
mit einander lebende ſint
und iemer ungeſcheiden.
von den heilegen beiden
huop ſich dirre guote man
wider von dem grabe dan
und ergap ir ſêle gote
nâch der kriſtenheit gebote.
Dem ſelben man wart kunt getân.
daʒ er ſolde balde gân

hin in Indîam daȥ lant,
und daȥ er ſolde tuon bekant
diſiu ſelben mære aldâ.
dô kêrt er des endes ſâ
und ſeite aldâ diu mære,
wie von der welte wære
ſant Jôſaphât geſcheiden
und ſwaȥ an in beiden
beſchehen an ir ende was.
der künic Barachîas
weinde ſînes herren tôt.
ein geſpræche er dô gebôt
den vürſten algelîche
über al ſîn kün crîche,
und ſeite in diſiu mære gar.
dô geriet diu werde ſchar,
daȥ man den gotes wîgant
vuorte wider in ſîn lant,
daȥ er aldâ mit werdekeit
würde rîlîche geleit.
ſie jâhen des: mit dem daȥ leben
in redelîche wære gegeben,
ſolde in der belîben bî,
ſie würden ungelückes vrî.
des wurden ſie ze râte
gemeinlîche vil drâte.
Nû ſie wurden des enein,
ſie vuoren alle wider hein
und bewarten algelîche
mit huote wol daȥ rîche
und vuoren mit dem guoten man
nâch dem heilectuome dan
mit grôȥer vürſteclîcher ſchar.
ſie vuoren ungevertes dar
manige tageweide
walt und wilde heide
gar mit arbeitlîchen ſiten.
ze jungeſt kâmen ſie geriten
in Sennââr, die wüeſte wît,
dâ daȥ heiltuom bî der zît
in dem jâre begraben was.
der künic Barachîas
wart gewîſet ſâ zehant
hin, dâ er den begraben vant
der im ſîn künicrîche gap.
dô hieȥ er brechen ûf daȥ grap
die gotes erwelten er dô vant,
unverwandelt; ir gewant,
ir lide eigenlîche gar,
als ſie geleit wurden dar,
ietweder unverwandelt lac.
der ſüeȥeſte und der beſte ſmac,
des weltlîch man künde ie gevie,
von den lîchamen gie.
dô weinde diu getriuwe diet,
als in des jâmers triuwe riet,
der nâch ir herren was ſô grôȥ,
des ſie vil wênic ie verdrôȥ.
Von jâmer was der künec unvrô.
mit ſînen handen huop er dô
die lîchamen vil werde
mit jâmer ûȥ der erde.
er hieȥ ſie wirdeclîche
in guote phelle rîche
mit keiſerlîchen ſachen
verwinden und vermachen.
daȥ heilictuom gebæret wart.
dô huoben ſich dan ûf die vart
mit dem künege Barachîâ
die vürſten wert von Indîâ.
dô ſie ze lande kâmen
und die liute vernâmen
ir kunſt, dô wart ein michel ſchal
mit grôȥen ſcharn über al
die alten zuo den jungen
hêrlîche zuo drungen.
mit lobe und mit geſange,
mit ſchalle und mit gedrange,
mit gotlîchem ruome
wart gên dem heiltuome

gar mit vrœlichen ſiten
geloufen wite unde geriten.
gên des liehtes kinden wart
getragen lieht ûf der vart,
und heiltuom gên heiltuome dâ.
dô kam der erzebiſchof ſâ
mit vil grôȥer phafheit
phäfliche vil wol bekleit
mit lobelichem ſchalle.
des landes biſchov alle
kômen ouch mit grôȥer ſchar
gên dem heiltuome dar.
Waȥ ſol ich dâ von ſprechen mê?
in daȥ münſter, daȥ er ê
gemachet hâte in gotes namen,
dar vuorte man die lichamen.
dâ was mit grôȥer richeit
ein ſarc vil riliche bereit:
dar in verſigelte man ſie;
mit grôȥem lobe daȥ ergie.
nû was dar vil liute komen,
den ir geſuntheit was benomen:
dâ was vil touber tumben,
vil blinden unde krumben,
und tiuvelhafter diet genuoc,
diu leit von dem tiuvel truoc.
die wâren alle ſâ zeſtunt
erlôſt, geneſen, wol geſunt.
ouch was an dem ſelben zil
dar komen heiden harte vil.
dô die diu wunder ſâhen,
diu dâ von in geſchâhen,
in wart der geloube erkant
und touſten ſich dâ zehant.
dar kam vil heideniſcher diet,
diu ſich von ungelouben ſchiet
und gotes riche kouſten
alſô, daȥ ſie ſich touſten.
dô teilte des küneges hant
ze grôȥem heiltuom ir gewant

wite in vremediu riche.
dô hieȥ er gewærliche
ſante Jôſaphâtes leben
ſchriben, mit gehügede geben
ze vorbilde den liuten,
mit der ſchrift bediuten
von anegenge, als eȥ geſchach,
als erȥ hôrte und als erȥ ſach.
In kriechiſch man diz mære ſchreip.
vil lange eȥ kriechiſch beleip,
unz eȥ ein reiner kriſten vant:
Johannes, den ich hân genant,
der ſchreip eȥ in latine dô;
des ſchrift hât eȥ bewæret ſô
in latine, als er eȥ las.
der künic Barachias
hieȥ eȥ ſchriben, als erȥ ſach
und alſe mit urkünde jach
der guote man, des wârheit
im hâte ir beider tôt geſeit.
der zweier unde maniges man
gewære urkünde was dar an,
von dem zuo dirre wârheit
niht mê noch minner wart geleit,
wan als der heilige munt
tet ſante Jôſaphâtes kunt
von anegenge unz an daȥ zil.
nû lebet der liute niht ze vil,
die kriechiſch kunnen verſtân;
wær eȥ in kriecheſchem gelân,
ich wæne wol, ſô wære
diz mære der Kriechen mære:
ſô wære eȥ manegen man verdaget,
dem eȥ latine hât geſaget:
alſus hât eȥ der phafheit
diu wârheit der geſchrift geſeit.
Dô mir diz mære gekündet was
und ich eȥ in latine las,
ich nam daȥ redeliche leben
von Zitels ze râtgeben.

ob ich eȥ ſolde tihten
und in tiuſche berihten
ûf beȥȥerunge oder niht.
dô geviel diu geſchiht
wol der gewârhaften diet:
von Kapelle der abbet riet
und al diu ſamenunge mir
mit getriuwelîcher gir.
daȥ ich eȥ iht verbære,
eȥ wære alſô gewære
an ſüeȥer lêre und alſô guot,
daȥ eȥ vil lîhte maneges muot
ze beȥȥerunge kêrte
und beȥȥerunge lêrte.
ûf die gedinge und ûf den wân
diz mære ich ſus getihtet hân,
ſwer eȥ hœre oder leſe,
daȥ er ſich beȥȥernde weſe
an guoten werken in gote
und in ſînem gebote
neme an diſem mære
ein vorbilde gewære.
zuo der gewæren wârheit
hân ich anders niht geleit
wan des ich geſchriben vant.
ſwaȥ mir diz mære tet erkant,
daȥ hân ich iu gar geſaget
und der wârheit niht verdaget.
Hab ich ouch iht dar zuo geleit,
daȥ iſt ſô gar von wârheit,
daȥ ich es âne valſchen wân
von der ſchrift urkünde hân:
der lüge muoſte ich hie gedagen.
die boten und die wîſſagen,
des die geſchriben hânt an mich
mit ir lêre, daȥ hân ich
geſprochen in diz mære,
dâ von iſt eȥ gewære:
diu rede kleine mich beſtât.
des mich diu ſchrift gewîſet hât

mit rehter orthabunge,
daȥ hât alhie mîn zunge
ze beȥȥerunge der kriſtenheit
gewærlîche vorgeſeit.
diz mære iſt niht von ritterſchaft,
noch von minnen, diu mit kraft
an zwein gelieben geſchiht;
eȥ iſt von âventiure niht,
noch von der liehten ſumerzît.
eȥ iſt der welte widerſtrît
mit ganzer wârheit, âne lüge;
ſunder ſpot und âne trüge
iſt eȥ an tiuſcher lêre
der kriſtenheit ein êre.
ſwen es deſte wirs gezimt
und deſte ungerner eȥ vernimt,
ich wæne wol, der ſünde ſich.
ſîn lêre iſt reht und gotlich,
ſich mac wol wîp unde man
âne bœſern beȥȥern dran
ſwem eȥ niht beȥȥerunge tuot,
dem bœſert eȥ ouch niht den muot.
eȥ iſt dekein ſô wîſer man,
der tiuſche rede vernemen kan,
wil er diz mære minnen
dicke in ſînen ſînnen,
eȥ künne im guote lêre geben,
wolder nâch ſîner lêre leben,
Nû lât mich vürbaȥ ſprechen mê.
ich hâte mich vermeȥȥen ê,
dô ich daȥ mære enbarte
von dem guoten Gêrharte,
hæt ich mich dran verſûmet iht,
daȥ lîhte tumbem man geſchiht,
daȥ ich ze buoȥe wolde ſtân,
ob mir würde kunt getân
ein ander mære: dêſt geſchehen.
nû kan ich des niht verjehen,
ob ich hân iht gebeȥȥert mich:
des weiȥ ich niht. noch wil ich

mit dirre buoze mich bewarn,
mîn ſprechen an ein anderz ſparn,
ſwes ich mich hie verſûmet hân.
des bîtet ûf den êrren wân
und wünſchet alle mir durch got
mit rehten triuwen, âne ſpot
heiles und iu mit mir.
wünſchet mir und iu, daz wir
ein ander vrœlîche
geſehen in ſînem rîche.
Reiner Kriſt, nû lœſe mich
Von mînen ſünden, in den ich
Ofte ſunte wider dich.
Dîn güete iſt ſô genædeclich,
Ob alle zungen vlizzen ſich
Lêren dîner verte ſtrich,
Für wâr wær in daz zwîvellich.
Kriſt, herre got, durch dînen tôt,
in den dîn menſcheit ſich bôt,
hilf uns, daz wir von ſchame rôt
vor dir iht ſtên und uns der ſôt
der helle iht ſlinde in wernder nôt!
des helf uns daz lebende brôt
Alphâ et Ô, künec Sâbâôt.

DIE HANDSCHRIFTEN UND IHRE LESARTEN.

A. Die Pergamenthandſchrift des Freiherren Joseph von Laſsberg auf Meersburg am Bodenſee, 100 Quart-Blätter in Spalten, aus dem 13—14. Jahrhunderte. Sie iſt von zwei Händen geſchrieben. die Erſte geht bis zum 40. Blatte, die Zweite von da bis zu Ende. Dieſe Hs. ſtammt aus der gräfl. Bibliothek zu Hohenems und daraus theilte Bodmer die hinter »Chriemhilden Rache« (Zürich 1757) abgedruckten Stellen mit.

B. Die Pergamenthandſchrift der Johanniterbibliothek zu Straſsburg A. 144, aus dem 14. Jahrh., 155 Octavblätter in Spalten, mit fortlaufenden Zeilen.

C. Die Münchener Pergamenthandſchrift Cod. germ. 16. vom Jahre 1284. gegenwärtig noch 81 Folioblätter in Spalten. Die erſten 62 Zeilen fehlen und ſind von anderer nicht viel ſpæterer Hand auf dem Vorderdeckel der Hs. ergänzt. Es fehlen im Ganzen 8 Blätter; zwiſchen dem 28. und 29., dem 47. und 48., dem 55. und 56. fehlt je 1 Blatt; zwiſchen dem 51. und 52. fehlen 2, und dem 77. und 78. fehlen 3 Blätter. Auf den Barlaam folgen von derſelben Hand vier Beiſpiele von dem Stricker und »der Welt Lohn« von Konrad von Wirzburg, und zu Ende dieſer (Bl. 87. b.) ſteht folgende Schluſsſchrift:

Cum fuerant anni completi mille ducenti
Et decies octo, poſt partum virginis almæ
Quatuor addendo, regnanteque rege Rudolfo
Scripſit eum Chvnrat, xps ſua crimina radat.

D. Pergamenthandſchrift aus dem 13—14. Jahrhundert, im Beſitze des Herren Franz Karl Grieshaber, Profeſſor am Lyceum zu Raſtadt, noch 136 Blätter in 4. in Spalten zu 28 Zeilen. Zwiſchen dem 128. und 129. Blatte iſt 1 Blatt ausgefallen; ebenſo die 4 letzten Blätter (422 Zeilen).

E. Die Münchener Papierhandſchrift Cod. germ. 273, vom Jahre 1459 in Fol. Blatt 1. a — 136. a. in Spalten geſchrieben.

K. Köpkes Ausgabe, der die erſte Königsberger Hs. (K^a), Perg. 14. Jahrh 96 Bl. Fol., zu Grunde gelegt iſt.

K^b. Die zweite Königsberger Perg. Hs.

K^c. Die Berliner Papier Hs. Von dieſen beiden Hss. kenne ich nur die in Köpkes Ausgabe mitgetheilten Lesarten.

a. Die Pergamenthandſchrift der Johanniterbibliothek zu Straſsburg, A. 94. aus dem 14. Jahrh. in 4. Blatt 59. c. — 80. b.; eigentlich nur ein grœſseres Bruchſtück, Spalte 1—68, 6. dieſer Ausgabe enthaltend.

b. Die Heidelberger Papierhandſchrift Cod. Pal. 811. 14. Jahrh. Fol., noch 97 Blätter, in Spalten. Zwiſchen dem 37. und 38. Blatte fehlt eine ganze Lage von 12 Blättern. Dieſe Hs. iſt abwechſelnd von zwei Händen geschrieben: von der Ersten Blatt 1—38 (Spalte 1—184, 32, 64. b—77. d. (Sp. 270, 25—325, 4)* und 91 (Sp. 373, 33) bis zu Ende; das Übrige von der zweiten Hand.

c. 4 Pergamentblätter in kl. Fol. aus dem 14. Jahrh., in Spalten zu 35 Zeilen, im Besitze des Prof. Heinrich Schreiber zu Freiburg im Breisgau. Sie enthalten Sp. 89,14 — 96,7 und 110,9 — 117,7.

d. 2 Pergamentblätter aus dem 13. Jahrh. Fol. in Spalten zu 29 — 31 Zeilen, in dem Fragmentenbändchen C. 79 auf der Wasserkirchbibliothek zu Zürich. Diese Blätter umfassen Sp. 275,27 - 278,24 und 284,31 — 287,34.

e. 1 Pergamentdoppelblatt aus dem 14. Jahrhundert gr. 8. in Spalten zu 31 — 32 Zeilen; es enthält die letzten 138 Verse, Sp. 402,7 - 406,12. vgl. Roth, deutsche Predigten S. XXI. XXII. Ich konnte dieses Bruchstück in einer Abschrift Vollmers benützen. Für das Beispiel vom Einhorn habe ich noch verglichen

f. Die Wiener Perg. Hs. 2705 (früher Theol. 428) aus dem 13. Jahrh. 4. in Spalten; das 89. Stück, Bl. 64.

g. Die Heidelberger Perg. Hs. 341. aus dem 14. Jahrh. Fol. in Spalten; das 89. Stück, Bl. 202.

Die Handschrift *A*, die ich auf der alten Burg des gastfreundlichen Besitzers in ruhiger Bequemlichkeit vergleichen konnte, ist früher nicht nur für die älteste, beste, sondern sogar schon für die Urschrift erklært worden. Was zu letzterer Behauptung Anlass geben konnte, wüste ich nicht anzugeben, wenn nicht etwa die unschœne krause, scheinbar alterthümliche Schrift der ersten Hand, sowie die zahlreichen Verbesserungen, die von derselben auf den Rändern nachgetragen sind. Diese Behauptung ist aber gewiss unrichtig, indem diese Hs. nicht einmal auf den Ruhm, die älteste beste zu sein, Anspruch machen kann. Die Schriftzüge und Sprachformen weisen sie hœchstens auf die Gränzscheide des 13—14. Jahrhunderts, und was den innern Werth derselben betrifft, so läst sich wenig vortheilhaftes davon sagen; vielmehr giebt sich schon eine starke Überarbeitung darin kund, und der Annahme, als sei in den vielen Stellen, wo sie allein allen übrigen Hss. entgegen steht, etwa das Richtige Echte enthalten, widerstreiten die zahlreichen, unzweifelhaft falschen Änderungen, woran sie reicher ist als jede Andere. Ich durfte sie daher nur mit grosser Vorsicht gebrauchen, selbst da wo sie das scheinbar Richtige bietet.

Hinsichtlich des Alters steht ohne Zweifel *C* oben an, und hätte mir wol die besten Dienste geleistet, wenn einerseits der Schreiber, der sich nicht sowol willkürliche Änderungen, als vielmehr Lücken und Kürzungen zu Schulden kommen liess, weniger fahrlæssig zu Werke gegangen, und sie andererseits nicht in einer von Rudolfs so verschiedenen Mundart, der œsterreichischen, geschrieben wære. Die Lautverhältnisse stimmen im Allgemeinen mit der in der Grammatik I³, 207 von dieser Mundart aufgestellten dritten Reihe überein, nur dass öfter *uo* als *u*, *ue* geschrieben steht. Ihrem Alter am næchsten steht *D*. Diese sehr schœn und geschmackvoll geschriebene Handschrift, die mir kurz vor dem Beginn des Druckes Freiherr von Lassberg nachwies, und dessen gütigem Verwenden ich auch die Benützung derselben verdanke, ist mit *K* aus einer Quelle geflossen, doch älter und besser als diese. *E* darf für ihre Zeit recht gut genannt werden; sie enthält abgesehen von der spæteren Färbung der Formen und sonstigen Verderbnissen den bessern Text. Abschrift von *B* ist alles in *b* von der ersten Hand Geschriebene; nur zum Beweise habe ich daher hie und da die Lesarten derselben beigesetzt. Der Schreiber der zweiten Hand schöpfte aus einen andern Handschrift, die sich mehr *A* næhert. Von den Bruchſtücken wüſte ich keines auszuzeichnen auſser *d.* das gut und alt iſt.

Unter allen dieſen Handſchriſten, deren Benützung mir vergönnt war. iſt keine von vorzüglichem Werthe, keine der ich im Allgemeinen grœſseren Vorzug ſchenken durſte als der andern. Die Wahl der Lesarten, mithin auch die Verantwortlichkeit, blieb demnach mehr mir ſelbſt überlaſſen und bedarf billiger Beurtheilung.

1, 2. gewalt *E;* kraſt *a.* 3. anc *ABDa*; dine *BDEK.* 4. anegenge *AB K*, vnd an angens *C.* 5. gôtliche *KEa;* 6. lebent *C*; wernder *Da*, werender *C.* 7. hohe *KEa.* 8. verſtricket *a.* 9. den anvanch *A.* 10. gar ſ. m. *C.* 12. ſtet *BE.* 14. doch] auch *E.* 15. muozen *B*; deme *DK.* 16. frômede *DK*, vrômde *AC.* 17. g. och n. *A.* 20. dems geiſtes wort *E.* 23. alſe *AK:* alles *Bba*; ie] ein *BDba*, eine *K*; àn *fehlt BDba.* 25. dir] der *ABEa:* dar *C*; alle *BEKa.* 26. der *fehlt AE*; erden *CE.* 27. unz *K.* 28. dir] der *ABEa.* 29. bidembt *E*, erbidmet *C*, Blint *a*; unde *fehlt A.* 30. dime *a*, dineme *B.*

2, 1. waz *C*; leblichen *AC.* 2. uñ och *A*; lebendige *CDK.* 3—6 *fehlen C.* 4. kelti *DK.* 7. einig *Ca*; furdahtlich *DK*, fùrdahtig *a*, furdehteclich *B.* 8. genenet *B*, genemmet *D*, genemet *K*, genante *C.* 9. ſterren *B*; unde *bis* umbel. *fehlt C.* 12. rehten *CEa: fehlt A.* 13. natùrnd *C*, nature mit a. *D*; aller *fehlt C.* 14. lebenden *B.* 15. in *fehlt C.* 16. alſe *A.* 17. unz] uf *C*; daȥ] ſin *CDKa:* am *E.* 21. erlúhtet *Ca.* 22. nihtiu *A.* 24. unde] oder *ABa.* 26. dunren C, donren *BDK*, doner *AE*; blicheſch. *D.* 27. ſivrime *D.* 29. niht *fehlt B.* verb. niht *b.* 30. herze *A.*

3, 1. ſinnen *A.* 2. wan dir *a*; alle *BEKa.* 3. menſcheit *A.* 4. namen *CD.* 7. megide *A*, magde *C*, maide *E*; ſchephær *A.* 8. drei *CE.* 12. vernunſtic *C*, v'nüſtig *E.* 13. menſchiiches *B.* 14. alle *ABEa:* die *fehlt Eab.* 15. *Absatz D*; diu *AB.* 17. wiſliche *Ka*, weiſiu *C.* 18. kunſter- *B*, kunſt vñ r. *a*; criſtenl- *C.* 20. driten *AD.* 21. dem] eineme *Bb.* 22. vñ g. *a*; gnûge *BCa:* gemûte *b.* 23. tugentliche *A.* 24. teilt *CDK.* 26. alle *K*, aller *a.* 29. ſin] din *AD.* 30. gegeben *BCE.* 31. got *fehlt K:* gvot *BC.* 33. gerüchtes *K*; -lichen *A.* 36. genade *CK*; von dinen genaden han *A:* von dinem willen *a.*

4, 1. furchte (ſol *fehlt*) *C.* 3. d. der gnaden pit *C.* 4. dû *fehlt K.* 6. heiligen *alle Hss.* 7. rucheſt *A.* 9. chraken *D.* 10. alles hie w. *E*, alſo ich hie *a* 11. ſprechende *Bab*, ſprechen *ACE.* 15. liute unde l. *KC.* 16. den *fehlt B*; in gel. *b*; tet er erk. *a.* 17. dinen *D.* 19. iſt erk. *a.* 21. wis in mime ſinne *Kb*; nû *fehlt B.* 24. beginne *B.* 26. truoc hiet *C*; got *A.* 27. Damaſcho *K*, damaſce *B.* 28. mære *fehlt a.* 29. krieſcheme *Kb*, kriecheſeme *B.* 30. er ez *ABD*, er das *E*; berihte *C*; er do r. *a.* 31. 32. *umgestellt A.* 32. bezzerte *A*; da m. *C.* 33. ich ouch *a.* 34. volbraht *C.* 35. vñ ob mir *A.* 36. ichz volbr. *C*: eȥ *fehlt E.* 37. mêre *D.* 38. zü iegelicher *a.* 40. v. unde g. l. *a.*

5. 1. ſwem *C*: de *Ca*; wol *fehlt ACa.* 3. ichz *C.* 4. har *K*; tivtſchiv *B*, Tútſche *Ka.* 5. Der *D*; zitel *AC.* 6. ich ez *DK*; aller erſte *A.* erſt *CDK*; v. d. ich wol geſagen kan *Bb.* 7. kappelle *A*; apt *C*, appt *A.* 8. wilkum *E.* 9. mvͤze *A*, mvͤz *CDK*; ine mveze *B;* ivch *Ba.* 10. har *D.* 11. vil *fehlt DK*: alſuil ze gelawben *E.* 14. troſ

CKE. 18. bezzervnde A. 20. vñ och d. g. A. 21. armes DK. 22. deſ m. D. 23. tiuſche A. 26. die K. 27. die got a, durch die g. b. 30. durch *fehlt* a. 31. magde C, meide A. 33. in da her hate g. DK; von der er vns wart geſ. A. 34. himele in irdeniſchiv B; irdenſche ab. 36. die er v. E; der] dem A; hellen Kab. 37. immer C *so hat diese Hs. durchgehends;* wernde D, kl. werender A. 40. begunden B.

6, 1. Der chriſten gl. A. 2. in dien l. D *so häufig*. 3. begonde DK, begunden Ca. 4. ewecliche DK. 5 groze A. 9. zallen CK. 11. werltlich ABC. 12. wûſte DK, wuſte B, wûſten A. 14. reinen D. 15. unde AC; witen C. 16. vremede B, fremde K. 17. dô *fehlt* A. 18. wart. hie wil ſ. b. 20. diſer, *diess die gewöhnliche Form in* C. 23. ſin hohiv w. Bb, ſine t. ſin w. A, ſin – ſin D, tugende vñ ſin w. C. 24. hete A, het C. 27. anderre BD; werde AK. 28. ninder, *so immer* C, niergen B, niergent ab. 31. dirre] der Ca; wol *fehlt* ADK. 32. vintl-, *so meist* A, *ebenso übereinstimmend* veintl- C. 34. -lichen ACDE. 37. die zit a. 38. minnencl- BKb. 40. ernſt C; unde ACKa.

7. 1. zen BKab. 4. zü K. 5. vñ och d. A. 6. werdecl- AB. 9. hohe A, hohen C. 11. vñ von r. w. CEab: mit A. 13. vil der l. A. 14. vñ ſwes g. lach A, lac K. 15. mûſe A; dulden KEab. 16. verchorn C. 18. heidenſchl- K, heidniſchl- C. 19. tievels AD, tivels BC. 20. er kert C; die BK; *in* A. *werden nach diesem Verse die Zeilen 14—20 wiederholt*. 21. manic C. 23. hilfe DK. 24. wande B. 26. iergen B *so meist*, iergent ab. 30. im *fehlt* D. 31. an] ein A. 32. und] noch BCKa. 33. div *aus* der *gebessert* A: die BK; groſten Ka. 36. grozen p. DKa. 40. hat D, hatte B.

8, 3. den] ein Bb; dem] den A. 5. trôlich D, drolichiu B, trivrich A. 7. gotliche Bb, d. g. lere m. A. 9. lere da A. 11. ſterben DKab. 12. ſchæntlich C, ſchantl. DK. 14. Swaz ime a; als CEK. 15. liebſte CE, liebeſt AD. 16. De der A. 18. hohen C. 20. heiligen *alle Handschriften*. 24. zergænchlichs C, zergancl- ADEK. 25. diſ C; armen ADKE; ſer A: *fehlt* K. 27. rûſære C, riwere Bab, zueweſer E. 30. in deme BEb. 31. der ſelbe g. BDb, guote K, guot *fehlt* C; inwc D: inne w. K. 32. az daz k. vñ daz g. A. 35. in *fehlt* B. 36. in *fehlt* AK; wrten ſ. A, in ſa a. 37. ze dem k. A. 39. gelichſonte D; dô *fehlt* Bb. 40. ſuozer r. unſchinpfen t. B.

9, 1. kert BCK; iet D: ie K. 4. durch n. haſt v. A; gelan a. 5. lip unde e. u. g. DK. 7. ſeruiſte D. 8. mer CE: *fehlt* Aab; bek. K. 10. Der vorderſt A. 15. bewiſen C. 16. wil C; r. wiſer h. m. A. 18. von h. ſch. d. A; hinnen CD. 22. Die w. Ab; wie a. 23. giteclich DK, ewig E. 24. d. v. dir d. g. A. 25. lebet BK. 26. ſtrebet BK. 27. den D; d. ſ. er vil g. C; ir gir A. 28. gar] vil Bb. 29. der veſte h. in ſtôre A. 30. volgære K: kint A. 33. wol bew. E, wol beſcheiden A. 34. Deſtu K, des haſtu E. 35. beide K; Nv ſein ſi baide von mir v. C. 37. dir din m. CE. 38. hattoſt DKa; het ſo grozez C. 39. liez D; dvrch A; ein K. 40. du ez E; haſt du dc A.

10. 2. da her A; vor *fehlt* a. 3. verdrvgget B; iñ ſ. E, in meinen ſ. C. 7. genûht AC. 9. gewurzelt Ba, gewurzel b. 12. die w. A; gar *fehlt* BDK. 13. wanl. BEb. wærl. A, wandel. DK. 14. zergancl. ADK. 15. were CKa, wâr E. 16. wer Bb. 17. d. mich Bb. 18. mit AC. 20. ich han gel. K, wil l. a, lazen AD; er ſi *fehlt* Cb. 22. in] an A. 23. begonden D. 24. ſô *fehlt* A. 29. *Absatz*

ACDa. 32. den ſtrengen Da. 34. bringen Aa. 36. vñ dc C. 37. *fehlt* KD. 38. ȥevræmet A, gefrumet K. *darauf folgt in* DK: daz dir unlange in vröuden ſtat. 40. vnſtæten A.

11, 3. genemen DK. 4. læt. C; nagget B, nakend A, nachent D. 5. arbeit A. 7. ſurez AC; endes] ein D. 8. nû *fehlt* A. 9. den] in K; friunt DK. 10. wart g. DK. 11. wil A; bewegen A. 13. in *fehlt* C; w'de C; ærmecheit A; brôdekeit b. 14. widerſeit a, vnverſeit b. 15. vintlicher A. 16. leben C; ze aller DK, alle z. B. 18. ſêl C: *fehlt* a; unde A. 20. Div rede wart d. k. z. A, do wart die r. d. k. z. Bb; harte z. CD. 22. het AC, hiet E, hatte BDK, hat a. 24. mveſeſtu B, mvſeſt ADb, mvzeſt CKa. 25. dinen A: vnnuze BEab, unnutzez AC, unnuzzen DK; ſpæl (: ſnæl) C. 26. die z. iſt d. w. zû ſn. K. 29. ichz A; es verlobet niht e K; eȥ *fehlt* AD. 33. dâ *fehlt* CK. 35. er *fehlt* B. 37. er iſt DK. 38. der *fehlt* ACE.

12, 2. -licher D, -lichen CE, heidenſchem A. 5. wit C, witen A. 9. hohen D, hohem C. 11. diſer, *so immer statt* dirre C. 14. Dien DK. 17. dc wil ich l. a; ivch B; ichz C, ichſ B. 18. ſin *fehlt* E. 19. Der ſelbe Bb. 19. 20. *umgestellt* C. 20. ie d. l. w. B. 21. ſinem Bb. 22. die l. begonden m. DK. 27. w. ie iteniwe A. 28. in DKE. 29. unde in DK. 30. blûte A: *fehlt* a. 32. doch] ſich K. 33. vil l. A; liebem C. 35. er engetorſtez BD; im *fehlt* D. 38. ſtoltzer CE. 40. *fehlt* E; nv v. C; ligen ACab: lebende D.

13, 1. wol *fehlt* B: vil A; herzenr. C. 3. ime d. g. was v. A; gæn C. 6. Do horte er A. 8. K. wider l. h. K; vil *fehlt* D. 9. laz C. 11. etlich ADEb. 13. wurde Bab; kvrzer A. 15. demûtecl. AEKab. 17. er gedaht hilf i. C. 22. hinnen A. 23. natiure A. 25. er torſte g. genennen n. A; nem̃en D, genemen K. 26. dir geſchiet (: niet) D, dirre g. K. 28. hie] nu B; haſt hie C. 31. mich an dir Bb. 33. vil *fehlt* DK. 36. ein man verſ. A; verſæret C. 37. dien D. 38. ſa DK: do E. 39. guoten ACDE.

14, 1. lebelichen CDa. 3. do Kab; wening Ka. 5. Die r. Ab; Dirre g. es kl. a. 8. lieb Ca; ſit liep A. 9. Aveniers ABDKa, *so meist*. 10. in *fehlt* A. 11. valſchem Ca, wiſlichem D, vollecl. A. 14. die BEKa: *fehlt* b. 19. ſô *fehlt* Eb. 20. der dir niht gûtes n. e. g. A. 22. daz C. 23. ummære C. 25. Der l. A; dir ADK. 26. ſô *fehlt* B; ſo ſere do C. 27. nâch] gar BCb. 28. nû *fehlt* AEb. 29. ir *fehlt* A. 33. ſolt *fehlt* C. 34. riwere Bb. 36. alle Ka. 38. Vñ m. A. 39. ſin AD.

15, 2. erz Ca. 3. duz in B, inz C, in es K; es *fehlt* ab. 6. minnete BDEb, minnet K; herzenl. ACE. 8. herzenſ. ACE. 9. diſ A; vil n. DK; nahe BK. 10. m. ez vbl ſin g. A, m. z. u. ſein g. C; im *fehlt* ab. 11. er wolte DK. 13. waz B; zervarn C, ze ervarenn A, zû erf. K. 14. vñ gie d. r. A. 17. kunic anſach A. 18. er do z. A; zime B, zû im D. 19. nû *fehlt* A. 23. daz Bb: wes A. 25. ſin A. 26. die] hie C. 28. biten *fehlt* A. 30. welleſt DK. 35. rate Ab. 36. wiez A, wie er E. 37. vurſte Bb: wart A. 38. er ez do A; ir *fehlt* D.

16, 1. du in vrouden ſ. A. 2. vil *fehlt* A. 7. manz B. 8. ſwerz C, ſwer ſin A. 9. man] wan D. 10. rein hie ſein C. 14. herzenſer ACE. 19. ſi *fehlt* D. 20. eime lieben K, lieb A. 21. -valtig Ca. 22. unwand. a. 25. wirt] iſt ADK; dan CE, den a. 27. kvnich A; erborn K. 28. uf in A; vil *fehlt* Kb. 30. zurnetz A, z. ſin B. 31. furſte A. 32. Alſ D, alſe a; alle tuont Cb. 33. alſo verwiſet A. 36. wart K;

wiſe *A*. 37. ſim *D*; herre *B*; er b. *a*, b. er g. *b*. 39. hin *fehlt BCb*. 40. worden gerñ *E*, gerne w. *die übrigen Hss*.

17, 2. wier mit l. *Bb*. 6. Do *Bb*: der *a*. 7. deheines *C*, *so fast immer*. 8. habe *B*, haber *a*, halber *b*, halb vb' l. *D*. 11. einen *K*, ein *D*. 13. er] der *Ab*: *fehlt B*; worte ein a. w. *AEa*. 15. worte *K*. 16. erznic *A*. 17. ern zim *B*. 19. w. ein arz. *Eb*. 21. diz *Ca*. 22. ez *fehlt K*: ſin *a*; ſwa ez *CD*: ſin n. *AEa*. 24. nû *fehlt A*; ich tuon daz *Bb*; wirt *KEb*. 25. ez *BCK*; wirret *C*. 28. und *fehlt AC*. 29. ſolte *K*. 31. daz ich] deſ *B*. 32. herzenlichen *AC*, herlich *K*. 33. unde] ich *DKE*; ſt. alſus *C*. 34. in ſterken *ADKE*. 36. ſo grozen *DK*. 37. wande *A*. 38. hete *A*.

18, 3. gewinnen *DK*. 4. hint an d. n. *A*. 7. dincl. *Cb*. 13. dizze *K*, dv rede *D*; tivte *D*. 17. noch *fehlt DK*. *Nach Zeile 18. sind in E die Z. 14—17 wiederholt*. 20. wol *fehlt E*; du dan m. m. *B*, hindan *b*. 21. rivch *A*; alde *D*. 22. dir helfen als *C*; als ein eigen k. *A*, getrúwer k. *b*. 23. u. wil dir g. m. *C*. 24. ſwaz *C*: was *E*. 26. ſiht *C*. 27. dich *AKEb*; iemer mere *alle Hss*. 31. 32. *umgestellt Bb*. 33. Der furſte ſ. h. f. (herabe *b*) ſchr. *Bb*; hohe er *C*, hoh er *a*, abe *AE*. 34. riet *A*. 37. er] unde *KEb*; gie do v. *K*.

19, 2. ſteſt dv *A*; ſo *CEab*. 3. Dc *A*. 4. kumeſt *Bb*; ſô *fehlt E*: ſus *DK*. 6. (min *b*) vil l. h. m. *Bb*. 9. dienſtliche *D*. 10. Halſ ich *C*. 11. dir *fehlt A*; alreg. *D*, allerg. *ABCEab*. 12. gar *C*. 19. triwe *C*. 23. gevelſchent *C*. 24. ir *fehlt E*; leides *Eab*. 25. ertæ (: mertæ) *D*. 26. er vaſte *A*; vaſt im *E*. 32. den *E*; grœzerē, *so stand in A, er ist ausgekratzt*; criſtenen ſo grozen *DK*. 33—36. *fehlen Bb*. 34. gottes *K*. 38. und ie b. *ab*. 39. gein *A*, *so fast immer*, gen *C*, ingen *D*.

20, 2. ſins *CDa*. 3. unſer ih'u h. Cr. *C*. 4. alſe *B*, alſo *b*. 6. ſælder. *BC*. 11. got *AC*. 12. Diſem l. *C*. 14. frôdebæren *DK*. 15. criſtenheit *K*; leben *fehlt a*; mûſe *BDK*. 19. diſer *CE*: der *A*; widen *alle Hss*. 20. komende *DK*; in r. *BK*; roſe *CD*, roſen *fehlt BE*; in bl. *CDE*. 25. nie *BCDKE*: do *a*. 26. hie h. j. *D*. 27. dan *fehlt C*; vil *fehlt AC*. 28. die *BEa*, diſiv *D*, diſe *K*. 30. ſinē b. *C*. 31. alle gel. *ab*. 34. chomin *D*. 36. in *fehlt C*: ich *E*. 40. ieſl. *C*.

21, 1. da nah *C*, dar m. *A*. 3. kvnges *A*: landes *a*. 4. ſeit *A*. 5. diz k. *BDKE*; (ie *fehlt*) was *C*. 6. wol *fehlt A*. 7. er ez *ABD*. 9. berôbet *Ka*, betrûbt *E*. 10. *fehlt E*; an in] in nu *K*; ſi an b. *D*; betôbet *Ka*. 11. beide *BC*. 13. einen *D*. 15. n. des g. *A*. 16. chunſt het volbraht *C*. 17. gotlichen *ADEa*. 18. *das erste* und *fehlt BCDE*. 19. kvniges *a*. 20. lære *C*: rate *A*. 22. ſin *A*; ſûzen *DK*. 27. winve v. winſzec *A*. 28. waren alle *Bb*; dar vz *A*. 29. kvnſtecl. *B*, kúnſtenricher *a*, chriſtenl. *C*. 30. alſe *B*; alle *b*. 32. al die *AD*. 33. deme *D*; die *fehlt A*; ſterne *C*; rihten *CD*. 34. louſlien *B*, loſtl. *D*. 36. iv *B*. 39. ſul (ſvlle *K*, ſúlle *Ea*) d. k. *DKEa*.

22, 1. al g. *BD*. 2. Er *A*. 4. tugenden *B*. 5. gwinnet *Aa*; guotes *Bb*. 6. danne *D*, denne *A*. 8. unde w. *Ab*. 10. hete *ACEa*, *so haben diese Hss. gewöhnlich für* hâte. 13. Des enw. i. h. n. *A*. 14. ſterne *AC*. 15. Alſo *CDKE*; dichz *A*; ez *fehlt CDKEa*. 16. dime *a*; ſule *KE*. 20. daz *A*. 22. ſolz *C*. 26. jenſ *Bb*, giens *a*, ieniz ain r. *C*; iſt r. *ABKEab*. 27. erbende *C*. 28. ſtoreſt *BC*. 29. er *fehlt D*; ûbende *A*. 30. ergit *Aa*. 31. 32. *umgestellt Cb*. 33. in *fehlt A.* 34. Krist *A*, Cristen *BK.* 35. glavbende *A;* u. des t *BCE.* 38. ist *fehlt B.*

23, 2. in *ADK:* hin *a.* 3. hohen *AE*, grosten *C.* 4. listen *DK.* 5. en *A*, an *a*, im *B.* 6. dc *Aa.* 9. ein *C.* 10. sô *fehlt C.* 11. manz *C;* m. im grozer r. *A.* 13. mazen *a;* vmbe svben j. *A.* 15. er-hvtē *A.* 16. do zime *B*, do zü im *C*, dar z. *b.* 17. sin] es *K*, ez *D.* 18. in *C;* rehte *a;* r. vüre (*dieses Wort steht am Rande nachgetragen*) erwegen *A.* 19. man] er *CDKEb.* 24. weder *CEb.* 25. dem *D.* 27. mære *K.* 28. -siche wære *K.* 29. Criste *K.* 31. mûste *CDK.* 33. da vnder in *C;* vinde *A.* 35. im *BE.* 37. einen andren *C.* 39. an a. l. *A.*

24, 1. im *C.* 3. er *A.* 4. Beliben *A.* 5. deheine *AC.* 6. Im n. *Bb;* noch den t. *Aa.* 7. Dem kinde niht fürleiten *Bb;* iemer *A.* 8. iht *A.* niet *D.* 9. im ab' *C;* dem kvnge *A.* 10. sehe *BCDK.* 14. in *A;* nahesten drie *K.* 22. zürnde er vil s. *A;* an sü vil *a*, an sü s. *b*, an in *BK*, an inen *D.* 24. da *D*, al *a.* 25. urk. gottes trûgen *DK.* 26. U. s. g. giwügen *DK.* 31. alle g. *Aa*, allecl. *DK.* 33. diz *B*, dise *b*, die *a.* 35. bi *Ka;* hivse *A.* 40. m. zuhten *DKa.*

25, 1. U. reines kindes *a.* 2. Vñ ung. *Cab;* vgefvge sit *A.* 3. u. den sp. *C.* 8. l. vñ sin h. *A.* 11. dinge *A.* 12. ez *CD;* nemen *K.* 15. -liche *K;* meister lere g. *B*, meisterlerre g. *b.* 16. grozzer weishait *C;* er die *E.* 17. witzen *K.* 18. siniv r. *C*, sine r. *a.* 20. lere *Ca.* 24. v. hohen s. *und am Rande, doch ohne das gewöhnliche Einschiebzeichen*, richē *A;* wer *C*, was *ADKa.* 26. al *fehlt Bab:* alle *AK.* 30. jens *CDKb.* 32. ime *a;* alle *a*, al der *BC*, al dro *D.* 33. die *BD;* mohten *CDKa.* 35. im *fehlt A.* 38. gesæhe *ADKE.* 39. W. wem *E;* W. die den ez *Bb.* 40. dicke *Ca;* groze *a.*

26, 2. Er d. er n. t. *und am Rande von anderer Hand* daz ez *A;* daz ez *BCab.* 3. des *B;* fragens des *a*, vragens den v. *CE.* 9. gedahte *BEa;* d. im d. *A.* 11. richen *D*, rehtem *A.* 14. Daz er der *C;* liehte *ADKa*, d. sunnen liehten *E.* 15. des t. schein des n. *A.* 16. divhte *A.* 17. die *KEa*, der *A;* vinstri *DK.* 18. ie *fehlt C;* vbe *A.* 19. wirde *A;* so *C.* 20. stund *fehlt A.* 21. wahsende *a.* 22. ditz *CB.* 24. w. lere *E;* unde fremede *DKa.* 28. hâte *fehlt A.* 29. Do *DKa.* 30. Do der *a;* êrst *fehlt A.* 32. Vor anderen sinē meisteren *A;* andirre sinre *D;* Daz and. *a.* 33. er saz *DKEa.* 35. wænic *C*, weninc *Ka.* 36. Durch minen willen wis *A;* wis ez *BDa;* es *fehlt E.* 38. sô *fehlt A.* 40. dinen *B.*

27, 3. solhe *AC*, solche *D.* 5. ich *fehlt A.* 6. ez *BC.* 7. erschrac *Bab.* 9. De – also *A.* 14. Der sin *A;* versolt *CE*, verholt *A.* 16. ez im *ABCE.* 19. Der *D;* dir s. *C.* 21. alle die *KEa*, ie die *A.* 22. Vñ vil g. *b*, V. gr. *A.* 23. ein *D.* 24. g. in ist *A*, in *fehlt in den übrigen Hss.* 30. beide *C.* 31. De *AE;* dinen *B.* 32. daz du im w. *a.* 33. ladte *C*, ladet *A.* 35. lôs *D;* den st. ersehen *a*, stern l. sæhen *C.* 36. nu solte *Ca*, im solt *E.* 38. daz *fehlt A.* 40. unde *fehlt Bb.*

28, 3. Do r. *a;* groz *A.* 6. liutē *C;* reda *D;* mslich *B*, misselich *CDKEb.* 7. din vater sere *A*, vorhte er vil s. *a*, Dises vorht *E.* 8. gedahte *CEab;* in m. *A;* manige *a.* 9. den l. *C*, der l. *A.* 11. began *Ka.* 13. sinem sinne *C.* 14. -lichen *ADKE;* minne *C:* dingen *A.* 15. genaden *A.* 16. sant im in *AE*, im *fehlt in den übrigen Hss.* 17. heiligen *alle Hss.* 18. gar in s. g. *C.* 20. als nu *E*; hernach wirt g. *Ab*. 24. in willechlichen ſ. *C*. 26. vil *fehlt Aa*. 28. nv ſage *Bb*; vil lieber *A*. 30. mich m. *ACb*; hie vro *C*. 32. ſ. er an in *ab*. 33. er *fehlt AEa*; vil *fehlt C*. 35. rich *BKa*, reich *E*. 36. taten *B*, entaten *b*. 37. Hie *CK*. 38. die *K*; ſtrengiu *D*, ſtrenge *die übrigen Hss*. 40. Div mich hat ſ. g. *C*; ſô *fehlt A*.

29, 2. U. ich in kl. freude *DKa*. 5. værliche *C*. 6. tǒbint *D*; ſi an e. m. *C*. 7. da vor *ADEab*. 11. dirre *A*, diſer *E*. 13. kan *K*; alſo *E*. 18. beſehen *C*. 19. Ich bin m. l. hie b. *C*; bin ich *a*. 20. ſô *fehlt C*; und ezzen *alle Hss*. 22. dar zuo *fehlt Ea*. 30. im *fehlt C*; die *K*: *fehlt a*. 31. mac ez mir *Bab*; wol *fehlt E*. 32. ichz *BC*; tuon ich ez nút *a*. 33. Nv ſvn *C*. 34. Daz *A*; duz *C*; ez *BD*. 37. ros *Cb*. 39. dar *fehlt Ab*.

30, 2. in ſinre ſ. j. *DKa*. 3. als *DK*. 7. u. ir g. *BC*. 8. Die *BK*; mag *a*. 9. der w. *DKa*; und *fehlt C*; got (: gebot) *AC*. 13. in da h. *A*; in ſiner phl. *K*. 14. ſi in h. *K*. 19. Daz ſch. wære *A*. 20. ſehen *A*. 21. freude *BCD*; fr. machen *BDK*. 22. ſeiten- *BCKEa*, ſeit- *A*. 24. von *BK*. 28. iht *C*. 31. ſach *A*. 33. grozer *DKa*. 34. klagendez *ADKa*, ain iámerlichs *E*. 36. ichz *BC*. 39. kert *A*, kera *DK*; ſehent *Ba*; gè *fehlt C*. 40. Geſehen h. d. i. noh nie *C*.

31, 1. anblik *A*, amblic *C*. 3. vorhten *CK*. 5. ſmahlich *A*, ſmæl- *D*. 9. ez ime *K*; woltenz im *CE*. 11. dô *fehlt C*. 12. ſiechen *A*. 13. genſoc *C*. 14. getempert *Bab*. 15. Irre *B*. 16. vuoget *B*. 17. 18. *fehlen A*. 17. verendert *K*. 23. ir *fehlt D*. 24. beſchehen *K*. 25. allen liuten *D*. 26. de *B*. 27. hie han *B*, hie vor h. g. *C*; hie *fehlt E*. 30. geſchen ſol d. l. geſchen *B* 31. kunnent *Ka*; vurſehen *D*, erſ. *BCE*. 32. an deme ez in ſ. g. *KD*. 33. do kein *B*, enkein *DKab*. 34. Ez vor niht r. w. k. *A*. 35—38. *fehlen A*. 35. herna *D*. 37. verſtolne *D*. 40. dô *fehlt BDKE*; im uf die ahſel ſ. *a*.

32, 1. ime was *A*; ze *fehlt D*. 6. got ez *DKa*. 7. na *D*; dô *fehlt Bb*. 8. Ze v. J. r. *B*. 9. er nv vil ſ. l. *C*. 10. in *A*; engegen *a*. 11. unmæzecl- *DB*; unmenſchlichen *K*. 12. in *fehlt A*; miſſeſtalt *DKa*. 14. arm *AC*. 15. gerunphen *BKa*; dvrre *AD*, dúrre *a*. 16. keinen *KE*. 18. an dem *A*. 19. im *fehlt CDKa*; die *KC*; von alter *fehlt A*. 20. runtzen *C*, runſchen *K*, ruzin *D*. 21. zheinre *a*, ze keiner *DK*. 26. wirit *D*. 27. Er iſt ſo j. *C*. 31. ſie *A*. 33. genade *A*. 34. mange *a*, manig *E*: *fehlt Ab*; manic jar *C*. 36. lidic *BDKa*. 38. wahſet *ABDKa*. 39. mit ſ. m. *A*. 40. *das zweite* eȥ ſi *fehlt ACE*.

33, 2. oder m. u. *Bb*: un *a*. 3. wahſet *ADKa*. 4. ic *Aa*. 5. iſt *fehlt D*. 6. vber *Ba*. 8. læt in nimmer *C*; inlat in *D*. 9. im ſ. k.· *A*. 10. vntz an d. t. m. *C*. 11. d. todes *AE*. 12. nihtiv *A*; frumt *Ea*. 14. ſolt du *B*. 16. *das zweite* eȥ ſi *fehlt AEab*. 17. riche *ABDK*. 19. ſchoniv *C*. 22. ungewalt *A*. 23. niemen *AC*, nieman *KE*. 24. muoz *CDKab*. 26. Daz *A*; wizet *A*, wiſſent *a*, wiſſe *E*. 27. mich nv w. *C*. 30. mac ein man *DK°a*. 31. Leben ane n. *DK°*, L. hie an alle n. *a*. 33. dringẽ *C*. 34. ein man *D*. 39. vil *fehlt C*.

34, 1. leben *BEb*; unz *C*. 2. ſtreben *B*. 3. der da (do *b*) ſt. *Ab*. 4. craſt *B*, lebn *C*. 5. D. ſein leip n. w. aſche w. *C*; ein *fehlt D*; eſche *D*, eiſche *B*. 6. den ſ. *DKa*. 7. daȥ] ez *DC*; auch ſterben *C*, ſterben *AEa*. 10. niemer *DKE*. 14. vor gevaren *A*; von *C*.

16. n. wirt *CDK*. 20. ſvſen *B*, ſúfzen *C*, ſúffizen *K*. 21. owe owe *C*, o. unde owe *A*. 22. der w. *A*. 23. endeloſez *Bab*. 26. dirre] der *BCEa*. 27. erſterben *A*. 28. denne *A*; verderben *A*. 29. erſtirbe (verdirbe) *C*. 31. denne *Aa*. 32. iener *D*, iemer *Ka*. 33. ander *fehlt C*. 35. Alde *B*. 37. Da von *K*. 38. blœzziv *A*.

35, 1. Doch tet er nie g. *a*; doch niender *Bb*, Vnd t. d. n. dem g. *E*; niene *D*; doch *fehlt AC*. 2. zallen *C*. 4. verborgene *Ba*. 5. dêr] daz er *alle Hss*. 6. er ez *ADKa*; bekant *DKEa*. 7. Nv *A*; zim *B*. 11. tûn *B*; etlichen *ADKE*. 13. daz *fehlt C*; ſagtont *AD*. 14. liep *BE*, liebe *C*, leben *A*. 16. von *fehlt C*; H. v. ſo d. *Bb*. 24. wiſſe *D*. wizze *K*, wiſt *CE*, wuſt *a*, *u. s. f.*; ichz *C*. 25. alſe *Ka*; als auh *C*. 29. ſie *fehlt A*; han *DK*: *fehlt Bb*. 31. Iher- *A*, Har- *a*, Dar- *E* 32. landen er ſi ſtiez *C*. 34. dem kn. *C*. 40. den *fehlt C*.

36, 1. vñ vnſ *Bb*: auh w. *C*. 2. nie *K*. 3. ſin vil groz d. *C*, groz *von spæterer Hand übergeschrieben*. 5. vnkunſtl- *B*. 6. des iein *C*. ſin *D*. 8. er *fehlt C*. 9. im *A*. 10. uf gottis w. *C*. 11. uch *K*. 12. dô *fehlt AE*. 13. rivſære *A*. 14. Gůt unde *C*. 15. beide *CK*; u. ôch g. *DK*. 17. De *C*. 18. alde *D*. 19. weiz *C*. 20. Diz-des giht *A*; vergiht *CK*, geſchicht *D*. 21. Ez w. *C*. 24. E h. er ime g *ADKa*, *im Lateinischen: In deserto quodam terræ Sennaar sibi zellam fecerat*. 25. zellekin *ADB*, zelle *Cb*; inne b. *Cb*. 26. Da *C*. 30. geweſen *BEa*, geſezzen *C*. 31. inſile *BD*, inſeln *Eab*. 33. Da *ABCDKa*. 34. ſanc er *DKb*, er da ſang *a*. 36. reinem *C*. 37. got *C*. 39. Er envuore ze Y. in d. l. *B*, vñ vûre *A*, vur *D*; Indiam *CD*. Indian *K*. 40. tet *D*; wart *C*; erkant *Aab*.

37, 5. hete *A*, het *C*. 8 allegil- *D*. 9. trvch *A*, trůg *D*. 10. im *fehlt B*; der v. *K*. 12. der w. *A*. 13. des h. *CDEa*; *im Lateinischen: Qui egressus de eremo ad seculum descendit*. 15. ſinen *B*. ſin *D*. 16. zeime *BD*. 17. Dar in *DK*, da inne *E*. 19. ſeite *KEa*; div in. *A*. 22. Do *Ab*: Dz *a*. 23. da v. *Ka*; L. in dem lande daz *DK*[a] *K*[c]. 25. gie *Ba*. 27. ſtuont *ABCab*; ein *A*, einer *CE*, einre *Ka*. eime ſtegin *Db*. 28. Des *K*; da her *C*; do *a*. 30. ſiner *C*. 35. úch-hie für *K*. 37. dekeime *DK*. 38. zû dem *A*. 40. unde gie *A*.

38, 3. krame *C*. 4. dinen *A*. 5. krame *AK*. 6. ougen *BDKE*; daz du nie *A*. 9. din ſt. *A*. 13. dechein *D*. 18. iſt] ich *D*. 19. dir *DE*, der *die übrigen Hss.*; ſinen *Aa*. 20. tivele ieman b. *Bb*. 21. Den tůt dirre ſtein erl. *Bb*. 23. troſt in *KE*; troſt vñ vrôwet *D*. 24. tumben *C*. 26. und auch *CKEa*. 28. gehôrede *K*. 29. ſtumben *AC*. 30. deme *Ka*. 33. vil *A*. 35. -liche *BD*. 38. edelſtein *CDK*. edle ſtein *E*, geſteine *B*. 39. han ich *C*.

39, 1. har *D*. 3. virhieſch *D*, gevrieſch *K*, vrieſch *B*, gehies *a*; ſtein *DK*. 6. alſe *DKa*; du mir h. *A*. 7. So in. *A*. 8. ihtes *A*; vie-hen *E*. 10. vil *fehlt C*. 12. gevallet *DK*. 15. chran *D*. 18. groze *KEa*, groz *A*; E. kr. d. iſt u. kl. *C*. 19. geſehen *Cab*. 20. gebreit *AB*. 21. Siet *D*; vrevenl- *K*, vrail- *A*. 22. chum dan *A*. 24. verſwenket *Bb*. 25. er můz *A*. 28. niht *fehlt A*. 31. zim *B*. hintz im *A*; dô *fehlt Eb*. 32. lazen da *K*. 33. wande *K*; iſt eshie g. *E*; iſt war – da g. *A*. 34. u. auh *C*. 35. dazû *A*; ouch *fehlt Bb*. 36. ſin niht *A*; niht in *K*. 39. můt lip *A*, 40. im *A*: im nv *C*.

40, 3. ſeiter *A*. 5. -liche *DKa*. 9. im div ſ. *A*; die *CK*. 10. De *D*. 14. der r. *C*. 16. Er v. *A*. 18. unde er *A*, V. auch *C*; im gr. v. *DKEa*. 19. heiligen *alle Hss*. 20. alſe *D*. 23. für ſich *a*, von im *A*. 24. g. meiſter *K*. 25. dē ſt. *D*. 27. ſvs r. g. *C*.

29. ich B. 30. daz *fehlt* A; hat kr. Ab; alfo A. 33. dich *fehlt* Aa. 34. Noch an A; fô *fehlt* K. 35. Herre gv̊t A. 37. vornennen Cb; wil ACE. 39. in A; kraft K.

41, 3. 4. *fehlen* K. 4. fi Bb. 6. finer AC. 11. gienc e ein C. 12. Da A; den *fehlt* C. 14. fivhte D. 15. gazen DK; vogele u. trv̊gin h. D. 16. dà *fehlt* ABK: do ab. 17. dorn CK. 18. dorn C; in B; gar *fehlt* K. 19. bernde BEb. 21. hundervalte wûchers K; vruht] nuz D. 24. daz ift daz K, der ift a, fame def de D. 25. witen AB; fagen DK, den faen E. 27. do Ka. 28. daz erfchein A. 34. gefchen D. 35. wip unde k. A, fr. gv̊t v. k. C. 37. vil felten gûtes iht K. 38. Kume d. g. g. K. 39. dritiv berndiv C.

42, 1. w. braht A. 2. daz ift ein herze *fehlt* B. 10. dir da h. A. 12. dornin A. 13. Gottif D. 16. laft hin C. 22. her zuo dir Bb; fô *fehlt* C; vil g. A. 24. han nach dir B; da durch han A. 25. fage KD, fagen C; hie CK. 26. die BK; vor mir vern. e nie A; von Ea. 27. dinge DKa. 28. nu fich B. 30. N. m. gv̊ten l. C. 34. da von ich A. 35. hvere B; -lichen AC. 37. etl- AD. 38. na nv D; nâch *fehlt* C; l. hat m. m. A.

43, 2. Zehte B; wol *fehlt* C; gefch. A, bewifen Bb. 3. mich D. 6. mir *fehlt* D; erwenden C. 12. gv̊te w. B. 17. der rede K; folhiv C; vil k. K. 19. Tv̊ dines A. 22. fo DK. 24. allen C. 25. dich d. d. Bb. 27. verfmahtes B, verfmæhte C. 30. fmahte A, verfmæhte C. 33. fælden *fehlt* A. 34. niergen Bb, *so meist für* niender. 36. erzeigte Ca. 40. Sin AD.

44, 1. werde DKa; dô *fehlt* A. 4. iæmerl- A. 5. 6. *umgestellt* K. 5. demûteclichen ACDK, -liche a; kranke K. 7. rehte bl. a; harte *fehlt* Eb. 8. hohe *alle Hss.* 9. 10. *umgestellt* Bb. 10. groze AKEb. 14. kufte er in vil f. A. 18. finer DK. 20. alfus *fehlt* A. 21. groze CDKE. 22. fwechet A. 23. im CD. 24. 25. *umgestellt* C. 24. nahen A; iefl. fein gewûc C. 30. landesh. K. 32. demûtecl- ABDKa. 33. gie DK. 34. bereffet C; dô *fehlt* A; vil *fehlt* E; der brûder rafft in (raftin in D) f. KDa. 35. Durch daz w. DKa. 38. zornlich D. 40. vngefv̊ge A; mûs er ez AB.

45, 3. ein CDK. 7. tvre (: vi̊lvre) D. 11. finen D. 15. ien' E, eine. ein *die übrigen Hss.* 21. in *fehlt* A. 24. des n. w. er l. v. A. 25. dritten m. C. 27. kinde Ka. 28. die BK. 30. trurlichez K. trúgelich a. 39. fin D.

46, 5. fchier DK. 6. todes A. 7. vorhtecl- Ca. 9. gewizze K. 10. bot BK. 11. und] dv A; enweift B; es Aa, ez D. 13. dich *fehlt* D. 15. Din A, dine a; -liche A. 16. begriffen C; da mite Aa. 18. Do dv C; fah C. 21. fv̊re mir D. 22. mir enb. CEa. 26. allen C; lebende K, leben ACEa. 27. lidic BDKa. 29. demûte A. 30. Bereffift C; wan fi i g. A. 31. bereffen C. 32. daran A. 33. fi *fehlt* A. 37. fin C. 39. und *fehlt* B.

47, 1. liez K. 2. vil *fehlt* A; fpange AD. 6. erz waf (*dieses Wort durch Punkte getilgt*) ber. A. 7. bedacht AD; wol *fehlt* Ba; u. auh befl. C. 8. er *fehlt* A. 10. erfivlet A, erfv̊let C. 11. Den K, dem *die übrigen Hss.* 13. Daz ez B; allez A; niht r. K, intreindif D. 16. Vor A. 18. holzin BD. 20. cleibe Bb, beche A. laim E; beftrikin D. 22. daran AK; niht l. A. 25. mirre BCD; balfam Dab. 28. ienem C, iemē A; han von in g. K. 29. vf A 30. tv̊ch A. 34. Da A. 35. gefchouwent BD. 36. welez Ba. wederz DK; gevallet C; úch K; hie *fehlt* A. 38. fô *fehlt* A 40. darinne K.

48, 1. 2. *fehlen C; obwol C hierin nicht ganz zu trauen ist, so scheinen diese beiden Zeilen dennoch spæterer Zusatz und wollte sie durch eckichte Klammern als überflüssig bezeichnen, denn indem Alle den reichverzierten Schreinen den Vorzug gaben, ist hinlänglich angedeutet, dass der andern Niemand begehrte.* 1. anderen *A*. 2. gaben *a*. 3. daz *A*. 4. iu *BCDE*; wille *A*. 5. ivch groze *A*. 6. mır *fehlt C*; hate *B*. 7. iu *BCDE*; lazen ıv geſ. *B*. 10. Dıe h. *K*. 12. Dıv *C*; geſmac *AKa*. 15. div *AB*. 17. dıe *K*; U. vil vñ groz unr. *C*. 19. ander *A*; ſchrîne *fehlt A*. 20. vıl gr. *A*. 21. 22. *fehlen C* 21. waz *AE*, ſmac *Bb: fehlt DKa*. 23. wurzen *CD*; draze *C*. 24. ſô *fehlt Bb*; grozer *Aa*. 26. chom als we *A*; kamın *D*. 28. úch *KC*. 30. iu *B*. 32. úch *K*; dıe *K*; fúrbaz nıht *C*; nıht rehte k. *K*. 34. úch *BK: fehlt C*. 35. liebe *ABE*. 36. Der h. *Ka*. 37. ıv *ABCD*. 39. gůter *B*. 40. der h. *Bb*.

49, 1. iemer *fehlt Bb:* noch *A*; Der vngetrıwen v. *C*. 3. Daz *K*. 6. Daz *A*; alle *K*. 7. dazû *A: fehlt CE*. 10. diemůtigen *Cab*, demůtelichen *A*. 13. tugenthaſte *Aa*. 16. an dıemûte *CK*. 17. dem *A*. 18. ſchrın *D*. 19. Hiemıt *A*. 21. ſchawet *ACD*. 22. ınnan *A*, ının *D*. 24. enkan *DK*. 26. gez. *K*, enz. *a*; doch r l. *A*. 27. lach *Ca*. 29. denne (der *fehlt*) *D*. 35. dinge *AC*. 36. můz *A*; ze guote *Bb*. 38. mır *fehlt Bb*. 39. nahen *AKE*, nach dır tr. *C*.

50, 2. alher hat *K*. 3. dıe *fehlt A*. 5. w. unde den ſ. ſ. *K*. 6. bewiſet *Aab*; gewiſet von d. b. *B*. 11. ſinen *K*. 13. gote *A*. 20. kuſch vñ r. *a*. 20. 21. eine] unde *K*. 26. Dem *ABCb*. 28. gûte *DK*. 30. -ſame *C*, -ſamet *A:* vermeınder *DKEa*. 31. diſew *E*, diſen *C*; beten *KCEa*. 34. kupher ſt. *A*. 35. Dı ghornt *A*. 36. an der g. *A*. 37. Vñ ane ſ. *A*; ſ. allen ſ. *C*. 39. *CKa*.

51, 1. Minen *A*, Diſen *C*, Dınen *D*. 2. eıne *A*. 5. eine *fehlt AC* 6. Der ıe *Ab*. 7. 8. *fehlen C*. 7. dû *fehlt A*. 9. unde unverk. *CDKEa*. 10. Got *C*. 11. unzellich *DKEb*. 12. hohe *CK*; vnſvrbedaht *D*. 15. erſt *BD*. 16. hımelˢ kr. *D*. 19. beſchûf *KE* 20. Sterren *B*, Stern *C*. 21. zeınem *B*, zuo *AC*. 22. Den *BC*, geſchuf *Aab*, beſch. *E*. 23. miſſel- *CDK*, weiſl- *E*. 27. lihten *DK*; hohverte *A*. 30. mvoſer *B*. 31. ungerehten *AKa*. 34. chvſt *C* 35. eınes *B*. 37. de wart b. *C*, de we b. *D*. 39. ſchûf *K*.

52, 6. vernunſtlıch *BD*, -nunſtlich *Kb*, vernunſt *a*. 7. kunſten *Ka*. 11. des obzes *C*. 13. leben ıemer ſ. *A*. 14. wie *CK*. 17. dıe ſr. *K*; were *Bb*. 18. Wie er *C*; mvoſe *A*. 21. Vñ der ſ. *C*. 23. dıſe *K*; beıde *CK*. 25. daz obzes *C*; azzen *AD*. 26. gar *fehlt ADKa*, vergazen *AD*. 28. mit] dıe *AKa: fehlt E*. 30. verworhten g. h. *A*. 32. ır] in *D*. 33. vuoctın *B*, ın fûgte *A*. 36. vñ awe ach *C*. 37. iæmerchl. *C*. 38. groze *ABCa*. 39. So *AK*, Daz *E*. 40. gehiez *K*.

53, 3. do *K: fehlt E:* darnach *b*. 4. *fehlt B*. 6. ane ſt. *A*. 7. funden *A*; ſunderlich ın ſ. *K*; ſundıchl. *D*. 9. dulde *DK*. 10. dˢ h. *D*. 11. alle die *K*, allem dem *C*. 15. lebendich *A*. 16. arche *ACDK*. 19. lebender *ADEb*. 21. archen *E*. 24. Denne *AK*. 25. Si wûhſen *ADKEa*. 27. verken *B*. 28. ougete *AKE*. 29. ir kraſt *A*. 36. beten *A*, baten *C*; manes *KEb*. 37. der ſ. gl. *ADKEb*. 40. die ſ. *KE*.

54, 2. Si j. *K*. 3. von *fehlt A*. 4. lipliche *A*. 5. A. ır rehte ſ. *K*. ir rehter *E*, ein rehter *Bb*, reht ır *CD*. 6. enwere *K*; noch worden w. *A*. 7. genůe livte w. *C*. 8. ſolte nach g. *A*. 9. ir geſch. *E*, zegůte g. *A*; gotte *a*. 10. Waz *AK*; ıeſl. *C*. 14. Er w. *B*; was *b*;

zæm A. 17. bavme w. g. A; wurzen C, blumen Ka, blûme D. 18. den D. 19. got AC. 21. Diſe K; groziu C. 22. dem lande C; alſ B, ſo A. 24. ze ſinem A. 25. rehter C; liehten A. 26. mᵛz A. 30. rehter AK; waſ Bb. 32. ſinne A. 34. -liche B. 37. ſinem ACE, ſinẽ a; mûte B.

55, 5. unze A, vns C; daz *fehlt* AE. 7. er ſich DK; lie ſich a; ſich *fehlt* E. 8. Sich vnd b. E; bez. lie ſp. A. 9. geſchiht Ka. 11. nande (: erkande) Bb. *vgl.* 52, 27. 28. 61, 33—35. 12. Sw. ſin dr. Bb: ſein E. 13. der B; gottelichen CK. 14. ælliv A. 20. gebn C. 21. *Absatz* ACE. 29. drei C. 30. alle DKEa. 31. Hûter D: geweltecl. B. 34. in A; kinde CEa; ſein C. 35. dô *fehlt* ACE. 37. 38. *fehlen* Bb. 38. Den a. ſun C. 39. einer ABCa; was *fehlt* E. 40. Daz *fehlt* A; Der a; egyplo C.

56, 2. Got f. im grozen g. a; den *fehlt* DK. 3. do Ka. 5. dar Ba. 6. uſen g. B; gar Ba. 7. Auz der C. 10. do C. 11. do Ka. 12. w. in ze v. g. C. 15. *Absatz* BCDb; er *fehlt* AC. 16. úber daz A. 17. einᵉ der CA. 20. arbeite DK, erbeite B. 21. me doch B; ie *fehlt* A. 22. me dem C; kunig E, landeſherren A; vil we a. 23. die A; Iſrahelen Ka. 24. gottes zorne K; mit *fehlt* D. 33. drvchen A. 34. -liche B: Sclich D. 35. reht Ca. 38. des C. 40. im D.

57, 3. rotem C; mere (: here) K. 7. dô *fehlt* Aab. 12. Im K. 13. lieh ſûzen D, liehten ſûzen *die übrigen Hss.* 14. was *fehlt* D. 15. Diz B, Daz a. 16. in in C. 17. Moyſes C. 19. taten A. 20. ie *fehlt* A. 21. *Absatz* ABCD. 23. *Absatz* a; alſo Ka. 25. verdarp A. 27. ein C; lerar A, lere D. 29. -maze CK, -ſûze a. 31. het AC. 32. Ditz CDKa, Joſewe K. 33. dar *fehlt* Ka. 34. im C. 35. in AKEa; tode C. 36. Oᵛch CKa. 37. Kunig a; Saban C. 38. rich C. 39. Ozep zep zebe A; vñ S. AE. 40. mvoſen AB.

58, 2. alle ir n. Aa. 3. -licher C. 4. ſatte Bb; die K. 9. heidenſch-licher B. 13. Geeon C. 14. Manne ACa; Maure E; Sampſon AD. 15. der hiez E; Sangar A, Samagar C. 18. ewart der h. CBb; Eli DKCa. 20. verworhte Ca, verwurhte DK. 21. Do E; waz ADa; da A. 23. mit vlize A. 25. Vntz Cb; tavben C. 26. ie-ſchen AC, hiezen a, kyeſen E. 29. 30. *fehlen* a. 30. ſchiet B. 34. mænge z. Aa. 35. *das zweite* ein *fehlt* K. 35—38. *fehlen* a. 39. -livt (: trivt) A.

59, 1. alle BCEab; ſin K. 3. die kr. tr. A. 4. S. genᵛch A. 7. pro-phenz. A, prophete erte D; ſin AD. 10. -loſen DKE, -loſes E, -loſe C. 11. iobia A. 12. Jonatam K, Jotham Aza A. 16. Vntz C; ſunden A. 17. der n. A. 18. enphie A. 19. in n. ADKa. 21. in n. C. 22. Zechonias A. 24. Sorobabel Bb. 26. waſ è D. 29. Deſ D. 30. hivs A. 32. D. m. w. A. 35. vor im A. 36. Abiuth BDK. 37. ander m. A; groz DK. 38. Deſ D; niht *fehlt* C; nemmen DK. 39. Doch D; ich ir n. m. A; nemmen DK.

60, 2. grozen A, hohen a. 3. *Absatz* E; al *fehlt* AKEa. 11. waren AE. 14. Dem C; vil h. Bb 16. Wier B; ein D. 19. Vor K, Wer E; gedahte (: brahte) D. 25. manod A, manot B. 28. wart CEb. 30. hohem C. 32. Vñ ſine groze h. A. 34. Der C; wart A. 36. enliez Eab. 39. ſin *fehlt* DK; groze B.

61, 1. wart wit A; was *fehlt* D. 7. er g. Ka. 12. got alle ABCEb, alle g. K, ane g. D. 14. s. gwalt- wiſheit A; alliv C. 15. tohtim B, tohtent b, tôget a, tawchte E, half AC; noch *fehlt* C: unde K; niht alliz noh ſin h. D. 16. allez K. 19. als *fehlt* A: alſe K;

Achor *A*. 20. ê *fehlt AE*; geſeit ê d. v. *B*. 21. gotte *K*. 22. ſine gebotte *DK*. 25. Demetrias *Bb*; Gorigias *A*. 27. anderre *A*. 30. het er *AC*. 31. ſine *B*, ſi e w. *D*. 36. gewer *B*. 38. mveſe *B*.

62, 2. Wes *K*; m. ſlizze *A*. 9. *Absatz BCDE*; Secht in d. ſ. t. *E* 13. ſie] ſich *K*; in ir] mit *A*; in *fehlt D*. 14. ſie] ſit *Ka*; auz ir m. *C*. 15. Ezaias *D*. 17. Jevamos Aggeus *C*; Jev amos *D*. 18. *fehlt A*. 19. Jotee *K*: *fehlt a*; und *fehlt A*. 21. heizet einer *A*; hiez *CD*. Mechias *C*. 22. Naim *Da*; Seph. *DK*. 23. Abdyas *DKE*. 25. dỏz] er *C*; grvnt *A*. 28. wart *A*: wurt er erk. *a*. 29. Sin *ACKa*; git *A*, liehtẽ *A*. 30. er geſ. *Ab*. 31. dâ *fehlt CE*. 32. Der *C*; ane *ABa*. 34. warh. *AE*, -haſtiger *Cb*; tat *Aa*. 35. die *K*: nv *A*. 37. diſ *A* 40. ervollet *A*.

63, 1. ſagich *BC*. 2. D. m. nv vñ h. *C*, Nv hore merche wol vñ hore hie *A*. 4. W. den m. *A*; uns b. *K*. 7. vleiſlich *C*, menſchl. *A* 8. brůdecl. *AB*. 11. ſvzziv *C*. 12. den *C*. 13. di ſine *B*, ir m. *A*. 15. ouch *fehlt AB*. 18. ſines *K*; vatters *CE*. 21. trozte *B*. 22. w. ie an allen *C*. 23. M. reine *A*. 24. gar *fehlt A*. 26. Der - (in *fehlt*) *A*; irdenſchû *KB*. 28. daz *K*, dᵉ er *D*, der e. w. n. *a*. 29. iedoch *Bb*. 31. immer ſtæte weſn w. *C*; ſo *aus* ſol *gebessert A* er wil *Bb*. 35. Die *A*. 36. Er *C*; ervollet bi d. t. *A*. 37. Einer *BCa*; reinen *a*.

64, 1. wahlicher *C*, wachl. *A*, wehſell. *BDKa*, wechſelreichᵉ *E*. 6. dar (an *fehlt*) *A*; dar an *fehlt K*. 10. Die *DK*; richiu *KC*, richen *D*; zim *B*, zemet *K*; dir *fehlt Ab*. 11. Her *Ea*; werde *CEa*. 14. Sei *C*. 15. M. ſinem w. *A*; -lichen ſinnen *D*. 18. Alſ *A*; des *ACD*. 19. ſcheenine *A*. 22. oſter *K*, oſtern *B*, oſtúre *a*, offen *CE*; *vgl. Jac. Grimm Sendschreiben (Reinhart Fuchs) S. 57, Z. 938.* wider ôſtert. waſ *A*. 23. nie *fehlt Bb*. 24. her *fehlt AK*. 29. der *A*. 30. ſus *fehlt A*; Eſayas *CD*. 31. wiſlichen an d. *A*; williche *B*, willecl. *b*. 32. rane *C*; wurzel *BCa*. 33. Ein *ACDa*. 34. ſûziv *A*, ſueſſe *E*. 35. uf *ACE*. 38. ſiner *A*, ſinre *K*, ſinr *D*. 39. weiſet *C*. 40. *das dritte* der *fehlt C*; ſtarke *Bb*.

65, 2. *fehlt A*; kunſten *DKa*. 3. Wie *E*; div *A*. 6. reiniv *CK*; So k. u. alſo r. erk. *A*. 10. ſûzen *Aa*. 11. d. ſelben t. *AD*. 12. reiniv *AK*, reinen *B*. 14. M. ſt. k. an g. gebn *C*. 15. och *A*, noch *DKa*. 17. ir *fehlt D*. 20. einer *alle Hss*. 22. daz] do *D*; ſô *fehlt AK*; enbran *Ab*. 27. reiniu *CK*. 29. *Absatz ABD*; Er *D*, bot *A*. 32. do *alle Hss*. 34. aller w. *CE*, alle *a*. 36. lere *fehlt C* 39. Der *DKEa*. 40. werde *K*, wert *b*.

66, 1. warhaft *Cb*. 2. er ſagt *C*; hohen *DKa* 3. Si beſchatten *C* 4. und *fehlt C*. 5. Von] unde *CK*. 6. ir *fehlt DK*. 7. herzen *B*. 8. im *A*. 13. bewerte *a*, beweret *B*. 15. ſi geb. *B*. 16. Ein *A*. 19. In *AK*; tugent *ABDEa*. 23. heizen ſol *C*. 25. Ein *ADKa*. 26. nah *D*, nach *Ka*. 29. getat *CDa*. 31. Daz *A*; an *fehlt B*; im *C*; bewaret *BK*. 32. M. ir armen *AB*. 34. De *A*. 36. reiniv *CK*. 38. Der *E*; alle *A*.

67, 3. funden *Ca*. 7. den *C*. 11. groze *Ka*. 12. din kr. von erſt erſ. *K*. 13. inzwiſchen *ADK*, zwiſchent *Bb*. 14. geſchiht *ACK*. 15. Diz *K*; bewæret *A*, bewert *B*, bevart *C*. 16. *das zweite* vür *fehlt CKEa*. 21. die *AKa*. 24. heiligen *Bb*. 25. dich z. k. erchorn *C*. 26. geborn *C*. 28. gewunne *C*. 29. *Absatz ABCa*; Die *CKDa*. 30. einẽ *b*, ein *die übrigen Hss*. 38. Vnde ſiner *A*.

68, 1. brutegavm *Ab*, -gòme *D*. 2. De *A*. 4. Daz ſprichet *A*. 5. ôch hat *K*. 6. mir w. *C*. 7. er vergiht *Bb*. 8. geſchiht *ACE*, ge-

ſchiet D. 9. vñ v. A. 10. menſche A. 15. iemer mere *alle Hss.* 17. De A. 18. reine BC. 19. die K; reiniv CK. 23. erbart BC. 25. het AC, hatte K; in *fehlt* C; mit B; lovſen C. 27. ir *fehlt* DK; halber A; in m. Ka, ein m. B. 29. chvnichl. C. 30. Diniv hohſtiv C, hohiſtiv D, hohe E. 31. diſe AK; prophetie D. 33. dir B, dirre b; *ohne Absatz* D. 36. dem E; nahten D; alten *fehlt* DK. 37. nam wart im ſ. ſ. A. 38. hieze K. 39. vñ von A. 40. brahte B; dri AC.
69, 1. myrre B. 3. Sin DK. 5. ewarte ABEab. 11. Arabia ACDK; und *fehlt* A. 13. ſi im die g. A. 14. ambetteten C, anbettin D. 16. eſ D, ez *die übrigen Hss.*; wart AK. 17. ze opher A; templo D. 22. iu] uz A. 23. ſchòwet DK. 24. herſchære CD. 25. vnk. A. 26. ſinen A. 30. mit ABC; begie A. 31. alle Bb; allen den die C. 33. erhal A; ſtime CK. 36. den] daz DK. 39. ſten (. gen) B.
70, 2. Sweñ ABK, We E; miſell. ſach j. K. 3. ſo D. 6. ſundecl. B, ſunderel. K. 13. ſine DKEab. 14. veſtentent BCb. 16. vierth. D. 19. ervollet A, ervulten B, fulte CD, fulten E. 21. Nû *fehlt* D. 23. 24. *fehlen* C. 23. lagen K. 24. biten AB. 25. enbot B. 26. nam K. 27. menſchlich BK. 31. eſelin AC. 32. er uns A; die ACK. 35. er *fehlt* A. 37. Er D; ſin B. 38. ûʒ] auf C.
71, 1. krankez DK. 3. ſin A; de treit Bb. 4. virſmahit DK, verſmæhʒ C, verſmacheite A. 5. ſinû K; groze ACE. 6. den AE; iungeren ADKE; ir ſ. AE. 10. ſinē C. 11. tugent BCDK. 12. ſchriſ B. 15. D' Bb; gewærez C, gewerû K; uns *fehlt* ABb. 16. -liche B. 20. Do A; die K. 23. ſin - denne K; den ein k. A. 29. min A, miner BE; erbarme C. 30. niemer A. 34. ſich r. niht AK. 37. 38. *fehlen* D. 38. went C, wollen K. 39. ſprichet u. ABC, ſprich ich DKE. 40. lie K, enlic E.
72, 1. Sine ſprechen B, ſprechin D, ſprachen AKE. 3. do ACE. 5. da KD. 6. Beton A, Bettenten K. 7. ſiz D, ſi ez A. 8. mᵛs CB. 11. rihtære C; ſin o. B. 13. Von BCE, Vor ADK. 15. grozen ABDK. 16. ſchulde DK. 17. grozen ADK. 18. Eine BCK. 19. in *fehlt* CDKE; ze heile B, helle b. 22. ie *fehlt* A. 23. vil k. DK; chein ir ſp. D; er ir b, ir ſp. E. 25. an in KE. 26. ſim B; we C. 27. ir knie DK. 28. In grᵛze A; wertl. B, weltl. b. 31. diſen vng. C. 32. Er ſvlte D; dort *fehlt* AB. 35. de iſt ABC. 37. verſmahet B, geſmæhet DK. 38. reit A, redte C; wegte C, weget AE. 39. ir *fehlt* ABb. 40. Daz A; do CEb.
73, 4. wider DK. 7. einen ADK. 13. hazzent C, wahtet Bb. 14. in] ein K; werden B, werken C. 16. im K, nu E. 18. ſchentl. BEb, ſchantlicheſten D. 20 liezen BDK. 21. *Absatz* D. 22. Einen K. 23. andern C. 26. miniv B. 28. min w. D; wol b. A, da bi b. B. 30. des todes o. DKE, des ophers alt' da A. 31. er] im A. 32. ez ABCDK, ſein E; wart A. 35. zim D, ze o. AC. 36. ſenſtez E; lembelin C. 37. den *fehlt* C. 39. Zware D; er unſeren ſ. tr. K; vnſer A. 40. im *fehlt* A.
74, 3. genegelt Bb. 7. von *fehlt* Bb. 14. *Ohne Absatz* D. 15. *Absatz* D. 16. geſt A; ſo ſ. BC, do ſ. A. 17. wart A. 18. ſin d. lavg. iſt A; lôgiñinde D. 19. liute C. 24. gedenken A; ſchòwent K. 27. gelichz C. 28. Er ſprichet vúrbaz m. DK. *vgl. Zach. 12, 10. Joh. 19, 37*; von *fehlt* E. 30. groze KE; enlant A. 31. wand ſin ſ. B. 33. *Absatz* Bb. 37. Da A; ertbibi D, ertbiben K, erbidem C. 38. ſchier uſſl. CDK. 39. erſtünden A.
75, 1. ir geb. B, in geb. b. 3. umbehænge Ab. 4. Mᵛſen AB; liden

CEb. 5. Alle *C*, allú *K*; diu *fehlt A.* 7. *Absatz ACD.* 11. weitzze *C*, wizze *AK.* 15. ſolt ir *C*; bedú v. w. *K.* 16. liute *C*: volk *E.* 19. todes v. *ABCEb*; vinſten *B*, vinſter *AC*; ſi haten *ABC*: *in regione umbræ mortis Esa. 9, 2. Math. 4, 16.* 23. Der *A*; ſiv *B.* 27. menſcheit *Bb*; erſtorben *E.* 29. Blep *B*; hohiu *C.* 31. *fehlt Bb*; gotliche *A.* 32. *fehlt b*; diu *fehlt CE.* 34. vnmaze *BDK*, -mazzer *E.* 36. erſtorben *AD*, erſtorbeniv *C.* 37. waſ *A.* 38. zwû *DK.* 40. drittem *C.*

76, 2. Dc *A.* 4. mahte *D.* 5. und *fehlt DK*; bin *fehlt DKE.* 7. Dc *BCb.* 10. Die *AK.* 11. maniger *C*, mængen *A*: ovgente *C.* 12. erlivhte *A*, erlûhte *K.* 13. *ein* in *fehlt BC*; den ſelben *A.* 17. ewangelie *A.* 18. vierziſtem *C.* 19. von *fehlt AC.* 22. kundit *D.* 24. heiligem *C.* 26. vanchnvſſe *D.* 28. an im *Bb*; im *fehlt E*; erſ. v. i. ſ. *K.* 29. noch *fehlt Bb.* 30. Zû deſ *ABC*; zeſewe er ſ. *B*; do ſ. *E.* 33. benenemenden *B*, benenden *A*, benañden *C.* 34. vil *fehlt C.* 35. dannan *AD*, danne *C.* 36. den *C*; ſvoneſtage *B*, ſûntage *A.* 37. alles menſchlich *B.* 38. Vñ *C.* 39. *Absatz ABC.*

77, 2. In *ADE*, Ir *BCK.* 3. erbran *Cb.* 6. Alſiſhaten *Bb*; hatte enph. d. *DK.* 7. wæren *A*; ſprachen *Bb*: zvngen *C.* 11. Kaldén *D*, Kaldeen *K*; Armeinen *BKE.* 12. manigen *C*: alle *aus* mængē *gebessert A.* 23. Ir w. ir l. *K.* 24. Die *ACK.* 29. Thateus *DK*; und *fehlt B.* 31. hat *C*, hete *A.* 32. ſin nam wart *A.* 35. ir *aus* in *geändert A.* 40. deme *B*; ſeit uns *A.*

78, 1. dvrhehter *K*; dvrehter *BDb.* 10. diſú *CKE*: die *A.* 12. Die *CK.* 14 entl. *B*; erl. wart *A.* 19. den *fehlt A.* 24. hoheſten *B.* 25. ſin *BK.* 29. ie *fehlt C.* 30. Dc *Bb.* 33. habn *C.* 36. iemere *B.*

79, 1. *Absatz E.* 4. wende *C.* 6. im *fehlt DK.* 11. querder *BE*, korder *A.* 14. vnvertovt *B*, vnvirdovet *DK*, vnvertſt *AC.* 15. geheizzen *A.* 18. ez im in d. *D.* 19. der mich g. *A.* 20. mich *fehlt A*; har *B*; dir in *fehlt D*; din l. *K*, diſe l. *E.* 24. doch *A*; entſagen *Bb.* 27. diſen r. *Bb.* 30. h. ſchin *A.* 31. ſinen g. *Ab.* 34. Vñ ſpr. *C.* 35. tugenden *B.* 38. -lichen *CK*, -lich *A.* 39. du mir h. *A.*

80, 1. Ern *B.* 3. din *A.* 4. lieht mir in *E.* 7. ein *fehlt A.* 9. trivge *CK*, trvc *D*, trage *A.* 10. ichz *BC.* 14. Des verſwige m. niht *A.* 15. der ſp. *DKE*; dô *fehlt A.* 18. ie ze al. *BCD.* 19. ie *fehlt ADK*: ee *E.* 22. -lichiv *A.* 23. *fehlt b.* 24. Vnden l. *B.* 25. maniger w. *ACKE*, manigen w. *D.* 28. beſehen *A.* 30. erſehte *B.* 32. dizze *A*: dc *C.* 33. derſt *DK*, der'ſt *A.* 36. zerbenne *BK.* 37. *Absatz E.*

81, 2. ſol ich *DE.* 5. ſule *AD.* 8. ſtæteſt *A*, ſtæte iſt *CBb.* 13. niweb. *C.* 15. dem *fehlt A.* 16. elliv *B*, alle *K*; gar *fehlt BDKE.* 18. ſolich *Bb*, alſolhez *C*, alſolh *AD.* 21. M. d. tôſe *DK*; vnde m. d. g. *ADKb*; geiſt (: leiſt) *K.* 22. U. mit den b. *K*; niht den *DE.* 24. Johel *am Rande von derselben Hand D.* 27. Geb *K.* 28. ſæmen *A*; iv *BE*; vſ d. e. *A.* 30. M. dem w. *Bb.* 36. kinde *CEb.* 37. ſvozer *B.*

82, 1. Vil r. *CDK.* 2. ewiclichen *DK*, ewichlichem *C*: himelr. *Bb.* 6. dû *fehlt B.* 7. nimſt *C.* 12. die *B.* 13. vil *fehlt A.* 17—20. *von anderer Hand am Rande nachgetragen C.* 19. tôſe *C*; bederbeſ *A*: vervach *E.* 20. Alle *AB*; mine *B.* 26. ſtætekeit *Bb.* 27. Vñ ſol *A*; hohſtiv *A*, hohiſt *C*, hohe *E.* 28. ſol *fehlt A.* 29. werde *C*; danne *BDKE.* 30. dekein *BDK.* 32. werder *AB.* 38. ez *BC*, ſein *E*; Mit der ſcriſt wiſe ich es d. *A.*

83, 1. gvtiv *C*. 3. g. ovge n. *B*, gehorent oren *b*. 4. gedande *B*; ez *CD*; fein kunft *E*. 5. ez *fehlt CDKE*. 8. so sunder *Bb*. 9. minnet *A*. 10. wizzen *ACE*. 15. rehter vr. *A*. 18. Sſchin s. *D*. 19. weiser *C*. 22. sin rehte *K*: bekant *BCE*. 23. stetez *K*. 24. so solt *Bb*; es *E*; enlan *A*. 25. Dvne *B*. 26. steten r. *K*, stettin *D*. 27. *Absatz ABCD*; diu] dv *D*. 30. Die *ADK*; -geligen *K*, -gelien *D*. 32. gelitten *K*. 33. sô *fehlt ADK*. 34. Libe *C*. 38. denne *C*. 39. biz *Bb*.

84, 1. samnet *K*, samint *D*; sel *AD*. 7. anders *fehlt A*; and. niem. *CK*. 8. hie *fehlt D*. 9. sæl *D*. 10. dort in des *A*. 11. sæt *D*. 12. wirdet *A*. 14. Da h. *K*. 17. leides *C*. 18. me *DK*. 22. Dabei s. *C*. 25. vſre war *AEb*. 27. sô *fehlt C*; weist (: seist) *DK*. 28. bezeichenl. *K*. 30. ez *BCD*, des *AE*. 31. hastu es *K*, dez *E*, sein *C*; hast gewisl. *A*. 34. Vn̄ in vl. u. b. verb. *C*; gar *fehlt A*. 35. daz danne *C*. 36. alse *K*, also *B*. 38. Ich w. dez g. *A*. 39. *Absatz E*.

85, 2. im *fehlt Bb*. 5. han *C*. 6. Von den d. *C*. 8. Dem *C*. 10. ervollet *A*. 11. *Absatz ABCD*; menschliche *K*. 12. vns las *B*. 16. ichz *C*. 17. vürvarn *C*, gevarn *K*, sin gevarn (: barn) *Bb*. 18. J. der *Bb*. 19. vngevelschtiv *C*, gevelsche *Bb*. 20. an b. *A*. 21. grozen *CKE*, grozin, *aber* in *durch Punkte getilgt D*; richem *C*. 24. Phellil *DK*, pheller *Eb*; riche *A*. 25. gebrast *ACEb*. 31. aizze *AC*. 33. hate *BD*. 34. brosme *C*, brosem *AE*. 36. ez *ABCK*. 39. lechten *DK*; im *fehlt CKE*.

86, 1. heten *AC*. 3. heten *AC*. 4. vngelich *AC*. 5. hie was *K*. 9. Do *Kb*. 10. belac *A*. 16. *fehlt A*. 17. Da inne *C*; er lebit *D*. 18. herzen *C*. 20. der *A*. 21. da von *C*. 22. mûste *DCKE*. 26. Ze h. w. er do begraben *C*. 28. endelosem *C*, endelose *B*. 31. arm *C*; er sach *Bb*. 33. vil wol *K*. 34. frê *D*. 38. des *fehlt Cb*. 40. mir *fehlt D*; machen *C*.

87, 2. er *fehlt A*; tröpfe *K*. 6. den gem. *C*. 7. der *C*. 9. Daz *A*; libe *K*. 10. werltlich vr. nie e. *C*. 13. Dar z. *CEb*; uns *fehlt D*. 14. hin *fehlt C*; ziu *fehlt AB*; n. mac zv iv k. *C*. 15. iu *fehlt A*. 21. welt beh. *DK*. 22. lere *CEb*. 25. toter *A*. 26. seite *Cb*, seit *ADKE*. 27. Den *A*. 28. chan *C*. 29. Si h. *ABC*; horent *AC*; lerære *A*, lerer *B*; wish. *A*. 32. die] den *K*; nahen *A*, nah in *C*. 33. Sine gelovben nie *Bb*, So g. si n. n. *C*. 38. gebn *C*. 39. reiniv *CK*.

88, 5. Ein *A*, Einen *DK*; brvtlôfte *D*, brutlôf *CKE*, *u. s. f.* 7. dare (: gar) *A*; dê richin landin *D*. 8. Dú *K*. 9. dize *C*; diser *C*: der *K*. 10. meiste *A*. 12. die *K*. 16. ez *BCD*; hete *A*, het *C*. 21. sô *fehlt Ab*. 23. Zer *K*, zir *D*, ze *E*; gæsth. *C*. 24. Er stumbet *DK*, stummet *A*; wart *B*; vmbek. *BC*. 28. In *K*. 31. ein *DK*. 33. W. vn̄ gr. *Bb*; grisgrammen *ABb*. 34. Beidú *ADK*, Beiden *E*; disen *DKE*; ôch j. *DK*. 36. ze im *A*. 38. disen *K*.

89, 1. mæhelte *C*. 5. brediere *BDK*, bredegære *A*. 6. gûte *C*. 7. in w. *ABK*. 8. hohzit, *so immer C*. 10. brevte *C*, brute *AK*. 11. *Absatz ABC*. 13. -muozeel. *BCE*. 14. *Hier beginnen die Schreiberschen Bruchstücke (c)*. 17. groze *C*. 19. g. willen *C*. 22. intreit *B*, hintr. *b*. 23. ze der *C*, zir *D*, zem *K*. 26. brutlôflich *CDKc*. 27. d' der d. g. *c*. 29. gel. volbr. *C*. 33. ane den gl. *A*. 34. Deweders *BD*; an d. *AKc*, ane d. *BC*, an si *D*. 35. eines *B*.

90, 1. bischaft *DK*. 3. Do w. *B*. 4. vivns *DK*. 7. ole *Ac*, ôl *D*, olei *Bb*; in siniv *A*. 8. Do in der br. *C*. 9. brútegôme *C*, brivtegôm *DK*, brvgavm *A*. 11. olei *ABc*, ôl *D*; liehter *B*. 12. erlôſchen *C*, erleſchen *B*. 13. brutgavmeſ *A*, -gomeſ *B*. 14. ſiaſirch *D*. 15. kvmſte *CE*; dâ *fehlt Cc*. 17. hin wart *c*. 18. grozzer r. *A*. 20. ôl hatten *K*. 21. vil ſchône *B*: vnd br. *b*. 25. olıſ *C*, oleiſ *BD*. 26. des *fehlt ADKc*; vñ n. *c*. 27. erleſchet *BKEc*, irloſchet *D*. erliſchet *C*, erlaſchen *A*. 28. Diſe *BC*; volle ergıe *A*. 29. gat *C*, gant *Ac*. 30. kavfent *Ab*; alſ *B*; tate *C*. 31. al gem. *BDEb*. 32. des *fehlt C*; ze *fehlt BK*. 33. *Absatz ABc*. 38. dâ *fehlt A*. 40. Die v. er mit *A*.

91, 1. Zû der *C*. 2. in *KE*; die ture n. i. b. *A*. 4. *fehlt C*; Vñ bozzet *A*; ture *AD*. 6. ze *fehlt D*. 8. div ii *Bb*; von mir *fehlt Bb*. 9. iv *BCDK*. 11. ir klagens *B*. 13. mêr *fehlt C*; ane *ABC*; iemer wert *c*. 14. Vñ endel. *c*. 15. wiſe *CE*. 16. des *fehlt D*. 17. hinnenvart *C*. 19. daȥ *fehlt C*. 20. Die *B*; vnſerm f. iit b. *C*. 21. doch *B*. 21. 22. *fehlen E*. 25. kr. ſinnen *c*. 26. tumben *ABDKc*. 28. oleivaz *BDc*, ir vaz w. h. *A*; we h. *c* 29. (der *fehlt*) rehter *DK*; dez r. w. g. *C*. 30. des *fehlt A*. 31. Der g. *C*. 32. gennet *B*. genemmet *c*. 34. rehte *B*. 35. in *A*; Vñ in *c*. 37. d. allererste l. *A*. 39. De er *c*; vntz *C*. 40. leschet *BDE*, loichet *K*, lôſchet *c*.

92, 1. beſpr. *B*. 4. beſch. *K*. 5. allvs *Cc*. 8. Die *A*; vurvarn *D*, hant *A*. 9. kúnſtecl. *c*. 13. In *A*. Al *CK*. 18. w. in vloz *C*. gebot *Bb*. 19. gottes reinú *K*. 20. rehte *DBbc*; were *Bbc*. 22. worten *BDK*. 23. iungſtem *C*. 26. ouch *fehlt C*. 29. Die ſ. *A*. 33. winſter *C*, vinſtrún *K*, lingvn *C*. 34. ze ſinen *A*. 36. tol iv *C*. 37. ane *Cc*: *fehlt E*; anegenge *c*. 38. benemet *BKc* 39. lattint *D* ladetent *Kc*, ladentent *B*, ladete *CE*, ladent *A*; da *DK*.

93, 1 2. *umgestellt Bb*; 1. Do ich w. *B*; nachent *ADKEc*. 2. bûzt *C*. ir mir m. *B*; arbeit *A*. 3. 4. *fehlen D*. 4. ſture *K*. 6. tiefem *C* 8. ſpræchent *c*, ſprachent *BK*, ſprachen *A*, ſahn *BC*. 9. n din *C*. 12. De iſt *BCc*. 14. vater riche *K*. 15. erwelte *A*, erwelten *BK* 16. vinſtri *c*. 18. angeſl. *c*. 19. Vart ir v. *ACbc*. 20. In div h. *C*, der h. *ABEc*. 21. De iſt ú b. *c*. 22. mit nôt *fehlt c*. 24. Deh tr. von iv *A*. 25. danne *AB*. 28. ſprachent *K*, ſprachen *A*. 31. minen *c*. 32. iv *BC*; úch der *ADKE*. 37. vart *A*. 39. iemer weten we (: me) *K*.

94, 1. ewige *A*. 2. geben *A*. 3. mûzent *K*. 6. De *C*; rehten r. *BCbc* 8. alle g. *A*. 10. geben *Eb*. 12. -liche *D*. 14. krvnben *C*. 15. Sui *B*, danne erget *B*; alſo *A*. 16. ouch *fehlt C* 18. *das erste* den *fehlt B*. in d' l. *c*. 20. tode *C*. 21. verlorn *C*; hôſtv *c*. 23—26. *fehlen b* 25. 26. *umgestellt B*. 25. d. l. da *c*. 26. De ſelbe iem. *B*; mære *D* 27. verlorn *B*; hoher *BC*. 28. mûzen iemer *DKBb*; iemer mere lebende ſ. *c*. 30. die *fehlt A*. 31. m. rehte *c*. 32. -liche *Cc* 35. Er enm. *B*. 36. von hinnen *Bb*; er hat v. h. g. *C*. 37. anderz *Kc*. 38. vnz eſayas *c*.

95, 1. ſæmen *A*, ſamen *c*; alle die d. *c*. 3. Núwe h. *c*; niuwe *fehlt Bb*. 4. G. ich die *A*; gemacht *E*, gemachte *C*. 6. noch iv *c*. 7. Bew. *B*; ſelbem *C*. 8. daȥ *fehlt c*; uns ein w. *c*. 9. groze *A*. 10. gar verl. *A*. 11. -valden *DK* 12. Alſ *C*. 13. gewenete *B*. gebent *E*, gewonte *Kc*, gewonten *C*. 14. mueſe *B*, erlôſchet *KB* v'leſchen *E*. 17. ſtern *C*, ſternen *DKc*, ſterren *B*; als *Cb*. 18. wirt *fehlt C*. 21. er *fehlt Bb*. 22. ivh *Cc*; me *Cb*. 24. reizzen *A* 25. diet *Ac*. 26. Dú *Kc*; div úbel *A*; miet *Ac* 27. den *AC*. ſlihtet *DK*. 28. rihtet *DK*. 31. tobl. *K*. 34. ir danne an *A*. ir] ſi *c*. 40. hertl. *K*; von dē *c*; vorhtechl. *Dc*.

96, 3. D. z. tot der vinſter n. *C*; vinſter *Bb*. 4. ſivre *D*: ſw're t. *c*

7. Weder *ABEc*. 9. mit gr. kl. *A*. 10. zorne t. *B*, zorenſt. *Ab*. 13. in *AK*. 15. diſer w. e. *C*. 17. chan verſweigen *C*. 19. Die *Eb*; ſind b. *E*. 20. Des h. *C*. 24. Diz *D*; dinen *B*. 26. do vor *K*. 28. Er wende *Bb*, erwent *K*, irweindin *D*. 29. herze- *DK*; riwe *A*. 30. antlúhte *K*. 31. machte *CK*, machtin *B*, mahte *D*. 32. Ze *AKE*. 33. vorhte *D*. 34. vor geſ. *A*. 36. wiſen *C*. 37. Weiſen wie *C*. 38. vreuden *BC*. 40. wiſe (es *fehlt*) *A*; ichz *C*.

97, 4. livte *C*. 7. buozen *B*: gote *A*. 8. tû *C*. 9. iv *B*. 13. iv *BC*. 15. gar vil tr. *A*. 16. hât *fehlt Bb*. 18. G. an ſ. *A*, G. hivte an ſ. h. *C*. 19. *Absatz ABCD*; e *D*, ie *CD*; ain *E*: *fehlt AB*. 28. trûc *DK*. 29. Alſ *B*; ſoltu ez *K*. 30. dir *fehlt B*; diz *fehlt K*: daz *A*. 31. ze m. *AE*; martyr *K*, marten *A*. 33. Als *D*. 35. berihtes *BCD*. 37. arbeite *AB*. 38. ouch *fehlt A*. 39. wol *fehlt A*.

98, 1. nennen *C*. 2. tievels *D*. 5. groze *Bb*; ſunden *A*. 6. Dan *B*, denne *AC*. 9. ſelbe -loſe waz *B*. 10. Diu *B*. 11. Daz *AC*; ir *fehlt A*. 14. Aller ſin iſt *A*. 15. horen *alle Hss*. 16. *fehlt E*; In *ABE*. 17. bittin *D*. 18. menſchen hant g. h. *C*. 20. hat ſi b. *ABC*, hatz *E*. 21. Die *B*, Der b. *CDKE*. 23. *Absatz ACD*; Die *K*. 24. vmber. *C*. 25. mvzent *B*. 26. gote *B*. 28. De *C*; gar *fehlt A*. 33. Gelovbe *B*; ſvzze *A*. 35. 36. *fehlen Eb*. 35. ſúnde *K*. 40. Vns hat erloſt von h. n. *B*.

99, 1. daȥ *fehlt C*; reiniv *AB*. 3. an gerbet *K*, gegeben *Bb*. 5. ouch *fehlt C*. 6. uſſe *B*. 8. denne *K*. 9. gûtat *DK*, getat *C*. 13. rede *fehlt E*; geben *CE*. 15. Nv *BE*. 17. -lichiv *C*, gotliche *BKE*. 20. den *fehlt C*. 21. ſin *KE*. 22. ſin *BCDK*; ein und *fehlt A*. 24. Vñ ze *C*. 26. Vñ gelavben d. ſiniv *C*. 27. Dienet *B*, dient *AE*. 28. alle *B*; lebende *BD*. 29. vorhtl. *AD*. 31. uns *fehlt D*; uns] ze *A*; geben *ACE*. 32. an im ie *Bb*. 38. Vñ mit *C*; ſtan in g. *B*.

100, 1. *Absatz ABCDE*. 4. mines *CKE*. 5. und *fehlt A*; dir ſin geſait *C*. 7. lihtecl. *A*. 8. V. och *A*; vil iæmerlich *Cb*; zegat *B*. 9. Siu *B*. 18. iungeſtlichem *B*. 19. ewigen *A*. 21. Du la *B*: Nu *E*; mer *AC*. 23. verſmæheſt *AC*. 25. D. ſt. w. *A*. 26. ligeſ riteſ *B*; ſitzeſt oder ſt. *C*. 27. gottes h. dir bi *K*. 28. diu] vñ *ABE*; duſt *B*. 29. *Absatz ACD*. 30. Ain h. *C*; dar *B*. 31. kreftecl. *A*; lewen *AC*, levwen *B*. 32. gedrewen *AC*, getrevwen *B*, gedrôn (: lôn) *D*. 33. geringer *B*. 35. geweret *B*.

101, 1. gedinge *BK*. 3. git dir *K*. 5. Diz *BCD*. 7. Hier *D*. 8. wirſt dv *AC*; weitze *C*, wizze *ABK*. 11. *Absatz ACD*. 12. *Absatz K*; iunge *Bb*. 13. *Absatz E*. 14. die *B*; tvmbin *D*. 15. verſmæhen *A*. 17. Wil *E*, Vñ g. *C*, Vng. *A*. 21. als du *C*. 23. dilget *ACD*, diliget *B*. 25. wiſer *B*. 28. vür baȥ *fehlt DK*. 29. nâch *fehlt C*; gelovbe *B*. 33. Barl. ſprach daz *A*. 34. vor *B*. 35. dem *fehlt C*. 36. boſe *B*; ergeben *C*. 37. minne *A*. 39. bereit *A*. 40. ſtætecheit *A*.

102, 3. iche *K*. 4. die *B*; V. an div *C*. 6. enſin *B*. 7. Vñ lert *D*. 9. ſante *BD*. 10. die *fehlt A*; alſvs *C*. 12. meiner eit *AC*. 14. -liche *C*. 15. glihſenen zavberen *A*. 16. die - ſteten *B*; ſtætin *D*. 18. Vnde an (und *fehlt A*. 19. an de z. *C*. 20. ſô *fehlt C*. 22. enlat *B*. 23. Och n. *A*; nemen *K*. 24. rehte *B*; werkē *C*. 25. vride] reine *A*. 26. milte *fehlt B*. 30. Ze úbeln *K*; den *A*; úbel g *ABC*. 31. ſúnde *B*; ſtete *B*. 34. Die *B*. 35. ſtiege *C*. 38. begeben *A*. 39. die *E*: nv *A*: dich *Cb*: *fehlt K*; verendet (: -ſwendet) *DK*.

103, 2. Vor *C*. 3. wurde *B*, werden *K*. 4. Alſ *C*; der h. *A*. 5. az *D*. 8. gent *B*, get *DKE*; vñ d. t. iſt irk. *D*. 15. vivrſte (: divrſte) *D*.

17. willecl. A. 19. und *fehlt* A; die ſ. Bb. 20. in BC; h. von im A. 21. enwigen vrovde B; vreuden ADKE. 24. erbarmvnge C. 25. erbarmherzic CE. 28. Vber die AE; vil *fehlt* AE; reinen *fehlt* Bb. 31. in im B. 33. vnrehte BC. 34. vil ſl. B. 36. in B. 38. Vnde gar g. A; geware K. 40. an AC.

104, 2. unz *fehlt* B: uns CK: hintz E. 4. ander K. 6. dich ACb: daz BDKE. 7. Du enhabeſt B. 10. ſoltu ez lan DKE; ſa zeh. AE. 11. -lichen ſitden B. 12. Swaz B: Des A. 14. ſolteſ du einen anderen B. 17. rihtet B. 18. rihtære A. 19. vñ alſo B. 20. werdes BC. 21. wir B. 22. ſolt dv Ab; ze rehte Bb. 23. die valſchen B. 24. bringeſt K. 25. Dar AB; ie *fehlt* B; dines K. 26. -lichen A. 29. niemer m. A. 30. ſwendet Bb. 33. iſt ditze daz C; grozte B. 35. -lichen B. 36. Alſ C. 37. Nv ſ. dv C; enſolt B; ſorgen C. 38. den B: andrem C. 39. ſuleſt dan B.

105, 1. gebe K, gæbe D. 2. dir *fehlt* C. 3. ſelbe B. 6. alliv B. 7. *Absatz* K. 8. ſinen richen B. 9. Vñ w. C. 13. De A; alle zit (: alze wit) Bb. 14. Des h. ſt. (iſt *fehlt*) Bb. 16. volgær A. 17—20. *fehlen* Bb. 20. dort] da K, do D. 21. herre *fehlt* Bb. 23. enveret B. 25. Er tvo Bb. 26. Woller B. 27. (muoter *fehlt*) br. vñ w. Bb; bruoder *fehlt* D. 28. vñ (der *fehlt* B) l. AB. 30. enmac B; gwinnen A. 31. muge wir dich DCK. 36. -mæze DK, -niziv B, -mæzigiv C. 37. Mit gſt' l. C.

106, 1. minen A. 2. einſ B. 3. de ged. C. 4. Vorg. B. 6. hieran A, daran C. 7. al *fehlt* A; alſolhen zwivel DK. 10. enmöhte B. 11. gnade B. 12. V. reht div gn. C. 13. Da B; was C, wa ſ D, ſ *auf geschabtem Grunde*. 14. ſunden AC. 16. grozen A. 18. genade DK. 20. al *fehlt* BC. 22. geleit B. 24. -liche C. 25. herze B. 27. *Absatz* ADK. 27. 28. *und* 29. 30. *umgestellt* Bb. 29. herzer D. 31. *Absatz* C; gnade B; noch me A. 32. ſünde BKb. 33—111, 16 *fehlt* D, *vielleicht ein Blatt der Vorschrift in Spalten zu 46 Zeilen* 4 + 46 = 184. 33. ſunde BC; ſo vil B, alſ v. A. 34. vindet mit BK: vinde in C; im E. 35. gnade B; alſo C. 37. Gereiden BE, Bereiten ACK. 40. genade CK.

107, 2. alle K. 5. Daz A; beſchaft C. 7. Div die A, die *von anderer Hand am Rande*; erberme K, erbarmvnge C. 12. herre A. 13. alſe B, alſo CK. 15. ſin habe ACK. 17. vrömde BK. 19. er *fehlt* B. 20. vertet m. i. A. 21. die B: des AK. 22. Ein A. 25. bvzet alſo A. 26. do K; die B. 27. uf der A, an ir KE. 28. gie CK. 29. wurze (: kurze) C. 31. erz C. 36. Vil manigen Bb, Da ma nigen C. 38. ſine B. 39. ſol A.

108, 2. Diz CK; kan A. 3. im AK: mir C, *vgl.* 108, 10. 4. zin B, ze im A; des *fehlt* C. 9. *Absatz* ABC; ſo ſpr. AK. 12. enmach B. 13. dem E. 14. Ich han g. Bb. 16. dir *fehlt* K; bi dir des C. 20. ſinen B. 22. werre A. 28. wart A. 29. die B. 31. richen B. 34. (daʒ *fehlt*) in B. 35. wider wer K; im g. B. 37. Diz C; hattem B. 38. in vr. K; mit *fehlt* B.

109, 1. Wes C. 5. ern K. 11. *Absatz* E. 13. herze- B. 14. Siu C; mit g. C; machent A. 17. im ABC. 18. Zer A, zu dem B. 21. an im B; erkorn C. 22. gote] im K. 24. alle BE. 26. Ein ſpel C. 27. Do K. 29. einz C; verlos CKE. 31. Unz daz er KE. 32. Alſer iz B; iz zeh. B. 34. Die A; abſelen B. 36. do ſch. AK. 38. ſie *fehlt* B. 40. verlorenz AE, verlorn B.

110, 1. *Absatz* ABC; dâ *fehlt* B. 2. Svſ A; -mæze CK. 3. gewæriv C. 4. groze B; vreuden C. 7. groz K. 10. er BE. 12. nemin c, nement BKE. 15. *Absatz* C. 16. Der h. B; hat CE; auh a. g. C: gegen g. E. 18. groze BC, groziv c. 19. ſo ſere C. 20. beſch. B, ſcheinde AKc. 21. Vntz C. 22. riwen B. 23. gotes *fehlt* c. 24. ain k. Cc; k. ſin von ſchulden c, *von spæterer Hand*. 27. -innen C. 28. ſchawe A, riuwe B, trawe E. 31. Alſo K; ſach B. 32. trawn E, rúwe c; er *fehlt* C. 33. ſin Cc; din ſchvlde C. 34. untz h. C. 36. ſlach K; vor im *fehlt* B. 37. erhollen B. 38. frol. B, frewntl. E. 39. ſol er aber vf C. 40. ſinen veinden C.

111, 4. anderm C. 6. ſech K. 7. div ſ. B; drvcket C. 9. helfe BC. 11. *Absatz* CE. 12. weinne klagen B. 16. danne CK. 17. ſún-den AC. 19. ſúnden C. 20. (den *fehlt*) ſunde A. 22. Vil B; gerne ABc, gern CE. 24. in B. 25. ſúnde ſrôde c. 26. wurde A. 27. ſúnde c; vreuden C. 30. hetich B, hiet E, hat K; frôde c. 31. 32. *fehlen* Bb. 32. in ſ. wære AE. 35. hattiſtv D. 36. Mag ez A; vollebr. Dc. 39. ez Cc: *fehlt* E.

112, 1. ſitze en m. B; einen CDE. 2. Erfwenne riche ez B, riechin an D, ez reiche (en- A) i. e. a. KA, ez *fehlt* c, In riech etwen̄ der rawch an E. 3. vnmvozicheit B. 4. ŏch irrecl- c. 5. liebe BE; unde an K; gotes B. 6. alle C; verſeit A, ſeit E. 8. Geh. vn̄ ſin geb. c. 9. Ez iſt c, ez *von spæterer Hand;* beſch- C. 11. in d. c. 16. ſech KE, ſach A; (in *fehlt*) einem C, eime B. 18. an-derm C. 19. 20. *umgestellt* C. 19. im] ie A: nu E; Als er ſich verſinnet C. 21. Er l. c; gſt C. 22. den dieneſt C. 23. *Absatz* BE. 25. ſvnt c; enſulen B. 27. g. ie ir vlaiſlich C; ſleiſlichú c. 28. lie-get B; winne c. 29. Dú in iſt DK, eniſt c, nicht iſt E; niht *fehlt* A. 30. welte *fehlt* c; ſi *fehlt* A. 31. wínne c. 33. unde *fehlt* c. 35. -lichez B, ewige AE. 36. geben B. 37. Der BCb; gebote B; gotte c. 39. vnſerr A, vnſerre c.

113, 2. in ſo m. A, alſvs B, alſ D. 4. Verd. ACE. 5. ir leben wart bekl. DK. 6. amechait C. 9. Wart A. 10. reinem C. 11. vil] in c. 13. ſwerten BCKEc. 14. wo (*von spæterer Hand*) ſach c; man *fehlt* B; in d. t. A. 15. ratbr. CE. 16. ettel. ADKE; -lichen Ac. 18. alſ B. 22. Durch got vn̄ k. A; got *fehlt* C. 28. rûte B; mit der h. C. 30. Vor A; ſicheit KB. 32. Den diſer C; welte *fehlt* D; wúnne ADK. 33. dulten B; ein *fehlt* A. 36. âne] alle C. 38. Livt vn̄ l. fr. dē l. A. 40. herre B.

114, 2. mit *fehlt* A. 3. gar *fehlt* B. 4. wælden AE, [den B] welden BDK, werlden C, weldē c. 5. vil] vn̄ B. 8. pilgereime CE. 10. Ir m. der was vil v. B. 11. eicheln] hôiſtaffel K: *fehlt* C; vn̄ darzû gr. C. 12. lange ir ſp. c. 15. Die AB. 19. danne ACKc. 20. trv-genlichem c. weltl. A. 23. ir *fehlt* A. 27. *Absatz* ABCD. 28. allú dv w. c. 29. die erden B. 30. ir lere. v. lute erhal A. 31. Ir rede A. 32. forhte c. 33. ſô *fehlt* c. 34. die B; rehte C. 35. vol-lebr. Dc. 36. ſprichet K. 39. dir] in c.

115, 3. *Absatz* A. 4. nu geg. C. 6. vergalten BK; tuſent- DK. 7. ſe-len AKc: *fehlt* D; ſin c. 8. ir *fehlt* B. 13. wirs B, w. ſein C, w. ez Dc. 14. genozzen Cc. 15. Haben DK. 16. leider *fehlt* DK; d. n. l. k. c. 17. Da A; von B. 18. des] doch c. 19. endr. B, drucket C. 20. geheizen DK. 22. Diz B; deſ g. AD. 23. vnſer B; vorhtelichen BKD, vorhtecl. c. 29. dēſt] daz B. 30. deiſt B, dez c, daz iſt C; iſt in A. 31. H. vn̄ morgen e. A; morgen C. 32. ſter-ben B; morgen zeſ. l. A. 38. Morne B. 39. ir *fehlt* DK; frôden c. 40. livte D.

116, 1. Die hiv ſ. l. D; hiute *fehlt* A. 2. l. die m. C. 3. hinet B, hint ADE. 4. vreude DKEc; ir ſl. DKE. 5. ſie C: fehlt D 7. herze fehlt B. 8. ſi den l. A. 9. den t. C; tvmbe B. 10. valſche B, valſchem c, valſchlichin D. 11. Vntz C; tvmben Ac. 13. an ſie C. 14. helſen AK. 15. ſi fehlt D. 16. ie der t. C; ie fehlt ABc; iſt er iſt t. DK, der iſt dórt t. E; ir t. B. 17. richen A. 18. diſen ABc, diẽ C. 19. Dem C. 22. dir e. t. K. 24. dir fehlt B; -lichen Dc. 27. einhorne AB. 28. lͮgen A, lͮwen C, lͮen C; erdoz C. 29. Daz er fg. 30. Er vloch vnde vorhte d. t. A. 31. Er g; im f. 32. in grozer fg. 33. Von ACDc; einhorne B. 38. den ſ. m. fg. 39. hatte c, hub B. 40. Zes K, ziſ D, zͮ des ADCcg.

117, da geſ. CDKc, do A. 2. wunderen enge AB, vil enge fg; enge c. 3. Da A; erdenw. Bc, herter w. fg. 6. ſo fg. 7. dran BDK. m. n. AD; beſtan K. 8. bovmelin BDEg, bamlin A; mûſte BCDK. 9. Swer f; dâ fehlt ABDKg; ſtûnde ABfg. 10. wande deſ A; daz im ABCKE; wære fehlt A. 11. gar fehlt g: wære A. 14. fehlt B: irn CK, iren AEg 16. gnûgen CDK; allô fehlt CK; Si begvnden v. nagen dar A. 17. Vntz Cfy; ſich d. w. v. n. l. fg. 18. die CK. 20. erweren g. 21. newolten B; wurzen ACEfg. 23. tiefe K. Vnder im tiefe in einem t. A. 25. Er B. 27. Die Bg; oren B. den g; atemen Eg, aten DK. 28. Die w. B. 29. vil fehlt fg, witin D. 30. vivre AC; ſâ fehlt g 31. grôzer fehlt fg. 32. oven ACEfg. 33. witem C. 38. genende g. 39. ſolte A. 40. Den C, manne g; begvnden A.

118, 1. des gie im n. fg. 2. vorhte im g. A. 3. de A, diſen C, den fg. 6. wveden B; einhornen B, einhvrn Cg. 6. zͮrn C, zvrn g: ier mit zorne B. 7. ſo l. AD, ſo ſere K; l. ob im fg. 9. n. was g. fg. 10. was fehlt fg; im B: ich g. 11. kleine ADfg. 17. niht fehlt fg, enthaben ABC. 18. Er ſæhe v. d. w. graben A. 20. wart er Cfg. gar b. C; beroubet ACDKg. 22. Eine ABK. 23. groze C; frevil D 25. viere KE; bekant Bg, chunt f. 26. ſinem ſͮzze A. 30. unſtæten Afg, ſtete B. 31. 32. fehlen g. 32. diſem AK. 33. diu Bfg; viervaltiv C. 34. Den B. 36. Senſte ABC; vñ n. C. 37. Einen kleinen B, Ein lvtzel Efg 38. ſine AKg; er fehlt f. 40. heze K. lie C; im f: en B.

119, 2. nah B; in fg. 3. -liche CDK; wære f; geſiht D, geſchiht die übrigen Hss. 4. lie doh C; der KEf: des AC: den g; die B; honiges C; tropſe B. 5. niht BK: nv C; Sweſ inne nv niht ſint z ſ. fg. 6. merken ACEbg; ditze f. 7. dir fehlt AB; Dem w. ich ze d. fg. 8. Daz rehte bizeichen fg. 9. da in Cg, da er in f 10. ſolt ir C, ſol man fg: welte K. 11. ſô fehlt fg; grozer DK. 12. ſtrik K. 13 déſt | daz (fehlt g) iſt alle Hss. 15. Aller g. menſlich B. 16. Vntz Cf; daz fehlt g. 17. Das zweite daz fehlt ACfg; ditze l. f, vnſer l. A. 20. vinſter n. fg. 22. Die die g, wurz B; genûgen CDK, benagen g, begvnden alſo f. 25. genagent KD, gemeget f, nage in B, nagent ACE. 27. des h. g 28. abnagen C. 29. lebens ACfg, lebinne D; wurzen C. 31. dem ſinne Afg. 33. den m. D; tet vl ABEfg. 34. den h. AB. 36. D' vorhtecliche B. 39. komen CDKE. 40. Die l. fg.

120, 3. Aller C. 5. die KCg. 10. tròpf KE. 11. Der durch fg: daz fehlt g. 12. 13. fehlen Bb. 12. er fehlt CDKEfg; aller der g, alle f. 13. ſi der biſpel g. A. 15. Ze r. g. 16. reine K. 17. ſûzem C. 19. vreuden C. 21. ain l. C. 22. des C. 25. ich fehlt B; ſol K 26. vͤwegen D, begeben AC. 28. ſol D. 29. welte brôden AD

30. ir] difem *C*; leben *AC*. 34. 35. *fehlen Bb*. 36. N. f. dr. fr. *CE*; fich nam *B*. 38. herzen vñ von f. *A*. 39. m. er j. *B*; liebe *DK*.
121, 4. der m. *A*: ir *B*. 5. unz *fehlt B*. 6. im *fehlt BC*. 8. *fehlt B*; erfterben *C*. 10. grᵛzes im *CDK*; gûtes *A*; verj. *DK*. 11. trogenl. *E*. 14. Ern geovctim *B*. 15. ie *fehlt A*. 17. *Absatz ABCD*. 19. Dazf alfvs *K*. 22. al geliche *fehlt B*, alle g. *C*. 23. wizegere *KD*, weitzigere *C*, diener *E*. 24. feiten *B*; ze *fehlt A*. 25. Da *D*. 30. gedaht *B*. 33. liebftem *C*. 35. waz *K*. 40. Ine m. *B*; not *BCE*.
122, 3. wolles *B*. 4. vil wol *A*; getrúwe *ABK*. 6. herze *fehlt B*. 7. ftete triwe *B*. 10. niht bek. *A*. 11. Dune *BD*, Du enw. *K*; feift *A*. 12. hie *fehlt ABC*. 13. frúnde *CDKE*; fúchift *D*, *die übrigen Hss.* fuocheftu. 14. Ioch *DK*, Ich gef. dich *A*; ê *fehlt K*. 15. an dich g. *B*. 17. den w. ir *C*. 18. n. meins h'tzẽ gir *C*. 20. frúnt *K*; erkof *A*. 21. doch *fehlt C*. 22. G. l. *C*; wider d. *A*. 25. Du folt fie *B*. 26. niht and. e. *K*. 27. fie] fich *D*. 29. Der g. *CE*. 30. Den *CE*. 32. f. getrvwẽ vr. *B*. 34. vil *fehlt DK*.
123, 1. War *B*. 5. ere *DK*. 7. uz gr. *ADK*. 8. l. m. *DKE*. 10. wurde *B*. 12. fprach zᵛ im *C*. 14. f. vmm. *C*. 15. alfo *K*. 16. gr. fchaden *A*. 18. dû *fehlt C*. 20. an dir *fehlt A*; ain n. *C*. 21—128, 2 *(ein Blatt) fehlen C*. 23. es] fein *E*. 23—26. *fehlen AB*. 25. klaines *D*. 27. rihte *B*. 28. mit dir h. *AKE*.; hine *DK*. 30. hie vor *B*. 32. -liche *D*. 33. Die ovgen - von im *B*. 34. da *E*. 35. *Absatz BDE*. 36. fime dr. *B*. 37. *Absatz A*.
124, 3. torft *B*; in *fehlt B*. 4. Vor *AE*. 7. er fich d. *BDK*. 8. fchamde *B*; fchaminde fich fp. *D*. 9. mütz *E*. 13. ich *fehlt B*. 14. M. n. gevl. *A*. 15. nie *fehlt A*. 16. frivnde fr. *B*. 17. verfchult *B*. 21. Mit grozer *B*; gvltin *D*. 23. dem l. *B*; frivnde *BD*. 24. bette *K*, bet *E*; mvotez *B*. 25. Etl. *ADKE*. 26. gervohtes *B*. 32. -lich *B*. 36. wil *A*. 38. Dc *BE*; liebez *K*. 39. hie *fehlt KE*; geben *B*. 40. werdeft *DKE*, wurdeft *B*.
125, 2. vñ din arb. *A*. 6. Ich fwent *E*; füne *AD*; fwære d. *A*. 8. dinen *D*. 9. fô *fehlt* A; vrô *fehlt B*. 10. v. vrævden *A*. 17. -wen *DK*. 18. fich *fehlt DK*. 20. V. dem ich g. *B*; den g. *D*. 23. des *E*. 24. deft *A*. 30. verfeit *B*. 33. der *A*, der des g. *B*. 34. daz *K*. 37. er *fehlt B*; vñ claget *A*. 38. in in *B*. 39. Zer *A*.
126, 1. 2. *umgestellt A*. 1. die *B*. 3. Er *A*; frúnden *K*. 4. da *K*. 6. D. vrivnt b. *A*; fus *fehlt B*; den h. *AB*. 8. br. m. *B*. 10. G. beg. f. u. l. *B*. 11. Die *B*, Hie *E*; die *A*: nu *B*. 12. im alle t. *A*. 14. er danne lit *B*. 15. fmæhel· *D*, fchemel. *B*. 17. laides *E*. 18. an *fehlt B*. 20. biz *fehlt A*; zuome *B*. 23. (hein *fehlt*) iriv d. *A*. 24. alle *B*. 27. S. lieb - fwern er g. *A*. 28. S. minne *A*: lip *K*; fwinnet *K*. fwindet: *AE*. 30. alfo fw. *DK*. 31. ovge *B*. 33. in *fehlt E*. 34. hilfe *A*. 35. fin *D*. 36. 37. *fehlen A*. 36. hie d. g. g. *B*.
127, 2. helfe *fehlt E*; vnv'fp. *B*. 4. Dort daz an *DK*. 5. rede m. *K*. 9. G. meifter lieber m. *A*. 10. m. g. d. *A*. 12. iemer vr. v. *B*. 13. got d. lieben h. d. *A*. 14. din *AK*. 18. fô *fehlt A*. 19. fchiere v. *A*. 20. worten g. *B*. 21. Do tet *E*. 27. alle *E*; iar gel. *ABE*; 28. So *A*; vlizen *ABDK*; des *fehlt B*. 32. im *fehlt B*. 33. hat *K*; ein *D*. 34. d. waz w. *B*. 39. *Absatz ABD*.
128, 10. Vñ z. *C*; vil *fehlt A*. 11. al durch *A*. 12. finer *A*; vreude *AB*. 15. Dc *C*. 16. frufte *B*; und *fehlt C*; vngerete *B*; er erft. *AB*, ftarp *CDK*. 19. den g. *C*. 20. Der *C*. 21. was er *A*, ez *E*. 22. al *fehlt AB*. 23. dâ *fehlt C*; in l. m. *K*; mvofe *AB*. 26. ku-

nege *CB*. 29. Si in mvose *B*. 31. numen *B*. 33. enbrast *B*. 34. alle *B*. 37. unde *fehlt A*. 38. gar daran *C*; sinen m. *BE*. 39. dem g. *B*.

129, 5. an wile m. *A*. 6. gewarent *K*, gemanet *BE*. 8. mvste *D*. 9. ledecl. *A*. 12. ein *fehlt B*; ein ein vromden *A*; vremedez *BC*. 14. ditz *CDK*. 17. vor *fehlt E*: von *C*; im *fehlt B*. 19. Zir *D*, ze ins. *E*, in die *K*, im ze feld'• h. *C*; insel *AK*, isel *D*. 20. s. w. *K*; hin *E*. 21. So *A*. 22. Vn̄ des A; an dc *B*. 28. manigen *ABC*; sinen *AC*. 29. hin *fehlt A*. 31. dar *fehlt D*. 34. Vn̄ m. *B*. 35. ê *fehlt C*. 36. Noch wre sich n. g. *A*. 37. siz *D*, si ez *AB*; sis wol m. *E*. 39. in *B*.

130, 1. (der *fehlt*) getriwer *C*. 2. diz l. *B*. 3. disiv trvgenhaftiv *C*. 4. truglichen *A*. 8. vntriwe *B*, trvgheite *A*. 9. ez *fehlt B*; also *AE*. 10. daz iar *A*; kunege *BC*. 12. si wol *A*. 13. leide *B*. 14. vns die s. machet *B*. 15. Die wir *B*; stætechait *C*. 19. daz *fehlt C*; stætez *AC*. 21. des gewisheit han *DK*. 25. so uns *K*; also *A*; sô *fehlt B*; triegent *A*. 26. geheize *C*. 27. Vntz *C*. 28. kunigen *ADK*. 32. muze *BC*. 33. endes z. *AB*. 38. Da *C*. 40. von *B*.

131, 1. Detw. *K*; minder *ADK*. 5. bi weiser b. *C*, getriwer livte h. *A*. 6. Hin in *A*. 8. derz *C*. 9. d' man *B*. 12. m. siner l. *DK*. 15. Da *B*. 16. mûz z. *DKE*. 17. minte *C*; dise st. *A*. 20. hie *fehlt E*; han h. v. *A*. 22. den m. *D*. 23. ze *fehlt B*; sihte *AB*. 24. im w. *C*. 25. siht *B*. 26. von gat *B*. 31. frvnt *B*. 33. hab *C*. 37. die *B*. 39. Hier an *ADK*.

132, 1. dv ez *AC*; iemannen *B*. 2. ir *fehlt E*; vil wol *A*. 4. alsam *B*. 5. So die *C*; ane are *A*; bizzen *K*. 7. sêre *fehlt B*. 8. in] uf *AKD*. 10. eine st. *A*. 11. mivre *A*, muren *B*. 12. vlvhtiger *A*. 13. vor d. *DK*. 15. mit riche *B*. 19. vn̄ flichent d. *A*. 20. Vn̄ wendent *A*. 21. vorhten *B*; angestlicher *BCD*. 23—26. *fehlen A*. 23. ir *fehlt E*. 24. Sie h. *K*. 25. Unde m. *K*. 27. 28. *umgestellt A*. 27. D. zwivellichen r. g. *K*. 28. klagende *BC*. 29. S. in eine *C*. 30. Idoch *A*. 32. sehen *CE*. 33. hiet *E*, hat *KD*. 35. gedaht *B*. 36. ich *fehlt E*; sein *C*. 37. ir *fehlt K* 39. min *A*. 40. ist s. g. *B*.

133, 1. diente *C*. 4. Geseit gn. *B*. 6. dazv *D*. 8. von h. *AE*; hinnen *ABE*. 10. vreuden *C*. 11. stæte *fehlt B*. 12. wernden h. *C*. 14. dv ez *ACE*. 15. daz ist *ABDK*: ist *CE*. 17. leren *C*. 18. spriche *C*; also *A*. 20. vblem *C*. 21. iu *fehlt B*; vrivnt *D*. 22. sterben *C*. 23. iv *C*. 24. iuch *fehlt B*. 25. Vn̄ d. *C*; die *BCK*. 26. Diser werlde broder g. *C*; brode *B*. 29. 30. *umgestellt B*. 29. De *C*; uns got n. a. hat g. *B*. 30. d. uns h. *K*. 35. den *K*. 37. Mit *A*; dúrstiger *K*. 40. aber *fehlt E*.

134, 1. dir *fehlt A*; die *K*. 2. libet *K*. 5. Da er *AK*; dir *fehlt C*. 6. -liche *B*; vreude *BC*. 7. Do sp. J. *A*. 9. sol *ABK*. 11. gebiten *B*. 13. von in br. *A*. 14. hastuz *B*; sin *AE*, ir *C*. 15. genozen *C*. 16. S. daz *A*; niwiv *A*. 21. nu enw. *E*, niene w. *DK*, nein nv w. *AC*, nein enw. *B*. 23. wise *B*. 24. niwe si erv. *A*. 26. Alle v. g. *B*; got ist v. *A*. 27. und *fehlt BDK*. 28. got v'giht *A*. 30. einen l. *A*. 33. ewigen *B*. 35. wold er gern irw. *K*. 37. 38. *umgestellt A*. 37. er *fehlt A*. 39. So g. *A*; dich *fehlt A*.

135, 2. -valter gwin *A*. 3. steten *B*. 4. Nv ir *C*; minú l. *K*. 5. Laz *C*. 6. Hebe *ADKE*; vn̄ ga *B*. 7. grozzez *C*. 9. Da *K*. 10. richem *C*. 12. daz *fehlt AK*. 13. grozez g. *A*. 16. D. n. ee g. *E*; nadelen *B*;

ôre D. 17. olbent DK, kameltyer E. 24. Diſew E; ditz g. C. 28. iſt h. v. B. 29. ſo ſpr. J. DK. 30. Diſe B. 31. Zalſo B. 33. alſo KE. 34. rehte A. 35. manige C. 37. 38. *umgestellt* A. 37. maniger AE; mit r. A. 38. Dem w. A. 39. michelz K. 40. widerſtan B.

136, 1. *Absatz* E. 2. Ein C. 4. d. man tŷ d. e. C. 5. dorn B; dringen C. 6. arbeit A; twingen C, betw. A. 7. Dur KE. 9. ſtrazen BC; mange A. 11. ſei v. C. 12. wite B; ſtrazen BCE. 13. porten AE; gant (: ſtant) C. 14. Die engen ſteige C, Der ewic ſt. A. 15. Want er B; vil *fehlt* A. 17. ſwer B. 18. Zeinem BK. 21. Des er B; ir *fehlt* BCE. 22. Sw' B. 26. Vñ dc m. C; michel ABDKE. 28. Si iſt AB. 31. dort durch C. 32. Von manigen verlazzen n. C. 33. ſunne B. 35. und] von C; des l. ſch. A. 36. birge A. 39. greif. B.

137, 1. ſtrvchende A. 2. jener D, einer *alle übrigen Hss.* 3. rehtem C. 4—9. *fehlen* A. 5. daȥ *fehlt* BK. 6. manic m. BDKE. 8. Vñ im vil kl. b. ſin m. C. 10. ſin l. C; und ſinen ſchin im livhten l. DK. 11. vñ v. AE. 12. Da m. K. 13. verſmæhet A. 14. ſtat B. 15. Alſo AE. 16. Deſ er A. 20. diſú ſelbún K. 21. ſei C; hat B. 26. al gel. CKD; gemeine A. 27. ſa A. 29. (ſelbe *fehlt*) l. vil w. A. 30. williche D. 32. alliz B; vnſælic C. 33. kunne AKE. 36. Vñ ſi v. B; vertriben DK. 37. grozer A. 38. iſt *fehlt* B.

138, 1. manigiu BDK; irdenſch A, irdiſche E, irdiſchiz C, irdiſchin D, irdenſchin BK. 2. bek. AB. 3. D. l. d' r. kr. EK[b]. 4. bote B. 6. ez m. dir bek. A; diz *fehlt* C; Dur daz ich ez dir tû erk. K. 10. *Das zweite* er *fehlt* B. 12. Gůt l. im iſt enw. A; guote B; einw. K. 13. iſt geſ. C. 14. zuo *fehlt* C. 15. er k. C. 18. liebe J. CDK, rain E. 21. múgel. m. ſ. DK. 22. den BCE. 24. N. ze v. wirſt A, wurdeſt B, w'deſt E, wirſt dv C. 26. ſei C. 28. ſei C. 29. Din l. A; in *fehlt* C. 31. 33. vngelavbic C, vngelòbich D. 32. dir *fehlt* A. 36. Bew. (an *fehlt*) A. 40. vil r. AB.

139, 2. kronen B. 4. zvhte B. 5. der w. gar B, was nach wunſche g. b. A, *gebessert aus* gar der welte wunſch. 6. nâch *fehlt* A; der w. C; richeit A. 7. Wan daz im eines d. g. A; einem C. 8. Dc er w. CE; ein g. B. 9. Die B; bettet CDKE, bete AB. 15. d' apg. B. 16. E. doch des B. 17. er ins C; in *fehlt* BK; wolte gereſſet A; wolde in h. D. 18. mûz erz B; er ez K. 20. doch C; den BCK. 21. grozer B. 23. dô *fehlt* AB. 24. ſô *fehlt* A. 25. ſtraze v. beſp. B; was vor g. A. 26. vor geſeit A. 28. De niht *(so!)* A. 30. müſten C. 32. die *fehlt* C. 33. kurze ph. DK. 37. N. ſich erg. a. C. 38. in *fehlt* AB. 39. vil *fehlt* B: in AC. 40. eingez ABK.

140, 1. w. des g. DKE. 3. Beidiv d. k. A. 4. Do B; diz l. D. 7. erde da was C. 8. ſich] ſin B; m. augen A. 9. enthaben A. 10. Deſ eſ ze h. D. 11. eins gûteſ armen m. AB; guotes *fehlt* C: gûter KE; arm m. C. 12. beſten C. 13. Die K; iemer g. A. 14. daz m. v. B; der *fehlt* A. 15. *Absatz* ACDE. 17. im *fehlt* B. 20. vor im B. 22. dc AB; ſuezzeſt A, ſuzte geſ. B, ſueſſen E. 23. vil ſch. A. 24. beſtem C. 26. dem *fehlt* B. 29. nam E. 30. wurden gel. B. 32. arm. groz a. B. 33. vor ie *fehlt* B; bek. A. 34. h. vn g. C. 37. grozen vreuden C. 39. ſelbem hole da C.

141, 1. ſinen C. 5. *Absatz* ABCD. 6. groſten A. 7. alſe A; groze vr. K; -riche B. 10. grozeſten B. 11. ich ie v. AB. 12. Der ratgebe B; er do AE. 13. er wol ſ. A. 14. Do ſpr. A; geſpr. K.

17. feit DK. 23. wand K, von B, wæn C; ichz ACE. 26. ouch *fehlt* A. 34. hant B. 36. ewicliche DKE. 39. Ze einem w. AB; werdem B.

142, 1. vreuden B; a. alle z. BC. 2. ende nimet B. 3. ein wiht K, ennit B. 5. an ende A. 6. dinget DCE, dienent A; daz k. B. 8. iemer *fehlt* C. 9. leben g. B; wernde C. 11. *Absatz* BE; in *fehlt* BC; do v. A. 17. richeit AC. 18. (in *fehlt*) n. enl. B. 19. tr. vr. A. 20. verclaget A. 22. vreuden lieb DK. 24. fwindet A. 26. verlazen B. 29. gedinge B. 30. vreude B. 39. daz Krist[1] fine ferift B.

143, 3 *Absatz* B. 5. vil *fehlt* E. 6. in den K. 9. guote B. 12. ein *fehlt* C. 14. nvzze A; mir wert unde nie denne wert K. 16. lange DK. 17 ich *fehlt* B; hie] die K; von *fehlt* DK 19. Daz BE. 20. vorhte herre C. 27. an w. A. 29. *Absatz* E. 30. ich es vro B. 31. difer CE: diner DK. 33. zaller ft. BC 34. dû *fehlt* D; mirz B. 35. *Absatz* E; wirt K. 37. wille B; nie A.

144, 1. -liche B, ewigen A 2. wart fit B. 4. ergan noch C. 9. Was DK, Wær aber E. 13. aber *fehlt* A 16. A. im gebivtet C. 17. bewifeft A. 18. vil *fehlt* K. 19. wifliche menfcheit A. 23. brodikeit A. 24. Div C; Und ouh d w. uppikeit B. 27. Vntz C 28. Unze AK 31. wart ben. A. 32. erk. C. 33. hete A 35. *Daz erste sô fehlt* B; fo g. A. 37. gedæhte A. 38. ôre D. 40. fehin D fæhen C. fchin AK.

145, 1. ewicliche B. 4. Des- (mit *fehlt* B. 8. ich *fehlt* AD; hie gel. A. 9. mit gŷtin willen ir D. 10. lere volgen d. D; auh dir C. 12. edlem C. 13. was *fehlt* A. 15. Von CDK; an *fehlt* D. 18. was *fehlt* A 19. hohen tvgende (ivgende) A. 22. in folhem pr. DK. 24. mahelt CK; macht E. 25. hoher z. B. 29. (ouch *fehlt*) von A. 31. Vil fchoner A. 33. -fchefte A. 34 nahe K. 38. w. fein vro C.

146, 1. Solten armer B. 3. armen K; ander C, anderiv B. 4. miftezæme C. 11. arm m. A. 19. emote B. 20. armer alt. m. BD. 21. hin *fehlt* A. 22. der t. CK; tür *fehlt* A. tugent B. 23. vor h. K; wart KE. 25. des armen K 26. andahtecl- AB. 27. got AC. 28. handen D. 29. Alfe fis KD, Alfi ez B, fi def A, fi wol E. 30. ir der BC; D. j. n. dar A. 31. Do ABCE, lip B. 33. nû *fehlt* A. 34. wil vragen d. A. 36. wil AC. 37. Nv C; d. de h: C.

147, 2. grozez g. A. 3. Vñ gar den w. C; wifl. K. 5. Do K; *Absatz* BE. 6. nie *fehlt* B. 8. arzenie BDK; Nach dirre welte wunfche hat, *am Rande steht von anderer Hand nachgetragen* Von cleiner erze *(so!)* A. 9. ouch *fehlt* A. 11. Alfo C. 12. Swa git vnfer A 13. Iemanne B. 14. folz B, f. des E; ez D; ôch K. 15. fols im doch g. C; ez ABE: fein E. 17. gabe (labe) C. 18. oder *fehlt* C. 19. arm C. 23. wil *fehlt* B. 24. Er h. fo vil gnaden B. 25. De B; Da im d. kl. g. C. 26. dâ ift *fehlt* B. 27. Die B, groziv C, grôzer DK; von f. h. A. 28. vnferen ovge B; bek. A. 30. Des C; niht A. 33. Alfo C, alf DKE, in A. 34. Als dem C; den E; ir] ie A. 36 fwindet AE. 39. müze ABK, mŷz C 40. ernert A.

148, 1. -lichen fiten B. 3. Den KE; n. r t. K; notdurftigiften BDE, -tige C. 5. D' w. B. 6. Div B; güttæte A; volgeleichen C. 11 geben K. 12. in. wizze A. 15. engeboren B. 16. fchephære K. 17. mich fin C. 18. An f. mich fere C; geladen CE. 20. gnade B 21. ich *fehlt* B. 24. groze B. 27. mohte A. 28. waz C: *fehlt* B

30. (ir *fehlt*) wiſlicher m. A. 31. Mit K. 34. in grozzer C. 37. ein] an A, en B, 38. groze BC; ſiv do h. B.

149, 8. *Das zweite und dritte ir fehlt* K; und *fehlt* A. 9. vil ſ. l. K. 10. meine K. 11. mer A. 12. im *fehlt* B. 13. engez. A. 15. unde den CKE. 16. die *fehlt* B: der A. 17. wolteſt A. 18. mæht C; waz] wol A. 22. 23. ſei C. 24. dich *fehlt* D. 25. enſi B; I. bin b. C. 27. an edel w. A. 28. frivnt g. B. 29. -lichen m. B. 30. libe BDK. 32. gerte K. 34. dv ſei f. C. 35. mere DK, me AB. 36. n. h. K; hie heime l. A. 39. ich òch DK.

150, 1. D. wir bl. B. 4. lêre *fehlt* B. 5. leget B. 7. groz K. 9. bi im a. d. B. 11. ſtecher tr. B. 12. durch *fehlt* K. 14. -lichen ACDKE. 15. begvnde C. 18. nie *fehlt* B. 20. ane C. 22. ſt. mᵛteſ ſ. A. 27. dvhten l. B. 30. ie] da A. 31. leidecl. K. 32. megede willen B. 33. *Absatz* BE; geſach B. 35. mit ſpotlichem C. 37. demûticl. AB. 39. -richen AD. 40. den D.

151, 10. an ein- C, an ander A. 11. d. m. nie v. A. 12. Ern t. B, er ent. A; ſwaz in C. 15. *Absatz* ABCE. 16. ſach AC. 17. zvhteclicher A. 18. tvgende B. 21. vnd w. A. 24. ich *fehlt* B. 26. biſt ze erben BC. 27. mere g. g. DK. 28. als ſ. l. C. 31. Deſ A. 35. nû *fehlt* C. 36. ich *fehlt* B; mich tr. niht AC. 37. an den C; dem AB. 38. n. mût n. w. euphie A. 39. hāt C. 40. mir] deſ AB.

152, 2. wol v. A. 3. geheize D, geheizet K. 4. m. ſin A. 5. m. herze A. 6. ghorn - gſehen A. 8. ich ez g. DK. 13. lan DK. 15. an ſin C. 16. kieſten B; vol g. K. 18. er *fehlt* C; da inne BC. 24. Vnd- (den *fehlt*) A. 29. Niht deſ m. i. j. A; ſein j. C. ez j. D: dir j. B. 31. Der wart g. r. DK. 36. geben AC. 37. iemans C. 38. zungen ABKE. 39. künne ACDE.

153, 2. de l. B. 5. Dv nevolg. AB. 6. dar zuo *fehlt* BE. 7. l. d. a. B. 9. Vn̄ ich A; verſᵛche AD. 17. So b. BC; Si och b. A. 23. noch ABD: und CKE. 24. nie *fehlt* C. 25. Weder A. 28. Daz A. 29. ein ende g. B. 31. leiden C. 36. ze ebenm. B.

154, 1. Gnᵛ D; geſûge KC. 2. waſ des A. 3. ſiv geſpr. B. 4. ze m. D. 12. ſo gar g. KD. 13. wol *fehlt* B. 16. got] er C. 18. De er won in dem herzen d. A. 19. bûg B. 20. Vor got B. 21. biten d. B. 23. Enzůndeſt dines A. 24. geſæheſt CK. 25. ſinen wünnen DK. 28. ſæhe K. 34. ſûzen A. 35. gote kr. B. 36. bek. K.

155, 2. himelſ B; erden C. 3. Deſ D. 5. im D. 6. mohte B. 7. ez *fehlt* D. 8. ez allez AC. 9. ane ſine ſ. kr. B. 10. eine einige A; Vn̄ ane ſine m. B. 11. eine C; ſinen wernden g. B; werden DCK. 15. enbirt C 16. Het ez einen w. w A; anen w. w. B. 19. 20. *fehlen* ABCE. 23. *Absatz* ABCD. 24. Div B. 26. ſich *fehlt* A. 27. manin D. 29. nierge B, niemer A. 31. urſprunc br. K. 32. alle B. 33. in des meres vl. C. 34. nie ſ. gr. A; ſô *fehlt* B: ze K. 37. alſo vil mêr *fehlt*) A; me CB. 38. al die z. DK. 39. De er CDE, De der B.

156, 1. -nvnſtic CE, -lichez A. 2. ie wart A; wære E. 6. wiſſage B; warheit A. 8. M. vil ſvzzer l. C. 9. *Absatz* A. 10. b. ſande P. C. 11. groziv C. 12. gebotes *fehlt* A. 13. vnerkant KE. 14. banet B. 16. verburgelih B. 17. diz *fehlt* A. 18. Der gezive w. A. 21. grozen B. 22. Vn̄ ſinen wiſe m. A. 26. ſolhez C. 27. Gots D; gûenl- C, gewûnlicher B, gewûel. D, gevücl. K, gotl. A, gewaltiger E. 28. dem BC; himel B: *fehlt* C. 30. Hielt A. 31. manige KE. 34. iſt vns C. 37. Allez ABD. 38. ſich mit geſihte A; ſiht B. 40. füntl. A, ſunderl. BC.

157, 2. Reine *B.* 5. von *C.* 12. vrevdenberndiv *C.* 15. Gedaht ich *K*; des *A*: ſein *CE.* 17. -richern *ACDK.* 18. Sinnenr. ſ. ſ. *C.* 21. du gotes *K.* 24. dus *K*, duz *BD*, d. ſein *A*; es *fehlt C.* 27. *Absatz CKE*; nv ſ. m. n. *C.* 28. Weles *K.* 30. geben *C.* 32. zweinzec *A.* 33. geneſen *A.* 34. inſuln *A*, inſel *DK*; geweſen *A.* 36. ein lant *KE.* 40. wær in gern *C.*

158, 1. darum *K*, drvmbe *A.* 4. brv̊der *A.* 7—10. *fehlen A.* 8. habeſt *DK*: *fehlt E.* 13. bi] in *ABC.* 15. zelle *C*; iare *C.* 16. leben *C.* 18. enwil (niht *fehlt*) *B.* 19. l. ſin *B.* 20. nahe *B*, naher *CDK.* 22. Als iv d. *B.* 25. Do lebendich lebet *B.* 26. wiezeſ *B*, wizze *AE.* 27. Rehtez *A*; *das zweite* daʒ *fehlt E.* 28. gebn *C.* 30. Rehte *C.* 31. Deſ *A*; im *fehlt B.* 33. heize *C.* 35. der tot *CE.* 38. iehet als ez mir j. *B.*

159, 6. -lichez *DKC*, liepliche *A*, loblich *E.* 8. beſcheidenlichen *A.* 9. ſus *C.* 10. dc h. *B.* 12. hus *BKE*; iſt g. *C.* 13. dc hus *D.* 16. ſúnſtch. *C*, ſuſtende h. *B.* 17. ein *fehlt B.* 19. nacket *BC.* 21. minneſten *DK*; kneht (: reht) *CE.* 22. Nement mich mit r. *B.* 30. Dine ſúze *B.* 31. lebens *BE*: libeſ *AC.* 32. menſlichez *AB.* 34. dar] der *K*; dar an *E.* 35. dirre z. *DK.* 36. vñ vil rein *AC.* 38. werden *DKE.* 39. etſl. *C.*

160, 3. wûſte *B.* 5. dar g. *B.* 9. Diſe ſp. *A*; mahet *B.* 10. berndiv *C.* 11. miſſel. *C*: vngelicher *B.* 13. wir ſi ſus *C.* 15. verbunſt *BC.* 17. ir ie *B.* 18. anderm ir d. g. ſt. *C.* 19. vns d. h. vns e. n. *C.* 26. dar ir] dc iſt *B*: ander *C.* 29. Ezn d. - enſi *B*; Vns dvnket r. *A.* 30. bi ir h. *A.* 32. D. lv̊ten- (ouch *fehlt*) *A*; ſele *C.* 34. *Das zweite* durch *fehlt CDK.* 36. Tüh *B.* 37. lichenamen *AC*, licham *B.* 40. Liet vnde vngemach vnrat *A.*

161, 2. vür vnſer ſ. *A.* 3. ie *fehlt ABC*; tet ye *E.* 5 daz vnſer kl. *C.* 7. wirz *C.* 9. legen *C.* 10. ſo alt *A.* 11. riſe *B.* 12. Diſiv *BC*; -lichiv *C.* 13. von got *C.* 14. frowerr. *B.* 16. vrevde *C*, vrowede *B.* 18. tregeſt *B.* 19. güt *BCE.* 22. Niht br. *AB*; har *B*; ditze *A.* 28. dinen *B.* 29. frv̊mdiv *A.* 30. -riche *B*, liſtiger *A.* 32. hac *B.* 34. Hin in *A.* 35. Dc *AC*, Die beſwarten *B.* 39. Alſ d. *A*: bekleit *AC*, gecl. *B.*

162, 3. Dem w. er do vil h. *C.* 4. Z. im *ADK.* 5. er in *C.* 6. in *fehlt C*; erl. *A.* 10. leit *ABCK*; hine *DK.* 11. frvmdl. *A*, vrivntl. *D.* 12. her *fehlt ABE*: *am Rande nachgetragen D*; ditze *A*, din *B.* 16. ramen *K.* 19. ė] hie *D.* 23. erden *AC.* 26. kr. maht urh. *A.* 28. geordent *BDE.* 32. der urh. *A.* 34. -lich *ABC.* 40. engetar *B*; me *A*; niht me *DKE*; gel. *C.*

163, 1—4. *fehlen A.* 2. lande d. *DK.* 5. Dc *C*; mir *fehlt DK.* 7. *Absatz KE*; Nv *A*; im *D*; do *ABC.* 8. -liche *C.* 13. Da *E.* 14. Ze leichen *E*, Ze næhſt *C*; lich *D.* 15. unde *fehlt A.* 16. gedræt (: genæt) *AD.* 17. gene*t *E.* 19. der ahſel *C.* 21. Gelich *A*, Ze næhſt *C*; lich *D.* 25. an im *C.* 26. gar *fehlt A.* 27. veizite *B*, witze *K*, vaſte *CE.* 33. keſtenvnge *C.* 34. geſchiht *C.* 38. karkære *ACE.* 39. erloſeſt *B.*

164, 2. hinnan *CK.* 3. in diſen ſ. t. *A.* 7. 8. *umgestellt A.* 8. vnſenſtez *ACE.* 9. hie *fehlt A.* 10. Dc ich ſol *A.* 13. mære *D.* 14. D. v. vñ d. l. *ABCE.* 17. daz iſt *BCE.* 20. ditze (vil *fehlt*) *A.* 21. rehter m. *B.* 23. ein *fehlt C*; reh- *DBK.* 26. vf d. gr. *AB.* 28. enwolt *ACE*; eʒ *fehlt D.* 31. Daz auz ez *C*; velde *A.* 32. Als ez div art niht erlie *A.* 33. Do ez deſ *A*; diz *fehlt C*; N. d. m.

ez n. v. *DKE*; d. niht m. v. *D*. 35. tiere *BKE*. 37. gie *fehlt C*. 38. ouch *fehlt A*. 39. Do *E:* Da- (dem *fehlt*) *C*; an dem *A*; ze ab. *BCDE*.

165, 1. heide (: weide) *BCE*. 4. ez gien en n. *B*. 6. ampl. *A*, ametl. *B*. 7. ſin *K*; wart *A*; Unde ſ k. - dc mûte ſie mit rehte - vñ waſ in vil leit *B*. 9. erleiten *A*; ſi leiditin im *D*. 12. vil *fehlt BC*. 14. vñ richer vrûden h. *A*. 15. angeborn a. i. do r. *B*. 16. D. e. a. z. den tieren l. *C*. 17. *Absatz A*; in *D*. 18. l. alle ſamp *A*. 20. dà *fehlt A*. 24. des vil gar *C*. 25. me *BK*. 29. vñ ninder *C*. 33. duz *BD:* d. ſein *CE*, d. deſ *A*, du g. *K*. 35. dich *CE*. 37. gevûge *B*. 38. rehte *C*. 40. Swa *B*, Swenn *A*; daz] danne *DK*.

166, 2. die v. g. *E*. 10. es *fehlt B:* ſin *AC*, ez *D*. 11. got genaden *AC*. 13. mere n. *K*. 14. dun t. *B*; tovſes *BK*, tovſe *C*. 18. vil *fehlt A*. 20. ſilber *AC*. 21. K. daz unde *DK*. 23. daz du al *B*; alle *CE*. 24. mͤgen l. ſ. *C*. 25. wande *B*. 26. kvmſt heim *C*. 29. ſtætige *C*. 30. liebſter dich *B*. 34. ſinen *DB*. 36. ioch] och *A*, ovch *BCE*. 38. ſich *fehlt B*; weln *DK*.

167, 1. Bitſtu *K*. 2. ſol *AKE*; zemen *ABKE*. 4. al *fehlt C*. 5. -liche *D*; armen *CE*. 12. Deſ lebenſ daz an *A*. 15. zaller *AC*. 16. Ane z. vñ ſunder n. *A*. 17. volgær *AK*. 18. Swenne *B*; man *fehlt C*. 19. Des *B*; gelovben *BCE*. 23. noch *C*; vor *B*. 24. es] ſin *ACE*, ez *BD*. 28. eweten *B*. 29. *Das erste* ich *fehlt B*. 30. Verlur *DKE*. 31. ſolch *C*, ſolh *A*. 32. den ſelen *A*. 33. hat ſolhe *C*. 35. wurden d. *BD*. 38. G. den g. hulden *B*. 39. ich ovh in *B*; dú r. *K*. 40. iemer ſus *B*.

168, 1. wære ze ſûndel. *K*, ſvndecl. *D*. 3. Daz *A*. 6. krang' *B*. 8. mir des n. *C*; abeng. *B*. 10. g. minne *B*. 11. du es *E:* du *C*. 13. mit] mir *D*. 14. gotes] gͤt *A*. 15. Vñ z. *A*; ſtætem *C*. 18. machent dir *C*. 20. d. helfe ſ. *C*. 21. *Das zweite* daz *fehlt A*. 22. der *fehlt C*. 23. werdeſt *A*, wurdeſ *B*. 24. Ræbter *CAE*. 27. iſer h. *K*, iſern h. *B*, auſer h. *E*. 29. Unde òch ir l. v. *DK*. 35. dinem ſ. *A*. 36. die kr. *CE*. 37. *Absatz KE*. 39. edlem *C*; Der edel - herre *B*. 40. Beide *B*; ſin *C*.

169, 3. Gen d. t. er ſin gebet *A*; unde m. g. *DK*. 4. er *fehlt A*; were *DK*. 5. *Absatz AB*; ſò] als *C*. 7. Daz er] der *C*; gienc *A*; daz p. *B*. 14. rein' *B*. 15. in *fehlt ABK*. 16. gûten *DK*, heiligen *E*. 18. V. B. ſich me *DKE*. 19. in den *CE*. 20. horen *B*, horte *C*. 23. D. edel *DK*. 25. gûtem *C*. 26. D. hohen *A*, hohſten *C*. 28. Vñ zem t. *A*. 29. minnen *C*. 30. D. t. er im *KE*. 32. Kathezyerte *E*, Kathezizet *B*. 33. Er ſp. ſ. g. *A*. 34. -lichem mûte *AC*. 39. erden *B*. 40. wart g. *B*.

170, 1. ſande *C*, ſancte *A*; Marivn *D*. 2. kivſch ſûze *A*. 3. den] in *B*. 5. diz *BDK*. 13. phie *B*. 16. ich iſ *B*, ichz *C*. 17—20. *fehlen C*. 17. des *B*. 18. vierth. *D*. 21. *Absatz AD*; deſ lovben ich *B*. 23. in *fehlt A*. 25. brûder *A*. 26. und *fehlt C*. 27. kivſer vaſte *B*. 31. J. de *AB*. 36. daz *fehlt K*. 37. erleit *C*. 38. -ſcherter *A*, -ſcherteter *B*. 39. diſ *B*, dc̄ *A*.

171, 2. dannan *K*; viuren *B*. 3. ſel g. *E:* ſelben *ABC*. 4. Gotſ g. *A*. 5. und *fehlt A*. 6. lieblich v. u. *C*. 7. ſin *K*. 9. gewærer *CE*. 11. nàch *fehlt ABC*. 13. *Absatz ABC*. 14. an der *A*. 15. V. tac ſ. manigen naht *B*; ſò] als *A*. 22. Zes *DK*; zeſewe *B*. 24. danne *C*. 25. aller d. *B*. 27. dc *A*. 32. des] ditz *C*. 35. geloubeſtu *B*. 36. ich ez *ADKE*. 39. hortes *BDK*. 40. der ſ. *E*.

172, 3. daz g. *A*. 6. *fehlt B*; So r. fo g. *C*. 9. in *fehlt A*. 10. lich tez *A*. 11. heiligem *C*; heiligeiſte *B*. 12. bi dir *C*; an d. g. *A*. 14. Lazen *K*; wil *C*. 17. heiligem *C*. 19. gotsh. *K*. 22. chreſem *ADKE*. 23. floz *ADKE*. 24. herze *B*. 25. vil *fehlt BC*; kint *fehlt C*. 26. durch got *ABCE*. 29. Mir *C*. 31. gelovbeſt *C*; herre *fehlt B*: her *AD*. 36. ſin g. *A*. 37. ſiſt *C*, wis *A*. 38. n. domini p. *K*. 40. du gar d. *DKE*.

173, 3. *Absatz K*. 4. Als er d. gottis t. e. *C*. 8. got in *fehlt B*. 14. lichenamen *AC*. 16. ſcheppher *C*. 17. D' vnſ *D*. 19. mornen *DK*, morgens *C*. 30. ſolt *CK*. 32. aplaz *BC*. 34. Vᵛr *A*; iv *B*. 36. im *C*. 37. *Absatz C*. 38. -haſtigen *CDK*. 39. iv *B*. 40. Daz *DKE*; got allez geb. *C*; v'birt *B*.

174, 2. ſegen *C*; den *fehlt B*. 7. vnwirdechl. *C*. 8. enzimet *B*. 9. ſchvlde in *C*; daran *C*. 10. etel. *CB*. 11. gotleichiv *C*. 12. geſegint *D*. 15. Dc *C*. 19. *Absatz K*. 20. heilic *BE*. 27. der *fehlt D*. 28. Swaz *A*. 31. got *fehlt B*. 34. D. ſim z. *B*; kinde *C*. 36. ſolt du *B*. 37. iſt im g. *A*.

175, 1. Daz er] der *C*. 7. -wichen *D*. 8. werkē *C*. 9. nivborn *A*. nûweb. *B*. 10. Alſ d. *C*. 15. auf *C*. 17. *Absatz ABD*; lietiſ *D*. 18. H. erl. *C*. 19. *Absatz C*. 23. r. n. *C*; reine *BDK*. 26. maze *B*. 27. reht *ADKE*. 29. Die *AK*. 30. in *CK*; geladet *DK*. 33. gemude *B*. 34. hinnan *C*. 35. *r*. g. ſ. *B*. 39. übelú *BDK*.

176, 3. *Absatz BCDE*. 4. reinen werken *A*. 6. binen *B*, peyen *C*, pein *D*. 7. v'jagent *C*. 9. alle z. *DKE*. 10. vbel g. *A*; gedancke *C*. 12. werc *CD*; wec vñ *A*; ein *fehlt AB*. 14. in *DKE*; ſei *C*; ſmæhin *D*. 15—20. *fehlen C*. 18. ebemaze *A*. 19. ſvnden *AD*; der *A*; ſi h. *AB*. 20. wurzelen *B*. 21. wæhſet *C*. 32. vullet *B*, fawllet *E*, fulnt *A*. 35. Die weil dv *C*. 36. in dir *A*. 39. *Absatz ABCD*; reiniv *C*. 40. Got *D*.

177, 1. drin *C*, darinne *A*. 2. g. b. v. d. i. *A*. 4. werc *C*. 7. muzes *B*. 9. *Absatz E*; nû] da *A*. 10. ſúr geleget *B*. 15. funden *B*. 17. daȥ *fehlt D*. 19. h. vñ d. *C*. 20. reinechlich *C*. 21. iurn *A*. 23. Sprich *D*. 30. ſol herl. *K*. 31. ſtæſt (: gæſt) *C*. 33. dine *K*. dinen *D*; lebende *B*. 34. (müeȥe *fehlt*) werde *B*. 35. So ſpr. *C*. 36. zer *C*; herberge *BC*.

178, 5. Dc *A*. 6. Si ſpr. d. wider ſ. *C*. 7. ez tᵛten ſ. *A*. 8. ez ſich *C*; ſolte *B*. 9. Dc *A*; erſchrac *B*. 12. m. triwen *C*; ane w. *ACE*. 17. D. hete im d. *A*; es *fehlt C*: ſein *E*. 18. E. g. alain *C*. 19. iungeren *B*. 27. *Absatz ABCD*. 28. gelan *DK*. 30. dicke erw. *C*. 33. J. vorhter *B*; dc er *A*. 36. gar] iemer *A*. 38. und] von *C*. 39. tûz *ACDK*; eȥ *fehlt E*.

179, 1. frᵛmden *A*. 3. Als d. h. vntz *C*. 7. er *fehlt B*. 8. Der vᵛr m. *A*. 10. vor *A*. 11. hie] da *A*; wer *ADK*. 15. min *fehlt A*. 17. verbirge *C*. 19. vf *C*. 20. *fehlt B*; frᵛmder *A*. 26. ivnger h. *B*. 28. Da *A*. 29. dar ſie *A*. 30. diche waren *KE*. 31. ir *fehlt C*. 33. vahe *AC*. 34. erſte *A*. 37. ich die] ſi min *A*. 38. din lere *A*; niht *BCE*.

180, 1. *Absatz C*. 2. in *B*. 3. erſte *A*. 6. im *fehlt C*. 7. Vñ von *ABE*. 10. d' wᵉlte lonen w. *A*. 11. in *B*. 12. Allez *BD*. 13. g. wnders ie begie *A*. 14. D. u. vf der erde hie *A*; ie *fehlt K*. 15. U. waz g. den r. w. g. *B*. 17. herberge *D*, herberg *B*. 19. h. wol ſeit *B*. 21. Er r. dem ratgeben d. *A*; rief er an ſ. *BC*; Zardanē *C*. 24. rief er *C*. 28. ſager *C*, ſagær *A*. 32. ein *AC*; frᵛmden *A*. 34. der wiſe r. Z. *K*. 40. an dir *A*; v. d. h. v. *Bb*.

181, 4. sint s. *A*; vñ vnw. *AC*. 5. Dir w. *A*. 6. se (wol *fehlt*) m. *A*. 7. mê *fehlt C*: mer *DK*. 11. H. ie vintl. *A*. 13. hinnan *B*. 14. (lère *fehlt*) ist hie kl. bl. *C*. 18. sus *fehlt A*: so *B*; wil *AC*. 29. min *fehlt A*. 31. triwe *BC*. 32. wante *C*. 34. i. m. hiez *A*; ich *fehlt C*. 36. want *C*. 40. sih *ABC*; dine *B*.

182, 3. *Absatz ACD*; ze rehte *A*. 4. Dir d. h. *C*. 6. wislich *B*. 7. och *A*, ovch *BCE*. 8. gar] selbe *B*; alse *B*; sei *C*. 10. in *B*. 12. dc *A*. 14. han *B*. 15. Vntz *C*. 17. *Absatz BKE*. 20. es *fehlt BD*: sein *C*, ez *A*. 21. vorhten *A*. 30. sin *C*. 34. Got mvze *A*. 35. *Absatz ACDE*. 37. gûtem *C*. 39. hohstez *A*.

183, 1. mvste *CD*. 2. Wurde *ACE*. 3. Daz ez g. *A*; an daz m. *B*. 5. ers *BD*. 6. im *fehlt C*. 7. tivsels w. *C*. 9. wart *A*. 11. læstu *C*. 13. in *fehlt B*; ir *fehlt A*; grozer *AK*. 15. heim varn *A*; vorn hin v. *B*. 16. von dir *A*. 19. lere din *A*. 20. enph. *C*. 26. Bi dir *A*. 27. Doch *E*, Nu *B*, So *D*. 28. g. v. m. n. *AC*. 29. 33. ethefwaz *B*. 36. sa zeh. *BCE*.

184, 1. -lich *KE*. 2. gieng *BK*; es *K*. 6. ich] ovh *BC*. 9. dirz] ez *B*. 10. doch *fehlt C*. 13. laides *C*. 18. wil *AC*; gip *C*. 20. weinechl. *C*, weinendẽ *B*. 22. geb. *C*. 24. G. g. dc missez. *C*. 28. Bringen d. nim *A*. 30. sô] als *C*; dir *fehlt B*. 31. Do s. *A*; ez] er *C*. 32. ez *ACD*; wart *A*. 34. iungern *B*; hær in h. an *C*. 36. reichl. *C*. 39. dô *fehlt B*. 40. Er n. *E*; nahete *ABKD*; im s. *A*; siner *CE*; hinev. *DK*.

185, 1. vil *fehlt A*. 3. Got h. w. g. *C*. 6. Baz dan e m. vl. *C*. 15. von] wan *D*. 16. Da *B*; dir got *A*. 18. vngewenket *A*. 19. sûzem *C*. 26. sûze *BC*; hat *CDKE*. 29. des g. *B*. 31. Als *ACD*; m. nu d. r. m. *AC*. 36. von *C*. 38. weiselosen lat *C*. 40. vnse *D*.

186, 1. rûch *K*. 2. lieber m. *DKE*; wil *C*. 3. B. d' g. *B*; wart gewar *C*. 5. scheidens *BCE*. 7. 8. *umgestellt B*. 8. demveteclich *B*. 11. In des *BC*. 13. lebenne hat *A*. 18. Herre s. f. *A*; dinem *B*; reinen *fehlt A*. 20. erg. h. *CDK*. 21. stætig *C*. 22. vil *fehlt C*; werken d. *A*. 24. alse *B*. 27. Vil l. *A*. 32. enander *D*, an einander *C*. 35. Do J. *A*. 38. Vesten in dem *A*; S. mir in dc herze m. *C*. 39. din m. n. g. *A*.

187, 1. ger. *B*. 2. dich nv die wil ich l. *C*. 13. knie *fehlt B*. 14. Bavge *C*; andahtecl. *C*. 15. sin g. *A*. 16. minnechl. *A*. 22. sûzes *BCDK*. 23. solher *K*. 24. im *AB*. 25. -herzen *B*. 26. Dem *A*. 27. dô *fehlt C*. 29. sin mût ze got *C*. 30. Mit r. g. in sein gebot *C*. 31. envalten *B*. 32. Vñ rehter l. w. *C*. 33. ouch *fehlt B*. 34. Er begvnde *C*. 35. Den grosten *DK*. 36. Da er *ABK*; andahtecl. *B*. 38. Ane *AC*.

188, 1. Dc *C*. 2. versunde *DK*. 3. ersater *BE*: ersvlt er *C*. 7. ez *fehlt B*. 9. Des l. *D*. 10. er wider g. *DK*. 12. V. s. kl. er s. b. *C*. 13. Do der k. des w. g. *C*. 15. in dc p. h. *B*. 18. sihtl. *B*. 21. Dem *C*; arzit *K*. 22. von l. *A*. 24. erzenien *KD*. 25. gesach *C*. 27. krefte a. *A*. 28. deh. sichtvm *A*. 30. getr. *BK*, gedrvckit *D*, betobet *A*. 32. Er went daz im *C*. 33. -phaten *C*. 38. tæt vñ vnvro *A*. 39. nah dem *B*.

189, 1. zuozim *B*, zv im *D*. 3. vernan (: kan) *K* 6. Biz *B*. 10. er viel *K*; er *fehlt D*. 11. ovgente klagenden *C*. 16. zeigen *A*. 17. iemer me m. w. *B*. 18. Biz *A*. 20. dc w. *A*. 21. al *fehlt CDK*: alles *E*. 27. alsolher *A*. 29. Diz *C*; grostez *C*: hoheste *B*. 31. kraft wol h. *A*. 32. wol *fehlt AC*; her *fehlt DK*. 33. g. hin ze m. *B*. 34. (sol *fehlt*) g. b. ze d. *K*. 36. dc *BD*; minre *C*, minder *ADK*. 37. in *fehlt AB*. 38. vreude *B*. 39. er *fehlt B*; vrevde *AB*.

190, 4. Der *BC*. 6. daz *fehlt B*; foltu *A*. 7. dinen *A*: den z. *E*. 8. von rehte fin v. *A*. 10. ich *fehlt B*; des *fehlt DK*: das *E*. 11. Daz] des *ACDK*; von dir wart *C*; v'lan *AC*. 12. dich miffehvt *A*. 18. Als m. *A*; bète *D*. 21. zovbære *C*; z. de b. *A*. 26. feit er *DK*. 28. man mir ie g. *A*. 29. *Absatz ABD*; vz er reite *A*, uzredete *DK*. 31. daz p. *B*. 32. -worhte krifte *B*. 35. trucl. *B*, trugenl. *C*, töginl. *D*, túvell. *KE*. 38. Sin *C*. 39. Do mvfe ich *A*.

191, 2. An d. *A*. 4. gevalle *B*; de ift billich *AE*. 5. duldich *BDK*. 8. fin fein kr. *C*. 13. M. ichz e *C*; gewizzet *B*, geweffet *A*. 14. Wie f. mære l. w. g. *C*; w. nit g. *B*. 15. fô *fehlt B*. 19. hatte *D*, hete *B*. 22. ftætem mûte *C*. 34. Do *AC*. 35. hoch *K*, hohe *E*: *fehlt B*. 36. 37. *fehlen B*. 36. Sin h. *A*. 37. leibe *C*, leib *E*: liebe *ADK*; wart *A*. 38. iamer *A*; werndez *C*. 39. het *C*, hiet *E*, hat *ABKD*; gelazen *C*. 40. de f. b. *B*.

192, 1. *Absatz E*; fô *fehlt B*. 3. ir *fehlt B*. 4. in *fehlt B*. 7. W. er *B*. 9. dem v. *C*. 11. hohet *AC*. 14. ez wære n. fw. *C*; niemannen *B*. 18. Er h. *C*. 21. et] er *BE*: *fehlt AC*; im was *K*, was im *D*. 23. D. rates w. erk. *A*. 24. Der r. *C*; vlizecl. *B*. 26. kúnfte *K*. 29. hie *fehlt AE*: fagte *C*. 35. der fun *ADK*. 37. ez *C*. 38. fwaz *B*. 39. S. ez *C*.

193, 1. læt *C*. 7. *Absatz ABCD*. 8. Obz *C*; och de felbe t. *A*. 10. daran *A*. 14. des *fehlt Ab*. 15. hie *fehlt A*. 17. Vñ er h. *A*. 19. irrekeit *B*. 20. ditz f. *CDK*. 21. de *A*. 25. D' *B*. 26. vnferre *A*. 30. bekant *A*. 31. ez *fehlt B*: in *C*. 38. funders *DK*. 40. gar entr. *A*; entrinnen *CDKE*, antruwen *B*.

194, 1. So bringent d. *B*. 2. die l. *B*. 4. er im bi *C*. 6. fô *fehlt B*. 8. in dem r. *C*. 12. lân *fehlt B*. 13. ditz *CDK*; gefiht *A*. 15. fige g. *B*. 17. De er nu *B*. 18. er *fehlt B*. 20. götter *C*. 26. erin *ACDKE*. 23. Sus w. d. kr. l. g. *A*. 29—195, 18. *fehlen E*. 34. des g. w. *B*. 35. Barlamen *K*, barlaam *B*. 36. Da mit fi *C*. 37. Den *D*. 38. (die *DK*, vñ *B*) vüren *BKD*: ranten *A*, and'n *Cb*. 40. vil *fehlt AB*.

195, 1. Dife *B*. 3. alle g. *C*. 5. horte *AC*. 11. Vor *A*. 14. vor *ABD*; befchielt *C*. 15. was *A*. 19. Brachis *A*. 21. bi *fehlt C*. 22. genant *A*. 23. Den *C*. 27. -feiten *DKE*. 29. leides in *BD*. 31. ftûnt er *C*; geftvont *B*. 32. de vor *B*. 33. vil *fehlt A*; guote *AB*. 34. in *fehlt B*; lan *AB*. 35. Ern *AB*; hiez in zv g. *A*. 36. gvte *C*. 38. umbe ir *D*. 39. irz h. *B*. 40. der *fehlt B*.

196, 3. bi in w. h. *DK*. 4. folden *DKE*. 5. heiliet. *BDKE*. 7. kriftener l. f. *A*, criftenlihẽ fiden *B*. 8. altære *DK*; dâ *fehlt CDK*. 11. Sag *A*. 13. Der *C*; verkeret *B*. 17. fuochen a. *B*. 19. 20. *umgestellt B*. 21. ze a. *DKE*. 22. dir] iv *C*. 25. bekant *AB*. 27. Do fpr. *BC*, Sus fpr. *A*; heilic *B*. 28. ivrn *A*: deinen *C*. 29. trvgelicher *A*. 30. Ivrn *A*; ergriffen *ACDK*. 31. iv *B*; bek. *C*. 33. verkerær *A*, verkerens *C*; bek. *ABE*. 34. W. der den *A*. 36. bi *fehlt DK*; dinen *CK*. 38. t. namen w. *B*.

197, 2. diz *CBKD*. 9. enkenne *B*. 10. reiner *A*. 12. fpr. niht alfo *A*. 14. ivh *C*. 17. bek. *A*. 18. Wildun *B*. 23. entuon *B*. 26. hatte *D*; fi ivh *C*. 27. zornlich *BE*. 29. zeigent mir b. *C*, zeige in b. *A*. 30. liget er *B*; W. er fei in *C*; den *D*. 33. in] fein *C*. 34. iv *C*. 35. Vñ t. *A*. 40. fvr d. l. *C*.

198, 3—6. *fehlen A*. 3. Vntz *C*. 5. lebens *BCE*. 6. lebene g. *B*.

7. Dc h. *A.* 9. wenen des enift *B.* 10. an iv *A.* 11. wir han *B*; habt *C.* 13. unrehte *BK.* 17. zil] vorhte *ABDK*; ein w. *BCK.* 20. iv *BD.* 22. ahten g. *A.* 24. ôch *D*; etewenne *ADK.* 26. wellen *ABCDE*; fparn *C.* 27. *Absatz E*; Da *DK*; in m. *b*; manig' *Cb*, manege *B.* 28. Acharis *B.* 29. bringen *C.* 31. v. fich k. *A.* 32. Vil *fehlt AE*; zuozin *fehlt E*: do *A.* 35. trugenære *A.* 36. -lichen *CDKE*, trugelichiv *A.* 37. genomen *CKE.* 38. D. f. mir ir r. k. *A.* 40. Daz lazen *BK.*

199, 1. helfecl. *K*, helfend' *B.* 2. er bei im tr. *C.* 6. leid es *C.* 7. k. er z. f. *C.* 11. fpr. fi *ABCE*; alle g. *A.* 12. do fpr. er f. *A.* 18. zer *C*; ze martirn *D.* 19. Do fvl *C.* 20. gar] ja *K.* 25. fei *C.* 26. heiz *A.* 29. er *fehlt B.* 32. dô *fehlt DK.* 33. fie *fehlt B*; me *B*, mære *D.* 34. lebenden *BKE*, erweltiv *A.* 35. got *fehlt B*; zeichens *B.* 36. N. got b. *C.* 38. Befchirmen *DK*; von *K*; vor aller fw. *A*; unfer fw. *C.* 39. gar *fehlt B.*

200, 5. brinc *D*; bringe vns zeh. *C.* 6. du vns h. *C.* 9. in *fehlt ABEb.* 10. Do d. n. do gap e. z. *A.* 11. M. ir tr. (gap *fehlt*) *A.* 14. felben *fehlt A.* 15. Alda *A*; da inne *C.* 19. rehter *A.* 20. an ir k. *C*, an der *E.* 23. dc l. *B.* 25. zouber kunft *K.* 27. gewaren *BK.* 29. er *fehlt B*; den *C*; war *E.* 30. und *fehlt A*; wart erkant *B.* 32. Der felbe h. fpr. a. *A*; h. do *C.* 34. -tigen *ACE*, nothaft. *B.* 35. mê *fehlt A.*

201, 1. Al d. *B.* 4. In d. *C.* 7. nû *fehlt A*; zuo *fehlt C.* 8. Gar fw. d. wil d. tûn ich *C*; wie du wellest d. i. t. *A.* 13. *Das eine* dû *fehlt C.* 14. iv *BK*: *fehlt A.* 18. Vñ vr. *A.* 19. die kr. *A.* 20. fage *fehlt B.* 21. name *CK.* 24. folt *fehlt AB.* 26. Gên *fehlt C*; vil *fehlt A*; mænigen *K.* 27. eht *B*, ot *C*: *fehlt E.* 29. drowet *BC.* 31. der rede *B.* 36. Schande *CKE.* 38. gote *fehlt B.* 40. d. mit r. b. *A.*

202, 6. im *fehlt A*; ein *CKD.* 12. dem *B.* 13. Dc *A.* 14. des tages wart *A.* 15. *Absatz A*; finen *D.* 16. von dem *A.* 17. inne *C.* 18. Er hůp fich fliehende vf fine v. *A*; uf der v. *BDK.* 22. d. kvngen h. *A.* 23. Do vragt man in *C.* 27. hatte *D*; fin *fehlt AE*; unde fin l. *B.* 31. er *fehlt E*; hin er *B*; hin *fehlt A*; f. in h. *CE.* 34. Do ich *C.* 36. Do m. *C*; mûget *DK*, mvͤt *ABCE*; m. wol f. *B.* 39. mitte *DK.*

203, 1. valfch *C.* 2. Do l. - betr. *CE.* 4. daz j. *C.* 6. v. lvge w. *A.* 9. bredgen *A*, bredigen *CKE.* 10. foltes gegen *B.* 12. M. wont *A.* 13. ich *fehlt C.* 14. kûnden *C.* 18. reinen *A.* 21. fûzez *AC.* 22. wil zerbenne *AC*, erbe *E.* 25. *Absatz E.* 26. Was *B*; Nachorn *BCE.* 27. gelihfenheit *A.* 28. -lich' *C.* 29. dich def g. *A.* 31. folte *B.* 32. Ich w. *A.* 39. der *fehlt B.*

204, 2. wart] mer *B.* 3. wær *A.* 8. Von f. m. *C.* 9. erfchrahte *DK.* 10. leid *DK*; erwahte *CDK.* 13. grofte *BDKE*, beftiv *A*, hohfte *C.* 29. -lichen *AC.* 30. lôfe fie v. *B.* 31. 32. *umgestellt K.* 36. alz f. *C.* 37. do fich *C*; vil wol *B.* 38. vreuden *AC.* 40. dankte *AC.*

205, 5. Vuor *BDK*; gein dem p. *DK.* 6. vfe *AB*, auffe *C*; der reine *DK.* 9. vrûdenrichem *A.* 12. erzeiget *A.* 13. er *fehlt B.* 14. gefach *DK.* 15. fiten *B.* 17. blicht *C*, blict *B*, plikht *E*; vnwerdichlichen *C.* 19. gie *CDK.* 25. Sin *C.* 26. Er fpr. f. *C*; ez] dc *C.* 28. want *C.* 32. D. ez m. *C*; minem *A.* 35. ze groz *B*; von dir *A.* 38. getr. *BDK.* 39. gefweiget (:gen.) *A.*

206, 3. 4. *fehlen A.* 5. dc ift volk. *C.* 8. foltef *B.* 9. vrevde *B.* 10. in m. *A.* 12. Mine gr. *A*; loke *KD.* 13. vil *fehlt A.* 15. fwaz *A.*

20. Vnder die veinde g. *C*; vrivndin v. *D*. 22. wil minnen vremede g. *C*. 24. Vñ meine g. *C*; verſm. *A*. 27. lugen *K*. 29. valſe *ABEb*. 30. a. d. m. ſ. *B*; dich ſ. *A*. 31. troſtet *BE*. 32. m. e. ſ. ſ. *A*. 36. Vmb e. *A*. 37. vrôde- *D*. 38. kranken *DK*. crancgez *C*. 39. Alſe *B*, als ic *A*.

207, 1. groze *CK*. 3. *Absatz BCDE*. 4. vppeclich *B*. 10. N. dih v. *B*, Dich n. *C*. 11. chranchlich *C*. 13. ſô *fehlt B*. 16. donrſtr. *D*. 21. env. *B*. 22. hvlde *Ab*. 25. Und *fehlt A*. 26. Vñ la *C*. 27. Dir vnw. *C*. 30. valſche *BDK*. 31. valſchen *A*. 34. eine *K*. 36. dâ *fehlt Ab*. 39. ander valſcheit *E*: miſſetat *DK*.

208, 1. dc iſt *CEb*; deſt alz *KD*; enniht *B*. 2. iſt] derſ. *A*. 3. niht warheite *A*. 4. ein *fehlt B*. 5. verchert *C*. 9. Zames *C*; wildez alſe *K*. 12. S. m. m. *A*. 16. vil g. *A*. 17. unde mine g. *DK*. 20. trugel. *C*. 24. benant *K*. 26. genomen *CDK*. 27. -lichiu *C*. 29. gedahte *AB*. 30. vntz *C*; vollebrahte *A*. 31. D. v. lere *A*. leget *B*. 32. betelicher *B*. 33. ſûzer *AC*. 34. ſmeiken *A*, ſmæhende *C*; in gevie *B*. 38. an ſ. *C*.

209, 4. weren *B*. 6. ſine h. *B*. 8. -liche *B*. 11. dem] dc *B*. 12. Vñ auh n. *C*. 13. erden (: werden) *B*. 14. ez *fehlt Bb*: in *AE*, ez *ist von anderer Hand übergeschrieben C*; immer mit w. *C*. 25. reiniv *C*. 29. D. herre *B*. 33. offen *B*. 34. der heilige *A*. 35. geköffet *BKE*. 36. D. han ich mich g. *K*

210, 1. aller *A*; genende *AE*, genemede *B*, genennende *C*. 3. hat er g. *B*. 5. kunt *B*. 6. d' urh. *B*; daz *fehlt D*. 10. und] ich *DK* 13. d. vil r. *C*. 15. *Absatz E*. 20. gerit an m. *A*. 23. mûſten i. *CE*; âne] alle *B*. 27. ſich] iht *B*. 29. wa git ir m. *A*. 30. D l. i^e r. l. k. *C*; ie *fehlt AK*. 33. Swar man in ſtelt er da geſtat *C* 34. niemer *C*. 35. wa *CE*. 38. div v. *AB*. 39. ein *ABK*.

211, 2. guot] tivre *C*. 3. Vñ breh *B*. 4. Dc iſt w. *C*; des goteſ *B*. iſt craft *A*. 6. Vñ als *C*; anderiu *DKA*. 8. D. an mir got getet ie d. h. *C*. 10. u. leben h. *A*. 17. het *A*: han *Bb*; ich] er *C* 18. vund] umbe *B*. 26. tief *D*. 27. E dan *BE*; ich *fehlt B*. 30. dû *fehlt D*. 32. Z^e dem g. riche *B*. 33. Wan ich *A*. 34. Die wile man *ACE*; leben *AC*. 35. vñ g^ot *C*. 37. *Absatz KF*. erhorte *AC*. 40. Vñ dc er *AC*; grisgrammen *ABKE*.

212, 1—216, 20. (*ein Blatt*) *fehlen C*. 3. zurnde *DK*. 4. Dc g *AB*. dc vng. *A*. 6. han b. dir g. *K*, dir h. b. g. *E*. 8. iſt nu *ADK* 10. unſæligen *DK*. 12. Dc *B*; horen *B*. 14. mir dc v. d. *A*. 17. verlieſen *A*. 18. Vñ d. m. g. verkieſen *A*. 19. de l. *A*. 20. balde] nv *A*. 21. des *fehlt B*. 24. duef *B*, du lein *E*, d. deſ *A*, duz *D*. 25. Swenn dv *A*. 26. gerne *ABC*. 30. Ein *B*. 31. gar ze *K* als ſ. *E*. 32. grôſten *DK*, grozez *A*. 34. haſt *A*. 37. D. einem k. von v. ſ. *A*. 38. vaters *BDKE*.

213, 1. ich dih d. *B*. 3. diz r. *D* 6. D. môhteſtu *K*, m^oſtv *D*. 7. dinen drolichen *A*. 9. Erwerſt *A*. 10. da *A*. 11. ſanſter *A*. 14. an g. h. *AE*. 15. Dann m. *E*. 17. Doch *D*, Joch *K*, Nv *B*. 18. ger^vchiſt *D*. 19. iriv k. *A*. 20. hœv *A*, hov *BD*. 22. Rehte *K*; hævbl. *A*. howe- *B*. 25. er *fehlt AB*. 26. Reht ein *A*. 33. wunnerichez *DK*. 35. geheizen *B*, geharren *E*. 36. braſſac *A*. 38. alda *A*. 39. daz arb. *DK*.

214, 2. Dc *AE*. 4. ſündære *K*. 5. verderbe *B*. 7 ſünde *DK*. 8. mære *D*. 13. -lichen *DK*, -lich *ABE*. 20. die *B*. 24. mit] vur *B*; mit drolicher not *A*. 29. wiſlich *BDKE*. 30. er *fehlt B*. 31. mvoſe *AB*. 36. Vz der k. *B*. 40. Z. g. ſpr. er *A*; diſe *B*.

215, 5. bi geftan *K*. 6. mere *DK*; helfer *E*. 12. manigen *A*. 14. So r. *A*, Nv ger. *B*; dir *fehlt A*. 24. het erloft *A*. 29. -licher minne *B*. 32. er offen d. p. *B*. 34. dar] do *ABCK*. 36. faget *A*. 37. minne *B*. 38. niht m. *A*; môhte *K*.
216, 4. Ift dc rac *D*. 7. bezzer *DKE*. 8. Des wir *A*; forgen w. vri *DK*. 9. von f. *A*. 10. *Absatz K*; gieng *A*. 14. zuo in *B*: gütlich *A*. 16. Manigen k. des vater m. *A*. 20. gewerft des *A*; d. wil ich biten d. *ABE*, d. dv bittift dich *D*. 21. *Absatz ABCDE*: ich nv z. d. bin k. *A*. 27. anderz *K*. 29. herze *B*. 34. ich wil v. h. *C*; biten *BC*. 35. lobene *B*. 36. Swes *B*. 40. Dc lefte *C*, D. hohften *A*.
217, 3. g. ie ere *A*. 6. mûzen *C*, müften *DK*. 7. min riterlichiv *C*. 8. man *fehlt B*. 9. g. eigen vñ l. *C*. 10. von *fehlt A*. 11. *Absatz ABC* 13. zer n. *A*. 14. mvofe *A*. 16. angeftreit *C*. 19. mainhait *C*, warheit *K*. 22. iahen *A*. 23. ift] ie wart *A*. 26. d. min pr. fus ift b. *A*. 28. Schanden l. *C*; ûz *fehlt A*. 30. was ie *A*. 31. m. her z. *DK*; zen *BC*. 34 def finnef *A*. 35. wizzich *K*. 37. valflich *B*; luge *A*. 38. es *K*, ez *D*: fin *A*. 39. her *fehlt B*.
218, 2. hant mir *C*. 4. Sein n. *C*; Niht fi *A*; ein *fehlt B*. 7. helfeel. *BK*. 8. aller ir n. *C*. 11. ie mir *C*. 12. willen d. *DAK*. 13. wol an mir *CEb*; wol *fehlt B*. 16. vor *Ab*. 18. f. vreuden r. *DK*. 20. kint *fehlt C*. 21. folt die *C*. 22. lan g. *BDK*; dich *fehlt DK*. 24 groze *C*. 28. gem. an mir *A*. 31. truge lere vñ v. *A*. 32. nahe *DBK*. 34. des do n. *A*. 35. enveft. *B*. 40. In f. *C*.
219, 5. Dc *A*. 9. lere *B*; ôch criftenlichiv *A*. 12. vnde v. m. e. *A*. 14. allez *B*, als *K*, allen *A*. 15. erz ze *C*. 17. 18. *fehlen A*. 19. ez k. *KE*. 21. vil *fehlt BCEb*. 23. dvrch die verl. *C*. 24. niht] niender *DKE*. 28. wan *fehlt B*; vnmvgelich *A*. 31. von dir *A*; gefehen *C*. 32. der warheit *A*. 35. Da *CDK*; er *B*. 37. ie *fehlt DK*. 39. dv nv lan w. *A*. 40. hoben *A*.
220, 2. Mit wunfchen *A*; Vñ ze wunfche *B*. 5. gelobetes herzen *DKE*, Frvmic h. *A*. 9. mit f. l. *A*. 10. D. tugende *CK*: ze tugende *B*. 11. riche *D*. 14. Noh in *A*. 15. daft *C*. 17. bofew. *B*. 18. g. hvlden n. *A*. 19. weder *A*. 22. zer w. *A*. 23. wirt *BK*. 27. Div h. *C*. 28. h. gar f. *C*. 29. wunfl. *AB*. 34. rehte *B*; wifheit *A*. 36. liep vñ erk. *C*. 37. ez] er *C*; gar vindet da *B*. 40. menfl. *ABC*; geflæhte vng'n bi *C*.
221, 1. Den menfchen ez doh n. v. *A*. 4. dû *fehlt B*; wil *CB*. 10. D. môhteftu wefen unvro *K*; wol fin *D*. 12. menfchlich *C*. 14. niht anders m. *A*; n. d' m. *B*. 21. danne dir *DKE*. 23. mvzift dv *C*. 31. erwerben *C*. 34. vur g. *B*. 35. nah d. l. *C*. 40. Noh l. *A*.
222, 1. Ir w. *C*. 5. rûget *A*; alda *DCK*. 8. vrevdengeben *C*. 10. endelofer *A*. 16. fchæmlich *C*. 17. In f. *ABC*. 18. iu *fehlt B*. 23. lebens *AC*. 25. der] dc *BCb*: durch *E*. 26. er *fehlt C*. 27. fueze *B*. 32. ie baz u. b. *Ab*. 34. in *fehlt B*. 36. J. do nam *C*. 38. hate *B*. 39. dc n. t. *A*. 40. erf *D*.
223, 2. So g. a. f. *C*. 3. An g. *C*. 4. Sw. vil f. *A*, Swie in f. h. l. *C*. 5. volgen *B*. 9. *Absatz C*. 12. -fmæhet *D*, verfprochen *A*. 17. wil *fehlt B*. 20. fwaz *K*. 21. liget *B*. 23. luges *A*, lugen *C*. 28. Nv fte *C*; befte *BCDK*. 30. kemphe *A*. 31. gefige *A*; der ift g. *B*. 32. dc ift *C*. 34. du volge dv m. *A*. 35. *Absatz CE*. 39. er in n. *ACE*. 40. im *K*.
224, 3. reine *A*. 4. himele als vf erde *C*. 6. Diz *C*. 12. die l. *B*. 13. in dc r. *A*. 14. werdecl. *A*, al geleich *C*. 15. Mit fride zv

dem k. komen dar *C*. 16. daz v. *BK*; Vñ da r. næmen war *C*. 18. wolden *A*. 21. w. m. da v. *C*. 22. heten *AC*, hate *B*. 24. ir da wenic iht b. *A*. 27. in allen ſinen landen *BC*. 31. -wærter *DK*. 34. von in wart g. *A*. 35. wæren, *K*. 39. hievor han g. *Ab*.

225, 1. in *B*. 5. nahen *C*. 6. V. diſem k. *A*. 7. vñ die r. *A*. 13. ſchæmel *A*, ſchemel *B*; er do ſ. *A*. 14. daz] ez *AB*; im *fehlt C*. 15. uf des kamphes ſtr. *DK*. 17. da *A*. 18. wart *B*; was geraten *K*. 19. Als B. ſolte ſein *C*. 20. Der ſtvent zů B. h. *C*. 21. 22. *umgestellt A*. 23. h. ſie do ſagen ſ. *B*; da (: ſa) *A*. 25. er *fehlt B*. 28. (her *fehlt*) in ditze l. *A*; dc l. *B*. 32. gôte *C*. 35. dˈ kr. *B*. 36. vil *fehlt A*. 39. *Absatz A*; d. kemf *B*.

226, 1. iv *BCD*. 2. mit eren *A*. 6. goteſ *B*. 7. iv *C*. 10. vil *fehlt A*; -liche *B*, -lich erſt. *CD*. 11. ie *fehlt ADK*. 12. -lich erſt. *A*. 15. alle die *B*; al d. *C*. 20. not vñ arm. *AD*. 21. Hier *D*. 22. veriehen *AB*. 32. ouch *fehlt A*. 33. Dc ſ. *A*. 34. Daz *A*; ſagent (ich *fehlt*) *B*; ich ouch *Ab*. 35. er ſich do *AB*. 37. Biſtvz *A*. 38. mir da b. *A*.

227, 1. er *fehlt B*. 3. ich do w. *C*. 4. m. d. z. v. *C*. 10. -los *AB*. 13. welte *fehlt C*. 21. wernde ſtete *BEb*. 26. ſeiteſt *DKE*; ſin g. *Ab*. 39. Dc *AC*.

228, 2. Vñ ſw. *A*; vr. ich *C*. 3. zúrnt *C*. 4. frúnde *A*. 5. Hier an *D*, Daran *BCE*. 6. D. dv der lere werdeſt vro *A*. 8. Alſe *AB*; ſi *fehlt A*: ſei *C*; ſi mir *Bb*. 12. Vñ volge d. l. *A*. 13. in *fehlt A*. 14. mer *AC*, me *B*. 15. Vñ l. *A*; læſt *C*. 20. -lichen *AC*, -lich *K*. 21. wirde *AC*. 23. beh. des *C*; n. beh. des *A*; von *K*. 24. riche *K*. 26. von d. *C*. 28. erſte *ACD*. 34. ieſlich avgc vnw. *C*. 39. r. von im g. *A*. 40. N. vil r. *A*; geſach *C*.

229, 3. er da grîp der kriſtenheit *A*. 4. 5. *fehlen A*. 4. durch *fehlt B*; dar valſchlich h. *C*. 6. *Das zweite* der *fehlt D*. 10. ſa zeſt. *A*. 14. blicken *K*. 15. gerner *ADK*. 16. Gewesn doch daht *C*; Idoch - do ſa *A*. 19. ob] dc *A*; můſte *CK*, můſte *D*; l. m. n. *K*. 20. den l. t. *A*. 23. daht er vil w. g. *A*. 25. Die *ABC*; in g. *ADKE*, gotte *D*. 27. Vil b. *A*; wart g. *A*. 28. z. k. d. w. br. *C*. 29. Sit *D*; rede *A*. 30. des kempfen *B*: ſins ſuns *E*. 31. Die *B*: Do *C*. 32. heidenhalp *A*. 33. Dar *ACE*: Dc *B*. 34. kemphen *B*. 35. værre *D*. 36. n. w. w. *C*. 37. da ſolde do g. *BCD*, dô *fehlt in den übrigen Hss*. 39. *Absatz E*; geſwiget *B*. 40. und der ſchal *A*.

230, 3. wiſlich *B*; kvnſt (: vˀrnunſt) *A*. 4. D. lerte -liche *C*. 5. Da ſi in Nachors h. d. *C*. 7. rete *B*, reite *A*, redete *DKE*. 11. eſele *fehlt B*. 13. Er *C*; hiez och in *A*. 17. Die r. *C*. 20. wiſiſt *D*, wiſte *B*; alſo *B*. 24. lere *K*. 26. alle *fehlt AC*. 28. Daz dich *K*, Do d. *A*; ſô *fehlt A*; tôber *DK*. 31. reinez *A*. 34. reht *fehlt BKD*: das g. *E*. 37. 38. *fehlen C*. 39. Wan n. *A*.

231, 5. genomen *A*. 11. lereſt *B*, lerte *C*. 13. den richen *BCDK*. 14. in *C*. 18. hieze *A*; geware *B*. 19. In l. *A*. 22. er *fehlt B*; Leide *C*. 23. bek. *C*. 25. ein] din *ACb*. 27. Eſt b. *D*. 29. begeben *A*. 30. menſlich *B*. 31. Da *C*, Do *b*, Der *E*; menſchait *Cb*. 32. Div dc ſl. *C*; der *fehlt B*. 33. wederz *A*. 36. Hat von *A*. 37. 38. *fehlen A*. 39. *Absatz ACDb*.

232, 1. des *fehlt B*. 2. bî *fehlt BC*. 4. menſchen h. *CEb*. 7. beten *B*, bittet *C*. 8. Si ſolten *C*, Ir ſullent *B*; dˈ m. *D*. 11. wol *fehlt C*. 17. d. m. h. *K*. 21. gein im da *DKEb*. 23. die *BKC*. 24. d. lere g. *C*. 27. des a. *A*; im *fehlt ABC*. 29. dich *fehlt B*. 33. Mit namen vnderſcheiden A. 34. und h. ABCD; kr. Juden C. 36. an driv C. 37. kalder B. 40. ſunder ABb.

233, 2. dir hie DK; alhie A; gek. hie vil g. C. 3. kaldeen D, kalten B; h. ſich g. ACb. 4. ſich *fehlt* AC: gar b. 5. die g. A. 6. ſt] die A. 8. Den BC. 10. Dienent B; Den d. ſ. mit w. C. 11. Vivr ABCb; vñ l. C. 15. 16. *fehlen* C. 15. Dc A; mit] gar—ſpot A. 16. Dc ſie g. A. 18. Die a. BDKb; im d. r. ſ. C. 21 dich b. d. BCE. 22. vil tvmben ſ. A. 23. valſchen C. 24. -ſcheſte A. 28. in gezierde B. 29. Alle BC; diu mañ h. A. 31—36. *fehlen* C. 31. Der h. B. 33. der *fehlt* B. 34. er wol ein b. h. A. 36. In ze herren e. ſ. A, Zeren im e. ſ. B. 40. krvmbez C; dar zuo *fehlt* A.

234, 3. reine D; vil guot A. 8. brûn *fehlt* B; rot br. A, rot ſwarz u. w. C. 12. g. wibes w. B. 15—246, 4. (*zwei Blätter*) *fehlen* C. 18. vloz D, ſlvzze A. 20. entreindes DK. 21. und ezzen *alle Hss.* 25. n. kan B. 26. diu *fehlt* A. 27. Ez D; an geweſen B. 29. Den A. 32. groziv A, groze B. 33. ebenmazen A. 37. Bereit AB; liehte A. 39. vinſtrie B, vinſtern K.

235, 2. In einen b. B. 3. dem w. B. 5. ir] der B; hohen A; vert B. 6. Man ſihet w. B; noh mer A. 7. im B. 8. kreſten ADK. 14. liehte B. 15. des liehtes B, des liecht E. 16. aller B. 17. div ſ. B. 22. loſchen D, leſchent B, Erleſchet A. 23. alſe K. 29. zer A. 30. vinſter B. 32. ſiner kreſte B. 33. *Absatz* BDb. 35. in B. 40. Als *fehlt* A.

236, 4. Unwiz K. 5. furſte B. 7. Die minnten A; minnet BE. 14. niwez A. 16. rehte B. 17. n. g. bi A. 19. ditze A. 21. waz A. 26. iunge - arme DK. 27. dir *fehlt* A. 29. hant A. 30. Von einer hande w. A. 35. erde DK. 36. ged. A. 38. nâch] in B.

237, 1. lôſen A. 4. erſte - im g. A. 6. da ſ. iſt bek. A. 7. eȥ] er E. 9. ane aneg. ein ende A. 12. gordent AK. 13. *Absatz* BDb; helfe K. 15. -urten A, nature B. 16. ſterne A; -liche BK. 19. geord. BDE. 22. maz D. 23. himel *fehlt* B. 24. vor ABb. 29. mſz A. 30. von A. 31. erſt BDK. 33. zû d' B. 35. dc AB. 36. -lih' B. 39. gebût B.

238, 2. hohſten goteſ h. A. 3. wonent B. 12. erde B. 13. ſtirbet DK. 15. m. ih clagen B. 16. Si mac ir d. n. A; ſih n. entſ. B. 18. Dîv ie manne w. g. A; bereit B. 19. ſündecl. AK, -eſte D. 22. lit in ſwachem w. A. 30. vlvheſal B, vluhtſ. AE; erden AB; trûge K. 38. môht ir iv BE. 39. Er A; Ez verdirbet B; in m. BA; maniger ABE. 40. ez ein h. B.

239, 4. V. dicke B. 6. -ſlvzze AE, ſluz DK. 7. eȥ *fehlt* B; iſt ez Eb. 8. ouch *fehlt* BE. 15. man *fehlt* D. 17. daȥ] ez A. 18. Wan m. A; des] ez AB. 27. rehte BDE, rehtiv A. 29. L. iht g. A. 30. d. als an der g. BDK. 34. leſchet KE, loſchet D. 35. al] alſe B. 36. Die wile m. A; ruche K. 39. Ez iſt niht got A.

240, 1. helfecl. BDKE. 3. rehte *fehlt* A. 4. ſin K. 5. rehte gar an w. B. 6. iu *fehlt* A; der *fehlt* B. 8. -lich ſp. B. 10. vil *fehlt* A. 13. mêr D. 14. er *fehlt* A. 25. iſt *fehlt* B. 27. *Absatz* E. 28. Tumbez herze B. 30. des *fehlt* A; dc div ſ. A. 33. ſihet ſie d. m. ufg. B; ufſtan DK. 36. dc lieht die h. l. B. 39. kunſt D. 40. Der - lichen A.

241, 2. al umbe B. 4. m. ovh vnd B. 6. kan A. 8. Unz A; ir E. 10. diſen z. A. 11. kreſte A. 12. -licher B. 14. alliv B, alle ir A. 17. Ditze A. 20. dirre name B. 21. g. niemer - iſt nit w. B. 24. ouch *fehlt* A; ſwinden E. 25. daȥ *fehlt* A. 31. ſine K.

32. *fehlt* **E**; -urten **A**: nature **B**. 35. noch] ovh **B**; minder **DK**. 40. unwis **DKE**.

242, 2. Vûr **A**. 3. liehtes **BK**. 5. De m. **B**. 6. ſwer des - giht **A**. 9. ir *fehlt* **D**. 20. er **A**. 24. iu **D**: ſi **A**. 25. blint **B**: tobe **A**. 26. (ſit *fehlt*) ſ. an ſinnen bl. **B**. 27. *Absatz* **KE**. 28. kriegel. **B**, criſtinl. **D**. 29. geantw. **BDKE**. 30. -licher **A**, -lih **B**. 32. Jvden r. w. **D**. 33. in] ein **B**. 34. iwerm **B**; hant **A**. 40. w. vinden **B**.

243, 1. kalden **D**, kaldeen **BK**; m. do kos **A**. 3. 4. *fehlen* **A**. 7. diſe **K**. 8. ere h. geg. **B**. 11. So la **A**. 15. mv̊z **A**. 17. dich - mich **A**. 19. *Absatz* **KE**. 21. hohſte **AE**, hoheſt **B**. 22. wiſe] von ir **A**. 24. gote **A**. 26. helſliche **A**. 30. helſecl. **K**. 31. ir *fehlt* **D**: ſtete helſe g. **B**. 36. -lichen **BEb**. 40. innan **B**.

244, 1. nemment **K**. 2. Vor vñ ſ. w. heizen ſ. **A**. 3. groſte **BDK**, rehtiv **A**. 5. So hore ich **A**. 10. In h. **B**; helſl. **A**. 12. dienſtl. **A**. 13. Der ſ. **AB**; ſelbin **D**. 18. ſuezen **B**. 26. gi̊n **A**. 27. ſich *fehlt* **A**. 31. groze **A**. 34. behelſl. **B**, helſecl. **D**, hoſel. **E**. 35. von in **B**. 37. ſturm **A**.

245, 3. 4. *umgestellt* **B**. 3. mit d. **B**. 4. wahſet **B**. 7. Ercules **DK**; geeret **K**. 10. der geſchútze g. **A**. 11. zerene **B**. 17. Der winde **A**. 18. phebevs **A**. 19. Hat **A**. 22. und ouch z. **DK**; zitvs **D**. 23. die *fehlt* **A**. 25. Agteon **B**, ageton **A**, acreon **E**. 31. die ſint **A**; gar *fehlt* **ABb**. 36. vv̊rnvnſt **A**. 38. gvtinne **D**. 39. mit *fehlt* **A**. 40. -liche **B**, -licher **A**.

246, 1. hohe **BDK**. 2. einiv **B**; gvtinne **D**. 3. lober. **K**. 5. Die hant **A**; hete **C**; ouch *fehlt* **ABC**; reichl. **C**. 9. Swelhe r. w. h. **A**. 10. Die ſvln **A**. 11. alſo **C**. 12. gotes r. **BE**: werdiv vrawe **C**. 13. über de g. **C**. 14. Der **A**. 17. hohen **A**. 18. minne **BK**; kraft] ie **A**. 19. minnen **ABD**. 20. Div w. **A**; uns] in **D**. 21. minnen **BC**; ane h. **C**. 22. wir *fehlt* **D**. 24. alles **BK**: *fehlt* **A**; des *fehlt* **B**. 25. ſiſt **A**. 28. ſegen **A**. 29. -liche **DK**. 30. benant **A**. 33. *Das zweite* ir *fehlt* **A**. 35. minnen **D**. 37. diſem gotlichem **C**.

247, 1. groze **BCD**. 14. Zem **B**. 17. hoher wiſheit **A**. 19. D. ſich iemen verſ. **A**. 20. mit *fehlt* **A**. 25. kaldeen **K**, kalden **D**; der ir l. **C**. 26. (Die *fehlt*) hat **C**; ergeben **BCE**. 27. wænt **C**. 29. manigen got **C**. 31. læſterl. **C**. 34. 35. Daz merke wol vñ hore wie Wie ir v. was g. **A**. 36. gote **B**; wellen **BDK**. 38. ſul **CDK**.

248, 2. ouch *fehlt* **A**. 6. im **C**: ie **B**. 7. Daz **A**; iar **D**. 8. nigromantie **DK**. 10. zaller **C**. 11. tvmbiv **C**. 15. ſtuont - ze ir **B**. 16. heizen **A**. 17. ervant **A**. 18. er wart **A**; er *fehlt* **B**. 20. Die lúte **AC**. 21. ieſl. **C**; betw. **A**, getw. **B**. 24. wie **C**. 30. an in **A**. 31. geſprochen ſvs **B**. 33. gewære ſi **A**. 36. er *fehlt* **A**; lant **K**; úch **C**. 38. ſó *fehlt* **BCb**. 40. ſeite **B**.

249, 4. Vil z. **A**; zovberliſte vil phl. **B**. 5. gar *fehlt* **K**. 6. grozziv **C**. 7. Vntz der witze **A**. 8. az **E**; alliv ſiniv k. **C**, ſiniu k. **DK**. 9—17. *fehlen* **C**. 10. kappunes **DKE**. 12. ern **B**, er in **Eb**, er in w. daz m. **A**. 16. Div **B**. 18. ſehent - ſinne ſint **C**. 19. ſint *fehlt* **C**. 20. den opheret **B**; *Auf diese Zeile:* D' ie was hie an witzen blint **C**. 21. Die **B**. 22. mugent **B**. 25. in wurf **DK**. 27. hornt **A**, hôre **C**; torhait **C**. 29. G. de g. **C**. 30. alſe vri **A**. 31. ſin] ſich **DKEb**. 32—37. *fehlen* **C**. 32. nature **BEb**. 33. werden ouch **ADK**. 35. Alſ **B**. *Nach 38:* Satvrnvs ſúl beſitzen **C**. 39. Naturnus **A**; ſol **BK**; Da er w. ſ. e. g. **C**.

250, 3. tæt ez oh w. **A**. 4. hie **C**. 9—252, 26. *fehlen* **C**. 9. Wan ich iv rehte ſage w. **A**. 10. hie **B**; m. ſich begie **A**. 15. -riche **B**.

16. An k. *AB*; und] an *A*. 17. *Absatz ADb*. 22. Gar v. dur ein w. *A*; die w. *BK*. 23. der *A*. 24. ir *A*. 25. zȯbern *K*. 26. D. ſin m. *B*. 29. kome *A*; zû ir *K*. 30. Iriv *A*. 31. die *B*; dc iſt lugel. *A*. 34. Die - einen m. l. *K*. 35. Die *K*. 36. tûnt *K*; bek. *BD*. 38. (ſô holt *fehlt*) wurde *K*. 40. ſi ze fr. in n. *D*; frivnt *B*.

251, 1. Dâfne *D*, Daſne *BE*; die *K*. 2. gehiez *A*. 8. lada *A*. 9. -lichen *AK*. 10. m. verwand. *B*. 13. ſtæte (: ſchræte) *K*. 15. 16. antiopên: Semelên *ABKDE*, *obwol unrichtig, dürfte diese Lesart doch die echte, und durch das Lateinische, wo beide Namen im Accusative stehen, veranlasst sein: Et in satyrum propter Antiopen et in fulmen propter Semelen*. 18. ſnelle *B*: wildiv *A*. 22. Anphitrionen *K*. 24. Arcas *DK*. *Diese Zeile verstehe ich nicht; im Lateinischen fehlt der Inhalt der Zeilen 19—26*. 30. halte *K*. 31. Die *B*. 32. Dic *BK*; hant *A*. 33. t. ſpot *A*. 35. dir nemmen *K*, nennen dir *ABD*. 36. Dc dvz *A*. 37. Tibervs *D*, Libertvs *A*; Zitus] Rhetus *im Lat*. 39. Ercules *DK*.

252, 2. 6. tohtern *DK*. 8. torſcher - geſin *B*. 9. daz ir in iwern m. *B*. 10. ſteten *B*. 15. bi ir z. *A*. 17. und *fehlt DK*. 18. lugenære *K*. 19. orurumere *B*, orthaber *A*. 21. ſvntlichez *A*, ſundecl. *D*. 26. wan ez tæt *A*. 27. vᵛiehen *A*. 29. über *B*, vber dc *C*. 31. deſt *B*. 32. ſmiden g. im ſ. h. *C*. 34. hȯheſte *BK*. 35—38. *fehlen C*. 35. Daz *AB*; mᵛſer *AB*. 37. nern *A*. 38. und *fehlt A*.

253, 2. Iu *B*; in *B*. 3. Er *AB*. 4. in *B*; dicke *BC*. 5. 6. *fehlen C*. 6. gedienete *B*. 7. ein *fehlt C*. 11. *Absatz KE*. 12. ic *fehlt B*. 15. Vil beſcheidenlichen *C*. 16. im *K*. 22. W. er gotes ſegen geben *A*. 23—257, 30. *fehlen C*. 23. arzit *D*. 25. ærzenien *DK*. 28. in *fehlt B*. 29. ze i. in ſt. *A*. 31. er v. *K*; vûget *D*; daz im ſi *A*. 32. Gotlichiv h. bi *A*. 34. ſtriteclich *K*, -ihen g. *B*. 37. trucliher *B*.

254, 4. urlivge *AEb*. 10. ein ſ. *A*; alſolhe *K*. 12. al *fehlt A*. 14. ligē vrᵛmeden *A*. 19. bvete *B*, buwete *A*. 20. ſin l. *K*. 23. tȯptr. *A*. 27. manne *fehlt DK*. 30. dô *fehlt BDK*; erſlûg *A*. 31. tytan *B*. 33. aptrúnne *A*. 37. viande *A*. 38. denne *B*. 39. alſolh *ABDK*. 40. lvge *A*; er ſich b. *B*.

255, 3. trænkel *A*. 4. ſin *K*. 6. tvmben *K*. 6. ſine k. *K*, ſiniv *D*; *im Latein: Et suos occidisse*. 9. -liche *B*, iæmerl. *D*. 12. ein got *A*. 15. loh *B*, lohe *E*; zll, *Hecke, Gebüsch, Dickicht, vgl. Schmeller 4, 251; in Reinbots von Durne Georg 1395 ff*. Man ſach daʒ her timphen Wol über vier mîle Über walt und über zlle Als ob ein heide brünne. 17. der *fehlt B*. 18. vil *fehlt D*. 19. ſeit ſp. *A*, ſeiten- *B*. 20. Hærphen *AE*; alſo vil *B*. 22. dc ander *A*. 23. Alſin *B*; im *K*; trᵛc *A*. 24. laᵛoc *A*. 25. ſeiter *DKE*, ſegeter *B*. 26. daʒ alſ *B*. 29. in *B*. 30. mite *BK*; und *fehlt A*; durch *fehlt ADKb*; ſine *D*, ſiner *A*. 32. trvgehafte *A*. 35. g. den h. *B*. 36. oder b. *B*. 37. dvrh liute *B*. 38. Dvrch m. den man betr. *A*. 39. ſeitſp. *A*, ſieteſp. *D*. 40. zeinem *ABD*.

256, 2. ſt *fehlt B*. 3. -lich *B*. 7. zi allen *D*. 8. Lief er m. *D*. 11. vor im do lac t. *A*; in *D*. 12. dic h. n. *A*. 18. *Absatz K*; Si j. *A*; des *fehlt A*; agteon *B*, Ageteon *A*. 19. ward *B*. 20. nû *fehlt A*; mirz *A*. 22. ein michel *A*. 26. D. nim ich *A*. 27. *Absatz KE*. 30. galiot *A*, galiotre *B*, gallocte *E*. 35. Der w. - benant *A*. 36. erk. *A*. 40. aller der *B*.

257, 3. 4. *umgestellt A*. 4. wart *A*, was *E*. 6. verworten *D*: mᵛdinc *A*. 9. *Absatz KE*; der phl. *A*. 13. nû] da *A*. 14. wet *K*, weget *B*.

17. wæt *AKE*. 18. wegetez *B*. 19. weiet *A*. 22. iv *B*. 24. iuch *fehlt B*. 26. alle *B*. 31. nenne *A*, nennet *B*; gvtinne *D*. 32. valſche *B*. 33. iv *BK*. 34. -lichen *C*. 38. helfecl. *DK*. 40. iv *BK*.

258, 3. hant *BCE*. 7. veriehen *A*. 8. -loſiv *C*. 10. ir *fehlt D*. 13. rvhe *A*. 15. durhetzen *K*, dvrhelſin *K**; *vgl*. heſſehunt, heſſezoche, *Schmeller 2, 249*. 16. -lôſen *AE*. 18. ſi d' m. v. *A*. 19. wilde *B*; wældet *C*. 21. vmwiplicher *C*. 22. -lichen *AC*. 24. vmwis *C*. 25. ſei *C*. 26. ie wart *A*; ie *fehlt C*. 27. ie gen. *A*. 28. gek. *B*. 29. vnſer ſchr. *C*. 31. vrowe div h. *CE*; hieze *B*. 33. pinde *CDK*. 34. kivſche *CB*. 36. ſi *fehlt A*. 38. wart geſeit *A*.

259, 3. ſô *fehlt CE*. 4. Do wart *Cb*: Da von w. *A*; vil *fehlt ABCb*. 6. was] iſt *DK*. 7. *Absatz K*. 9. übers *D*, ûber *AB*. 10. ein *fehlt A*. 14. ir daz ſ. w. *A*. 15. hant gen. *A*. 16. erkant *DKE*. 18. breit *AD*. 19. Si phlac *A*. 20. Vn̄ was ſo hohes m. *A*, hohes m. *C*, ribes m. *B*. 24. phlæge *K*. 25. geiæhn *C*, veriehen *A* 29. Der hete *A*; an] ein *ACDE*; *vgl. 65, 14. es könnte aber auch* in *gelesen werden*, *vgl. 242, 33 und 260, 19*. 30. leben den m. *BK*; (*K** lebenden); Ir ſinne vnrehten m. *A*; ergeben *E*. 31. -lichen *AC*; 32. ſchamender] ſchône der *K*; Ir mvt waſ ſchamender ſinne bar *A*. 33 — 260, 14 *fehlen C*. 33. Vn̄ — ſolhez leben *A* 35. minnen ſ. *D*, ir richen ſ. *K*. 39. An den *K*. 40. m. rehter tr. *A*; ritterſcheſt *C*.

260, 1. manic] nam ſi *K*. 2. minnen *A*; ſolt] ſo vil *K*. 3. Swer ir gerte *K*. 4. Waſ an im ir h. *A*; herze *B*; ſi] ſich *DEb*. 6. Beide *BK*. 14. D. ſin m. *B*. 15. ir l. was g. *A*. 19. An *DK*. 21. ir ſit *B*. 22. ir bint tvmber dann ein k. *A*. 23. mir] mit *K*. 25. Alſe *B*. 26. in] an *K*. 28. machent iu *B*. 32. Lebent *A*. 33. *Absatz BKE*. 34. enander *D*. 36. ſih v. *C*. 37. muoſen *AB*; da *A*. 38. im da niht geſ. *A*. 39. er da hete g. *A*. 40. wiſheit *DK*.

261, 1. ir groziv tr. *A*. 2. Die het ſin *A*; rede] warheit *B*. 4. gar *fehlt E*: da *B*. 5. erſehn *B*. 6. Alſe - v'iehn *B*; mir der v. *D*. 11. ſwigen *C*. 14. g. was *A*. 16. im d. ſ. iach *A*. 20. nv h. *C*. 22. diu] ir *K*, d' *D*. 30. redlichen *C*. 31. hohſten heiden *A*. 36. Egypto- *DK*. 38. D. die die ſ. *C*; geſtan *B*. 39. egypten *A*; wæren *K*.

262, 5. *Absatz ACD*. 6. ouch *fehlt BDK*; Yſiris *B*, Oriſiſ *A*. 7. benant *A*. 8. iſt wit ben- *C*; erk. *A*. 9. in] bi *A*. 14. d. den ſtr. *A*. 16. lebendem *CK*: wilden m. *DK*. 19. 20. *fehlen A*. 19. vor *BDb*. 20. div gote *B*. 21. gew. do was g. *C*. 23. Ir dienſtecl. *A*. 24. Im *C*. 26. N. mit gr. *A*. 30. w. ſprechen *ADK*. 32. vmwand- *C*. 33. gotte *B*. 35. helſl. *AD*. 36. Die - han *B*; noten h. erl. *A*. 37. zeicte *B*; der *ABE*; gotes *fehlt B*. 39. D. ſi do g. im *A*.

263, 3. erſt *DK*, von erſt *E*. 5. beten *AB*, baten *C*. 6. gotte *B*. 13. *im Lat.: Et ideo fugit Isis cum Oro filio suo in Bylum Syriæ*. 16. ſô *fehlt C*. 18. wapen *ADKE*; m. w. tr. *CDK*. 19. ſo wol *C*, Do man in wapen tragen ſ. *A*. 21. Typhonem *C*. 25. Die flůg *C*. 28. dc iſt *C*. 29. nam dan ein unv. *C*. 33. mohte *AC*; ban *A*. 34. Do er *A*. 35. legte *C*. 38. tage.

264, 1. *Absatz BE*. 3. die *K*; -heliſchiv *C*. 4. ûz *fehlt C*. 6. Alſo die ſ. gotes ſch. *A*; ſelbe *B*; erw. gotes *K*. 7. von] vz *A*. 8. m. mænger ſwære *A*. 10. ſand' do *D*. 12. Dc er ſi durch *A*. 14. D. ez niender r. *A*. 15. vlvz *A*: not *B*. 17. Dc - lantherren *A*. 18. ſch. do ber. *C*. 19. ir *fehlt B*. 23. beſten *AC*. 24. lebermer *DKb*. 25. *Absatz ACb*. 27. des *CE*: ez *A*. 28. prûſt *AC*: hetez *B*

35. Da von n. *A*; liute *C*. 36. dô *fehlt C*. 38. ſchandel. *K*, ſelben hervart *B*. 40. vnmaze *D*.

265, 1. D. wart ſ. p. ze gote *A*. 2. al die l. *K*. 4. Erkúren *CD*. 6. was ein *C*; ſchiffelin *B*. 7. etl. *ADK*. 9. habiche *BDK*. 10. nam *BK*. 11. wolfe *AC*. 13. giren *A*; kappen *C*. 15. mæniger *CK*. 16. des tivvelſ ſp. *A*. 18. Ir g. *A*; gnuoge *B*. 19.20. *fehlen A*. 19. gote *B*; tracken vñ ſl. *C*. 22. ziebollen *BDb*, zebúllen *K*, zúbúllen *C*, zwivillen *A*. zwiueln *E*; chnobelôvch *C*. 23. Sit *D*. 26. was *BC*. 27. ir *B*. 28. Sul *DK*; vñ ſvle vil *A*. 30. hate *B*. 32. ſtarken *DKE*: grozen *A*. 37. mvoſe *B*. 40. Alſe (ander *fehlt*) *B*; knobelovch *A*.

266, 1. viule *DK*. 3. waren *CK*. 6. lere *CE*. 8. ſinne *A*. 9. daȥ *fehlt B*: die *A*; liute *AC*; den ſ. *K*. 10. Daz ſi verworhten ſ. da m. *A*. 11. Wan ſi d. *A*. 12. minnten *A*. 15. wandelſ *A*; triwe *Cb*. 16. einvalt *B*. 18. im ſein g. *C*. 21. -kerten *D*. 24. dc *A*. 25. werde *AC*. 26. ſv̊ndenphl. *A*. 30. An einander *C*; andern *K*. 36. So er *A*; wolde gerne *D*. 37. Ez *BC*: Ja *Ab*; Ich m. mit w. *DKE*; mich] min *C*; *vgl. Gram. 4, 242, 252, 703;* iemer w. w. *A*. 38. tvmben *A*. 39. wol kunden *Bb*.

267, 1. bek. *B*. 2. divbſt. *B*. 8. in] vñ *A*. 9. Dc *A*. 15. erteilt im d. t. *A*. 20. an *fehlt A*. 23. die ver- *C*. 25. divp- *B*. 26. dar vſ ir tot b. *C*. 28. leben *C*. 30. ſpællent *C*. 31. anderz *K*. 33. waren (: -baren) *A*. 34. ditze *A*. 30. etliche *D*, etteſl. *Cb*, ellentl. *E*, ewecl. *A*, laſterl. *B*. 38. Vns iſt offenl. *C*. 40. mit warheit *A*.

268, 1. kaldeen *CDK*. 3. mit rede *B*. 5. mv̊ſen gel. *A*. 7. ir *fehlt B*. 10. Die h. *B*. 12. lazin *D*; vñ hant gelan ir ſtr. *C*. 13. vñ lat *A*; daȥ *fehlt B*. 14. iv *B*. 15. enwiht *CDK*. 16. ein w. *BCK*; niht *CKD*. 18. *Absatz K*; ſul wir *BC*. 19. von ir *A*, von den *C*, an dͤ *B*. 23. die *fehlt C*; der] ir *E*. 24. ir vrh. *B*. 29. gap in *A*; uñ ir gap *B*. 30. die e *A*. 34. groze *B*. 36. ez *A*: ſein *C*. 38. Do *Cb*. 39. So heten ſi *A*. 40. Si m. *B*; div apg. *A*.

269, 1. dô *fehlt D*. 2. geheizene *B*. 3. vberwant mit ſiner kr. *A*. 4. -liche *B*. 6. envorhten *C*. 10. beten *A*, baten *C*, anbetten ain r. *B*; *nur wo von Verehrung der Götter die Rede ist, die als leblose Bilder (daher* daȥ *und* diu apgot*) betrachtet werden, gebraucht Rudolf diese ungewöhnliche Umsetzung von* an *und* beten, *z. B. auch im Alexander (Münchener Hs. Bl. 4ᵈ):* an diu touben apgot betet alleȥ daȥ dâ was. 11. ander m. a. *B*. 12. lere *CEb*. 13. in ir t. *Bb*. 15. Vernem *C*; geſchriben *B*. 20. vngeneme *B*. 23. in *fehlt B*. 24. in ſeiten *ACb*. 29. meiſt al l. *C*. 33. wart m. g. *BDKE*. 35. ſi verl. *A*. 39. wol doch *B*. 40. ez *BD*: ſin *A*.

270, 7. tot *D*. 9. nâch *fehlt C*. 10. ervollet *A*. 15. loben *C*. 16. Ob ſi geloben w. *A*. 21. wizzent *B*. 22. ez *ABDK*: ſein *CE*. 24. (der *fehlt*) wirt *A*. 25. (in *fehlt*) welten *B*. 26. criſte *A*. 27. Den w. *BE*; gelôbent *DK*. 31. bittet *C*. 33.34. *umgestellt K*. 35. die *B*. 36. han *B*. 37. beiten *AE*, bitten *CD*; iſt vil zw. *A*, iſt vnzw. *C*. 38. biten *B*, bittent *C*. 39. daȥ] ez *A*. 40. Daz ir *K*.

271, 4. gar volle *C*; ſin] gots *DK*. 5. in Kr. *A*. 10. ſi iv nv *C*. 12. geben *C*. 15—275, 30. *(ein Blatt) fehlen C*. 18. w. ir leben ſi *K*. 20. almæhtigiſten *D*. 22. vil *fehlt AE*. 25. veſtenl. *A*, veſtel. *K*. 30. diſ *AB*, diſe *DK*; geſeit *A*.

272, 1. vor *fehlt A*. 4. erkant *A*. 7. erden *B*. 17. offen *B*. 20. got] vnſer *A*. 23. Aller *E*: an *ABK*; welt *K*; vns git *A*. 24. alle *D*.

26. daz wir *fehlt A*; d. m. *AKE*. 31. Dc *A*. 33. erz ervollet *A*. 34. gef. von im ie *A*. 36. vremedem *B*.

273, 2. difem riche *AE*. 7. Div *B*. 8. herzen *AB*. 12. ir gert *B*. 14. Div *B*; -liche *BD*. 16. Div l. *A*. 17. der gewære *A*. 18. got *fehlt A*. 20. vil *fehlt B*. 22. im des f. f. v. *A*. 35. armen *B*. 36. kummerl. *B*. 40. valfche *ADK*.

274, 2. W. m. *A*; zaller *AB*. 3. den kr. *B*. 8. -lichen *AB*. 10. Ze v. frúnt m. *K*. 20. haz vñ nit *A*. 21. lerte *DK*. 24. Reine *DKE*: reht *B*. 30. als] gar *Ab*: *fehlt E*. 32. den kriften *A*. 34. welt *K*. 35. criften *A*. 36. füzin *D*.

275, 4. rehte *B*; rehten werken ft. f. *A*. 5. gelerent *A*. 8. valfchiv *A*. 9. laz *DKE*. 12. valfche *K*. 14. Gefw. *A*. 19. En g. *B*. 23. wernde *B*. 26. dirre c. *B*. 27. *Hier beginnt das Zürcher Bruchstück*. 32. *fehlt d*. 36. Daz anegânde vröde h. *d*; anegênde v. h. *D*. 38. Des *C*. 39. diu *fehlt A*.

276, 4. vrölichef *A*. 5. edlem *C*. 6. fin *fehlt d*. 8. Alfe e. hertir *d*. 9. die ogen *B*. 10. vröde *d*. 11. riche *DK*. 12. got *fehlt B*; lopter *d*; finer g. *DKd*. 13. (den *fehlt*) viende *d*. 14. Den der des *d*; viendes *Dd*; wapen *DKE*. 16. Der die w. *d*. 18. kvnt *A*. 21. fich g. i. k. *Bd*; fich k. *DK*. 22. winken *AK*; unde] oder *B*: er *DK*. 23. er wrde f. *A*. 24. Daz *A*. 27. g. da *A*. 29. kempfen *B*: knappin *d*. 30. uf der *A*. 31. fchiet er *d*. 32. die f. m. *DK* alle f. m. *A*. 35. fol nv ft. *A*. 36. dû *fehlt Cd*; den m. *C*. 40. müfte *ACD*.

277, 2. er *fehlt B*. 3. muften *DKd*, mûzen *C*. 4. Des *Cd*; mûft *DKd*, mûz *C*; fin v. d. *AB*. 5. betrahten *A*. 6. aber antw. *C*. 7. den *fehlt CD*; berate *C*. 8. Swie *A*; behagt (ouch *fehlt*) *d*. 9. De m. fin *A*. 10. *fehlt d*. 12. e an in *B*. 13. Sinen *d*. 14. dannẽ *C*. 18. wart hine *d*. 20. alle da *A*. 21. alfe *K*. 23. gottes m. *d*. 29. gûetlichi *d*: gnadeclih *B*. 32. -lichin *Dd*. 33. Smierder *B*, Smielend *A*, Sunder *E*. 34. dô *fehlt BCDK*. 35. want dv *C*. 37. bek. *AC*. 38. Dvne b. *d*. 39. war *d*; bek. *A*. 40. zöberære *K*.

278, 2. hætent *K*, hetent *ACd*. d. f. h. g. *A*. 3. woltont fvs *d*. 5. enmittes *d*. 6. læmelin *A*. 9. wol an *C*. 14. verfehe *B*. 15. Din lip vnde *d*. 17. alfe *d*. 20. gewarl. *d*, So warlichen *A*. 21. und] von *CD*. 22. fælde *CBE*. 24. verworhten *A*. 25. feites *B*. 26. warhaften *BE*: warheit *A*. 27. mûze *ABCDK*; reiniv *B*. 28. geeret *BC*; iemer g. f. *C*. 30. ich] dv *C*. 38. danke *BDK*.

279, 2. Ze himelriche ein kr. *A*; riche *BK*. 6. du mir f. *DK*. 8. wol hie *AC*. 13. dines *DK*: des *C*. 14. arm *C*. 15. lihteclih *B*. 21. verfieht *C*. 22. geheft *D*, giheft *C*. 23. fúndecl. *DK*; -liche *D*. 25. fei *C*. 29. fei *C*; m. an dir *A*. 30. ledigef *B*. 31. fi im *A*. 32. riwen *B*, rûwe *D*, triwen *A*. 38. m. fterften vñ f. *C*.

280, 1. genenden *A*, benenten *E*, namen *C*. 4. Aller *BCE*. 12. müfe *AB*. 13. Daz *CE*; wefte *CDE*, wifte *B*, vefte *K*. 14. hân *fehlt B*. 19. ie *fehlt BDKE*. 20. warhaft *AB*, warleich *E*. 21. got nv *C*. 24. finen *fehlt B*. 30. ich *fehlt B*. 34. vil *fehlt CE*. 36. von dem *Ab*.

281, 2. ich in erk. *A*. 3. Vñ f. *A*; -lichen *C*. 5. an ein v. *B*. 6. den troft *A*; geben *CD*. 10. leiften *AC*; im f. g. *C*. 13. f. ein v. *A*; vefte *B*. 16. ze g. *B*. 17. niht v. dich *B*; verfmêhet *D*. 18. h. reine f. *A*. 20. mit] von *B*. 22. So er *A*. 25. fwanner *DK*. 27. ez *D*: er *C*; trúwen *DK*. 35. dir] mit *DKE*; dir die d. *A* 36. Durch] der *A*: dir *DKE*; finen *A*; reinen *ADK*. 37. doch

(: noch) *C.* 38. bist *A*; wirt *ACDKE*; noch *A.* 39. himelriche *AC*; div kr. *C*: ain *E*; richiu *fehlt B.* 40. ze *fehlt A.*

282, 4. nahen *A.* 7. begunde *A.* 10. begangen *A.* 12. Got d' r. d. beware *B.* 13. mir *B.* 18. wil *AC.* 20. sinen warz. *C.* 21. A. e. reinen pr. g. *KD.* 23. nahen *AC.* 24. h. ern b. *B.* 32. in *fehlt B*; gerꝰchte *C.* 33. vnvalschlichim *D.* 34. Sine *ABDK*; sueze *B.* 38. hin zem *B*, hinz dem *A.* 39. *Das zweite* die *fehlt A.* 40. Vñ t. *A.*

283, 7. Tanzen *C.* 9. alsam *A.* 7. vestenen *A.* 18. gꝰte *C*, mvote *B.* 21. enwere *B*; w. dann daz *A.* 23. swære h. *A.* 25. mit] in *A.* 26. stricke *C.* 32. d' ged. *AC*; was *fehlt D.* 34. w. an ime h. *B.* 36. zúrn *C.* 38. kempse *B.*

284, 1. geschenden *B.* 2. Geselen *B.* 3. nachte *C.* 4. Vmb ir *A.* 6. sige *BC.* 7. herze *B.* 9. phlac *D.* 10. vil] so *A.* 11. Vñ dc s. *A.* 12. von im oph. *E*, oph. n. v. im g. *ADK.* 14. hohzit *C.* 15. Div *A.* 16. W. von im *A.* 21. zir *K*, zue jr *E*; al *fehlt ACE.* 22. von] in *C.* 23. opher *B.* 24. in *fehlt B*; was] het *A.* 25. Die *ABK*; nahe *BDK.* 30. ie waren *DK.* 31. hohstiu vrŏde *d.* 32. So ie d. *A.* 34. wurden geeret *BCAE.* 36. dise *B*, diu *DKd*; was *A.* 37. ander] dvrch die *C.* 39. Si end. *C*, Sine dorstent *d.*

285, 1. gewonten *C.* 2. Wurden die h. *C.* 3. Sus wart *C.* 5. Vor d. *B*; gedahten *Bb*; erd- *C.* 7. die w. *C*; irdahtin *d.* 8. b. vro *DKd.* 9. -liche *DKd*; zi dem *d.* 10. dannan *d.* 15. e k. *d.* 20. sælde *DK.* 23. k. si d. *d.* 27. Betrůbet *CEd*: berobet *A.* 29. in *fehlt C*: im *K*; hatte *BDK.* 30. was an i. g. *C.* 31. sige *BCd*; Ir sælde ir s. *DKd.* 36. die *B.* 37. Zi h. *d.* 39. Do er *B.* 40. livgie *d.*

286, 1. wæsenen *BDK*: weisen in *C.* 2. stætir d. *d.* 5. er *fehlt B.* 6. Ze h. *C.* 7. was *A.* 9. gꝰtlichi *d*, gûtlich *AB.* 11. zuo im *ABC*; ern s. *B.* 12. sin *C.* 17. dir ein vr. *A.* 18. gerꝰochent *B.* 20. ir *fehlt D*; hoher *C*, hohsten *Ad.* 25. Sei d. *AC.* 26. (ir *fehlt*) werder *B.* 28. Von d. e. t. *CDKd.* 31. vnserre *AB*, unser *DCKEd.* 32. von dir *d*; vor vns *C.* 33. lobesb. *A.* 34. kristænin *d.* 36. haben *BC.* 37. dů] div *B.* 38. Die *AE.* 40. sige g. *d.*

287, 2. süze *C.* 3. helfes *BK*, hilf ze volbr. *C.* 5. lobervchen *C*, lobelichen *A.* 6. dienest *CDK.* 7. wir *fehlt C*; -lichin *d.* 8. St. frowen ivnge man *C.* 10. hofschi *d*; l. huvesche g. *B*, l. hvbsche vñ g. *C.* 11. D. dem livte m. *d.* 18. bereit *B.* 21. in *d*; der gvote *B.* 22. smeickendem *A*, -den *d.* 23. smeicken *AC.* 27. im *K*; gem. han *B.* 28. im *fehlt B.* 30. haben (vil *fehlt*) *Ab.* 31. torischen *C.* 35. Ein *C*; warhafte *AB.* 39. vñ als m. m. *A.*

288, 1. vreuden *ADKE.* 2. uns *fehlt C.* 3. Vns w. *C*; sin vro *CK.* 4. dv ez *C.* 10. den] div *C.* 11. sule (: sule) *C.* 15. sich do Th. *A.* 17. sa zeh. *BDKE.* 18. bek. *AB.* 19. Galica *A.* 23. Dc s. *B.* 24. vil l. *A*; vil *fehlt B.* 25. wirfet *A.* 28. Tûn *K.* 29. vorthl. *A*, vorhtecl. *CK.* 35. wæsenen *BDK.* 37. sueze *B.*

289, 1. M. o. sinen liebsten g. *C.* 2. Die *K*; dô *fehlt BCE.* 5. heidenlischen *C*, heidenschem site *A.* 6. (grœzlich *fehlt*) ir o. *A.* 7. geeret *BC.* 8. heidnischer *C.* 13. geeret *C.* 14. V. des rate *A.* 18. ere *C.* 20. -lichen *AC.* 21. *Absatz E.* 24. Vil *fehlt CEb.* 28. ez *AD*, iz *B.* 29. des *fehlt A*: ovh *BC*; ouch *fehlt BC*; zit hie dir daz d. *C.* 30. leistes *AB.* 33. von *fehlt K.* 34. -lichen *C.* 37. Drŏwe *D*, drŏwe *K*, dro *AE*, trow *B*; dc ist *C.* 38. kleine] niht *AC.* 39. in *fehlt B*; m. gꝰten s. *A.* 40. Beg. g. b. *A.*

290, 2. unde *fehlt A.* 5. W. ih n. *B.* 6. sere *B.* 7. minen *C.* 12. al solichen s. *K*. 14. unlange *K*. 16. es *fehlt A*: ez *BC*. 18. hieze *K*. von dem rate *B*. 19. Alle *A*. 20. phlegære sin *A*. 22. D. sul man *K*; zim h. *C*. 23. phlegent *A*; ze aller *B*. 24. im ir h. *A*. 25. So mac *K*. 26. -lichen *AC*. 27. -windent *BDK*. 28. keren *K*; ir] den *CD*. 32. So er d. bei in gel. *C*. 35. Swes si in bitten *K*. 35—291, 22. *fehlen D; am Rande steht ein +, das gewöhnliche Zeichen, dass etwas fehlt oder nachzubessern ist.* 36. liebeste *BK*. 38. Weiplich *C*; W. minne betw. *K*. 40. blůmen vaz *K*.

291, 1. liebet] han *K*. 3. werltl. *AC*, wertlih *B*, wipl. *K*. 7—14. *fehlen C*. 9. ze *fehlt K*. 10. Der muoz von *fehlt B*. 12. Zer *A*. 13. minnen *AK*. 15. hoheste *BK*. 16. so unwis *K*. 18. Sus git *K*. 21. dicke *C*. 22. Har an *B*. 24. elter *ACD*. 29. gast *ABC*; *im Lateinischen: Ego autem de spiritibus unum, qui ad huiusmodi mihi ordinati sunt, immittens etc.* 31. in] ir *C*. 32. und *fehlt C*. 33. wise *K*. 36. enmac *B*; sich] si *C*. 37. G. in widersetzen n. *B*. 38. h. wirt *B*.

292, 1. in *fehlt D*; wirt] ist *B*. 2. beschaft *C*. 3. *Absatz K*. 5. A. kvngen grozen *A*. 6. Den mahter wol genozen *A*. 10. lobe r. *B*. 12. heile *B*. 14. k. erwelt un̄ *A*. 17. An h. *A*. 18. im von] vůr ein *A*. 21. ė *fehlt K*; e dan vber *B*. 22. Er *B*; můste *CK*, můste *D*; erbl. *AE*. 24. sines hercen *B*, siner maister l. *C*. 29. n. sunnen sch. *B*. 30. er *fehlt D*. 31. die ez phl. *D*. 32. groze *AB*. 33. (vil *fehlt*) d. můz ich j. *A*. 37. bi] von *B*. 39. Also *C*. 40. dise *B*; welte *AK*.

293, 2. er *AC*; jare *K*. 11. Her *D*, Dar *ABK*. 13. edlen kleidern *BC*, richen *C*. 14. Gekleit *C*; minnecl. *BCb*. 17. minnecl. *DK*. 18. dar zuo *fehlt Bb*. 19. ros *BC*. 20. -liche *D*; genant *A*. 26. D. im v. sch. w. erk. *A*. 30. De h. d. aller sch. l. *A*. 33. der die m. *B*. 34. Verl. vn̄ betr. *A*. 35. er erschrecken in *C*. 38. w. vúrbaz *A*. 40. vur w. g. *ACE*.

294, 4. sinen *K*. 5. sinen *C*. 8. aller b. b. *CE* da baz b. *A*. 10. -lichen *AC*, kurzl. *B*. 12. Betr. vn̄ verl. *AC*. 15. Al vf d. h. dort er ist *A*; dem] ieme *B*. 16. Er vr. *C*. 18. D. wurden im du m. *K*. 19. Geseit *CDK*. 20. sin *C*. 22. Die gamel- *B*. 23. Uf dem h. wit vn̄ br. *AK*. 25. zen *B*; wibe *CK*. 26. vil *fehlt K*. 28. gewinnen *K*. bringen *A*. 29. sus] nu *K*: also *E*. 31. schiere] dir *K*. 32. Sw. mich dú ė l. *K*. 33. 34. *fehlen D*. 33. wir gar alhie g. *K*. 34. nů *fehlt A*. 35—298, 10. *fehlen ganz CDK*[b], *ebenso auch in der Wiener Hs.* (*Nr. 2884. Pp. 14. Jahrh. fol.*) *und der Gothaer Hs., theilweise auch in K*[a] *und K*[c]. *Es ist leicht einzusehen, warum diese Zwischenrede in einigen Handschriften fehlt: die weltliche Lobpreisung des Weibes in einem geistlichen Gedichte mochte die Schreiber unpassend dünken und wurde daher ohne Bedenken daraus entfernt. Dass diese Zeilen echt sind und würklich von Rudolf herrühren, darüber kann kein Zweifel obwalten, ebensowenig als bei der folgenden kleinern Zwischenrede.* 35—295, 6. *fehlen K*. 38. ez *A*. 39. disen meren *b*.

295, 2. daz] da *B*: des *b*. 3. liste *B*; dem m. *A*. 5. vreuden *fehlt b*. 6. tivret *AEb*; werde *Eb*. 7. Vn̄ ih n. *A*. 8. geerten *E*, gerte *b*. 9—20. *fehlen K*. 10. hoben m. *E*. 11. -gerndiv herzen *A*. 12—14. *fehlen b*. 12. vr. jn also *E*. 14. des hilf i. d. *E*. 17. nút *b*. 18. wes d. von in d. v. *E*. 19. Div h. *B*. 20. niemanne *b*. 23. sin unde g. *K*; Vnd schôn jm sin g. *E*. 25. vreuden *BE*; keren (: meren) *A*. 26. ir vr. *B*. 27. vreudenr- *AE*, vreudebernder *K*. 28. geerter *E*, gerten *K*, gvter *A*; namen *KE*. 29—296, 28. *fehlen K*. 30. Ich wil dur der r. *K*; dir] dich *E*. 32. ſo wol v. ir g. *AE*. 33. getorſteſ *ABb*, törſt *E*. 34. mir] ich *Ab*; ofte *Eb*; ouch *fehlt B*. 36. bitte *b*. 38. Das *b*; můſte *b*. 39. der p. *b*: den p. *ABE*. 40. bereit *A*.

296, 1. die get *b*; gêt] gar *E*. 2. Davon *A*. 3. daran *A*; rehhes *B*. 4. und *fehlt E*; verſprehheſ *B*. 5. daʒ] da *E*. 8. ſô *fehlt A*. 11. mere *E*. 14. machent *Bb*. 15. und daz ſú d. *b*. 17. herzenſ. *AE*; enpfinden *b*. 20. alſe *B*, alſo *b*; lerteſt *B*. 21. deſ *A*: daz iſt *Eb*. 23. ſo ſpr. *E*; ſpr. ih in *B*. 25. diener *b*: dieneſt *A*. 27. da *E*. 29. des] doch *K*. 31. Ein wunne der hoheſten w. *K*. 32. Die *Bb*; blůgende *AK*. 33. -richer *A*. 36. vbergúte *B*, übergúlte *Kb*. 37. lachende *EK*; ſpilent *E*: vrôliche *K*; ſpilende l. t. *Bb*; iugent *B*. 38. ſpilende lachende *BEb*; E. ſpilnde vreude in d. i. *K*; tugent *Bb*. 39—297, 26. *fehlen K*. 39. Reine *ABE*; Eine r. *b*; vreudeb. *Bb*.

297, 3. wiplicher *A*; de iſt *BEb*. 5. gotſ geſchephede kr. *A*. 7. wipl- *A*. 9. nam *A*. 10. hertze kan *E*. 12. Von h. *E*. 16. Nymmer m. *E*. 19. kunſtl. *E*. 20. ſpraben *A*. 21. wizeſ *B*, wiſſe *b*, weiſt *E*. 22. wol *fehlt E*; ſprechen *A*. 23. hie *fehlt B*; w. h. nu d. z. *E*. 26. enwolte *B*. 27. dienen pr. *A*. 29. ze ſpr. h. eren *A*; h. unde eren *K*. 30. meren *K*. 31. hort *A*; an dich herre n. *K*. 32. Als vnſ d. *A*; ditz m. *E*. 34. ſprechen kan *E*. 35. D. tuon ich *E*; ſolhe *AEb*. 36. dich verſp. *A*; dà *fehlt B*; D. du verſprochen ſeiſt d. m. *E*; D. ich dich vro machte mitte *K*. 37—298, 10. *fehlen K*. 37. wizeſ *B*.

298, 1. baʒ *fehlt A*. 2. Sin g. *A*. 6. Nu *Eb*; lat *BE*. 8. Da ſich *A*; div *AB*. 9. Da *E*. 10. der r. n. enb. *AE*. 13. hate *B*. 20. er zuozim dar *CDKE*; auf g. *E*, in g. *C*; er do zuo im g. *Ab*. 21. gewærl. *C*. 24. V. riche w. *A*. 25. Swele ſin alſo *K*, ſin ſo phl. *D*; ſein ſo w. *E*; gepfl. *C*. 29. -liche *AC*. 31 volg'e *C*. 32. ſehn ſ. *C*. 37. man inder v. *C*. 38. al die l. *B*, über ſin l. *A*.

299, 1. wol g. *B*. 2. ſtolzecl. *D*. 6. verkeren *AE*. 8. den m. *A*. 12. dà *fehlt B*; davor was g. *C*. 14. vuctir h. hohe p. *B*. 16. Moht ez m. v. ſein erg. *C*. 17. dicke *C*. 19. beg. *A*. 21—24. *fehlen C*. 23. kvſſiſ *D*. 25. ſinem *A*; in innecliche *K*; enbran *BK*. 26. Der reine g. d. *A*. 27. Wart des vil *A*; dicke *C*. 29. vreuden *CK*. 36. er do gew. *B*. 37. Ein *D*. 38. De der des *C*. 39. vil ſt. *C*; ſtæten *DK*.

300, 4. m°ſe *ABE*; haben *Ab*. 5. ſůzem *C*. 6. leidem *C*. 7. Der iuncvr. *B*. 9. Erz- *B*. 10. aber *fehlt CK*. 13. gvete *Bb*, gem°te (: ergl°te) *C*. 15. ir *fehlt B*: in *A*. 17. (ze *fehlt*) got *DK*. 19. verkret *A*. 20. got *AC*. 22. an *C*. 23. -worten *C*. 24. W. a. i. g. b. *K*, G. w. a. i. b. *A*. 26. Do w. *A*. 35. Niender *AD*. 36. Swan *B*: als *A*; ze w. *B*; wolte *A*. 38. genemet *B*.

301, 3. Hier *D*. 5. mit] von *DK*. 6. Als ein lvter gl. *A*. 7. und *fehlt A*. 8. gem- *C*. 10. macheten von *K*. 11. dicke *C*. 12. V°r des *A*. 14. herre der vil g. *A*. 16. arm *C*. 17. ſúndel. *K*. 22. gerůcheſt *BCD*. 26. geheizen *C*. 27. k. uñ i. *B*. 29. Div *D*; gerůche *B*. 30. vient *B*. 34. kiuſche *fehlt B*. 36. Daz ich *KC*; dich frolich m. ſ. *E*; m°ze *AE*. 39. nů *fehlt C*.

302, 6. Des g. *B*; geſant *A*. 7. was *KD*. 8. lazin *D*. 10. d. vrovde m. *B*. 11. Got *C*. 13. Da von *A*. 15. liden *A*. 17. ie *fehlt C*. 33. Suſ *B*. 34. Aſſyria *C*, perſia *A*. 37. Do *B*.

303, 8. hate *B*; ſei heten g. *C*. 9. ſinem *B*. 10. Ir tet d. e. we *AC*.

11. n. der r. *A.* 12. Der ir *C.* 13. Si betwanc n. d. g. d' wan *C.* 14. Si begvnde zv̊ dem herren gan *C.* 15. worden *B*; leidic *D.* 16. S. g. Joſaphate bi *C.* 20. D. l. varwe *A.* 27. Sol dîn *fehlt B.* 30. mv̊et *D:* ruwet *B.* 31. ſelde r. *D.* 33.34. *umgestellt B.* 40. wunſchl. *DKB.*

304, 1. geſchonet (: gekronet) *A.* 5. leben deſ lebenſ k. *A.* 11. *Absatz BK*; Do ſprach div vrawe *C*; nù *fehlt AC.* 12. O. ich ſol vil erbarmen d. *A.* 16. got *C*; tòfes *BK.* 20. dv nv g. *C.* 21. kovſe *A.* 23. ich *fehlt D.* 27. an dir g. *DK.* 29. Hint *D*, Heint *E*, Hinte *K.* 34. wil an kr. *B.* 35. morne *K.* 36. -ſchaft *KE.* 37. ė *fehlt D.* 39. Bekert *K.*

305, 1. teillvſtic *D*, teilhaſt *C.* 2. vñ des gl. *C.* 9. diz] alſo *A.* 11. Ein *D.* 16. Er h. *A*; hiezen daz *B.* 20. in den ſtr. geh. *B*; manigem *C.* 22. -vrov *C*; vil *fehlt D.* 25. des *fehlt DK.* 26. Im r. *A.* 30. hie *fehlt A.* 33. l. vñ m. *C.* 39. enthiez *A.*

306, 4. von allen *B.* 5. im *fehlt A*; ze br. *B.* 6. Die weil m. m. nv l. *C*; lebnde *B.* 7. ſúndecl. *B.* 8. ſvs kovſte *C*; ſvs *A*; den *fehlt D.* 11. *Absatz E.* 12. *Absatz K.* 14. dich *fehlt C.* 16. *fehlt B.* 17. criſten *CD.* 20. vnſúndecliche *B.* 21. wibe *C.* 30. D. fúrſten b. P. *A.* 31. hatte *DK.* 32. doch *fehlt ADK.* 37. wip ſol *Cb.* 40. An diner *A.*

307, 1.2. *fehlen E: umgestellt B.* 1. -keit *CK.* 3. ir *fehlt BC.* 9. gebot (: got) *AC.* 11. gegan *B.* 12. mûſ *B.* 14. vromûtes h. *K.* 15—18. *fehlen C.* 15. So ſlaſe hinaht *K.* 17. m. geſelleſchaft *A.* 18. L. liebe kraſt *A.* 19. lobe ich mit tr. *K.* 20. morne *K.* 23.24. *fehlen D.* 24. habes *K.* 25. daz du *K*; ræteſt *C.* 26. Werde *K*; der b. g. von dir *A.* 27—308, 28. *fehlen D.* 28. V. ſ. er zw. b d. *K*; dô *fehlt AEb.* 30. wiſer *B:* beſſer *b.* 31. ob *fehlt E*; alſo *KE.* 33. ſin] im daz *K.* 34. getete *K.* 37. Alſ ez w. *B*; was er *C.* 38. het in *AE.* 39—308, 29. *fehlen CK*ᵃ *K*ᶜ. 40. Daz *KE.*

308, 1. aller *fehlt E.* 4. Swenne *B.* 5. ſv̊zen *A.* 6. Er t. *B.* 7. ſprechen *fehlt K.* 8. mûs *E*, mûſte *K.* 10. ùch nu h. g. *K*, hie vor h. g. *A*, han nu hie *B*, nu h. h. g. *b.* 13. alſo ein *K.* 17. ſolh *A.* 18. ez *A.* 19. wol ſo *KE.* 24. Mv̊ſ ich *A.* 25. Alſo kav̊ſen *A*; daz iſt *KEb.* 26. dieneſt tv̊t *AK.* 29. lat *E*; diſe *K.* 30. diſe *BK*; b. alſus ergie *C*, *und darauf:* Die er vil gv̊tlich ẽphie. 31. und *fehlt C.* 32. in ſinem muote *fehlt B.* 35. Vor *AC*; ienem *A*; do *B.* 37. keren *AC.* 38. -richer *C.* 40. erweichten *ADKEb.*

309, 3. Ein h. *A.* 5. Daz z. *BDK*; nahent *CE*: kerent *K.* 6. wir dr. in *C*, ſo dr. in *E.* 7. *Absatz K*; ſie *fehlt B.* 10. und *fehlt E*; uñ ouch m. v. *C*; mit] ouch *DK.* 11. keſtenvnge *BC.* 16. wunne l. *DK.* 17. unratl. *ADK.* 20. Vor *A.* 22. m. gar d. w. *A*; gert *B.* 23. bet (ir *fehlt*) ſ *C*; Ir honicſûzú z. *K.* 30. geſchent *C*, geſchendet *B.* 32. -lichen *AC.* 33. er *fehlt A.* 34. und] dar zû *BDK*; vñ och t. *A*; den *fehlt E.* 36. andehtl. *D*, andahteclich an ſinen *B*; ſinen *C.* 38. dem *C.* 39. ergreiſ *C.* 40. in g. *A.*

310, 2. eigeſl. *B*, egeliſche *K*ᵃ, engeſtl. *b*, engeliſche *KE*, aigenl. *C*, geiſtl. *AK*ᵇ; *im Lateinischen: Et soporatus paululum, videt semetipsum a quibusdam terribilibus raptum; vgl. 393, 32 ff., wo es im Lateinischen heisst: Et vidit terribiles viros illos, quos et prius viderat, venientes ad se.* 3. namen *DKE.* 5. er do ſach *A.* 7. ſchonez *ACE.* 11. ſprach *C.* 12. vleiſl. *D.* 13. wnſchecliher *B*, wunnecl. *A.* 14. wunſchricher *AK.* 15. hie *BK.* 16. Do *BCDb*; wunſl. *A.*

20. wunneclibe *B*. 21. an *fehlt A*; angesiht *C*. 23. gabn *C*. 33. Die lavbe er d. *C*; -tranc *K*. 35. -liches *DKE*, -lichen *B*. 36. gehorten *BC*; ê] mer *C*. 40. dem *BDK*; Vf disem selben v. *A*.

311, 1. vil *fehlt A*; wunschl. *ADK*. 3. ir *fehlt B*. 4. ist] ir *B*. 6. súze *B*, súzen *DK*. 7. vlvz *A*. 8. Der *A*. 9. m. er *C*. 16. -lich' *B*. 18. mohte schonerz *A*. 19. D. liehten s. *C*. 22. hoh *AB*. 24. steine *A*. 25. manne *D*. 26. wort *Ab*. 28. sin] vil *C*. 30. (Der steine glast *fehlt*) der *B*. 31. liehtes *BDKE*, liehtez *C*. 32. da mitte mvste st. s. *C*. 34. Daz *AC*; da mit l. was b. *A*; l. was gar b. *C*. 35. trûbez *KD*, trvbiv z. *A*. 36. -lich *AC*; en w. *B*, an w. *E*. 37. den súzesten *A*. 38. Der *A*; in m. ore *B*. 40. vil livte erhal *B*.

312, 3. -schen *BDK*; stimmen *B*. 7. vreuden *BC*. 11. kúschen *DK*; reinen *K*. 13. Vntz *C*; Biz dèr in *B*. 14. endelose vrvde *A*. 15. *Absatz KE*. 16. vreuden ersach *C*. 17. lieber herre *A*. 18. La *A*. 19. anderz *A*. 20. la *A*; hie *BCDE*. 22. sprache *B*; spr. sie *BC*; alle g. *A*. 23. nû] e *A*. 24. arbeit *D*. 25. vil d. ê *B*. 26. danne m. in g. *B*; dan *C*. 27. -liche *D*, willechl. *C*. 28. dir an ende b. *A*. 29. Alhie ein *A*. 30. heimot *B*, heinmût *DK*. 31. Da von s. *C*. 32. gote *fehlt A*: reine *DK*; Beleiben an sunden war *E*. 35. dar v. *A*; disiv *C*. 36. von *fehlt ADKE*. 39. vber v. *B*.

313, 3. klagendiv *C*. 5. angeschl. *D*. 6. was *fehlt A*. 9. immer wol *C*. 10. D. laidiv *C*. 11. gesm- *Bb*. 13. flamme fivres *B*. 16. sele *A*. 18. regender *BCE*. 19. vil *fehlt B*; arm *C*; sele *D*; groz *C*. 20. wallendiv *C*; goz *C*. 21. savwer (: schavwer) *C*. 25. sterben *C*. 27. Sine *B*; dô] also *C*. 28. -lich *D*. 30. in den s. s. *BCD*. 33. Dem *C*. 35. 36. *und* 37. 38. *umgestellt C*. 36. d. ditze leit *A*. 38. den *C*. 39. und *fehlt C*.

314, 3. In *C*. 4. Der *A*. 6. iæmel. *CD*. 7. in dirre v. *B*. 10. als] da *A*. 11. Den *B*. 12. was g. *A*. 14. svndern *D*. 15. sô *fehlt B*. 21. grozen *A*. 23. erschrahte *A*; erschrackte in sere *C*. 24. twanc *ABb*; der j. mere *C*. 27. den lebenden *C*. 33. *Absatz K*. 34. svnes *A*. 35. balde zv im *A*. 36. w. rehte n. *A*. 37. Swaz *C*. 40. (waȥ *fehlt*) in *A*.

315, 1. *Absatz E*. 3. so mit *B*. 4. H. so m. *A*. 5. Hate *BD*. 10. güete *fehlt D*. 15. sch. g. im h. v. *A*; binnen *ADK*. 21. waȥ] daz *C*. 23. Einen *ABCE*; mêre *fehlt BDK*. 25. De *A*. 26. werder *D*. 33. *Absatz BK*; also *AE*; sageter *BCE*; an *fehlt CK*; an den o. *AB*. 34. Daz *AB*; hatte *D*; gesehen h. *A*; ges- *CE*. 35. vorhtecl. *D*. 36. ich iu h. *CDK*. 38. -lichen *AC*; trostlicher *B*. 40. Ob er g. bezzerte s. *A*.

316, 5. Von *D*; dar wil *C*. 7. d. de ist *B*. 9. nimer wirdet b. *A*; mêre *fehlt Eb*. 15. erweltin *D*. 17. herzenlichen *AC*. 19. ensezet *B*. 21. sin *B*. 24. wider dan zeh. *A*; an in *fehlt E*. 28. w. sa s. *B*. 30. vor in *E*: vvr sich *A*. 31. danne] do *B*. 32. sie *fehlt A*. 36. iv *BC*; also *DKE*. 39. der l. *DKE*.

317, 5. gar v. *BCDEb*: svs *A*; v'born *B*. 6. verkorn *B*. 8. krúzes w. *ADKC*. 11. ûf *fehlt A*. 13. uns *fehlt B*. 14. mer *AE*. 17. D' *A*. 18. dem *fehlt B*. 20. behvt *A*. 22. V. u. iemer u. *B*. 27. sorgen *C*. 30. sinen *D*. 32. Avz s. *C*. 33. Der chvnic g. *Cb*; S. h. do g. im g. *A*. 34. minneclich *A*. 35. er zinme *B*, er zim *D*. 36. der vng. *C*. 37. Der *C*; betrûbet *AKE*. 38. súche *C*. 40. nû *fehlt A*: ze j. *AC*; lerte *A*.

318, 4. deheine *C*. 5. K. v. b. dich v. *A*. 6. ze h. uns *BDK*. 7. deist *B*: de ist *CE*. 10. ez] *D*: sein *E*: so *ABCb*; b. so dicke e. *D*. 15. Zv *C*:

ſundern ***BEb.*** 16. er *fehlt **B.*** 19. ſie] in ***C.*** 20. r. tugende v. ***CEb.*** 22. wart] ſprach ***K***; ſüze ***A.*** 23. manigem ***C.*** 28. Der ***C.*** 30. hatte ſich ***BDK.*** 31. ſ. v. w. w. ***C.*** 32. D. ſpr. zv̊zime Th. ***C.*** 35. gewaren got ***A.*** 36. alſus ***B***; dinen ſpot ***A.*** 40. gewalt h. widerg. ***B.***

319, 1. den ***B.*** 6. vil *fehlt **ACE***; n. ze g. ***C.*** 7. mit ***AC.*** 12. din kr. ***B.*** 13. ouch *fehlt **C.*** 14. ſoltu ***B.*** 19. zimt kinden ***A.*** 21. volge ***Ab.*** 24. reiniv ***C.*** 31. himelſchen ***ABDK.*** 32. groz ***C.*** 38. hoh auf tr. ***C.*** 40. Der r. ***C.***

320, 3. Uf turri kalannaica ***BKEb***; uf dirre ***AC***; kalamjaca ***D***, galannacya ***C***, kanna kannaica ***A***; *im Lateinischen: Et chaldemicæ turris construentium.* 5.6. *fehlen **C.*** 7. alte ***DK***, alter ***BE***; Der valſchen rede vnweis ***C.*** 10. diſen ***K.*** 12. valſchiv ***C.*** 14. -lichen ***AC***; ſeit ***CEb.*** 15. gewære ***C.*** 23. menſch ***C.*** 26. danne ***DK.*** 28. w. ie erk. ***C.*** 29. dechein ***DBK***; -liche ***K.*** 31. nein ***AEb.*** 36. er *fehlt **A***; iſt ein hol ***B.*** 40. E. gŏch ***B.***

321, 1. Steinen ***C.*** 2. vngehornde ***B***; a. gehoren ***C.*** 3. gerne ir ***B.*** 6. hoher ***ACDEb.*** 9. gehoret geſihet ***B.*** 12. Rehte ***BK.*** 16. ſunder] vñ ane ***AC.*** 18. J. der ***C.*** 19. mv̊ſt dv ſt. hvten d. ***C.*** 21. ein h. ***ACEb***; ein l. ***Ab.*** 26. ſtælen ***C.*** 29. Wand m. ***A.*** 31. ſmidet ***ACE***; oder g. ***A.***

322, 1. heizeſ ***B***, heizet ***C.*** 2. golſ ***D.*** 3. merke ***B.*** 6. wan *fehlt **A.*** 7. Die div ***C.*** 10. Dc d. g. nie lebn g. ***C.*** 16. rich ***C.*** 17. helfel. ***C***, helfecl. ***DK.*** 18. Dich von armv̊t erl. ***A***; ſorgen ***BC.*** 20. einen g. ***C.*** 22. Swige ***ACDK.*** 23. die h. v. den m. ***A.*** 25. dinen achoſen ***C.*** 26. l. nv dem ***A.*** 27. Du ſitzeſt h. ***B.*** 28. ſpil ***B***, des dv ***CE.*** 30. Deheinen vrh. ***C.*** 32. ergan ***B.*** 33. weder ***A.*** 36. Daz ***C***; deweder ***DK.*** 38. vater *fehlt, am Rande ein* + ***D.*** 39. ſmeicken ***AC.***

323, 1. den *fehlt **A.*** 6. Den ***C.*** 7. Aller dinge ***B.*** 10. geſchaffen ***Ab.*** 16. verkos ***AKb.*** 22. leit daran ***A.*** 25. erlaſehte, ch *von anderer Hand übergeschrieben **C.*** 26. liehtem ***C.*** 29. heilige ***Bb.*** 31. von der ***A.*** 32. not ***A.*** 35. Hatte ***BD.*** 38. ſer ***B.***

324, 1. nam ***A.*** 2. wær ***ACD.*** 3. kranchiv ***C.*** 4. mûſt ***C.*** 6. Div ie manne ***A.*** 8. hoh ***AC.*** 9. aller d. ***B.*** 14. vierzigſtem ***C.*** 18. got ***ABC.*** 19. Criſt div reine m. ***A.*** 21. Ze des ***ACE.*** 22. Geſezzet ***B.*** 26. endechl. ***C.*** 28. derſt ***D***, der iſt *die übrigen Hss*; erkorn ***A.*** 29. ewige ***A.*** 30. got *fehlt **A.*** 34. wæger d. ***A.*** 35. reinem ***C***. reine ***B.*** 39. witzen ***DK.*** 40. Vnreht ***DKE***, Vñ reht *die übrigen Hss.*

325, 2. reine ***ABCDK***; R. guot ***B.*** 3. u. gût erk. ***BC.*** 4. iſt *fehlt **A.*** 5. m. dͤ gûte ***A.*** 7. t. gotte ***C.*** 11. tvmbez ***D***; ôdez ***K.*** 12. Des l. ***B***; lêre ***BD.*** 14. vervlûhet ***B.*** 16. Alſe ***BK***: al ***A.*** 17. hitze ſ. ***D.*** 18. vñ aller ſinne ***A***; r. witzen ***CBE.*** 20. in *fehlt **D.*** 22. Allen den die ***CEb.*** 26. und *fehlt **B***; maniges ***BC***; grôz *fehlt **A.*** 28. ie die ***AB***; dirre l. ***DK.*** 33. daz *fehlt **C***; ir] ſie ***B.*** 37. gebvrn ***A.*** 39. arm ***C.*** 40. gebürte *fehlt **C***: geburen ***A***; wisheit ***ADE.***

326, 2. unedel ***CDEb.*** 7. edel ***C***; richen h. ***A.*** 12. edelre ***C.*** 15. lihte top ***A.*** 18. Allez v. ſ. ***A.*** 26. D. an alle ***DK.*** 29. rehter h. ***A.*** 30. mit *fehlt **D***; gewaltl. ***K***, gewaltiger ***A.*** 32. ez *fehlt **A.*** 33. ſiz ***AC***; er d. ***A.*** 34. Vñ dc ez ***A.*** 36. liſte ***Cb***; werken ***CE***, wirken ***Bb.*** 37. lere ***C***, lert ***E.*** 38. iv ***B***; habet ***A***; gegebn ***C.*** 40. lêre ***DC.***

327, 2. Dc wil ich nemen ***A***; min ***C.*** 6. Vor ***A.*** 12. dc l. ***C.*** 13. ere ***K.*** 14. lere ***DKE.*** 18. Tet got ***A.*** 19. vil *fehlt **CE.*** 21. vor h. ***AB.*** 23. valſchû ***K.*** 26. Der vil t. h. ***C.*** 32. Die m. richeit d. w. ie ***A.*** 38. In alden ***ABDK***; landen ***DK.***

328, 3. geſchriben *BCDb*. 5. der welte *BEb*. 6. vil verre *B*. 7. Und *DKE: vz B*. 8. vil *fehlt B*; iriv *A*. 9. ſpr. aber mere *C*. 10. Her D. von ir lere *C*. 11. wil *AC*; ſie *fehlt D*. 12. al die *ABCDKE*. 13. diner *A*. 15. bewaret *K*. 16. tôt *fehlt Cb:* ſtreit *E*. 21. 22. *fehlen A*. 23. reiniclicher *D*. 24. edelre *C*, edilr *D*. 25. ſie] die *A*. 26. dan die von *Ab*. 30. Allez *A*. 34. got *fehlt ABCDE; im Lateinischen: De evangelica vera et divina noticia inquit Dominus: cælum et terra transibunt etc.* 37. krefte *B*.
329, 1. ſin *K*. 2. gar *fehlt B*. 4. ſi dv *C*. 6. S. v. alle alſ *D*. 7. al v. w. *ADK*. 8. Wandelnt *A*. 13. der *fehlt C*. 17. wares *C*. 18. Vñ z. r. *C*. 20. menſch *C*. 22. gar *fehlt A*. 23. Sw. ſo die l. *B*. 25. diu t. *CK*, die tumbe *B*. 28. ir vil v. *A*. 32. dô] ſie *ADKE*. 33. gen in was *AD*. 34. erſt *CK*. 36. ſiten *Bb*. 37. erſte *AD*; von erſten *E*; g. den erſten urh. *C*. 39. Dem *C*.
330, 1. den *CKE*, dē *D*. 2. livte *A*. 4. die ſ. *B*. 8. nach der criſtenlichen e *A*. 12. d. abgot w. b. *C*. 22. V. diſem z. *A*; den *C*. 25. ſeiſtu *Cb*. 31. geveſtet *DK*. 32. Dc iſt ein r. b. *A*; ſine *K*; geſchaft *C*.
331, 4. Dc rurte ſins h. vorht *C*. 6. werder *DK*; glaſt *K*. 8. im] in *BC*. 12. in *B*. 13. So r. *B*; gerav *C*. 18. begund *B*; erſ *A:* er *die Übrigen*; wider *fehlt B:* ſo ſere *b*. 19. ſei *C*. 20. Als v. *A*; ir] in *D*. 21. Als h. *AC*. 22. wart *A*. 26. lute er *KE*, er horte *B*. 34. gereit *A*. 35. Ay vil ſ. *B*. 36. Wie ein *C*; Wie ſueze rein ein g. *B*. 38. a vil ſ. *ACb*.
332, 1. *Absatz B;* mir *fehlt A*. 2. Gots erw. r. j. *A*. 4. Gerv̊chet *AE*, geruohte *B*. 11. *Absatz E*. 13. ez *AB:* ſein *C*. 15. gewæriv *C:* guote *B*. 21. alle *A*. 22. Och *A*; ſo *KB*. 24. genomen *C*. 27. Nu *B*. 31. ſúndæres *K*. 40. Alſe (im *fehlt*) *A*; getovſet *B*.
333, 3. wirſt *A*. 4. got *AC*. 5. Dc *A*; bewerte *D*, bewærte *K*. 6. den *A*. 7. waſchet *C*. 9. dem *A*; gedenken *B*. 10. den tvmben ſ. *A*. 12. lerent *A*. 13. Dc *A*. 14. Suſ - dc g. *A*. 16. biſt *K*. 19. got *AC*. 20. allez *A*. 24. in] gen *A*. 26. ſâ] al *A*. 29. einen *ABCDEb*. 33. D. iunkh. z. d. *A*; warz- *BC*. 36. ez] in *CKE*; het al dar g. *A*.
334, 1. Er w. *B*. 3. Eine *C*; reine *AC: fehlt B*. 4. vor *A*. 5. worte *A*. 8. ouch *fehlt B*. 18. frivnde ſ. d. *C*. 20. Joſaphate *A*. 21. mænigen *AD*. 25. Dc w. *B*. 26. ouch *fehlt AEb*. 27. Zen *B*. 30. ein w. *BCK*. 31. ſcherpher *K*, ſerphir *D*. 35. lihte] niht *C*; nature *C*. 36. erſ *D*, er ez *A*. 38. er *fehlt D*. 39. erz *A*.
335, 3. *Absatz C*; Ê *fehlt D*; in br. *C*. 4. er *fehlt B*; von kintheit iſt g. *A*. 7. l. d. k. t. *A*. 8. Dc *A*; ringe *K*, geringe *B*. 11. an *fehlt A*. 13. *Absatz B*; S. dc vns kein *A*; deheiner *C*. 16. Bitten v. *K*; niht f. b. m. *C*. 17. im nu v. *DK*. 18. dc *A*, diz *D*. 19. Swelhez *AB*, welhez *C*. 20. Dc im *C*. 21. Dc *C*. 22. in ſinen tagn l. *B*. 23. (danne *fehlt*) aller b. *B*; beſt *D: fehlt A*. 25. Zergat *AB*. 28. gerne nimet w. *A*. 30. min *A*. 31. *Absatz K*. 32. alle gelich *A*, alle gemeinlich *C*. 34. geichen *CDK*. 38. giengen vſ *A*. 39. D. r. j. *C*.
336, 1. dú reinen h. *K*. 3. den v. allen da *K*. 4. ſpr. do der *ADK*. 8. ie ze d. g. *B*, ie an dich g. *C*; è] ie *E*. 10. Dc ſ. *A*. 11. wes] waz *C*. 12. bet *AC*. 14. ſi] ſein *C*; iungeſte *BK*. 17. halbez *AB*; riche *D*. 18. ichz *BCE*; biz *B:* die weil *Cb*. 20. mich von dir *A*. 21. Wiſtv *D*. 24. mer *C*. 25. ſo ich han *A*. 27. daht im *A*. 29. Niht wær *A*; dc t. *B*. 33. er w. *BC*. 34. lobesb. *A*. 35. Swenn e. k. *A*. 36. ez] in *B*. 38. es] ſein *C:* ez *B*.

337, 2. vil gerne m. *A*. 4. erzevget *B*, gezeiget *A*. 7. So *ABE*. 8. mich der b. *A*. 9. ichz *C*. 10. ez *ABD*. 11. Vñ dv ez wilt *A*; des ich bin g. *C*; es] ſin *AEb*. 12. dc eine *AB*. 15. Swelhez *AB*. 16. Dc *AB*; nime *DK*. 19. allez *C*, al div r. *A*. 20. alle g. *AC*. 21. Dc *AB*; al *fehlt B*. 22. J. do b. *DK*. 28. Sie *C*; im do h. *A*. 29. Sune *K*. 32. dannan *K*. 37. v. dan (dannan *K*) h. *DK*. 39. Dc *AC*.

338, 1. Alſe (riche *fehlt*) *Bb*. 2. groſte *DK*. 5. ſolte (: wolte) *A*. 9. liebe *A*. 12. Alſo *Bb*. 15. vreuden *BC*; ſà *fehlt A*. 18. in *fehlt A*. 22. im *C*; gotl. *ADKE*. 23. Vñ l. *D*. 26. Aller *C*; dirre w. *DK*. 27. 28. *fehlen D*. 27. und *fehlt A*; durch vns w. *C*. 28. Daz *K*. 30. die *fehlt B*; ander *BC*; Vñ vf diſe erde ſin a. k. *A*. 33. Dc l. ern als in w. k. *A*; legeter *B*. 34. wiſe *BE*, wiſen *K*. hande *D*. 36. an] unde *K*. 37. und *fehlt K*.

339, 2. gotſ *AD*; merte *A*. 3. uſſe *B*; hohſten *A*. 4. zinnen *C*. 6. Div z. *A*. 8. er ſie phl. *B*. 9. vorhte *BCKD*. 11. hoh *ABC*, hohe *DKE*. 14. Div *DK*, die *die übrigen Hss*. 18. Was a. d. b. g. *DK*. 19. daz *fehlt A*; hiez *fehlt Bb*; zerſt- *C*. 21. gote *B*. 22. Er hiez ez v. brechen g. *A*. 23. got er gar v. *A*; g. die er v. *C*. 27. in *ABE*. 28. dar *B*; nider br. *BC*. 35. die m. *B*; mær *ABC*. 36. -lichen *AC*. 37. welden *KE*, walden *A*. 39. in *fehlt B*. 40. grᵛſte *D*.

340, 1. mænge *A*, manic *B*, michel *DK*. 2. gottelichen l. *DK*. 3. dô *fehlt A*. 7. got *AC*. 8. chriſtenl. *AC*. 10. er *fehlt D*; heilect- *BD*. 12. biſcholf *C*. 15. hiez *fehlt D*; h. er ze biſchove w. *B*. 17. In der ſ. *DK*. 18. W. er ze *B*; biſchofe *AB*. 19. ſ. degen g. *DK*. 20. dâ] der *K*. 21. bi d. z. *A*. 22. abſiten *CDE*, abeſ. *A*. 23. 24. *umgestellt D*. 25. ſuezem *AC*; ſegene *A*, ſegen *C*. 27. erſt (: herſt) *B*, ereſt (: hereſt) *DK*. 31. 32. *umgestellt D*. 31. rittern *BK*. 34. phaffen *AC*. 35. leiden *B*, lᵛten *A*, lawten *E*. 37. alda *A*.

341, 1. hiez in m. *A*. 5. zwelſboten *B*. 6. div o. *A*. 7. den *B*. 10. lantherren *A*; vorgeleit *K*, fúrgeleit *Ab*. 12. in *fehlt C*. 13. 14. *umgestellt D*. 13. herſchaſt *CEb*, herfart *D*; in] mit *D*; Vil herſcheſte mit ir ſchar *A*. 16. ouch *fehlt Ab*. 17. ir deheiner *C*, ir keiner *A*. 20. Div ſ. *D*, Die *K*; ouch *fehlt A*. 21. -lichen *AC*. 25. niʼwen kilchen *D*. 27. biſchetûm *DK*. 30. die *K*. 31. V. lᵛten in *A*. 34. phaffen *ABC*; vil *fehlt D*; geſant *BCE*. 37. herzen *ABE*. 40. dē *B*.

342, 2. veſtende *CDK*. 5. der] die *B*. 6. vñ d. a. *BE*; der] diu *DBKE*; *über den Wegfall des stummen* e *in* apgot *vgl. Gram. 1², 669*. 7. alten *B*; alt alda *A*; ſa *C*. 11. vntz *C*. 14. erſach *Ab*. 15. flᵛhten *A*. 17. Diſe *B*, div *A*; groziv *C*, grozen *B*. 20. aber] ie *DK*. 21. mit ſ. *A*. 22. und *fehlt C*; vñ die lere m. *A*. 24. D. ivngen k. reinez *A*; vil reinez *C*. 25. 30. engliſch *C*. 36. ivch dʼ l. *A*. 37. Div die *B*; rihtent *ACE*, rihtet *B*, *vgl. 343, 15*. 39. got mit v. *C*. 40. in in *B*.

343, 2. iv *BC*. 4. kurzlich *C*. 6. geborn *A*. 8. Dc *AB*. 11. rihtʼ *B*. 13. der gute kneht *B*. 15. erden *AB*. 17. 18. *umgestellt B*. 19. rihte *DK*; dc r. *C*. 24. und] dem *C*. 26. In kunde wol erb. *A*. 27. vñ ir n. *C*. 29. gᵛtl. *AC*. 30. gottel. *DKE*. 32. Vz *A*. 36. b. wider wac *A*; gap *B*. 40. gar vor im h. *A*.

344, 2. Do gap i. g. ein ſolhez h. *A*. 3. hin *fehlt CE*; zûzim *C*, zuo im *K*. 6. alle zit *A*. 8. rein *C* 10. gegeben *B*. 14. waſchſen *C*; Begvnde w. ſ. *A*. 15. riche *DK*: richer *AB*. 16. wart *C*. 17. wol] zaller zit *C*. 18. heiliclicher *D*, heinlicher *C*. 20. in d. *A*. 23. ſwinden *A*. 28. Des ſvnſ vr. des v. kl. *A*. 29. *fehlt B*; B. vaſte m. *A*. 30. Sin kr. *B*. 32. dô *fehlt B*. 33. wart *A*.

345, 2. gewinde *A*. 6. den - den *Bb*. 7. ze] ain (hie *fehlt*) *C*. 8. David *B*. 11. vnrehter *C*. 12. zv S. iſt albie *A*. 13. mær div h. *A*; gelichez *AB*. 14. Der ain vnh. *C*; ander *CK*. 15. diſen meren *B*. 17. liebete *D*. 20. J. der g. *C*. 21. rich't *B*. 23. Dc *A*. 26. heidenſchaſt *A*. 30. Vñ het d. t. *C*; an ſich *fehlt B*. 33. dicke *C*. 35. dicke *C*. 40. zů im *C*.

346, 7. ſvezer *B*. 13. groze *AC*. 17. vil *fehlt C*. 19. wille *B*. 20. dâ *fehlt B*. 22. erz *C* ez *fehlt B*. 25. ſin herze *C*. 29. er *fehlt C*; gote *B*. 30. Er k. *C*; kome *A*. 31. erſchein *C*. 32. des *fehlt B*; in ein *BK*. 35. im *fehlt A*. 38. G. vñ vrevdenricher m. *A*. 39. dir] der *K*; der ſein *C*.

347, 2. herzen *C*, herzecliher *B*. 5. liep] leben *D*; min' ſ. w. *C*. 6. ſælden *AC*; die ich h. *A*. 7. nahſte *C*, nahen *ABE*. 13. minen ſin *D*, min herze *K*; getr. *BDK*. 20. Alſe *B*. 21. *Absatz CD*. 22. leb *B*; ich ie *DK*. 23. ſündic- *B*. 25. mir von r. w. *C*. 26. wart von got mir von d. g. *C*. 30. laſte *AD*. 31. Die g. *C*. 32. deheinen *C*. 33. wârhait *C*. 34. in mit *C*; rehte *BC*. 35. Dc *C*. 37. -reite *A*, -redet *CK*.

348, 3. mit *fehlt D*; warb- *AB*. 5. der ſchvlde *A*. 6. ſvnde *A*. 7. Den *C*; nû *fehlt AE:* ir *B*. 8. (mir *fehlt*) owe *B*; lvge *A*. 16. M. h. mir ein kl. *C*; entl. *B*. 17. oh *A*; doch laider a. kl. *C*. 18. ichz nam eine *C*. 20. cleine *A*. 21. erbr. *C*. 26. l. dehain blick *C*. 27. Irloſchen *D*. 28. ber- *B*. 31. den zw. *A*. 33. den *B*. 37. im ich *C*. 38. genahente *C*. 40. enſolt *B*.

349, 1. helfeſt *ACD*. 2. -lichen *AC*. 11. und] od' *B*. 13. -lichen *AC*. 14. gie *C*. 15. anſach *D*. 16. ſinẽ *C*. 17. In ſvnder ſlafgadem ſt. *A*. 18. inne g. *C*. 19. en kr. *B*; kriuzes *ADK*. 20. mit] nah *A*. 22. mit h. *B*. 24. uf ſ. *AK*. 25. ouch *fehlt BDE*. 26. Hin ze *C*. 28. ſîn munt *fehlt A:* S. můt *C*; ſ. h. vil er *A*; er *fehlt C*. 29. *Absatz E*. 30. und *fehlt C*. 33. diner *B*. 36. in der kr. hat *A*. 38. Dur d. *B*.

350, 4. gewichen *AB*. 6. r. gûte *CDK*. 7. geeret *BCE*. 8. kr. ein k. aller k. h. *B*. 10. luter ſ. *B*. 11. ſorgen *BK*; -ſpil *A*. 12. wunnenzil *A*. 13. al der *C*. 14. lebende *K*. 19. den veint *C*; zalliv z. *B*, zaller z. *C*. 21. wil] kan *A*. 22. wil *AC*. 23. gnaden *B*. 24. Iemer mer g. ſ. *A*; mêre *fehlt B*. 27. groze gnade *A*. 28. an mir *ABC*. 29. Dc *A*. 31. Dc *A*. 32. niemans *C*. 33. gnadn g. *B*. 36. gerůchteſt *D*. 39. wahſender *B*. 40. Div - brvnnen *AC*.

351, 2. runſelin *K*. 7. im *fehlt C*. 9. er *fehlt B*; bek. *A*. 10. gebot (: got) *AC*. 11. erk. dich ze g. *A*. 14. kinde *AC*. 18. mvg erk. *C*. 19. g. vñ vil *C*. 22. ivngem *C*. 23. -lichiv *C*. 24. bet div wær *A*. 26. hate *BDK*; hete ze gote begert *A*. 29. ſâ *fehlt A:* do *B*. 31. rehter *A*. 36. dar r. *D*. 39. Als der *A*; virieſch *D*, vernam *K*, gehorte *AB*; er da k. *DK*.

352, 9. ein andern *K*; ſie an e. t. d. *C*. 15. ein vil gr. hohzit *C*. 17. mit ir v. grozzen *C*. 18. hohſten *C*. 24. -lichiv *C*. 28. waz *Cb*. 32. kvnſt *CDK*. 33. g. an der i. *C*, zû der *K*. 34. al der w. *BC*. 35. *Absatz E*. 39. ie ſvzer vn *C*; ſüezer] ſvr ez w. *A*. 40. Im J. *C*.

353, 1. -lichen *CDK*; chriſtenheite *A*. 4. Al des *K*. 6. wort *fehlt C*; begreif *AE*; ſinen *C*. 7. des g. kr. *B*. 9. erz *BE:* er *C*. 10. -valtic *C*. 14. in *fehlt BC*; hat in *A*. 16. zwic *BK*: zweier *E*. 18. n. ſ. gûte *C*. 19. *Absatz E*. 21. ſeit ſi im *A*; ſei *C*. 24. Des *B*. 26. heilige *A*. 31. tr. ſines kindes r. *A*. 37. ſich] ſi *D*. 40. nâch] an *Cb:* mit *E*.

354, 4. und] er *Cb*. 5. Zerbr. *A*; er e was *K*. 6. Er h. *AC*. 8. Div an die *C*. 10. ewige *A*. 12. brediotte *K*, bredigte *C*, bredeget *A*. 15. ouch *fehlt A*. 17. drivalte *CK*. 19. fvnder fch. *C*. 20. P. et f. *DKE*. 21. Div einic *BC*. 24. ie *fehlt K*; was *E*: ift *DK*. 26. enwart *B*; kein *Ab*. 32. rehter *C*. 33. -lichiv *C*. 37. geiftl. *DK*. 40. Do gr. *C*.

355, 1. Die zwene *A*, Die k. b. r. *B*. 2. und *fehlt A*; in *fehlt ABb*. 3. Des *C*: den *b*. 4. Der gv̊te *C*; vñ vil *A*. 7. do *K*. 9. ein *B*. 11. da er lovbte w. *B*. 15. Kathezizitierte *A*. 16. fegen *AC*. 19. Do water im erk. *mit einem* + *am Rande A*. 20. wart g. *AB*. 21. Do *CE*; tôt *C*. 21. -lichez *DK*. 22. *Absatz B*. 26. al zeh. *A*. 28. kovfet *DC*. 29. ivnge *BCDK*; arme *BDK*. 33. K. [und *K*] m. g. *BDK*. 36. leidic *D*. 37. in *B*. 39. allez d. *B*. 40. kreftecliche *A*.

356, 2. De er der *B*. 6. V. ftvnde *B*. 9. ezre *A*, fin erfte *C*, fin herte *E*. 14. beide fine *B*. 15. alz f. g. *C*. 17. daz] wan *A*. 19. er erfch. *ABKE*. 21. finen funden *B*. 22. Von f. *B*. 23. im *fehlt K*. 24. bihte *AEb*. 29. im *fehlt B*. 31. 32. *umgestellt B*. 33. So begvnder *A*; fo fere fch. *C*. 36. diz *DK*. 38. in] en *B*.

357, 1. dô *fehlt Bb*. 2. Des reinen *C*. 4. er niht m. *A*. 5. Langer truwete *A*. 10. f. worten *A*. 14. div *B*, die div f. *A*. 15. worten *A*. 16. wan *fehlt B*: owe *AB*: vñ we *CE*. 19. wes *A*. 24. an g. n. *A*; zwivel *C*. 25. 26. *fehlen C*. 27. noch m. *ABE*. 31. niemem *A*. 35. fúnde *ABC*. 37. in funden *B*; in *fehlt K*. 40. den t. d. u. *A*.

358, 3. riwe (: triwe) *B*. 4. Do *C*; mit] in *A*. 5. fures *BC*. 8. niemen wil *A*. 9. gnade *B*. 10. der ift ía *K*. 12. De *A*. 19. Ewiclichen ft. *A*. 20. werben *K*. 25. er fich do *ABE*. 28. geeret *CE*. 30. De du *BCDE*; welte *fehlt D*. 31. 32. *fehlen A*. 34. alle *A*. 36. ze vater *KE*. 38. ie gevie *C*. 40. gnadn *B*.

359, 4. unde *fehlt D*; w. geben *C*. 5. lerte dv *C*. 6. ê *fehlt C*. 11. mih *B*; gefvonet *BCb*. 12. er *fehlt B*. 14. begunnen *D*. 15. nahent *C*. 16. Die h. er z. h. b. *B*. 21. enphilh *A*. 24. D. den h. *C*. 27. *Absatz K*. 34. er *fehlt B*. 36. iemer, *und darüber* triwe *A*. 37. des jamers reht g. *DK*. 38. Und *BCDK*; vil *fehlt Ab*: herren *fehlt E*. 40. -liche *BK*.

360, 3. In ein v. *E*; einvaltecl. *B*: vaterl. *ACE*. 5. Do *ABCb*. 6. groze *B*: groz div *AC*. 13. wart *A*. 17. uns] in *K*; erlofte *C*. 18. leiden *fehlt AEb*. 19. *Absatz E*. 20. Spr. demvoticl. *B*. 23. grôze reine *A*. 25. Swer *A*. 29. vñ geeret *C*, geeret *aus* gereht *gebessert B*. 35. nv l. *A*.

361, 1. rein *AC*. 2. fuzem *C*. 4. den] dinen *ABb*. 8. fvnth. *A*, fundeclihhem *B*. 10. der bv̊chftap *A*. 11. Dú *K*; dilgen *AD*, tilien *B*. 12. dekeine *B*. 13. fvndær *A*. 14. an de l. *C*. 15. fchrib' *D*, fchriber *A*, fchreib'en *CE*, fchriben *BK*. 16. m. hoher f. *C*. 17. verd. *A*. 18. daz la fin v. *A*. 21. geruoche *B*. 22. frivnden *DK*. 25. erbarmvnge *C*. 29. und *fehlt AK*. 30. vil *fehlt A*. 32. -liche *K*. 35. gehaftet *B*; mit fch. *A*. 39. Wier dir *B*. 40. riwigem *A*.

362, 3. geruh *B*; ruwic *BC*, rewig *E*, ewig *AK*. 4. Von *B*. 5. *Das zweite* daz *fehlt D*. 6. von *CDK*. 7. herzelieber *K*, herre fuezer *E*. 9. denne *K*; daz r. *DK*. 10. Des *fehlt C*. 16. M. w. einen v. g. *A*. 18. D. er nach gotes helfe rane *A*. 20. R. fenfter f. *B*. 22. aht *C*. 25. arm *C*; befante gar *C*. 26. allen finen landen *B*; l. dar *C*. 33. Sw. er d' iediln *D*: armen edeln *A*, arm *C*. 35. Vil gvtlich *A*.

36. ſelber *A*. 40. ſiv in *B*, ſin *A*; ſi *fehlt E*; (in *fehlt*) behabeten *DK*; niht *A*.

363, 3. werdecl. *A*. 5. Do *Bb*; daz *AB*. 7. beide *BC*; rich *A*. 8. kemen *C*, kamen *B*, komen *ADE*. 17. eʒ] och *A*; wol *fehlt BCE:* do *A*. 22. Joſaphat der g. d. *A*. 23. D' ſprach ir h. *A*. 24. Seht *ACDK* 27. -liche *DK*. 30. vil l. *C*. 33. d' mv̊t *C*. 36. alle *A*. 38. Nv ſ. *A*; gelac *C*. 40. doch n. d. t. erlic *DK*.

364, 1. Ern mvoſe *B*. 2. De *A*. 3. mage *C*. 4. allez *ACD*. 5. an] ze *A*. 7. Ich moht *A*. 8. mûſte *CDK*. 9. mûſe *A*, mûz *CDKE*. 10. Wie hie geweſen iſt ſ. l. *Bb*. 11. Deweder *CDK*, eintweders *B*; wol *fehlt CE*; oder] noh *B*. 15. kein *A*, dekeine *Bb*. 16. Fúr in m. ſprechen *A;* müge] moht *C*. 17. ie *A*. 18. hie begie *A*. 20. vorhtecl. *K*; -lichiv *C*. 24. hinnen *ABD*. 25. Aldar *A*. 27. horet *AC*, horen *B*. 29. heilige *B*, heiligen *C*. 32. ſúndecl. *BDK*. 33. endarf *E*, bedarf *BC*; des *fehlt B*; niht hie g. *C*.

365, 1. -lich *AC*; zegat *B*. 2. ie *fehlt C*. 4. hin ze got *C*; gezuge *B*. 5. Des wante *AK*. 6. v. got alſo *C*. 8. bekerte *C*. 10. got *fehlt B*. 12. ſine *K*, ſinen *D*. 14. v. ir wegen g. *A*. 15. Mit gotes *B*, In g. *A*. 16. bek. *A*. 20. Diz *BC*. 21. daʒ *fehlt B*. 23. ich *fehlt B*. 25. haben *Ab*. 26. Swaz *B*. 29. De *BCE*; ich *fehlt B*. 30. lebnſ z. *B*. 31. ſwaz *B*. 33. alſo niht *DKE*. 34. Ir mugent nit h. ane w. *B*. 35. mac *DK*. 36. ze herren *A*. 37. 38. *umgestellt DK*. 37. D. úwers landes *DK*.

366, 8. *Absatz K*; herre *B*. 10. nein ez enw. *B*, nu enw. *AE*, nain w. g. *C*. 12. gek. *B*. 13. Dechein *D*. 16. die weil d. l. *C*. 17. Daz *A*. 19. (Daʒ eʒ *fehlt*) reinen d. *B*. 20. ir herze *A*; ir] mit *B*. 24. herre ſ. g. *B*. 26. und *fehlt CD*; hiez *A*. 27. Zer h. *C*. 28. truren er *BCb*; dô *fehlt AE*. 29. D. k. der fvrſte B. *A*. 30. der fv̊rſten *A*. 32. D. h. Joſaphat b. *Bb*. 33. *Absatz Bb*. 34. ſvndern *C*. 36. Svnder h. *A*. 37. zv̊zim *C*. 38. Barachiaſ *A*; vr. mein v. *C*. 40. Daz ich *AK:* als *E*.

367, 1. wie *fehlt D*. 4. -liche *D*. 5. N. ir z. *BDKE*. 12. ouch *fehlt A*; diz l. *DK*. 13. des *fehlt C*; duʒ *fehlt B:* du ez *C*, du ſy *E*. 14. dû *fehlt B*. 15. alle *D*. 24. -lichen ſinnen *B*. 26. væreſtu *K*. 30. wil *AC*; enbúnnen *C*. 32. Als d. *AC*. 33. Daz dv *A*. 35. wurde *C*. 38. da vor *A*; hveten *C*.

368, 2. dannē *C*. 4. die chraſt *C*. 7. kamer *ACE*. 10. Zeigeter ſine *B*, zeigt er in *E*; diſiv *A*. 20. der *fehlt CDK*. 22. Daz *B*. 24. er ſich dô ſâ *fehlt B*. 25. vſſe *B*. 26. es] ſein *C*, ez *D*; inne *K*. 30. alrerſt *ACE*; bek. *C*. 32. zvolovſen *B* 33. Da *C*. 34. waz *K*. 36. Des *BC*; iamers *CDK*. 39. arme *DK*, armen *C*; richen *AC*.

369, 2. her hin *A*. 3. ſtrazen *BCE*; gar *fehlt B*. 4. an die ſt. *C*. 5. uſſe *B*. 8. ſtunden *Bb*. 9. got *fehlt B*. 10. ouch *fehlt A*. 12. begienc er vſ der v. *A*. 15. Do *B*. 18. den tagen *B*. 30. ſw. in der *C*. 32. -liche *D*. 33. In der werlte *Bb*. 35—372, 26 *(ein Blatt) fehlen D*. 35. vrivnde *A*. 37. nû *fehlt K:* ze g. *Bb*. 38. iv *BC*. 40. (ich *fehlt*) iv was *B*.

370, 1. Swe *B*. 2. ſwe *B*. 5. was ie *A*. 6. ivrre *A*. 8. iv *CB*. 9. vil *fehlt AB*. 13. de *A*. 16. herſcheſte w. er ſich *K*. 18. hobte gelat *A*; do g. *BE*. 21. (des *fehlt*) richez *C*. 23. Stakim *B*. 25. wart *AEb*. 26. ſâ *fehlt Ab*. 30. Alſe *AK*, als *CE*. 33. ſiñe bloze *B*. 36. Z. g. ſpr. er ſ. g. *A*. 38. h. wolte g. *Bb*.

371, 4. zim k. *K*. 6. ſage] rat *A*. 8. vber de kúneer- *A*. 11. minte *C:* dan du *B*. 12. gewunneſ *B*, gewunne *b*; riche *Bb*. 13. gern *CE*.

18. allen v. *CE*. 19. Ze herren vñ ze künge d. *A*. 20. daz *fehlt B*. 23. m. vorder *A*. 24. diz *BCb*. 26. Alſo d. z. kῖnge v. *A*; zer r. *C*. 35. groziv *C*. 36. vorhten *A*.
372, 1. 2. *umgestellt Bb*. 2. Erbarmich *C*. 7. von h. *A*. 8. hin *fehlt Bb*. 9. S. ſint d. devmῖtic ſ. *A*; demuotic *B*. 10. Wan ſi heizent g. k. *K*. 12. devmῖtic *C*; dines m. *A*. 16. Den a. *CEb*, Dem *B*; zuo] vñ *AB*; dem r. *B*. 17. geliche *C*. 24. die *fehlt D*. 25. 26. *fehlen C*. 29. hûtes *BK*. 32. oder ez ſi g. *D*. 33. Daz *AE*. 35. Diz *DK*. 37. ſô *fehlt B*.
373, 1. *Absatz K*; Gen d. *A*. 3. iv *BC*; en g. n. *B*. 5. Stêt *DK*, ſtent *B*; ivrm *A*. 6. in] iu *K*: *fehlt E*. 12. iu han *DC*. 13. uſſe *B*. 14. Von *B*; Aber v. d. ſ. hie *A*. 16. A. in do ſt. ſ. g. *A*. 17. weinde *B*. 18. darzuo *fehlt BEb*. 22. nahent *C*. 25. an ſinen m. *B*. 27. vrhab *D*. 29. weinonde *A*. 34. So *C*. 35. den *D*. 39. v'luſt *BC*.
374, 2. g. im weinonde *A*; im n. *B*. 3. Vntz *C*. 8. ſô *fehlt Bb*. *vgl. Gerhart 2818*. 9. vrewen er ſich b. *C*. 10. reht *AC*. 18. dirre w. *A*, diſer *C*. 20. zir *K*; heinmût *DK*. 22. mêr *fehlt B*. 23. diſen *D*. 24. von dan *DK*. 26. Vñ wil m. i. ze l. g. *B*; heim *AC*. 31. er get zer *A*; heinmût *DK*, heimot *B*. 32. diz *K*. 36. Die in h. *A*. 38. den *C*, dẽ *D*; Vñ m. d. r. n. engant *A*.
375, 1. wer gat *Bb*. 3. eine b. *B*. 6. in *fehlt C*. 10. *Absatz K*. 13. kleidern *BC*. 19. arm m. *C*. 21. einode *ACK*, einot *B*, ainete *E*; aleine *A*. 22. vil kl. *A*. 23. alda *A*. 25. danne *K*. 26. kleit *A*. 28. in do h. *A*; geh. *BC*. 30. beſte *A*: ivngſte *C*. 34. Da von ich iv h. *A*. 35. ſ. die h. *A*; des *fehlt B*. 36. deweder *DK*; vleiz *B*. 38. -haſt' *B*. 40. arm *C*; den *B*.
376, 1. ſinen *B*. 3. got *C*; ſô *fehlt BCE*. 4. glῖende *K*, glῖende *D*, glivwende *B*. 6. vñ ie mer *C*. 9. mê *fehlt B*. 12. hirze *C*: *fehlt B*; des wazzers *B*; *im Lateinischen: Quemadmodum desiderat cervus ad fontes aquarum*. 13. min rehte begir *B*. 15. durſte *DK*. 17. ſol *K*; geſehen *BDK*. 18. Vῖr *A*; got *AC*. 21. ouch *fehlt C*. 22. minnen *BK*. 23—389, 30 *(zwei Blätter) fehlen C*. 26. ſtimme *A* 27. diſe *B*, div *A*, ſeine *E*. 33. einote *B*, ainot *E*. 34. welte *K* 35. rief *DK*. 37. l. man d. *Bb*.
377, 2. arme *B*. 9. *Absatz D*; Ane *B*; ſûndel. *BK*, ſvndecl. *D*. 11. din geſihte *A*. 12. welt *AK*. 13. an mir *DK*. 16. ie *fehlt AE*. 20. wurzelen *B*, würz *A*. 22. do w. wazzer *K*. 24. demûtecl. *B*. 31. den m. *D*; dc gemuete *Bb*. 32. ſiner g. gute *B*. 34. ivngern *A*. 35. ein *fehlt A*. 36. manet *B*, mante *DK*. 37. daz *A*.
378, 1. dc *A*; alſo *K*. 4. ſatz er *A*, ſater *B*. 5. wêrl- *D*, wertl. *B*, weltl. *E*, vintl. *A*. 7. maniger *A*. 9. oft *E*; er in dicke twanc *K*. 10. wolt im *A*. 11. 12. *umgestellt A*. 11. der *fehlt A*. 12. Der g. *A*. 13. wolden ſl. n. *B* 15. kerter *D*. 17. etwenne *A* 18. engeſtl. *BE*. 19. in *B*. 20. Dc nach *B*. 22. vorhtecl. *BDK*. 28. in *B*; hohe *B*: grozer *A*. 29. angeſtl. *BE*, grvſenl. *A*. 36. trvgeheit n. *A*. 39. kerteſt *B*; ane *AB*.
379, 1. verſmæh *A*. 2. Er tet d. kr. *A*. 6. ſiner v. *DK*. 11. Dc *A*. 12. mænger *A*. 13. vil groz vng. *A*. 16. demvotecl *B*. 20. Barlaam nieren v. *B*. 24. an *fehlt E*; in *BE*. 31. murmers *BDK*, wider- *B*. 35. -berndez l. *A*. 37. leid *B*. 38. ditze *A*. 40. keſtegunge *A*.
380, 1. in *B*. 3. enſtillet *B*. 4. ſiner *B*. 7. Sin *D*; alſo *DKE*. 8. Alſe die *B*; ſchriſt v'gibt *A*. 9. Dc g. *B*. 12. Als *KE*; hôren l. *DK*. 16. k. vñ ere *B*. 17. gebot ſo gar *A*. 18. der *fehlt B*. 21. -liche *D*

30. gedvltige *A.* 31. an *fehlt BDKE.* 33. die geſiht *A.* 36. ſit *fehlt D.* 38. groze *AE.* 39. gar *fehlt DK*; geben *B.* 40. gehohert *A*; dc l. *B.*

381, 2. in *fehlt B.* 3. geiſelin gots ſl. *B*; geiſeln *DK.* 9. erden *B.* 12. geſehen *B.* 14. Dc *B*; gediende *A.* 15. Daz waſ *A.* 18. al dú d. *K.* 19. iungern *BDK*; in *fehlt DK*; vrageten in *B.* 20. diz ſo *DK*: ez *B.* 24. ern h. *B.* 29. ouch *fehlt A*; alſus *A*, alſo *E*, ſo *DK.* 30. Alſo *B*; diſú *K.* 38. Ein arman *B.* 40. uffe *B.*

382, 2. vr. er diſen ſ. m. *B.* 5. wan] man *A.* 8. ir *fehlt B.* 15. Dc *A.* 20. gûte *BDK.* 21. ungeluke *B.* 22. g. huiden *B.* 23. zite *D.* 28. geiſel *AE.* 32. ein iemer *A*, Immer iſt ain *E.* 33. Alſus *B.* 34. den *B.* 35. mer *B.*

383, 2. lebende *AB.* 4. in *D.* 6. verteilit *B.* 9. ez g. *A.* 13. den *BDK.* 20. gevillet w. *A.* 22. W. alſvs dvrh die g. *A.* 24. diſe arb. *D.* 26. -liche ſcham *B.* 32. weinenden *B.* 34. ſin kunde *B.*

384, 1. in *fehlt B.* 11. Do bozzte er an d. g. d. *A.* 15. z. d. d. g. *DK*; hin in *E.* 21. geſach er ſchrac *A.* 24. wis *ADK.* 26. varweloſer *ADK.* 30. Dc het allen ſ. ſchin *A.*

385, 1. in gv̊tlich *A.* 3. vrivntl. *A.* 4. -liche *BD.* 6. einr andern *A.* 7. min] vil *D.* 8. alle *A.* 16. demuotecl. *B.* 24. ze j. *K*; ivngſte *A.* 31. 32. *fehlen Bb.* 34. ze j. von im *Bb.* 37. dô *fehlt BDK.* 38. ein ſ. *A.* 39. weindin *D.*

386, 1. ietwederre herzenlichen *A.* 3. ſprache ſi g. ambet *B.* 4. die veſper *fehlt B.* 5. Uñ g. do ze t. *B.* 6. vleiſch *AE.* 7. kluger *E*; do *K.* 8. die *B.* 13. dateln *B*, tahtiln *D*, trahteln *K*; (doch *fehlt*) n. ze vil *B.* 14. ezzens *B.* 15. Sprachens *AE.* 16. ieweder *BE*, igelicher *A.* 17. alſolhem *A.* 20. In reiner w. *B.* 25. ez *B*: des *A*: ſein *E.* 27. ivnger *A.* 36. Dc er *B*; diz] ſin *A.* 38. einvaltecl. *B.*

387, 2. Da *DK.* 4. minne *BE.* 5. gotes m. *Bb.* 12. begert *A.* 16. mir nv k. *A.* 17. Dc *B*; allez gordent *A.* 19. ſ. vor g. *B.* 20. vil ſchiere *B.* 22. der erdn ir erden *B*; ir erbe *KK*[b], *im Lateinischen: Et pulverem trade pulveri.* 24. libes *A*; ſihdagen *B.* 29. ſtete h. *B.* 33. anegende, d *aus* g *gebessert D*, [an *AE*] anegenge *ABE.* 34. me *DK.*

388, 1. ſvndær l. *A.* 3—10. *fehlen b.* 5. keret *A.* 6—15. *fehlen E.* 7. din] des *A.* 11. uz d. *DK*: von *b.* 14. gûtlich *ABKb.* 17. mehte *B.* 21. 22. *fehlen Bb.* 22. n. e. w. geſeit *A.* 23. Da mit *A.* 25. nâch] doh *Bb.* 26. Biten *B.* 29. D. vil l. *A*; wizze *AB.* 30. bitte *DK.* 33. got dir *D.* 37. dirre m. *Bb*; daz *AE.* 39. ivnger *A*, ivngen *E.* 40. als] dc *Bb.*

389, 1. denne *K.* 7. M. min *A*; lazeſtu *B.* 8. wær *DK.* 11. zû *ABK.* 15. vorhte *AB.* 18. Bekr. *B.* 19. *Absatz E.* 23. ſine hulde *B.* 25. den *fehlt A.* 26. râtich] merke *Bb.* 27. *Absatz AD.* 29. hinnen ſuleſ *Bb.* 30. einen wille *Bb.* 31. eine *C*; kurze *ACE.* 32. endehafter *CE.* 36. iare *K.* 38. u. vunſzic *Bb.* 39. doch *fehlt A*; hie *fehlt C.* 40. Vntz d. daz *C*, Biz daz l. *B.*

390, 2. dine *K.* 5. manige *BCE*, 7. *Absatz E.* 8. nahe *B*: *fehlt DK.* 9. brinc *ABDK*, bringe *C.* 12. daz] danne *B*; hinnan *C.* 13. *Absatz K.* 19. Dar nach *A*; wart *B*; uz was *Cb*, aus ward *E.* 20. *fehlt B.* 22. heilic *BDE.* 23. ſo b. *BC.* 27. -lichen *AC.* 29. *Absatz E*; Sancte *A*; -laamen *C.* 36. nahent *CE.* 37. Ein l. *A*; mêr *fehlt Bb.* 39. kvrzez *C.* 40. ſchier *AK.*

391, 1. *Absatz K.* 4. gar *fehlt AB.* 5. Der rede *DK.* 7. nahent *CE.*

im balde B. 12. lobete ſ. g. D. 17. G. biz an de ende h. B. 20. Als BCDKE; -herzic B. 25. Vor C. 26. Vñ vor C; dem l. aublicke B. 28. Vñ t. C; vorhten C. 30. bit ABC. 32. R. ſ. B. 33. dinem ACK, dinen BD. 35. Behalt in C. 36. Wiſe BCK. 39. ſinen] diſen Bb. 40. joch] auh C.

392, 1. Dineſ D. 2. ſtæte C. 3. Alſ ACDE; de g. do g. A 5. got din C. 7. vntz C. 10. Vor A; (jâmer *fehlt*) w. de herze B. 12. Baraame A. 13. heilige B. 16. ſûzer K. 21. Inwant D 22. wulline K. 23. hatte e g. DKE. 27. weinde B; unzuht ABK. 31. vil wol g. A. 32. holdes AD. 34. Bi ſinem h. er n. gr. A, nahe BDK. 36. do BK. 37. gûtem CK. 38. nam] hûp AC; vñ trûc AE. 39. ẽgilſcher, *aus* egilſlicher *gebessert* D, engeſtl. BC, angeſtl. A. 40. und von aller der B.

393, 3. -lichen AC. 4. Der e. ſchar CE. 8. waren CDE; in B. 9. umbek. CKb. 10. waren CDK, ware B. 14. vf div A, an ſ. k. D 17. Hilfe C. 19. nû *fehlt* C. 20. Mich v'lan C. 21. ich nu n. DK, ich herre n. C. 22. ſô] nu BE. 23. in] an A. 28. erz] ez B. 31. er *fehlt* C. 33. 34. *umgestellt* A. 33. Div im B; im e div g. C. 34. ich vor h. g. A. 35. und *fehlt* C. 36. in in daz C. 37. Daz] dar C: do E: dahin A; er *fehlt* B; ouch *fehlt* AB. 38. die v. ABE. 39. den *fehlt* B. 40. ſchœne K; ſch. gen im A.

394, 5. menſchẽ C. 7. kron erſach C. 10. (ſol *fehlt*) eine B; ze lône] ſchone A. 12. vil *fehlt* A. 13. bekerte C. 14. Vñ in den g. lerte C. 15. manige B. 17. *Absatz* CD; Die div C; Div b. div AE. 18. ende B. 20 wiſheit A. 21. bekant B. 27. 28. *fehlen* b. 29 — 34. *fehlen* Bb 29. mer C. 35. De A. 38. gedahte CKE.

395, 1. gearb. CD, geærb. K. 3. *bis zu Ende fehlt* D. 6. ein *fehlt* B. 7. *Absatz* AE. 8. bewaret K. 10. Die w. die B. 11. Wirdeſt dv C. 18. me *fehlt* B: mer C. 20. D. ſ. vr. vro ſ. A. 26. Waz C. 29. in der ſt. C. 33. 34. *umgestellt* B. 33. nôt] wort A. 34. leit] not C; und] noh A. 36. werde ſein CE.

396, 2. ſegete B. 3. mveſe B. 4. in der w. A. 6. in der l. min B 9. ſchier ein ende A. 13. *Absatz* KE. 16. hin] in C. 17. gotbet C. 18. vil *fehlt* C. 21. Und ouch ſ. K; ſine reinecliche ABE. 22. ez *fehlt* B; vil *fehlt* CE. 23. und *fehlt* K. 25. 26. *umgestellt* A 28. ouch] durch B: al A. 29. *Absatz* AB. 31. Engliſchem leben C 35. vollecl- A. 37. bihtære AC, bihter B.

397, 1. allem A. 3. V. kinthait C. 5. Vñ d. C: do er d. Bb. 12. Vñ phlac ſeiner ſuzen C; ſolher ſ. AB. 13. er zallen ziten br. A. 14. er zallen ziten an A; -liche B. 18. werender C, wainender E. 19. dirre B. 20. heilic B. 22. allen B. 24. Vil r. A. 25. gelebete K, lebter AB. 30. alten - niwen B. 32. im] nie B. 33. niemannen B. 36. Sine B. 38. werde B. 39. alſolher A; ſolhe ſ. git B.

398, 1. De B; ieman C. 3. Niemannen B. 5. drinne ACE, dinne B 8. ſ. vñ m. A. 12. frivnt B. 14. waſ ze wer A. 17. lac] waſ A. 18. Ein ſt. d. v. g. geb. A. 20. nahe BK. 23. De A; er gie C. 24. lichenamen AC. 26. ſchône *fehlt* AKE. 29. vûecte B: leite A. 30. Die *fehlt* K; ie B. 31. dort] got A; gote k. B. 33. iemer mer ABC, m' *von spæterer Hand übergeschrieben* C. 34. den] diſen A. 36. V. d. g. w. d. A. 37. got (: gebot) AC. 40. bald ſolde A.

399, 1. India AB. 8. waz B. 9. Geſch. Bb. 14. In ſinem k. A. 15. ſeiten BK, ſagetin A; in *fehlt* C. 16. werdiv C 18. in *fehlt* A.

22. wære redelich *A*. 27. des w. e. *C*. 29. alle g. *A*. 31. rihhen m. *Bb*. 32. heiltůme *C*. 33. vurſtl. *B*. 34. vngevertc *ACK*. 36. wilde vñ h. *A*. 38. ivngſte *A*. 39. d' w. *B*. 40. heilic *B*.

400, 1. iar *B*. 9. Ir lip *A*. 10. Alſe *B*. 11. lew. *B*. 13. D. div welt ie k. vie *A*. 15. Des w. *B*; getriwiv *C*. 19. Mit *Bb*. 23. werdecl. *A*. 24. pfellel *B*, pheller *KE*, phellen *A*. 26. Verbinden *CE*. 27. heilt- *C*. 28. h. ſi ſich (dan *fehlt*) *A*; die] ir *AK*. 29. dem] ir *A*. 35. vñ die i. *A*. 36. Herteclibhe *Bb*. 37. ſange *B*. 40. heilict- *B*.

401, 1. vorhtl. *A*. 2. Witen gel. *A*. 3. kindes *A*, kinde *B*; vart *A*. 4. Groz licht getr. wart *A*; die v. *B*. 5.6. *umgestellt B*. 5. heilct.-heilct. *B*; tûme ... tume *C*. 8. phaſſecl. *K*; vil *fehlt C*: vñ *A*. 10. biſchoffe *K*, biſcholſe *C*. 12. heilct- *B*. 13. ſpr. davon me *C*. 14. er *fehlt B*. 16. Dar in *C*. 17. wart *A*. 18. vil *fehlt CE*; ſ. mit richeit *A*. 19. ſi hie *C*. 21. vil] genvc *C*. 22. ſuntheit *K*, geſunt *E*. 24. ſtumben *A*. 25. behafter *E*, tobeſuhtiger *B*. 28. vñ wol *A*. 29. Nv waſ ŏch *A*. 30. kamen *B*. 34. dà *fehlt A*; ſa zeh. *AK*. 35. heideſchen *B*. 40. grozen heilict. *B*.

402, 1. Witen *A*. 2. gewaltecliche *A*. 3. 4. *umgestellt AK*. 8. er ez *AK*; *das zweite als ez fehlt A*. 9. kriechſ *A*, krieſchen *B*; dc *B*. 10. ez alſo bel. *A*. 13. lateien *C*. 15. lateyen *C*; erz *BC*. 17. er ez *A*. 18. alſ *BC*. 22. gewær *AC*. 24. minre *C*, minder *AK*; geſeit *B*. 25. als ez der *B*. 26. Joſaphate *A*. 29. kriechſ *A*, kriehſ *B*; wol v. *K*: ſich v. *C*. 30. in *fehlt e*: en *B*, an *A*; krieſchen *B*, chriechiſc *e*, kriechſchen rede g. *A*. 31. ſö] ez *B*. 34. lateien *C*. 35. Alſ ez hat d. *e*. 36. ſcriſt *e*; D' w. *B*. 38. ichz *C*; ez *fehlt C*. 40. Zitel *A*.

403, 2. tivſchen *CAE*, tvſch *e*, tútſch *K*. 4. in div *C*; viel *e*. 5. warhaften *ABEe*. 9. ichz *C*; niht *BEe*. 11. lêre] rede *e*. 13. kere (: lere) *e*. 14. in lerte *A*. 15. den g. *C*. 17. Swerz *C*: Der *A*; lere (: were) *B*. 19. vñ in g. *B*. 21. Vñ næm *A*. *Die 3. und 4. Spalte des 100. Blattes war stark abgerieben und ist von Bodmer mit dunkler Dinte nachgebessert, so dass nicht mehr Alles mit Sicherheit zu lesen ist*. 25. des] dc *B*. 27. vh *e*. 29. 30. *fehlen C*. 29. Han *A*; ouch *fehlt K*. 30. D. i. gar v. d' w. *B*. 31. es *fehlt C*; ichz *B*: ich ſin *A*. 35. Dc *ABE*. 37. dc *ABC*.

404, 4. wærlichen vůrgeleit *A*. 5—10. *fehlen C*. 8. aventivren *AK*. 10. vnd'ſtr. *B*. 13. in *A*; tútſcher *ACKE*: torſcher *B*. 15. ez *Be*: ſin *A*; deſter *AC*. 16. deſter *C*. 17. der ſaůmet ſ. *A*. 20. Ane bôſervnge *A*; Mit guete b. daran *B*. 22. enboſert ez niht *B*. 23. ſo boſer *B*. 24. tútſche *ABK*. 25. 26. *umgestellt B*. 27. kunde *CKe*. 29—405, 10. *fehlen C*. 30. het mich angenomen *A*. 31. diz *A*. 33. hat *Be*, hatte *K*; daran *AK*. 34. Als l. *A*; tumben *Be*. 37. daz iſt *B*. 39. ich hate geb. m. *B*.

405, 1.2. *umgestellt ABE*. 3. Swaz *A*. 4. erſten *A*. 7. und och iv *A*. 8. iu *fehlt e*; iv vñ mir *A*. 10. in himel r. *A*. 11. *Das Akrostichon ist durch rothe Buchstaben ausgezeichnet in e*.

406, 1. ſvnde *KEe*, ſundete *C*, ſûnden *AB*. 3. ſlizen *Ke*. 5. Vorwar *B*; daz wær in *A*; *darauf* Vñ dar zů gar vmmvglich *C*. 6. din *C*. 7. div m. *B*. 8. wir *fehlt e*; von] niht *C*. 9. Vur dir iſten (uns *fehlt*) *B*. 10. Der ſlange *A*; wernde *K*. 11. helfe *Ke*; *darnach* Dc vns ie ſein erbarmvnge bot *C*. 12. *fehlt E*; Alſa *ABe*.

BERICHTIGUNGEN.

Lies 37, 12. geleit: von der hœhe 41, 3. ungevüege 43, 27. verſmâhteſt 43, 30. verſmâhte 62, 10. wiſſagen *u. s. f.* 71, 39. h e, 73, 20. enliezen, ſie würſen? 81, 36. kinden 103, 21. vreuden 119, 22. wurze 137, 1. graben. 146, 7. zwivalter 166, 39. wiſe 173, 32. ablâz 194, 28. wirt 223, 28. 30. iu 238, 16. entſagen 293, 13. edelen kleiden? 299, 40. kert 339, 11. hôh 380, 24. zwivalt

FSC
www.fsc.org
MIX
Papier | Fördert
gute Waldnutzung
FSC® C083411

Kolibri 360 GmbH
Ferdinand-Jühlke-Straße 7
99095 Erfurt, Deutschland
produktsicherheit@kolibri360.de